卓越系列·21世纪高职高专精品规划教材

自动检测技术

Automatic Detection Technology

主　编　刘传玺　毕训银
副主编　袁照平　刘秀杰
　　　　李莉娜　高荣华
主　审　王进野

天津大学出版社
TIANJIN UNIVERSITY PRESS

内容简介

本书共七章，主要内容包括：检测技术的基础知识；常用传统传感器（如电阻式、电感式、电容式、磁电式、热电式等传感器）和新型传感器（如气敏、湿敏、磁栅、光电、光纤等传感器）的工作原理、基本结构及典型应用实例；信号变换与调理、抗干扰技术、检测技术的发展方向及检测技术综合应用实例。主要章节后面都附有习题与思考题，并结合一些主要章节的内容给出了部分实验、实训项目供学生选择参考。

本书可作为高职高专电气自动化、电子信息工程、机电一体化技术、测控技术与仪表等专业的教材，也可作为机电类其他相关专业学生的教材或参考书。

图书在版编目(CIP)数据

自动检测技术/刘传玺，毕训银主编. —天津：天津大学出版社，2008.8(2019.8重印)

ISBN 978-7-5618-2727-7

Ⅰ.自… Ⅱ.①刘…②毕… Ⅲ.自动检测 Ⅳ.TP274

中国版本图书馆CIP数据核字(2008)第111956号

出版发行 天津大学出版社
地　　址 天津市卫津路92号天津大学内(邮编:300072)
电　　话 发行部:022-27403647　邮购部:022-27402742
印　　刷 北京虎彩文化传播有限公司
经　　销 全国各地新华书店
开　　本 169mm×239mm
印　　张 17
字　　数 363千
版　　次 2008年8月第1版
印　　次 2019年8月第5次
定　　价 39.50元

前　言

高职高专教育的培养目标是培养能胜任专业技术岗位的应用型、技能型人才。针对这一培养目标的要求，本书从实用角度出发，坚持“理论联系实际，以技术应用为主”，着眼提高学生的应用能力和解决实际问题的能力。本书在编写过程中，力求做到体系结构完整、内容丰富精练、突出实用性与先进性，使学生通过本书的学习，能够掌握自动检测技术的基本知识和操作技能，了解其发展动向，成为适应生产一线需要的具有较高专业素质的技术应用型专门人才。

本书主要介绍了典型传统传感器和部分常用新型传感器的结构原理及应用实例、测量转换电路、抗干扰技术以及综合应用等内容。全书共分七章，参考学时为60～80学时。第一章介绍了检测技术的基本知识；第二章介绍了常用传统传感器；第三章介绍了新型传感器；第四章介绍了信号变换与调理电路；第五章介绍了抗干扰技术；第六章介绍了检测技术的发展方向；第七章介绍了检测技术的综合应用。为便于学生实验、实训参考，最后还附了部分实验、实训项目。

本书在取材方面，参照了国内外大量先进的测量技术，收集了各种先进的测试产品技术资料，融实践与理论于一体，保证了知识的先进性与前沿性。同时压缩了大量的理论推导，突出了高职高专教材的实用性。

本书由刘传玺、毕训银任主编并统稿，由袁照平、刘秀杰、李莉娜、高荣华任副主编。其中刘传玺编写第二章，毕训银编写第三章，袁照平编写第四章及实验、实训部分，刘秀杰编写第一、五章，李莉娜编写第七章，高荣华编写第六章。全书由王进野主审，主审人对全书进行了认真审阅，并提出了许多宝贵意见。

本书在编写过程中，参考了一些相关教材和文献资料，在此向所有参考文献的作者表示衷心的感谢。同时得到山东科技大学和淮海工学院以及有关部门的领导和同志们的支持与帮助，在此一并表示感谢。本书出版得到了教育部高职高专自动化教指委和天津大学出版社有关专家的指导和支持，在此也表示诚挚的谢意。

由于传感器技术发展较快，自动检测技术涉及知识面广，加之作者水平有限，所以在编写过程中难免有遗漏和不妥之处，恳请广大读者提出宝贵意见。

编　者

2008 年 3 月

前言

目 录

第一章　检测技术基本知识

第一节　概　　述

检测技术在国民经济各领域和国防建设中有着广泛的应用。检测技术是多门学科和多种技术的综合应用技术，它涉及信息论、数理统计、电子学、光学、精密机械等学科知识，以及传感技术、计量测试技术、自动化技术、微电子技术和计算机应用技术等近代技术。

一、检测技术的地位和作用

在人类的各项生产活动和科学实验中，为了了解和掌握整个过程的进展及其最后结果，经常需要对各种基本参数或物理量进行检查和测量，从而获得必要的信息作为分析判断和决策的依据，检测技术就是人们为了对被测对象所包含的信息进行定性了解和定量掌握所采取的一系列技术措施。随着人类社会进入信息时代，以信息的获取、转换、显示和处理为主要内容的检测技术已经发展成为一门完整的技术学科，在促进生产发展和科技进步的广阔领域内发挥着重要作用。其主要应用如下。

1. *检测技术是产品检验和质量控制的重要手段*

借助于检测工具对产品进行质量评价是人们十分熟悉的，也是检测技术重要的应用领域。但传统的检测方法只能将产品分为合格品和废品，起到产品验收和废品剔除的作用。这种被动检测方法，对废品的出现并没有预先防止的能力。在传统检测技术基础上发展起来的主动检测技术或称之为在线检测技术使检测和生产加工同时进行，及时地用检测结果对生产过程主动地进行控制，使之适应生产条件的变化或自动地调整到最佳状态。这样检测的作用已经不只是单纯地检查产品的最终结果，而且要过问和干预造成这些结果的原因，从而进入质量控制的领域。

2. *检测技术在大型设备安全经济运行监测中得到广泛应用*

矿山、电力、石油、化工、机械等行业的一些大型设备通常在高温、高压、高速和大功率状态下运行，保证这些关键设备安全运行在国民经济中具有重大意义。为此，通常设置故障监测系统对温度、压力、流量、转速、振动和噪声等多种参数进行长期的动态监测，以便及时发现异常情况，加强故障预防，达到早期诊断的目的。这样可以避免严重的突发事故，保证设备和人员的安全，提高经济效益。

另外，在日常运行中，这种连续监测可以及时发现设备故障前兆，采取预防性检修。随着计算机技术的发展,这类监测系统已经发展到故障自诊断系统,即可以采用计算机来处理检测信息,进行分析和判断,及时诊断出设备故障并自动报警或采取相应的对策。

3. 检测技术和装置是自动化系统中不可缺少的组成部分

人们为了有目的地进行控制,首先必须通过检测获取有关信息,然后才能进行分析判断以便实现自动控制。所谓自动化,就是用各种技术工具代替人来完成检测、分析、判断和控制工作。一个自动化系统通常由多个环节组成,分别完成信息获取、信息转换、信息处理、信息传送及信息执行等功能。在实现自动化的过程中,信息的获取与转换是极其重要的组成环节,只有精确及时地将被控对象的各项参数检测出来并转换成易于传送和处理的信号,整个系统才能正常工作。因此,自动检测与转换是自动化技术中不可缺少的组成部分。

4. 检测技术的完善和发展推动着现代科学技术的进步

人们在自然科学各个领域内从事的研究工作,一般是利用已知的规律对观测、试验的结果进行概括和推理,从而对所研究的对象取得定量的概念并发现它的规律性,然后上升到理论。因此,现代化检测手段所达到的水平在很大程度上决定了科学研究的深度和广度。检测技术达到的水平愈高,提供的信息愈丰富、愈可靠,科学研究取得突破性进展的可能性就愈大。

从另一方面看,现代化生产和科学技术的发展也不断地对检测技术提出新的要求,促进检测技术向前发展。科学技术的新发现和新成果不断应用于检测技术中,也有力地促进了检测技术自身的现代化。

检测技术与现代化生产和科学技术的密切关系,使它成为一门十分活跃的技术学科,几乎渗透到人类的一切活动领域,发挥着愈来愈大的作用。

二、检测系统的组成

检测系统由对被检测对象进行检出、变换、传输、分析、处理、判断和显示等不同功能的环节组成。检测系统最基本的组成原理如图 1.1 所示。

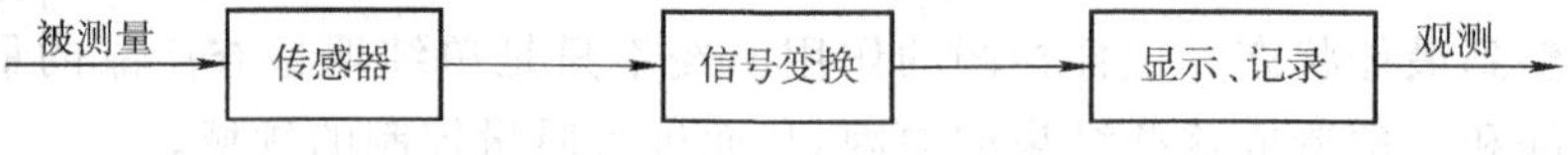

图 1.1 检测系统组成原理框图

传感器作为检测系统的第一个环节,将检测系统或检测过程中检测到的信息转化为人们熟悉的各种信号,这是检测过程的第一步。通常,传感器将被测量转换成以电量为主要形式的电信号,例如将机械位移转换为电阻、电容或电感等电参数的变化;又如将振动或声音转换成电压或电荷的变化。

信号变换部分是对传感器所送出的信号进行加工,如将电阻抗变为电压或电流、对信号进行放大等。为了用传感器输出的信号进一步推动显示、记录仪器和控制器,或将此信号输入计算机进行信号的分析和处理，需对传感器输出的信号作进一步变换。信号变换的具体内容很多，如：用电桥将电路参量（如电阻、电容、电感）转换为可供传输、处理、显示和记录的电压或电流信号；利用滤波电路抑制噪声，选出有用信号；对在传感器及后续各环节中出现的一些误差作必要的补偿和校正；信号送入计算机以前需经模数转换及在计算机处理后送出时需经数模转换等。经过这样的加工使传感器输出的信号变为符合要求，便于传输、显示或记录和可作进一步处理的信号。

显示与记录部分将所测信号变为一种能为人们所理解的形式，以供人们观测和分析。

上述检测系统各组成部分都是"功能块"的含义，在实际工作中，这些功能块所表达的具体装置或仪器的伸缩性是很大的。例如信号变换部分可以是由很多仪器组合而成的一个完成特定功能的复杂群体，也可以简单到一个变换电路，甚至可能仅是一根导线。

随着信号分析和处理理论以及信息处理技术的迅速发展，特别是计算机技术在信号处理中的广泛应用，近年来已将信号的后继处理部分引入到检测系统，成为检测系统的有机组成部分，形成如图 1.2 所示的较为复杂的检测系统。这些信号处理部分无论是运用模拟信号处理技术，还是数字信号处理技术，都是将所测信号作进一步变换、运算等，从原始的检测信号中提取表征被测对象某一方面信息的特征量，以利于人们更深入地认识客观事物的动态过程。

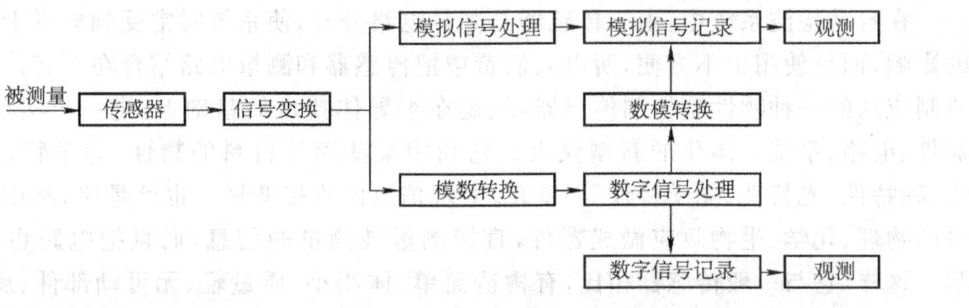

图 1.2　包含信号处理功能的检测系统框图

检测系统是要检测出被测对象中为人们所需要的某些特征性参量信号，不管中间经过多少环节的变换，在这些过程中必须忠实地把所需信息通过其载体信号传输到输出端。整个过程要求既不失真，也不受干扰。这就要求系统本身既具有不失真传输信号的功能，还具有在外界各种干扰情况下提取和辨识信号中所包含的有用信息的能力。

检测系统在一定程度上是人类感官的某种延伸，但它能获得比人的感官更客观、更准确的量值，具有更为宽广的量程，反应更为迅速。不仅如此，检测系统通过对所测结果的处理和分析，把最能反映研究对象本质的特征量提取出来并加以处理，这就不仅是单纯的感官的延伸，而且具有了选择、加工、处理以及判断的能力，也可以认为是一种智能的复制和延长。

三、检测技术的发展趋势

检测技术虽然已经得到广泛的应用，但随着科学技术的发展，人们对它提出了愈来愈高的要求。目前，除不断提高精度、扩展功能、扩大应用范围外，检测技术总的发展趋势是一体化、小型化、智能化和网络化，具体地说可以有以下几个方面。

1. 提高系统性能，扩大应用范围

生产和科学技术的发展，对检测系统及仪器性能提出了愈来愈高的要求，需要研制能检测生产和工艺过程中极端参数的检测系统和仪器。例如，纳米量级的长度和位移测量、液态金属温度的连续测量、固体物质表面高温测量、极低温度测量（超导）、混相流量测量、脉动流量测量、微差压测量、分子量测量、高精度质量测定、大吨位测量、超高压大电流测量等。因此，要求检测系统及仪器在原有的基础上不断提高技术性能指标，扩大应用范围。

检测系统及仪器的可靠性已成为表征其质量的一个重要的指标。仪器仪表可靠性的研究包括仪器仪表可靠性和故障率的数学模型和计算方法的研究，仪器仪表可靠性设计、预测、检测和分析试验研究，仪器仪表组件可靠性对整机性能的影响和确定整机可靠性的方法研究等。

2. 仪器仪表的一体化和小型化

在自动检测系统中，由于传感器与测量电路分开，使系统时常受到电磁干扰信号的影响，而且使用也不方便，所以人们希望把传感器和测量电路结合在一起。近年来研制成功的一种物性型检测传感器，就是在半导体技术的基础上，进一步实现材料、器件、电路、系统一体化的新型仪表。它利用某些固件材料的物性（力学特性、电特性、磁特性、光特性、化学特性等）变化，实现信息的直接变换。也就是说，利用不同材料的物理、化学、生物效应做成器件，直接测量被测量的信息，而且把电路也做在一起。这样，它与一般传感器相比，有构造简单、体积小、质量轻、无可动部件、反应快、灵敏度高、稳定性好、可靠性高等特点，能解决许多原先难于实现的参数测量、成分测量和非接触测量等问题。

光机电一体化仪器仪表的研制是一体化仪器仪表发展的一个重要标志。在检测过程中，把传感器置于被测对象上，相当于加一负载在上面，这样或多或少会影响测量精度，而且有些被测对象和检测环境中根本不可能安装传感器，例如高速回转轴的振动、转矩测量、人体血液测量等。因此基于光学测量原理的非接触测量设备、光机电一体化传感器和检测系统应运而生。

3. 检测仪器及系统的智能化

自 20 世纪 70 年代以来，以大规模集成电路为基础的微处理器大量应用于检测技术中，使检测仪器及系统智能化走上了快速发展的道路。带微处理器的检测仪器与传统的仪器相比，除精度提高外，还有下列功能扩展的特点。

1)自校正功能　可以通过功能键送入的指令,按预先编制并在机内存储的操作程序,完成自校准、自调零、自选量程、自动测试和自动分选功能。这样就能对传感器的非线性及仪器零点进行校准,能根据机内或机外基准定期作自校准,提高仪器的精度,而且可降低对元器件长期稳定性的要求。

2)信息交换功能　可以根据参数之间的关系式,通过计算进行参数变换,因而可以通过某些参数的检测自动求出一系列其他有关的未知数,便于实现多功能、多参数检测,或者通过最易测的参数测量,获得难测甚至无法测出的参数。

3)统计处理功能　可根据误差理论对测得的数据进行处理,求出误差,并从测量结果中扣除该误差,提高了仪器的测量精度。它可以根据工作条件(例如环境温度、相对湿度、大气压力等)的变化,按照一定公式计算修正值,并修正测量结果,提高测量精度,使结果更为可靠。它还可以采用多次读数的平均值或相关计算方法扣除噪声,以检测出被噪声完全淹没的信号。

4)记录、存储功能　可根据需要把瞬时测量值、中间结果等按时间存储或记录输出,以供事后进行分析改进。

5)远程输入输出功能　可配置远程通信接口,传递检测数据和各种操作命令、控制信息、输入参数等,可方便地接入自动检测、控制的大网络系统。

6)故障检测、诊断和自恢复功能　经过合理的设计,均可使智能仪器、智能检测系统具有故障自诊断及检测功能;经冗余设计的智能仪器、智能检测系统,还能具备一定的故障自恢复能力。

另外,由于包括微处理器、单片机在内的大规模集成电路的成本和价格不断降低,功能和集成度不断提高,智能仪器、智能检测系统与传统仪表和相应的传统检测系统相比具有更高的性价比。

正是由于采用微处理器、单片机的智能检测仪器和系统具有上述优点,所以有关它们的研制、生产和应用与日俱增。

4. *虚拟仪器和检测系统网络化*

虚拟仪器概念的引入使传统仪器仪表的面貌发生了革命性的变化。基于虚拟仪器的计算机辅助检测技术成为检测技术领域中具有极强生命力的新军。“软件就是仪器”已成为现实。应用图形化编程语言LabVIEW、LabWindows、CVI、VEE等开发软件,用户可以自己定义自己的仪器,方便地创建仪器的软面板,或通过VXI、PXI、PCI仪器总线自由地将各测试模块组成完整的检测系统,或将RS232、GPIB等接口的仪器自由组合起来,从而大大扩展了仪器的功能,节省了大量的硬件资源。

第二节　检测系统的基本特性

检测系统的基本特性一般是指检测系统输入量和输出量关系的特性。它分为静态特性和动态特性。

当被测量不随时间变化或变化很慢时，可以认为检测系统的输入量和输出量都与时间无关，表示输入量和输出量之间的关系是一个不含时间变量的代数方程，由此方程确定的检测系统性能参数称为静态特性。

当被测量随时间变化很快时，输入量和输出量就有一个动态关系，表示这一关系是一个含时间变量的微分方程，由此方程确定的检测系统对快速变化的被测量的响应特性称为动态特性。

一、静态特性

1. 灵敏度

灵敏度是指传感器或检测系统在稳态下，输出量变化与输入量变化值的比值。用 K 来表示灵敏度，即

$$K=\frac{\mathrm{d}y}{\mathrm{d}x}\approx\frac{\Delta y}{\Delta x} \tag{1.1}$$

式中：x 为输入量；y 为输出量。

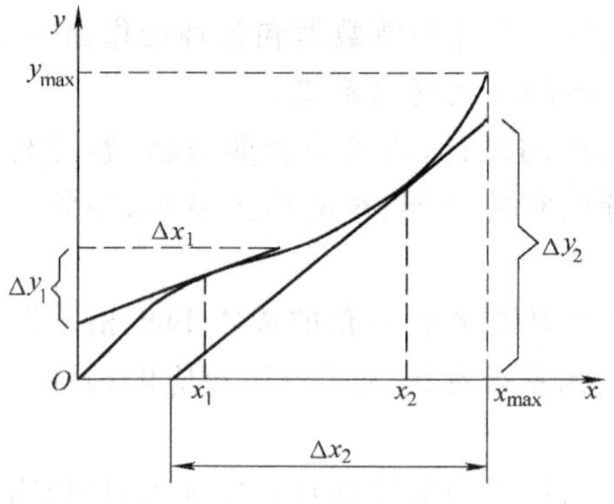

图 1.3　检测系统灵敏度

如果检测系统的输出和输入之间是线性关系，则灵敏度 K 是一个常数，否则，它将对应曲线上不同的位置有不同的值。由图 1.3 可见，曲线越陡，灵敏度越高，曲线上任一点处的灵敏度就是由该点所作的曲线切线的斜率。

如果输入和输出的变化量有不同的量纲，则灵敏度也是有量纲的。例如，输入量为温度（℃），输出量为电压（mV），则灵敏度的量纲为 mV/℃。如果输入量和输出量是同类量，则灵敏度是无量纲的，此时也可把灵敏度理解为放大倍数。

提高灵敏度，可得到较高的测量精度，但测量范围窄，稳定性也会变差。

2. 分辨力

分辨力是指检测仪表能精确检测出被测量的最小变化的能力。输入量从某个任意值（一般为非零值）缓慢增加，直到可以测量到输出量的变化为止，此时的输入量就是该测量仪表的分辨力。

分辨力可用绝对值表示，也可用量程的百分数表示。一般模拟式仪表的分辨力规定为最小刻度分度值的一半；数字式仪表的分辨力一般可以认为是该表最后一位数。有时也可把仪表的最大绝对误差看作该仪表的分辨力。

分辨力说明检测仪表响应与分辨输入量微小变化的能力，分辨力越好，其灵敏度越高。

3. 线性度

线性度又称非线性误差，是指检测系统实际的输入输出特性曲线与拟合直线之间最大偏差和满量程输出的百分比。即

$$\gamma_L = \frac{\Delta L_{max}}{y_{max} - y_{min}} \times 100\% \tag{1.2}$$

式中：γ_L 为线性度；ΔL_{max} 为非线性最大误差；$y_{max} - y_{min}$ 为量程范围。

如图 1.4 所示，由于线性度是以拟合直线为基准线而得出的，所以选取的拟合直线不同，其线性度也不同。拟合直线的选取有多种方法，如拟合直线通过实际特性曲线的起点和满量程点，称为端基拟合直线，由此得到的线性度称为端基线性度；连接理论曲线坐标零点和满量程输出点的直线称为理论拟合直线，由此得到的线性度称为理论线性度。

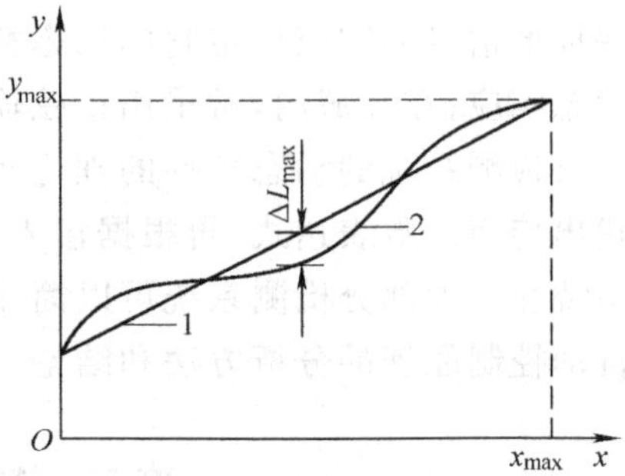

图 1.4　线性度示意图

1—拟合直线；2—实际特性曲线

4. 迟滞

迟滞是指检测系统在输入量增大（正向）和输入量减小（反向）行程间，输入输出特性曲线不一致的程度。即同样大小的输入量，检测系统在正反行程中，往往对应两个大小不同的输出量，这两个不同输出量的最大差值 Δ_m 与满量程输出量的百分比即为迟滞量，如图 1.5 所示。

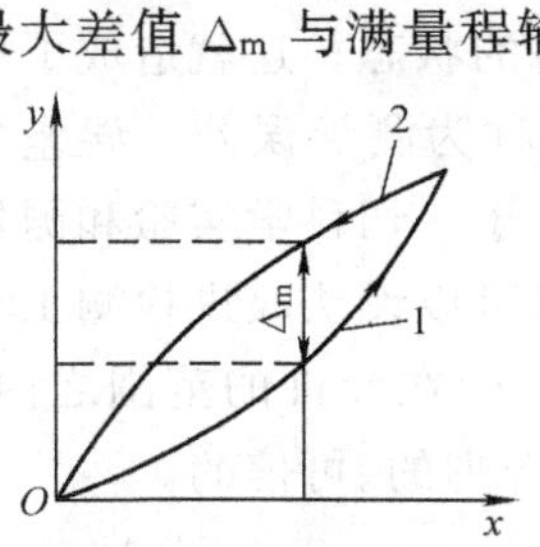

图 1.5　迟滞特性示意图

1—正向特性；2—反向特性

产生迟滞的主要原因是仪表元件存在能量的吸收和传动机构的摩擦、间隙及紧固件的松动等。一般希望检测系统的迟滞越小越好。

5. 稳定性

稳定性包含稳定度和环境影响量两个方面。稳定度是指检测装置在所有条件恒定不变的情况下，在规定时间内能维持其示值不变的能力，一般用示值的变化量和时间长短的比值来表示。例如，某仪表示值电压在所有条件不变的情况下，在 8 h 内的最大变化量为 1.3 mV，其稳定度可写为 1.3 mV/8 h。环境影响量是指由于外界环境因素的变化而引起仪表示值变化的变化量。造成环境影响量的因素有温度、湿度、气压、电源电压或频率、电磁场等。表示环境影响量时要同时写出示值偏差及造成这一偏差的影响因素的大小。例如，温度每变化 1 ℃引起示值变化 0.3 mV，其环境影响量可表示为 0.3 mV/℃；又如电源电压变化±5%时，引起示值变化 0.02 mA，可表示为 0.02 mA/±5%U。检测系统的稳定性越好，其抗干扰能力越强。

检测系统的静态特性还包括重复性、可靠性和死区等参数。

二、动态特性

检测系统要具有良好的动态特性，才能较精确地测出被测量的大小和随时间变化的规律；否则，会引起较大的动态误差。

在实际检测工作中，检测系统的动态特性通常是用实验的方法得出的。系统对标准输入信号的响应与对任意输入信号的响应之间存在一定的关系，可根据系统对一些标准信号的响应评定它的动态特性。例如，在时域内，常采用阶跃信号分析系统的瞬态响应；在频域内，常采用正弦输入信号分析系统的频率响应等。

对检测系统的动态特性的理论研究，通常是先建立系统的数学模型，通过拉氏变换找出传递函数表达式，再根据输入条件得到响应的频率特性，并以此来描述系统的动态特性。大部分检测系统可以简化为单自由度一阶或二阶系统，因此可方便地应用自动控制原理的分析方法和结论。

第三节　测量误差

一、测量误差的概念

在检测过程中，被测对象、检测系统、检测方法和检测人员都会受到各种变动因素的影响；而且，对被测量的转换有时也会改变被测对象原有的状态。这就造成了检测结果和被测量的客观真值之间存在一定的差别，这个差值称为测量误差。误差公理告诉我们：任何实验结果都是有误差的，误差自始至终存在于一切科学实验和测量之中，被测量的真值是永远难以得到的。尽管如此，我们仍然可以设法改进检测工具和实验手段，并通过检测数据的误差分析和处理，使测量误差处在允许的范围之内，或者说，达到一定的测量精度。这样的测量结果就被认为是合理的、可信的。

二、测量误差有关术语

1)真值　真值是指在一定的时间及空间条件下某被测量的真实数值。通常认为，真值是客观存在但不可测量的，是一个理想的概念。在测量中，一方面无法获得真值，而另一方面又往往需要运用真值。因此，在实际测量中，经常采用“约定真值”和“相对真值”。约定真值对给定的目的而言充分接近于真值，因而可以代替真值使用。在实际测量中，被测量的实际值、已修正过的算术平均值可作为约定真值。相对真值叫实际值，是在满足规定准确度时用来代表真值使用的值。

2)标称值　标称值是指测量器具(仪器)上标志的量值。如标准砝码上标出的1 kg，受制造、测量(或检定)及环境条件变化的影响，标称值不一定等于它的实际值。为此，在给出标称值的同时，通常也给出它的误差范围或精度等级。

3)示值　示值是指由测量仪器(系统)给出或提供的量值，也称测量值。

4)测量结果　测量结果是指由测量所得的测量值。在测量结果的表述中,还应包括测量不确定度和有关影响量的值。

5)测量精度　测量精度,即测量结果的精度,是指反映测量结果与真值接近程度的量。它与测量误差相对应,即误差大,精度低;误差小,精度高。也就是说,测量精度是从另一角度评价测量误差大小的量。

测量精度可细分为准确度(反映测量中系统误差的大小,即测量结果偏离真值的程度)、精密度(反映测量中随机误差的大小,即测量结果的分散程度)和精确度(反映测量结果中系统误差和随机误差综合影响的程度)。

6)测量不确定度　测量不确定度是表征被测量的真值在某量值范围内不能肯定的程度,是对测量误差极限估计值的评价。

7)测量误差　测量误差是测量结果与被测量真值之差,即:测量误差=测量结果－真值。

三、测量误差的表示方法

测量误差的表示方法多种多样,下面介绍几种基本的表示方法。

1. 绝对误差

绝对误差可定义为

$$\Delta = X - L \tag{1.3}$$

式中:Δ 为绝对误差;X 为测量值;L 为真值。

对测量值进行修正时要用绝对误差。修正值实际上是与绝对误差符号相反、大小相等的值。实际值等于测量值加上修正值。

采用绝对误差表示测量误差,有时并不能准确地反映测量质量的好坏。例如,测量温度时,仅有测量的绝对误差是不够的,因为绝对误差并没有反映出多大范围内得到的误差。如,绝对误差 $\Delta=1$ ℃,这个误差对拉制单晶硅(1 420 ℃)测量而言是一个好的测量结果,但对人体体温测量来讲,这个测量误差是不允许的。

2. 相对误差

相对误差可定义为

$$\delta = \frac{\Delta}{L} \times 100\% \tag{1.4}$$

式中:δ 为相对误差,通常用百分数表示;Δ 为绝对误差;L 为真值。

当实际测量中被测量的真值 L 无法知道时,则用测量值 X 代替真值 L 进行误差计算,得出的相对误差定义为标称相对误差,即

$$\delta = \frac{\Delta}{X} \times 100\% \tag{1.5}$$

3. 引用误差

引用误差是表示相对满量程的一种误差表示方法,用仪表测量时常采用这种误

差表示方法。引用误差也用百分数表示，即

$$r=\Delta/(\text{测量范围上限}-\text{测量范围下限}) \quad (1.6)$$

式中：r 为引用误差；Δ 为绝对误差。

仪表精度等级是根据引用误差来确定的。例如，某一个仪表的精度等级的 0.1 级，表示该仪表的引用误差的最大值不超过±0.1%；同样，1.0 级仪表的引用误差的最大值不超过±1%。我国常用模拟电工仪表的模有下列 7 种等级：0.1、0.2、0.5、1.0、1.5、2.5、5.0。

4. *基本误差*

基本误差是指仪表在规定的标准使用条件下所具有的误差。仪表的基本误差是在电源电压 220(±5)V、电网频率 50(±2)Hz、环境温度 20(±5)℃、环境相对湿度 65%(±5%)的条件下标定的。如果仪表在这个规定条件下工作，那么仪表所具有的误差就是基本误差。测量仪表的精度等级就是由基本误差决定的。

5. *附加误差*

附加误差是指当仪表的工作条件偏离额定工作条件时出现的误差。当工作条件的温度、频率、电源电压波动时，引起的误差分别表示为温度附加误差、频率附加误差、电源电压波动附加误差等。

四、测量误差的分类及消除

测量误差有着多种不同的分类方式，按误差出现的规律可分为系统误差、随机误差和粗大误差；按误差的来源可分为工具误差、方法误差；按使用条件可分为基本误差、附加误差；按被测量随时间变化的速度可分为静态误差和动态误差。在此按误差出现的规律介绍误差的分类及消除方法。

1. *系统误差(系差)*

系统误差表示测量结果偏离真值或实际值的程度，分为恒定系统误差和变化系统误差。恒定系统误差是误差大小和符号恒定不变的误差，例如仪表零点的偏高或偏低。变化系统误差是按照一定规律变化的系统误差，变化系统误差又分为累积系差(在测量过程中随着时间的增长逐渐加大或减小)、周期系差(在测量过程中误差大小和符号均按一定周期发生变化的系差)和复杂变化系差(变化规律仍未掌握的系差)。系统误差产生的原因主要是检测装置本身性能不完善、测量方法不完善、测量者对仪器使用不当、环境条件的变化等，系统误差越小，测量越准确。例如，某仪表刻度盘分度不准确，就会造成读数偏大或偏小，从而产生恒定系统误差。温度、气压等环境条件的变化和仪表电池电压随使用时间的增长而逐渐下降，则可能产生变化系统误差。

判别系统误差的方法是凡误差的数值固定或按一定规律变化，均属于系统误差。

系统误差的特点是可以通过实验或分析的方法查明其变化规律和产生原因，通过对测量值的修正或者采取一定的预防措施，就能够消除或减少它对测量结果的影响。

对于系统误差，尽管它的取值固定或按一定规律变化，但往往不易从测量结果中发现它的存在和认识它的规律，也不可能像对待随机误差那样，用统计分析的方法确定它的存在和影响，只能针对具体情况采取不同的处理措施，对此没有普遍适用的处理方法。总之，系统误差虽然是有规律的，但实际处理起来往往比无规则的随机误差困难得多。对系统误差的处理是否得当，很大程度上取决于测量者的知识水平、工作经验和实验技巧。

消除系统误差方法为：首先，应检查测量仪器本身的性能是否符合要求；其次，测量前仔细检查仪表是否处于正常工作状态；再次，检查测量系统和测量方法是否正确。具体的方法如下。

1)交换法　在测量中，将引起系统误差的某些条件(如被测量的位置等)相互交换，其他条件保持不变，使产生系统误差的因素对测量结果起相反的作用，从而抵消系统误差。例如，以等臂天平称量时，由于天平左右两臂长的微小差别，会引起称量的恒值系统误差。如果被称物与砝码在天平左右秤盘上交换，称量两次，取两次测量平均值作为被称物的质量，这就抵消了因天平不等臂引起的系统误差。

2)抵消法　改变测量中的某些条件(如测量方向)，使前后两次测量结果的误差符号相反，取其平均值以消除系统误差。

3)换向法　取上行读数和下行读数的平均值。

4)校准法　用标准表进行现场检验或送检。

5)补偿法　在测量系统中采取补偿措施，自动消除系统误差。例如，热电偶测温时，冷端温度的变化会引起变化系统误差。在测量系统中采用补偿电桥，就可以起到自动补偿作用。

2. 随机误差(随差)

随机误差是指在相同条件下，多次测量同一量时，其误差的大小和符号以不可预见的方式变化而产生的误差。

随机误差是在测量过程中许多独立的、微小的、偶然的因素引起的综合结果，其大小表明测量结果重复一致的程度，即测量结果离散性的大小。

由于随机误差是随机性的，既不能用实验方法消除，也不能修正。但就误差的整体而言，它服从一定的统计规律，即正态分布规律。图 1.6 为对某一交流电源电压值进行多次的等精度测量的结果，图中，横坐标为测量值，纵坐标为各测量值出现的次数 n，直方图的顶点连线形成一条光滑的连续曲线，这条曲线即为随机误差的正态分布曲线。其特点如下。

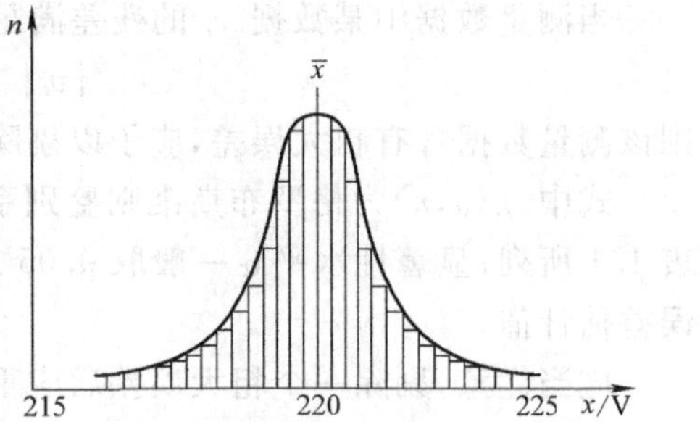

图 1.6　随机误差的统计直方图

1)对称性　多次测量值 x_i 对称分布在图中$\overline{x}$两侧。

2)有界性　在一定的测量条件下,随机误差的绝对值不会超过一定的界限。当某一误差超过一定的界限时,即可认定该误差属于粗大误差。

3)单峰性　绝对值小的随机误差比绝对值大的随机误差出现的次数多,即前者比后者的概率密度大。

根据数理统计概率理论可知,当存在随机误差的情况下,人们可以得到测量值的最近似值。在一般情况下,人们常将剔去粗大误差后的$\overline{x}$看成测量值的近似值,即

$$\overline{x}=\frac{1}{n}\sum_{i=1}^{n}x_i \tag{1.7}$$

3. 粗大误差

在一系列重复测量数据中,如有个别数据与其他数据有明显差异,则它(或它们)很可能含有粗大误差,称其为可疑数据。根据随机误差理论,出现粗大误差的概率虽小,但也是可能的。因此,如果不恰当地剔除含粗大误差的数据,会造成测量精密度偏高的假象。反之,如果对含有粗大误差的数据,即异常值,未加剔除,必然会造成测量精密度偏低的后果。因此,对数据中异常值的正确判断与处理,是正确评定测量结果必须解决的一个重要问题。

下面简述两种判别粗大误差的准则。

(1)3σ 准则(拉依达准则)

根据误差理论,当测量数据呈正态分布时,误差出现在$-3\sigma\sim+3\sigma$范围内的概率为99.73%,可以认为出现绝对值大于3σ的误差为小概率事件。若测量次数为有限次,测量误差(通常用残差表示)绝对值大于3σ,即可判定该测量数据含有粗大误差,应予以剔除。

该准则简单实用,但不适合测量次数$n\leqslant10$的情况。因为当$n\leqslant10$时,残差小于3σ的概率很大。

(2)格罗布斯(Grubbs)准则

当测量数据中某数据 x_i 的残差满足

$$|v_i|>g(\alpha,n)\hat{\sigma} \tag{1.8}$$

则该测量数据含有粗大误差,应予以剔除。

式中:$g(\alpha,n)$为格罗布斯准则鉴别系数,与测量次数 n 和显著性水平 α 有关,如表1.1所列;显著性水平 α 一般取0.05或0.01,置信概率 $P=1-\alpha$;$\hat{\sigma}$ 为测量数据的误差估计值。

应当注意,剔除一个粗大误差后应重新计算测量数据的平均值和标准差,再进行判别,反复检验直到粗大误差全部剔除为止。

实例:对某量进行了15次重复测量,测量的数据为20.42,20.43,20.40,20.43,20.42,20.43,20.39,20.30,20.40,20.43,20.42,20.41,20.39,20.39,20.40。试判定测量数据中是否存在粗大误差($P=99\%$)。

表 1.1 格罗布斯准则的 $g(\alpha,n)$ 数值表(摘录)

n	$\alpha=0.01$	$\alpha=0.05$
3	1.155	1.153
4	1.492	1.462
5	1.749	1.672
6	1.944	1.822
7	2.097	1.938
8	2.221	2.032
9	2.323	2.110
10	2.410	2.176
11	2.485	2.234
12	2.550	2.285
13	2.607	2.331
14	2.659	2.371
15	2.705	2.409
16	2.747	2.443
17	2.785	2.475
18	2.821	2.504
19	2.854	2.532
20	2.884	2.557
21	2.912	2.580
22	2.939	2.603
23	2.963	2.624
24	2.987	2.644
25	3.009	2.663
30	3.103	2.745
35	3.178	2.811
40	3.240	2.866
45	3.292	2.914
50	3.336	2.956

解:测量数据的平均值

$$\bar{x}=\frac{1}{n}\sum_{i=1}^{15}x_i=20.404$$

测量数据的标准偏差

$$\hat{\sigma}=\sqrt{\frac{1}{n-1}\sum_{i=1}^{n}v_i^2}=\sqrt{\frac{0.014\ 96}{14}}\approx 0.033$$

第 8 个数据的残差 $|v|=0.104>3\sigma=0.099$,根据拉依达准则可以判定,数据 20.30 为异常值,应当剔除。剔除该数据后,重新计算平均值和标准偏差,得

$$\bar{x}'=20.404$$

$$\hat{\sigma}'=\sqrt{\frac{0.033\,74}{13}}\approx 0.016$$

这时剩余数据的残差$|v|<3\sigma=0.048$，即剩余数据不再含有粗大误差。

根据已知的置信概率 $P=99\%$，也可用格罗布斯准则判定，结果相同。

习题与思考题

1. 检测系统由哪几部分组成？说明各部分的作用。

2. 什么是测量误差？测量误差有几种表示方法？各有什么用途？

3. 误差按其出现规律可分为几种？

4. 用测量范围为－50～150 kPa 的压力传感器测量 140 kPa 压力时，传感器测得的压力为 142 kPa，求该值的绝对误差、相对误差、标称相对误差和引用误差。

5. 什么是随机误差？随机误差具有哪些特征？随机误差产生的原因是什么？

6. 产生系统误差的常见原因有哪些？常用的减少系统误差的方法有哪些？

7. 对某量进行 10 次测量，测得数据为 14.7，15.0，15.2，14.8，15.5，14.6，14.9，14.8，15.1，15.0。试判断该测量列中是否存在系统误差。

8. 对某量进行 15 次测量，测得数据为 28.53，28.52，28.50，28.52，28.53，28.53，28.50，28.49，28.49，28.51，28.53，28.52，28.49，28.40，28.50。若这些测得值已消除系统误差，试判断该测量中是否含有粗大误差的测量值。

9. 检定 2.5 级的量程为 100 V 的电压表，发现 50 V 刻度点的示值误差 2 V 为最大误差，问该电压表是否合格？

10. 若测量 10 V 左右的电压，手头上有两块电压表，其中一块量程为 150 V，0.5 级；另一块是 15 V，2.5 级。问选哪一块电压表测量更准确？

第二章　常用传统传感器

传感器是指感受规定的被测量并按照一定的规律转换成可输出信号的器件或装置，所以传感器又称为敏感器件、检测器件、转换器件等。传感器的基本功能是检测信号和进行信号转换。传感器总是处于测试系统的最前端，用来获取检测信息，其性能的好坏将直接影响整个测试系统，对测量精确度起到决定性的作用，所以它是检测与控制系统的首要环节。

传感器的种类很多，分类方式也很多，本章按照传感器作用原理的分类方式对部分常用传感器概念、工作原理、性能参数及应用等分别加以介绍。

第一节　电阻式传感器

电阻式传感器是把被测量（如位移、压力、力、力矩等非电量）的变化转换为电阻值的变化，然后通过测量该电阻值达到检测非电量目的的一种传感器。电阻式传感器种类较多，常用的有电位器式传感器和电阻应变式传感器。

一、电位器式传感器

电位器式传感器主要用来测量位移，通过其他敏感元件（如膜片、膜盒、弹簧管等）将非电量（如力、位移、形变、速度、加速度等）的变化量变换成与之有一定关系的电阻值的变化，通过对电阻值的测量达到对非电量测量的目的。

（一）线绕电位器式位移传感器

线绕电位器式传感器的核心是线绕电位器。图 2.1 是常用电位器式传感器的结构原理图，该类传感器主要是由触点机构和电阻器两部分组成。由于触点的存在，为了保证测量精度，要求被测量有一定的输出功率。

当电源电压 U_i 确定以后，由于电刷沿着电阻器移动 x，输出电压 U_o 就产生相应变化，并有

$$U_o = f(x) \tag{2.1}$$

这样，电位器就将输入的位移量 x 转换成相应的电压 U_o 输出。

如图 2.1(a)所示为线性位移传感器，它的骨架截面积处处相等，且由材料均匀的导线按照等节距绕制而成，此时电位器单位长度上的电阻值处处相等，x_{max} 是其总长度，总电阻为 R_{max}，当电刷行程为 x 时，对应于电刷移动量 x 的电阻值 R_x 为

$$R_x = \frac{x}{x_{max}} \times R_{max} \tag{2.2}$$

若把它作为分压器使用，且假定加在电位器 A、B 之间的电压为 U_{max}，则输出电压为

$$U_x=\frac{R_x}{R_{max}}\times U_{max} \tag{2.3}$$

如图 2.1(b)所示为电位器式角度传感器。若将其作为电阻器使用，则电阻与角度的关系为

$$R_\alpha=\frac{\alpha}{\alpha_{max}}\times R_{max} \tag{2.4}$$

若作为分压器使用，则有

$$U_\alpha=\frac{\alpha}{\alpha_{max}}\times U_{max} \tag{2.5}$$

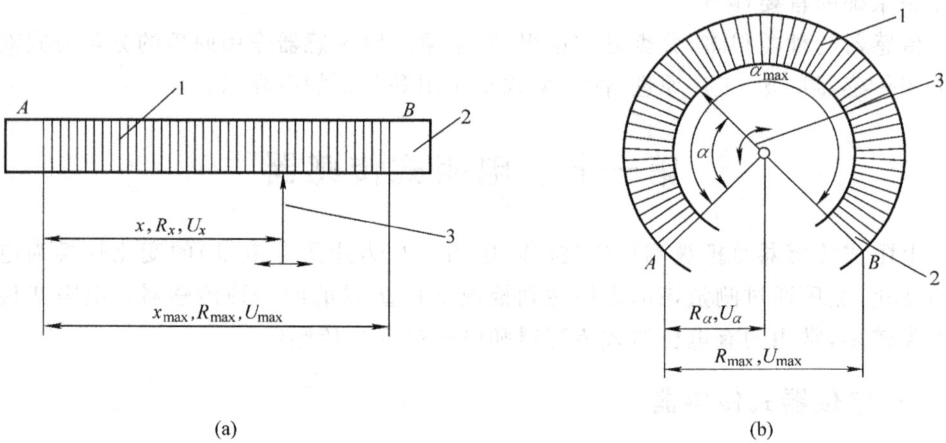

图 2.1 线绕电位器式传感器示意图

1—电阻丝；2—骨架；3—滑臂

(a)位移式 (b)角度式

线性绕线式电位器理想的输入输出关系遵循以上式(2.2)～式(2.5)四式。

如图 2.2 所示是线性绕线电位器示意图。因为

$$R_{max}=2\frac{\rho}{A}(b+h)n$$

$$x_{max}=nl$$

所以其电阻灵敏度为

$$K_R=\frac{R_{max}}{x_{max}}=\frac{2\rho(b+h)}{Al} \tag{2.6}$$

电压灵敏度为

$$K_u=\frac{U_{max}}{x_{max}}=\frac{2\rho(b+h)}{Al}\times I \tag{2.7}$$

式中：ρ 为导线电阻率，$\Omega\cdot m$；A 为导线横截面面积，m^2；n 为绕线电位器总匝数；h、b 分别为骨架的高与宽，m；l 为绕线节距，m。

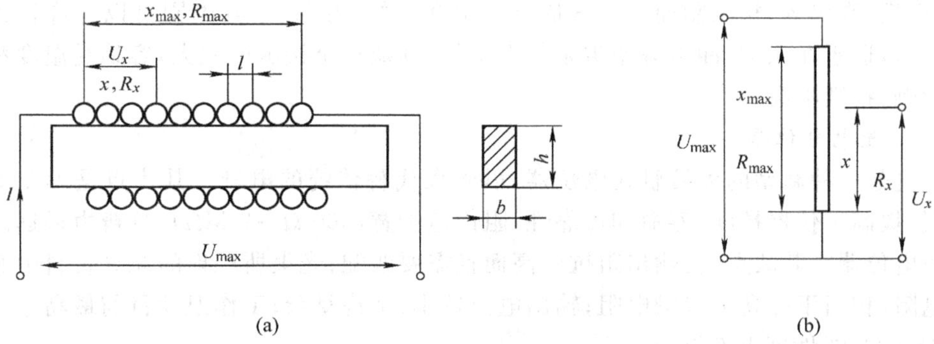

图 2.2　线性绕线电位器示意图

(a)结构　(b)原理

由式(2.6)和式(2.7)可以看出，线性绕线电位器的电阻灵敏度和电压灵敏度除了与电阻率 ρ 有关，还与骨架尺寸 h 和 b、导线截面积 A、绕线节距 t 等参数有关；电压灵敏度与流过电位器的电流 I 的大小也有关系。

当有直线位移或角位移发生时，电位器的电阻值就会改变，如果外接测量电路，就可以测量出电阻变化，从而通过数学公式变换求得位移量。

(二)非线绕电位器式位移传感器

非线绕电位器又叫函数电位器，代表着电位器式传感器发展方向。主要有以下几种。

1. 合成膜电位器

合成膜电位器的变阻器是由电阻液喷涂在绝缘骨架表面上形成电阻膜而制成的。电阻液由石墨、炭墨、树脂等材料配制而成，经过烘干聚合，在骨架上形成电阻膜。这种电位器的优点是分辨力高、阻值范围广、耐磨性好、工艺简单、成本低，其线性度为 1%左右，修刻后可以提高到 0.1%左右；其主要缺点是接触电阻大、抗潮湿性差和噪声较大。

2. 金属膜电位器

金属膜电位器是在玻璃或胶木基片上，分别用高温蒸镀和电镀方法，涂覆一层金属膜或金属复合膜。用于制作金属膜的合金有铑锗、铂铜、铂铑锰等合金，而复合膜则是由一层金属和一层氧化物膜合成，如铑膜和氧化锡膜加氧化钛膜等。使用金属复合膜的目的在于提高膜层的阻值和耐磨性，金属合金膜阻值高，而金属氧化膜耐磨性好。

金属膜电位器的优点是电阻温度系数可达 $(0.5\sim1.5)\times10^{-4}/℃$，工作温度可以在 150 ℃以上，分辨力高，摩擦力矩小；缺点是功率小，耐磨性差，阻值不高 $(1\sim2\ \text{k}\Omega)$。

3. 导电塑料电位器

这种电位器又称为实心电位器，它的电阻元件是由塑料粉及导电材料(金属合金、石墨、炭黑等)粉压制而成。其优点是耐磨性好,寿命长,其电刷可以允许较大的接触力,适于在振动、冲击等恶劣条件下工作;其缺点是接触电阻大,容易受温度和湿度影响,精度不高。

4. 光电电位器

这是一种新型的无接触式电位器,以光束代替传统的电刷。其优点是无摩擦和磨损,提高了仪器精度、寿命和可靠性,阻值范围宽(500 Ω~2 MΩ),分辨力远远高于一般电位器。其缺点是:输出阻抗较高而且需要匹配;光束所照射的光导材料中有一定电阻,相当于提高了接触电阻;输出电流较小;结构复杂;工作温度目前最高才能达到 150 ℃;线性度也不够高。

(三)电位器式位移传感器的应用

电位器式位移传感器常用来测量几毫米到几十米的位移和几度到 360°的角度。

图 2.3 所示为我国研制的采用精密合成膜电位器的 CII－8 型拉线式大位移传感器。它可以用来测量飞行器级间分离时的相对位移、火车各车厢的分离位移、跳伞运动员起始跳落位移等。位移传感器主体装在一物体上,牵引头 1 带动排线轮 2 和传动齿轮 3 旋转,从而通过轴 4 带动电刷 5 沿电位器 6 合成膜表面滑动,由电位器输出电信号,同时发条 7 扭转力矩也增大,当两物体相对距离减小时,由于发条 7 扭转力矩的作用,通过主轴 4 带动排线轮 2 及传动齿轮 3、电刷 5 作反向运动,使与牵引头 1 相连的不锈钢丝绳回收到排线轮 2 的槽内。

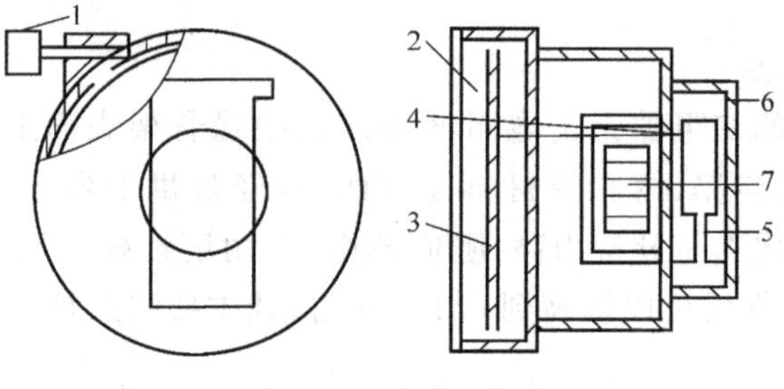

图 2.3　拉线式大位移传感器

1—牵引头;2—排线轮;3—传动齿轮;4—轴;5—电刷;6—电位器;7—发条

二、电阻应变式传感器

电阻应变式传感器是一种利用电阻应变片将应变或应力转换为电阻的传感器,可以用于测量应变、力、压力、位移、加速度、力矩等参数,具有动态响应快、测量精度高、使用简便等优点。

根据敏感元件的材料形状的不同,电阻应变式传感器的应变片可分为金属应变片和半导体应变片两种。金属应变片有金属丝式、金属箔式和金属薄膜式;半导体应变片有扩散型、体型和薄膜型。

电阻应变式传感器主要由电阻应变片(金属应变片和半导体应变片)和测量电路两部分组成。

(一)金属应变片

金属应变片是由绕成栅状的高阻金属丝、栅状金属箔构成的,敏感元件用黏合剂贴在两张胶片或纸片(基片)之间制成。基本结构如图 2.4 所示。

1. 金属丝电阻应变片

金属丝电阻应变片是由丝栅状的电阻丝组成的敏感元件,有圆角线栅式和直角线栅式两种,如图 2.5 所示。

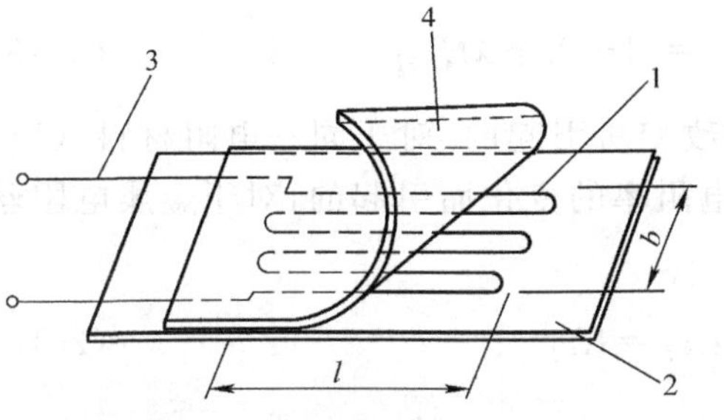

图 2.4　金属应变片结构

1—敏感元件;2—基底;3—引线;4—盖片

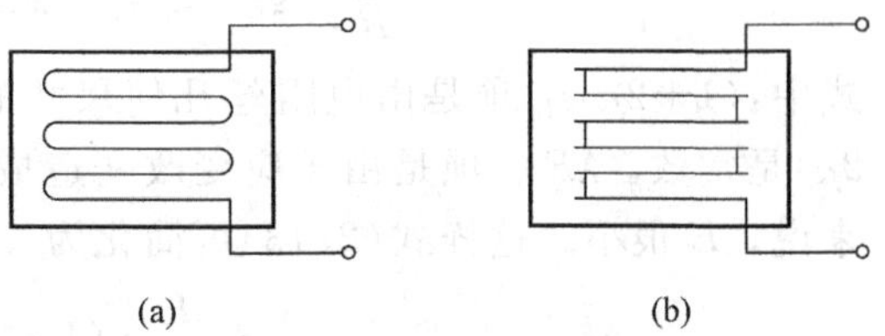

图 2.5　金属丝电阻应变片形式

(a)圆角线栅式　(b)直角线栅式

电阻丝在外力作用下发生机械变形时,其阻值发生变化,此种现象称为电阻应变效应。根据这种效应,可将应变片用特制胶水粘固在被测材料表面,被测材料在外力作用下产生的应变就会传送到应变片上,使应变片的阻值发生变化,通过测量应变片电阻值的变化就可得知被测量的大小。金属丝电阻为

$$R=\rho\frac{L}{A} \tag{2.8}$$

式中,$A=\pi r^2$,r 为电阻丝半径。

当金属丝电阻发生变形时,其长度 L、截面积 A、电阻率 ρ 均发生变化,从而引起电阻值 R 的变化,电阻的增量为

$$\mathrm{d}R=\frac{\rho}{\pi r^2}\mathrm{d}L-2\frac{\rho L}{\pi r^3}\mathrm{d}r+\frac{L}{\pi r^2}\mathrm{d}\rho=R\left(\frac{\mathrm{d}L}{L}-2\frac{\mathrm{d}r}{r}+\frac{\mathrm{d}\rho}{\rho}\right) \tag{2.9}$$

电阻的相对变化为

$$\frac{\mathrm{d}R}{R}=\frac{\mathrm{d}L}{L}-2\frac{\mathrm{d}r}{r}+\frac{\mathrm{d}\rho}{\rho} \tag{2.10}$$

式中:$\frac{\mathrm{d}L}{L}=\varepsilon_L$ 为电阻丝轴向相对变形,或称纵向应变;$\frac{\mathrm{d}r}{r}=\varepsilon_r$ 为电阻丝径向相对变形,或称横向应变;$\frac{\mathrm{d}\rho}{\rho}=\varepsilon_\rho$ 为电阻率相对变化量。

纵向应变$\frac{\mathrm{d}L}{L}$与横向应变$\frac{\mathrm{d}r}{r}$间存在着比例关系,其比例系数为电阻丝材料的泊松

比μ，两者符号相反，其数学关系式为

$$\frac{\mathrm{d}r}{r}=-\mu\frac{\mathrm{d}L}{L}=-\mu\varepsilon_L \tag{2.11}$$

电阻丝电阻率相对变化$\frac{\mathrm{d}\rho}{\rho}$与电阻丝轴向所受正应力$\sigma$有关，即

$$\frac{\mathrm{d}\rho}{\rho}=\lambda\sigma=\lambda E\varepsilon_L \tag{2.12}$$

式中：E为电阻丝材料的弹性模量；λ为压阻系数，与材质有关。

将式(2.11)、式(2.12)代入式(2.10)得

$$\frac{\mathrm{d}R}{R}=\varepsilon_L+2\mu\varepsilon_L+\lambda E\varepsilon_L=(1+2\mu+\lambda E)\varepsilon_L \tag{2.13}$$

式中：$(1+2\mu)\varepsilon_L$项是由电阻丝几何尺寸的改变所引起的，对于同一电阻材料，$(1+2\mu)$是常数。$\lambda E\varepsilon_L$项是由于应变改变造成电阻率的变化而引起的，对于金属电阻丝来说，λE很小。这样式(2.13)可简化为

$$\frac{\mathrm{d}R}{R}\approx(1+2\mu)\varepsilon_L=K\varepsilon_L \tag{2.14}$$

式中，$K=\frac{\mathrm{d}R/R}{\mathrm{d}L/L}=1+2\mu$，称为金属电阻丝电阻的灵敏系数。

由式(2.14)可以看出，电阻相对变化率与应变成正比，它们之间呈线性关系。灵敏系数K值主要取决于泊松比μ。对于大多数金属材料，$\mu=-0.3\sim0.5$。

根据式(2.14)，只要能测出电阻应变片的$\frac{\mathrm{d}R}{R}$值，就可知道应变片的应变值ε_L。再由材料的应力和应变的概念，即可求得被测材料的应变和应力等。

金属丝式应变片根据基底不同可分为纸基、胶基、纸浸胶基和金属基等。金属丝直径在0.02～0.05 mm之间，最常见的为0.025 mm。阻值一般在50～1 000 Ω之间，常用的阻值为120 Ω。最大工作电流为10～50 mA，引线为直径0.15～0.3 mm的镀银或镀锡铜丝或铜线。

2. 金属箔式应变片

金属箔式应变片的敏感栅是由很薄的金属箔片通过光刻和腐蚀工艺制成。箔栅厚度为0.003～0.01 mm。箔片材料为康铜、镍铬合金等。为适应不同场合，其敏感栅制成不同的形状，如图2.6所示。

金属箔式应变片灵敏系数高（为2～4），测量范围大，最大工作电流75～100 mA，应变片刚度大，便于小型化和大批量生产。

（二）半导体应变片

半导体应变片最简单的结构如图2.7所示。半导体应变片的工作原理是基于半导体材料的压阻效应。压阻效应是指单晶半导体材料（如P－Si、N－Si）沿某方向受到外力作用时，其电阻率ρ发生变化导致电阻值变化的现象。

半导体材料具有一些特殊的性质，如在压力、温度、光辐射作用下及掺杂质后，半

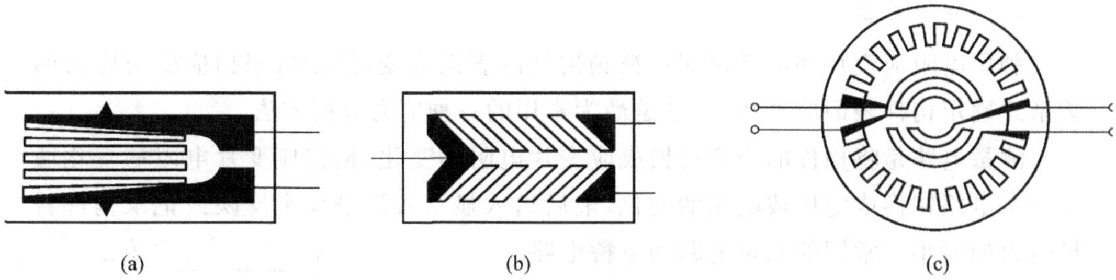

图 2.6　箔式应变片形式

(a)普通型　(b)测量转矩型　(c)测量流体压力的圆膜片型

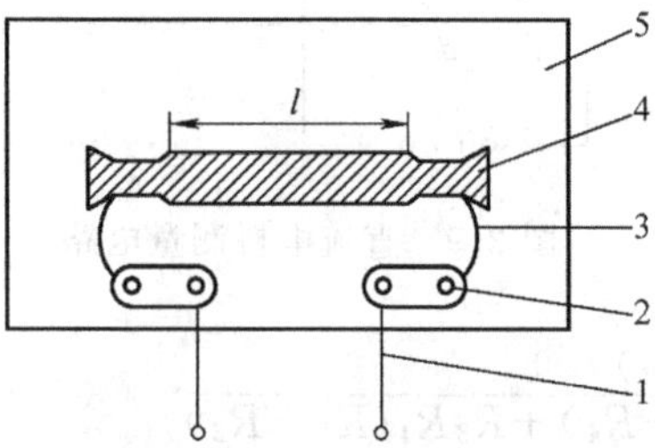

图 2.7　半导体应变片(体型)

1—外引线;2—焊接板;3—内引线;
4—P-Si;5—胶膜衬底

导体电阻率 ρ 发生很大变化。

单晶半导体在外力作用下,原子点阵排列规律发生变化,导致载流子迁移率及载流子浓度的变化,从而引起电阻率的变化。式(2.13)中,$(1+2\mu)\varepsilon_L$ 项是由几何尺寸变化引起的,$\lambda E\varepsilon_L$ 是由电阻率变化引起的。对于半导体而言,后者远远大于前者,它是半导体应变片电阻变化的主要部分。因此,式(2.13)可写成

$$\frac{\mathrm{d}R}{R}=\lambda E\varepsilon_L \tag{2.15}$$

式中:λ 为沿 L 向的压阻系数,$\mathrm{m^2/N}$;E 为半导体材料的弹性模量,Pa;ε_L 为沿 L 向的应变。

半导体应变片灵敏度

$$K=\frac{\mathrm{d}R/R}{\varepsilon_L}=\lambda E \tag{2.16}$$

其中,K 值比金属电阻应变片大 50～70 倍。

目前国产的半导体应变片大都采用 P 型和 N 型硅材料制作,其结构有体型、薄膜型和扩散型,如图 2.8 所示。

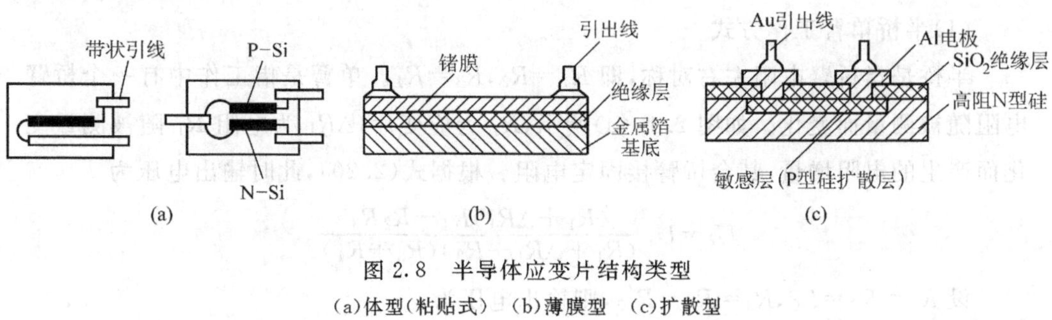

图 2.8　半导体应变片结构类型

(a)体型(粘贴式)　(b)薄膜型　(c)扩散型

（三）测量电路

利用电阻应变片和应变仪测定被测构件的表面应变，然后再根据应变与应力的关系式确定构件表面应力状态，这是最为常用的一种应力分析方法。

测量电路是将构件的应变转换成应变片电阻的变化，再把应变片电阻的变化通过测量电路转换成电压或电流的变化，最后送入显示或记录仪来反映或记录构件材料应力的大小。常用的测量电路为电桥电路。

1. 电桥电路的工作原理

图 2.9 是直流电桥的基本形式，以电阻 R_1、R_2、R_3、R_4 作为四个桥臂，在 a、c 两端接入直流电源电压 U_i，b、d 两端为输出电压 U_o，R_L 为电桥输出负载。

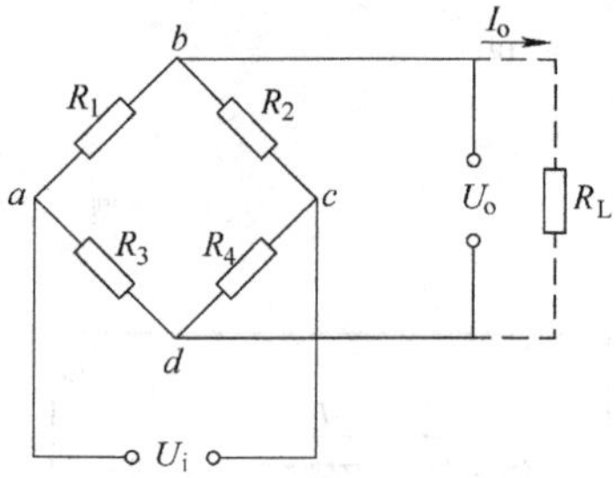

图 2.9　直流电桥测量电路

根据基尔霍夫定律，可求得流过负载的电流 I_o 和输出电压 U_o 分别为

$$I_o=\frac{U_i(R_1R_4-R_2R_3)}{R_L(R_1+R_2)(R_3+R_4)+R_1R_2(R_3+R_4)+R_3R_4(R_1+R_2)} \tag{2.17}$$

$$U_o=\frac{U_i(R_1R_4-R_2R_3)}{(R_1+R_2)(R_3+R_4)+\frac{1}{R_L}[R_1R_2(R_3+R_4)+R_3R_4(R_1+R_2)]} \tag{2.18}$$

可以看出，若要使输出为零，即电桥平衡，应满足

$$R_1R_4=R_2R_3 \tag{2.19}$$

所以，适当选择各桥臂电阻值，可使输出电压只与被测量引起的电阻值变化量有关。

当电桥输出端接输入电阻较大的仪表或放大器时，即 $R_L\to\infty$，流过负载的电流为零，则式(2.18)可简化为

$$U_o=U_i\frac{R_1R_4-R_2R_3}{(R_1+R_2)(R_3+R_4)} \tag{2.20}$$

在测试技术中，根据工作中电阻值参与变化的桥臂数可分为半桥式与全桥式连接。

(1)半桥单臂工作方式

半桥是指桥臂电阻左右对称，即 $R_1=R_2$，$R_3=R_4$。单臂是指工作中有一个桥臂电阻随被测量而变化。如图 2.10(a)所示，R_1 为应变片，ΔR_1 为电阻 R_1 随被测量变化而产生的电阻增量，其余桥臂接固定电阻。根据式(2.20)，此时输出电压为

$$U_o=U_i\frac{(R_1+\Delta R_1)R_4-R_2R_3}{(R_1+\Delta R_1+R_2)(R_3+R_4)}$$

设 $R_1=R_2=R_0$，$R_3=R_4=R'_0$，则输出电压为

$$U_o = U_i \frac{(R_0 + \Delta R_1)R'_0 - R_0 R'_0}{(R_0 + \Delta R_1 + R_0)(R'_0 + R'_0)} = U_i \frac{\Delta R_1}{4R_0 + 2\Delta R_1} \tag{2.21}$$

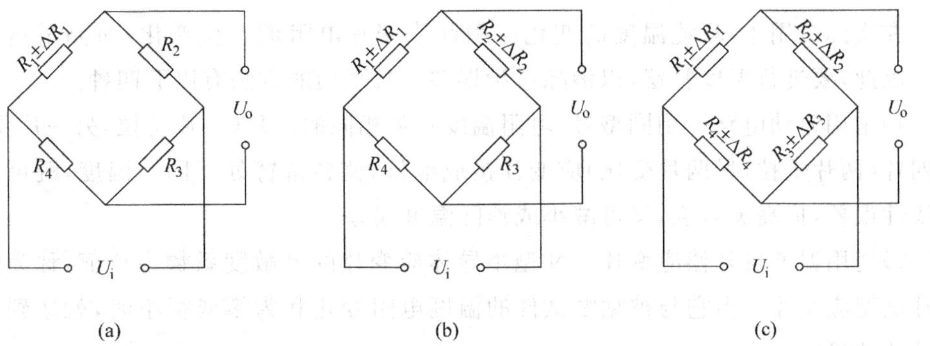

图 2.10　直流电桥的连接方式

(a)半桥单臂　(b)半桥双臂　(c)全桥

因应变片承受的应变较小，即 $\Delta R_1 \ll R_0$，忽略分母中 $2\Delta R_1$。根据式(2.14)，式(2.21)可写成

$$U_o \approx \frac{U_i}{4} \cdot \frac{\Delta R_1}{R_1} = \frac{U_i}{4} K \varepsilon_L \tag{2.22}$$

式中，ε_L 为应变片的纵向应变(或横向应变)，取决于应变片的粘贴方向。

可见，当 $\Delta R_1 \ll R_0$ 时，电桥的输出电压与应变值成正比。

(2)半桥双臂工作方式

半桥双臂连接方式如图 2.10(b)所示。两个相邻桥臂 R_1、R_2 接应变片，R_3、R_4 为固定电阻。要求两桥臂应变极性相反(一个为拉应变，另一个为压应变)时，即将 $(R_1 + \Delta R_1)$、$(R_2 - \Delta R_2)$代入式(2.20)，并且 $R_1 = R_2 = R_0$，$R_3 = R_4 = R'_0$，$\Delta R_1 = \Delta R_2 = \Delta R$。则电桥输出

$$U_o = \frac{U_i}{2} \cdot \frac{\Delta R}{R_0} = \frac{U_i}{2} K \varepsilon_L \tag{2.23}$$

由式(2.23)可知，相邻两桥臂应变片处于差动工作状态，可以消除非线性误差。

(3)全桥工作方式

全桥工作方式如图 2.10(c)所示。四个桥臂全部接应变片，其阻值都随被测量变化而变化，即 $R_1 \pm \Delta R_1$，$R_2 \pm \Delta R_2$，$R_3 \pm \Delta R_3$，$R_4 \pm \Delta R_4$。同理可以证明，当 $R_1 = R_2 = R_3 = R_4 = R_0$，$|\Delta R_1| = |\Delta R_2| = |\Delta R_3| = |\Delta R_4| = \Delta R$ 时，电桥输出

$$U_o = U_i \frac{\Delta R}{R} = U_i K \varepsilon_L \tag{2.24}$$

显然，电桥接法不同，输出电压灵敏度不同。全桥接法输出电压灵敏度更高，可

以获得较大的输出。同时,全桥接法还能起到温度补偿作用,所以应用较为广泛。

2. 直流电桥电路的温度补偿和非线性补偿

(1)温度补偿

在实际应用中,环境温度的变化会引起应变片电阻值发生变化,对测量造成误差。因此,要进行温度补偿,以消除这种误差。常采用的方法有以下四种。

1)采用差动电路　用同型号、电阻温度系数相同的两片(一片受拉,另一片受压)或四片(两片受拉,另两片受压)应变片接成电桥,使各桥臂处于同一温度,既可消除非线性误差,提高灵敏度,又可减小或消除温度误差。

2)使用温度自补偿应变片　N型半导体应变片的灵敏度系数为负值,称为温度自补偿型应变片。当它与被粘贴试件的温度电阻变化和为零或很小时,就达到了温度补偿的目的。

3)使用P-N组合型半导体应变片　将P型和N型应变片粘贴在弹性敏感元件上,组成同一力方向上电桥相邻的两臂,当温度变化时,其电阻变化率大小相等,符号相反,实现温度补偿。

4)采用热敏电阻补偿　在转换电桥的电源输入回路中串入负温度系数的热敏电阻,也可在转换电桥的输出回路中串入负温度系数的热敏电阻与分流电阻的并联,热敏电阻与应变片处于相同的温度下,合理选择分流电阻和热敏电阻的值,可实现灵敏系数温度补偿。

(2)非线性补偿

1)利用预应力补偿　在高于工作温度下,粘贴N型半导体应变片于较高膨胀系数的弹性元件上,冷却后相当于受预压力,使应变片线性范围增加。

2)利用P-N组合型补偿　因为P型和N型应变片的灵敏系数非线性方向相反,组合后便可减小非线性误差。

3)采用并联电阻补偿　使用半桥单臂连接时,在应变片两端并联电阻,也可减小非线性误差,但灵敏度有所下降。

(四)电阻应变式传感器的应用

电阻应变式传感器的应用可分为两大类:一类是直接用来测定结构的应变或应力,即直接将应变片粘贴在被测物件的预定部位上,可以测得构件的拉应力、压应力、扭矩或弯矩等,为结构设计、应力校核或构件破坏的预测等提供可靠的实验数据;另一类是将应变片粘贴于弹性敏感元件上,作为测量力、位移、压力、加速度等物理参数的传感器,弹性元件在被测物理量的作用下,得到与被测量成正比的应变,然后由应变片转换为电阻的变化,再通过电桥转换为电压输出。

电阻应变式测力仪是目前应用较为普通的一种测力仪,在车、铣、钻、磨等测力仪中均有采用。这种形式测力仪的优点是：灵敏度高，可测切削力的瞬时值；应用电补偿原理，可以消除切削分力的相互干扰，这使测力仪结构大大简化。

图 2.11 所示为八角环式车削测力仪。从切削原理可知道，实际切削力几乎都需要二维或三维坐标表达。例如车削外圆时，切削力 F 可分解为进给抗力 F_x、吃刀抗力 F_y、主切削力 F_z。车削测力仪的作用就是实现二维或三维切力的精确测定。

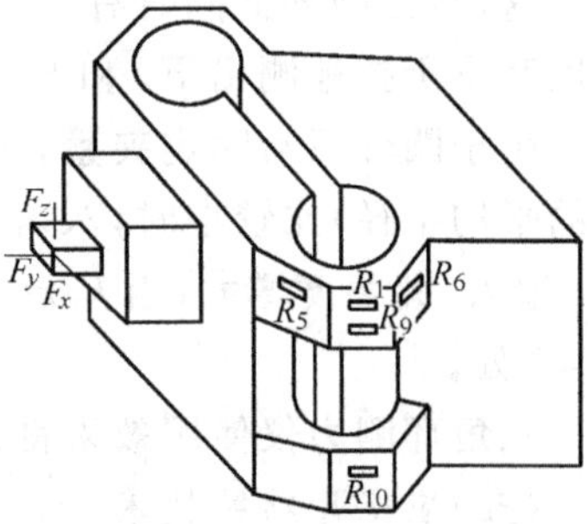

图 2.11　八角环车削测力仪

当八角环式车削测力仪车削工件时，进给抗力 F_x 使四个环受到切向力；吃刀抗力 F_y 使四个环都受到压应力；而主切削力 F_z 则使上面环受到拉伸，下面环受到压缩。

八角环弹性元实际上是由圆环演变而来的，见图 2.12。在圆环上施加单向径向力 F_y 时，圆环各处的应变不同，其中在与作用力成 39.6°处（图中 B 点）应变等于零，称之为应变节点。在水平中心线上则有最大应变，因此，将应变片 $R_1 \sim R_4$ 贴在中心线上时，R_1 和 R_3 受张应力，R_2 和 R_4 受压应力。

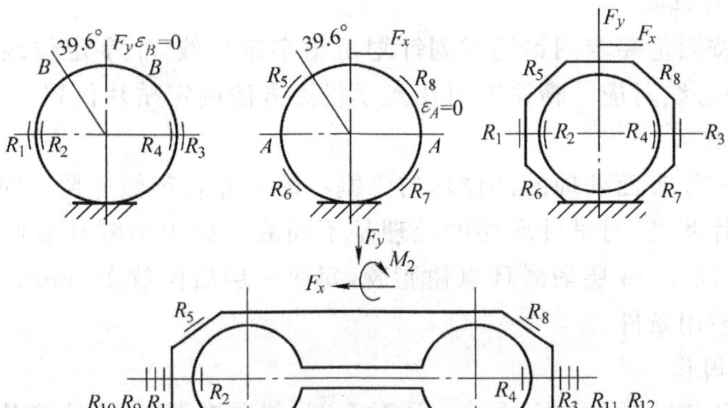

图 2.12　圆环与八角环

如果圆环一侧固定，另一侧受切向力时，此时，应变节点与着力点成 90°的地方（图中 A 点）。若将应变片贴在 39.6°处时，则 R_5 和 R_7 受张应力，R_6 和 R_8 受压应力。

这样，当圆环上同时有 F_x 和 F_y 作用时，将应变片 $R_1 \sim R_4$，$R_5 \sim R_8$ 组成电桥，就可以互不干扰地测出 F_x 和 F_y。

由于圆环不易固定夹紧，实际上常采用八角环代替。当 h/r（h 为环的厚度，r 为环的平均半径）比较小时，八角环近似于圆环，F_y 作用下的应变节点在 39.6°处。随 h/r 增大，此角度增大，当 $h/r=0.4$ 时，应变节点在 45°处，所以一般八角环应变片贴在 45°处。

八角环测力仪使用效果良好，目前被广泛采用。

（五）应变片粘贴技术

应变片是用黏合剂粘贴在被测的弹性体上，其粘贴质量直接影响测量精度。粘贴工艺包括被测试件的表面处理、粘贴位置的确定、应变片的粘贴和固化、引出线的焊接与固定、应变片的防潮与屏蔽等。

1. 试件的表面处理

粘贴应变片的弹性元件、轴等统称为试件。将试件表面的贴片处用细砂布 45°交叉地打磨至表面粗糙度 R_a 为 1.6～6.3 μm，使粘贴表面平整，并用丙酮等清洗试件表面的灰尘、油污、氧化层等。粘贴表面处理的面积为应变片的 3～5 倍。

2. 确定贴片位置

在试件上按测量要求用铅笔或划针划出十字定位线，十字定位线与应变片敏感栅的纵、横向中心线对应。精密的可用光学投影方法确定贴片位置。

3. 底层处理

在应变片和经表面处理的部位均匀涂刷一薄层黏合剂做底层。对不同的黏合剂和不同的应变片基底，对试件底层的处理是不同的。如用酚醛环氧胶粘贴缩醛基底应变片，则需要涂 2～3 层酚醛环氧树脂胶，每涂一层后停放 10 min。且固化条件应符合黏合剂的使用条件。

4. 粘贴与固化

在应变片和待贴试件面上再涂一层黏合剂，待稍变稠时，将应变片对准所划定位线迅速贴上，然后盖上一层玻璃纸或塑料膜，用手指或小橡胶辊朝一个方向滚压，挤出气泡和过量的黏合剂。最后根据黏合剂的固化工艺要求进行固化处理。

5. 粘贴质量检查

质量检查包括外观检查、应变片阻值检查及绝缘电阻的测量。用放大镜检查粘贴位置是否正确、黏合处是否漏粘和有气泡等；用万用表测量应变片的电阻值，要求粘贴前后无明显变化；测量应变片包括引线和试件之间的绝缘电阻，通常应在50 MΩ以上。

6. 引线焊接与防护

检查合格后采用连接片焊接出导线，在应变片及其引线上涂以石蜡、石蜡松香混合剂、环氧树脂、清漆等防护层来防止潮湿及水分侵入，保证应变片长期工作的稳定性。

第二节　电感式传感器

电感式传感器是建立在电磁感应的基础上，利用线圈自感或互感的改变实现非电量的检测。它可以把输入物理量，如位移、振动、压力、流量、密度、力矩、应变等参数，转换为线圈的自感 L、互感 M 的变化，再由测量电路转换为电流或电压的变化。因此，它能实现信息远距离传输、记录、显示和控制，在工业自动控制系统中被广泛采用。

电感式传感器根据信号的转换原理可以分为自感式和互感式两大类，主要有变气隙式电感传感器、差动螺线管式电感传感器、差动变压器式电感传感器、电涡流式电感传感器等。

电感式传感器结构简单、工作可靠、灵敏度高、分辨力大，能测出 0.1 μm 甚至更小的机械位移变化，测量精度高，线性度好，可以把输入的各种机械物理量如位移、振动、压力、应变、流量、密度等参数转换为电量输出，因而在工程实践中应用十分广泛。但电感式传感器自身频率响应低，不适用于快速动态的测量中。

本节主要介绍自感式、互感式和电涡流式三种电感式传感器。

一、自感式传感器

（一）工作原理

图 2.13 所示是变气隙厚度的自感式传感器结构。它由线圈、铁芯和衔铁三部分组成。铁芯和衔铁由导磁材料如硅钢片或坡莫合金制成，在铁芯和衔铁之间有气隙，气隙厚度为 δ，传感器的运动部分与衔铁相连。当衔铁移动时，气隙厚度 δ 发生改变，引起磁路中磁阻变化，从而导致电感线圈的电感值发生变化。因此，只要能测出电感线圈电感量的变化，就能确定衔铁位移量的大小和方向。

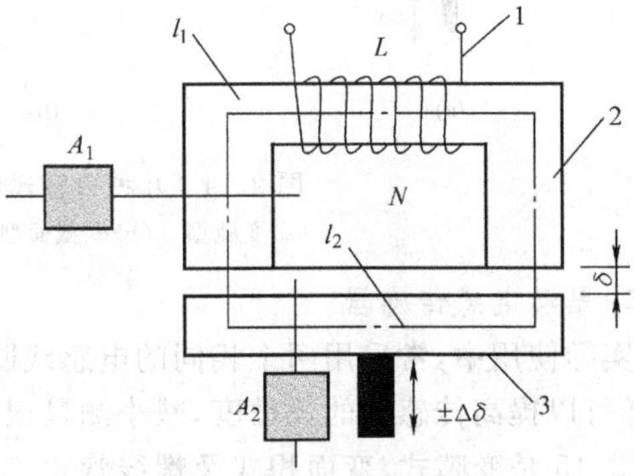

图 2.13　自感式传感器

1—线圈；2—定铁芯；3—衔铁（动铁芯）

图中 A_1、A_2 分别为定铁芯和衔铁（动铁芯）的截面积，l_1、l_2 分别为铁芯和衔铁的中心线长度，δ 为气隙厚度，N 为线圈的匝数。

线圈自感系数为

$$L=\frac{N\Phi}{I} \tag{2.25}$$

磁路总磁阻为

$$R_{\mathrm{m}}=\sum\frac{l_i}{\mu_i A_i} \tag{2.26}$$

式中：R_{m} 为磁路总磁阻；l_i、μ_i、A_i 分别为磁通通路的长度及对应的磁导率和截面积。

由于空气的磁阻 R_{m0} 远大于铁磁物质的磁阻，所以略去铁芯的磁阻可得

$$R_{\mathrm{m}}=\sum\frac{l_i}{\mu_i A_i}\approx\frac{2\delta}{\mu_0 A_0} \tag{2.27}$$

因此线圈自感系数可以写成

$$L=\frac{N^2}{R_{\mathrm{m}}}=\frac{\mu_0 A_0 N^2}{2\delta} \tag{2.28}$$

可以看出，当线圈匝数 N 为常数时，线圈自感系数 L 只是磁路中磁阻 R_{m} 的函数，改变气隙厚度 δ 或气隙截面积 A_0 都会导致自感系数变化。因此自感式传感器又可分为变气隙厚度 δ 的传感器和变气隙面积 A_0 的传感器。目前使用最广泛的是变气隙厚度的自感式传感器。图 2.14 所示的是几种自感式传感器的原理图。

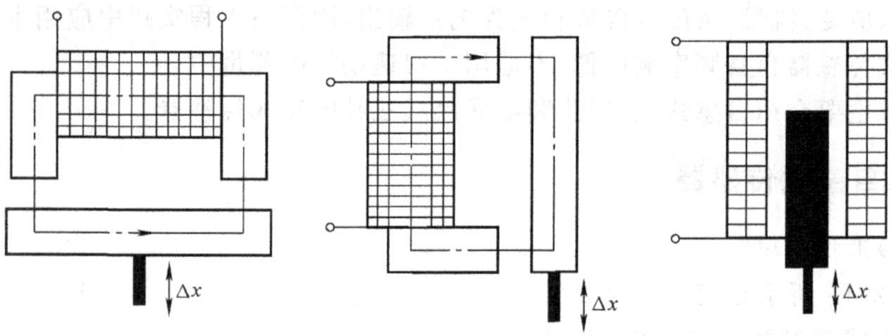

图 2.14　几种自感式传感器原理

(a)变隙型　(b)变截面型　(c)螺管型

(二)差动电感传感器

在实际使用中，常采用两个相同的电感线圈共用一个衔铁，构成差动式电感传感器，这样可以提高传感器的灵敏度，减小测量误差。

图 2.15 是变隙式、变面积式及螺线管式三种类型的差动式电感传感器。

差动式电感传感器的结构要求两个导磁体的几何尺寸及材料完全相同，两个线圈的电气参数和几何尺寸完全相同。差动式结构除了可以改善线性、提高灵敏度外，对温度变化、电源频率变化等影响也可以进行补偿，从而减少了外界影响造成的误差。

(三)自感式电感传感器的测量电路

交流电桥是自感式传感器的主要测量电路，它的作用是将线圈电源的变化转换成电桥电路的电压或电流输出。

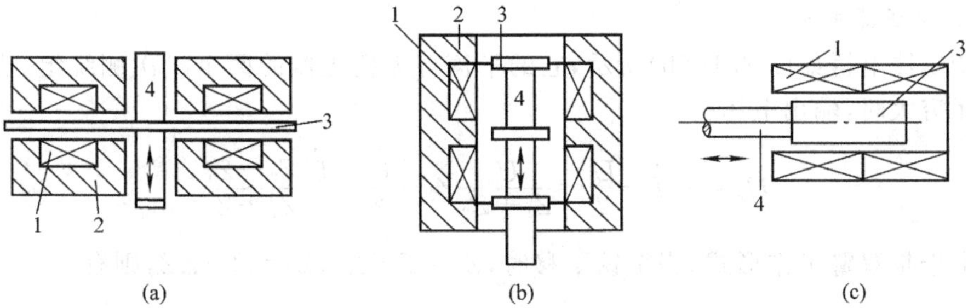

图 2.15　几种差动式电感传感器结构

(a)变隙式　(b)变面积式　(c)螺线管式

1—线圈；2—铁芯；3—衔铁；4—导杆

前面已提到差动式结构可以提高灵敏度，改善线性，所以交流电桥也多采用双臂工作形式。通常将传感器作为电桥的两个工作臂，电桥的平衡臂可以是纯电阻，也可以是变压器的二次侧绕组或电感线圈。图 2.16 所示是交流电桥的几种常用形式。

1. 电阻平衡臂电桥

电阻平衡臂电桥如图 2.16(a)所示。Z_1、Z_2 为传感器阻抗，$R'_1=R'_2=R'$，则有 $Z_1=Z_2=Z=R'+\mathrm{j}\omega L$，另有 $R_1=R_2=R$。由于电桥工作臂是差动形式，则在工作时，$Z_1=Z+\Delta Z$ 和 $Z_2=Z-\Delta Z$，当 $Z_L\to\infty$ 时，电桥的输出电压为

$$\dot{U}_o=\frac{Z_1}{Z_1+Z_2}\dot{U}-\frac{R_1}{R_1+R_2}\dot{U}=\frac{Z_1\times 2R-R(Z_1+Z_2)}{(Z_1+Z_2)\times 2R}\dot{U}=\frac{\dot{U}}{2}\frac{\Delta Z}{Z}$$

当 $\omega L\gg R'$ 时，上式可近似为

$$\dot{U}_o\approx\frac{\dot{U}}{2}\frac{\Delta L}{L} \tag{2.29}$$

由上式可以看出，交流电桥的输出电压与传感器线圈电感的相对变化量是成正比的。

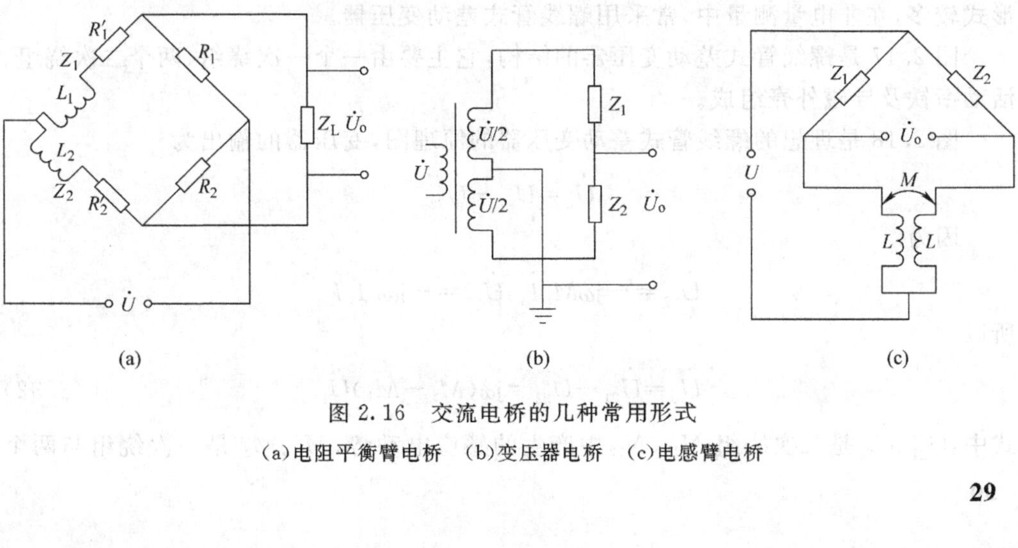

图 2.16　交流电桥的几种常用形式

(a)电阻平衡臂电桥　(b)变压器电桥　(c)电感臂电桥

2. 变压器电桥

变压器电桥如图 2.16(b)所示，它的平衡臂为变压器的两个二次侧绕组，当负载阻抗无穷大时，输出电压为

$$\dot{U}_o = Z_2\dot{I} - \frac{\dot{U}}{2} = \frac{\dot{U}}{Z_1+Z_2}Z_2 - \frac{\dot{U}}{2} = \frac{\dot{U}}{2}\frac{Z_2-Z_1}{Z_1+Z_2}$$

由于是双臂工作形式，当衔铁下移时，$Z_1 = Z - \Delta Z, Z_2 = Z + \Delta Z$，则有

$$\dot{U}_o = \frac{\dot{U}}{2}\frac{\Delta Z}{Z} \tag{2.30}$$

同理，当衔铁上移时，则有

$$\dot{U}_o = -\frac{\dot{U}}{2}\frac{\Delta Z}{Z} \tag{2.31}$$

如果是交流信号，还要经过适当电路处理才能判别衔铁位移的大小及方向。

3. 电感臂电桥

该电桥如图 2.16(c)所示。它以差动电感传感器的两个线圈作为电桥工作臂，两个电感作为固定臂组成电桥电路。采用这种测量电路可以消除与电感臂并联的分布电容对输出信号的影响，使电桥平衡稳定，另外简化了接地和屏蔽的问题。

二、互感式电感传感器——差动变压器式传感器

(一)差动变压器传感器的结构及工作原理

互感式电感传感器是把被测量的变化转换为线圈的互感变化，其本身就是一个变压器，有一次绕组和二次绕组。一次侧接入激励电源后，二次侧因互感而产生电压输出。当绕组间互感随被测量变化时，输出电压将产生相应的变化。这种传感器的二次绕组一般有两个，接线方式又是差动的，故又称为差动变压器式传感器。其结构形式较多，在非电量测量中，常采用螺线管式差动变压器。

图 2.17 是螺线管式差动变压器的结构，它主要由一个一次绕组、两个二次绕组、活动衔铁及导磁外壳组成。

图 2.18 是理想的螺线管式差动变压器的原理图，变压器的输出为

$$\dot{U}_o = \dot{U}_{21} - \dot{U}_{22}$$

因为

$$\dot{U}_{21} = -j\omega M_1\dot{I}_i, \dot{U}_{22} = -j\omega M_2\dot{I}_i$$

所以

$$\dot{U}_o = \dot{U}_{21} - \dot{U}_{22} = j\omega(M_2 - M_1)\dot{U}_i \tag{2.32}$$

式中：$\dot{U}_{21}$、$\dot{U}_{22}$是二次绕组 N_{21}、N_{22} 中产生的感应电动势；M_1、M_2 是一次绕组与两个

二次绕组的互感系数；$\dot{I}_i$ 是一次绕组激励电流。

若工艺上保证变压器结构完全对称，则当活动衔铁处于中间平衡位置时，必然会使两个二次绕组磁回路的磁阻相等、磁通相同、互感系数 $M_1=M_2=M$。根据电磁感应原理，由于两个二次绕组反向串联，因而差动变压器输出电压为零。

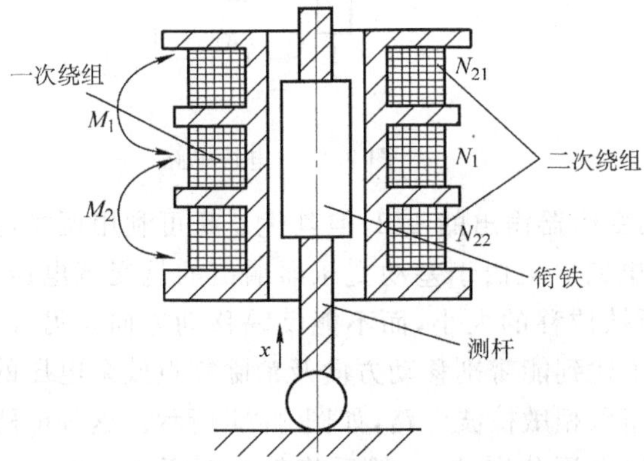

图 2.17 螺线管式差动变压器结构

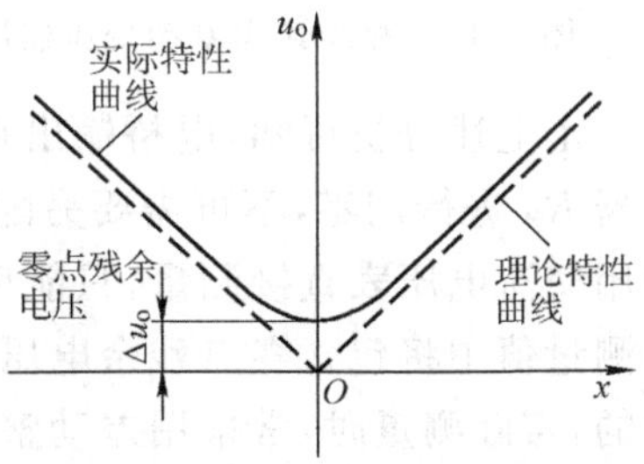

图 2.18 差动变压器输出特性曲线

当活动衔铁向二次绕组 N_{21} 方向(向上)移动时，$M_1=M+\Delta M$，$M_2=M-\Delta M$。变压器的输出为

$$\dot{U}_o=j\omega(M_2-M_1)\dot{I}_i=-2j\omega\Delta M\dot{I}_i \tag{2.33}$$

同理，当活动衔铁向二次绕组 N_{22} 方向(向下)移动时，$M_1=M-\Delta M$，$M_2=M+\Delta M$。变压器的输出为

$$\dot{U}_o=j\omega(M_2-M_1)\dot{I}_i=2j\omega\Delta M\dot{I}_i \tag{2.34}$$

式(2.33)和(2.34)中的正负号表示输出电压与激励电压同相或反相。

应该指出的是，当衔铁处于初始平衡位置时，变压器的输出并不等于零，而是有一个很小的电压输出，如图 2.18 所示，这个输出称为零点残余电压。这主要是由差动变压器的两个二次绕组的电气参数和几何尺寸的不对称造成的。另外导磁材料存在铁损、不均质，一次绕组有铜损耗电阻，线圈间存在寄生电容，这均使差动变压器的输入电流与磁通不同相。可以采用提高加工工艺精度，以及外电路补偿法来减小零点残余电压。

(二)测量电路

差动变压器的输出电压可直接用交流电压表接在反相串联的两个二次绕组上测量，如图 2.19 所示，此时空载输出电压为 $U_o=E_{21}-E_{22}$。也可采用如图 2.20 所示的电桥电路来测量。图中 R_1、R_2 是桥臂电阻，R_P 是调零电位器。当不考虑电位器 R_P 时，设 $R_1=R_2$，则输出电压为

$$U_o=\frac{E_{21}-E_{22}}{R_1+R_2}R_2-E_{22}=\frac{1}{2}(E_{21}-E_{22}) \tag{2.35}$$

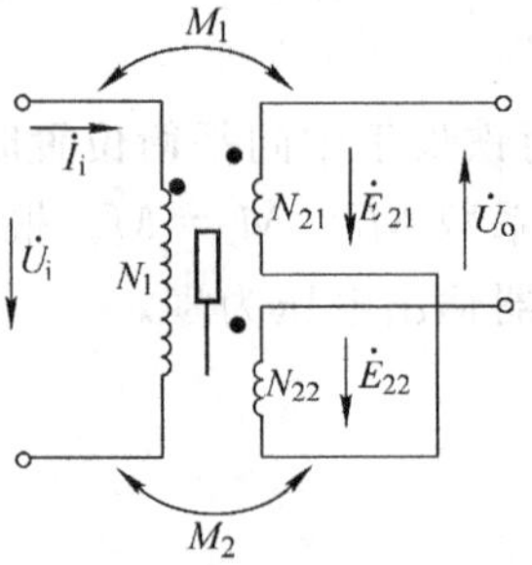

图 2.19　螺线管式差动变压器原理

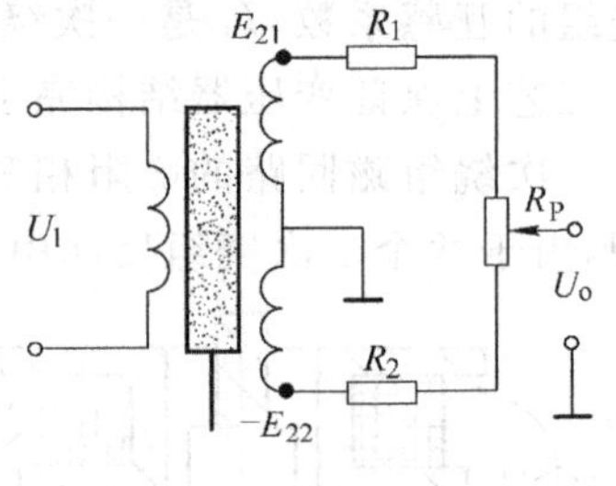

图 2.20　电桥电路

由上述分析可知，电桥输出是差动变压器输出的 1/2，但其优点是可利用调零电位器 R_P 进行调零，不再需要另配调零电路。但由于差动变压器输出的是交流电压，若用交流电压表直接测量，只能反映衔铁位移的大小，而不能反映移动方向。另外，其测量值中将包含零点残余电压。为了达到能辨别移动方向及消除零点残余电压的目的，实际测量时，常采用差动整流电路和相敏检波电路，如图 2.21 所示。这种电路是把差动变压器的两个二次绕组的输出电压分别整流，然后将整流电压或电流的差值作为输出，再经滤波放大电路，输出直流电压。图中的 R_P 是调零电位器。

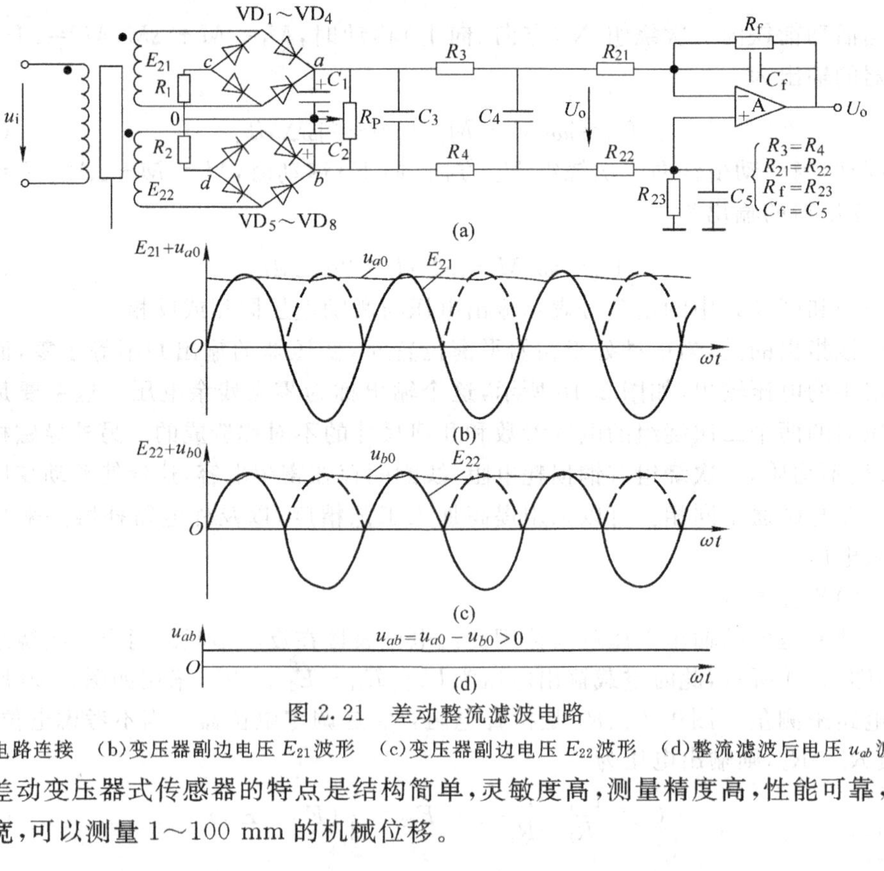

图 2.21　差动整流滤波电路

(a)电路连接　(b)变压器副边电压 E_{21} 波形　(c)变压器副边电压 E_{22} 波形　(d)整流滤波后电压 u_{ab} 波形

差动变压器式传感器的特点是结构简单，灵敏度高，测量精度高，性能可靠，测量范围宽，可以测量 1～100 mm 的机械位移。

三、电涡流式传感器

电涡流式传感器是基于电涡流效应而工作的，可以对位移、振动、表面温度、速度、应力、金属板厚度及金属物件损伤等测量对象实现非接触式测量。具有结构简单、体积较小、灵敏度高、频率响应宽等特点，应用极其广泛。

电涡流式传感器在金属体中产生的涡流，其渗透深度与传感器线圈的励磁电流频率有关。根据电涡流在导体的贯穿情况，通常把电涡流式传感器按激励频率的高低分为高频反向式和低频透射式两大类，前者的应用较广泛。

（一）电涡流式传感器结构及工作原理

高频反射电涡流式传感器的结构比较简单，主要是一个安置在框架上的线圈，线圈可以绕成一个扁平圆形粘贴于框架上，也可以在框架上开一条槽，导线绕制在槽内而形成一个线圈。线圈的导线一般采用高强度漆包线，如要求高一些，可用银或银合金线；在较高的温度条件下，需用高温漆包线。传感器的结构如图 2.22 所示。传感器的工作原理如图 2.23(a)所示，传感线圈由高频电流 $\dot{I}_1$ 激磁，产生高频交变磁场 H_1，当被测金属置于该磁场范围内，金属导体内便产生涡流 $\dot{I}_2$，$\dot{I}_2$ 将产生一个新磁场 H_2，H_2 和 H_1 方向相反，因而抵消部分原磁场，从而导致线圈的电感、阻抗和品质因数发生变化。

可见，线圈与金属导体之间存在磁性联系。若将导体形象地看作一个短路线圈，临近高频线圈 L 一侧的金属板表面感应的涡流对 L 的反射作用，可以用图 2.23(b)所示的等效电路说明。电涡流式传感器类似于次级短路的空芯变压器，可把传感器空芯线圈看作变压器初级，线圈电阻为 R_1，电感为 L_1；金属导体中的涡流回路看作变压器次级，回路电流为 $\dot{I}_2$，回路电阻为 R_2，电感为 L_2。电涡流产生的磁场对传感器线圈产生的磁场的“反射作用”，可理解为传感器线圈与此环状电涡流之间存在着互感 M，其大小取决于金属导体和线圈的靠近程度，M 随着线圈与金属导体之间的

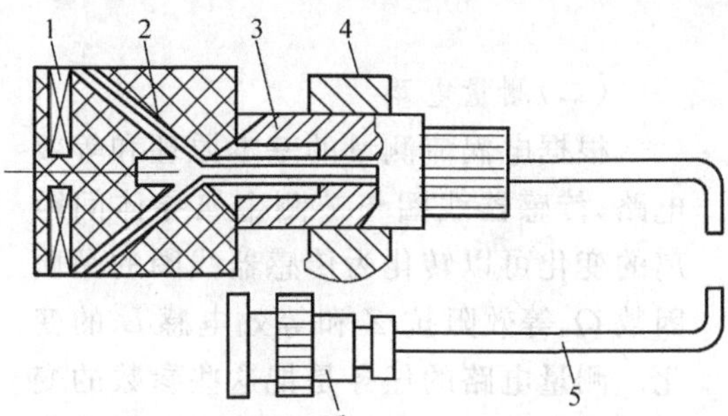

图 2.22　传感器的结构示意图

1—线圈；2—框架；3—框架衬套；4—支架；5—电缆；6—插头

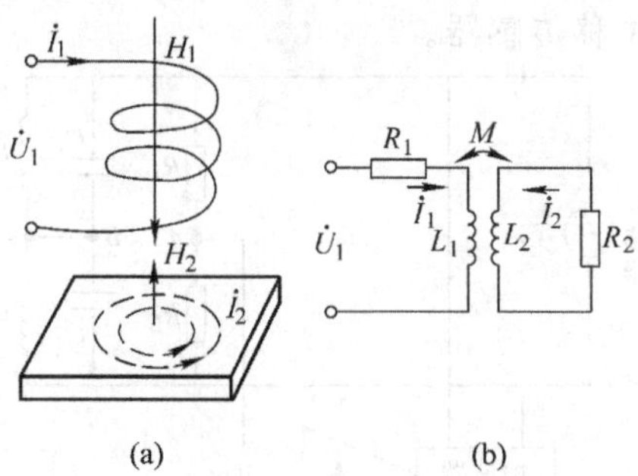

图 2.23　高频反射电涡流式传感器

(a)传感器工作原理　(b)等效电路

距离 x 减小而增大。

根据图 2.23(b)所示的等效电路，按 KVL(基尔霍夫电压定律)可列出电路方程组为

$$\begin{cases} R_1\dot{I}_1+\mathrm{j}\omega L_1\dot{I}_1-\mathrm{j}\omega M\dot{I}_2=\dot{U}_1 \\ R_2\dot{I}_2+\mathrm{j}\omega L_2\dot{I}_2-\mathrm{j}\omega M\dot{I}_1=0 \end{cases} \tag{2.36}$$

解此方程组可得电涡流式传感器的等效阻抗为

$$Z=\frac{\dot{U}_1}{\dot{I}_1}=R_1+R_2\frac{\omega^2M^2}{R_2^2+\omega^2L_2^2}+\mathrm{j}\omega\left(L_1-L_2\frac{\omega^2M^2}{R_2^2+\omega^2L_2^2}\right) \tag{2.37}$$

等效电感为

$$L=L_1-L_2\frac{\omega^2M^2}{R_2^2+\omega^2L_2^2} \tag{2.38}$$

线圈的品质因数由无涡流时的 $Q_0=\omega L_1/R_1$ 下降为

$$Q=\frac{\omega L}{R}=\frac{\omega L_1}{R_1}\cdot\frac{1-\dfrac{L_2}{L_1}\cdot\dfrac{\omega^2M^2}{R_2^2+\omega^2L_2^2}}{1+\dfrac{R_2}{R_1}\cdot\dfrac{\omega^2M^2}{R_2^2+\omega^2L_2^2}} \tag{2.39}$$

可见，由于涡流的影响，线圈复阻抗的实数部分增大，虚数部分减小，因此线圈的品质因数 Q 下降。

从上述分析结果表明，电涡流式传感器的等效电气参数，如线圈阻抗 Z、线圈电感 L 和品质因数 Q 值都是互感系数 M 平方的函数，而互感系数 M 又是线圈与金属导体之间距离 x 的非线性函数。由于金属导体的电阻率 ρ、磁导率 μ 以及线圈的激磁频率 f 决定 h、R_2、L_2 和 M 的大小，因此可以说，高频透射式传感器的阻抗 Z、电感 L 和品质因数 Q 都是由 ρ、μ、x、f 等多参数决定的多元函数，若只改变其中一个参数，其余参数保持不变，便可测定这个可变参数。例如，被测材料的情况不变，线圈激磁频率 f 不变，而 $Z=f(\rho,\mu,x,f)$，则阻抗 Z 就成为距离 x 的单值函数，便可制成涡流位移传感器。

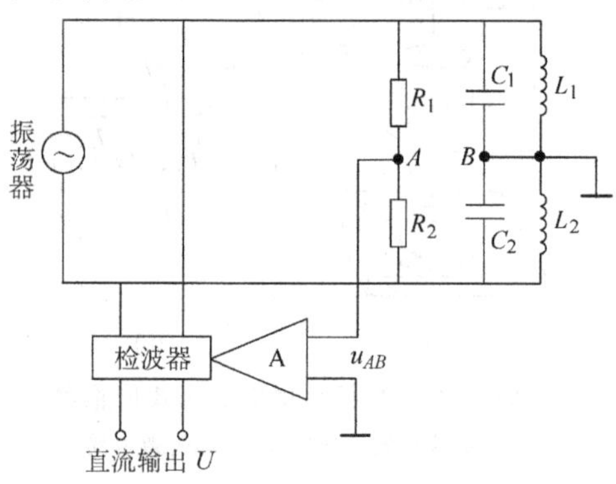

图 2.24　电桥电路

(二)测量电路

根据电涡流测量的基本原理和等效电路，传感器线圈与被测金属导体间距离的变化可以转化为传感器线圈的品质因数 Q、等效阻抗 Z 和等效电感 L 的变化。测量电路的任务是把这些参数的变化转换为电压或电流输出，测量电路有三种类型，即电桥电路、谐振电路及正反馈电路。这里仅介绍电桥电路。

电桥电路结构简单，主要用于差动

电涡流式传感器，如图 2.24 所示。图中 L_1 和 L_2 为差动式传感器的两个线圈，分别与选择电容 C_1 和 C_2 并联组成相邻的两个桥臂，电阻 R_1 和 R_2 组成另外两个桥臂，电源 u 由振荡器供给，振荡频率根据涡流式传感器的需求选择。电桥将反映线圈阻抗的变化，并将线圈阻抗的变化转换成电压幅值的变化。

当静态时，电桥平衡，输出电压 $u_{AB}=0$。

当传感器接近被测金属导体时，传感器线圈的阻抗发生变化，电桥失去平衡，即 $u_{AB}\neq 0$，经过线性放大和检波器检波后输出直流电压 U，显然此输出电压 U 与被测距离成正比，可以实现对位移量的测量。

四、电感式传感器的应用

电感式传感器是一种被广泛采用的电磁机械式传感器，它除可直接测量直线位移、角位移的静态和动态量外，还可以它为基础，做成多种用途的传感器，用于测量力、压力、转矩等参数。

1. 电感测微仪

图 2.25(a)为电感测微仪的原理框图，图 2.25(b)为轴向测试头的结构示意图。测量时测头的测端与被测件接触，被测件的微小位移使衔铁在差动线圈中移动，线圈的电感值产生变化，这一变化量通过引线接到电桥，电桥的输出电压就反映被测件的位移变化量。

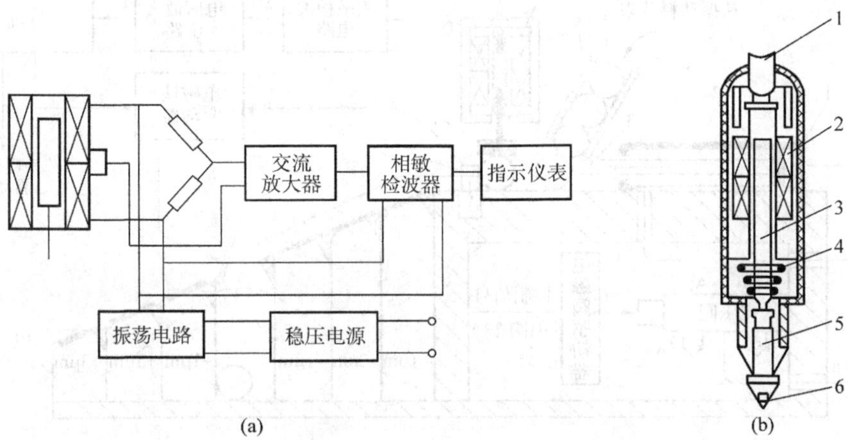

图 2.25　电感测微仪

(a)原理框图　(b)轴向测试头结构示意图

1—引线；2—线圈；3—衔铁；4—测力弹簧；5—导杆；6—测端

图 2.26 是一个方形结构的差动变压器式位移传感器，可用于多种场合下测量微小位移。其工作原理是：测头 1 通过轴套和测杆 5 相连，活动衔铁 7 固定在测杆 5 上。线圈架 8 上绕有三组线圈，中间是初级线圈，两端是次级线圈，形成三节式结构，它们都通过导线 10 与测量电路相连。初始状态下，调节传感器使其输出为 0。当测头 1 有一位移 x 时，衔铁也随之产生位移 x，引起传感器的输出变化，其大小反映了

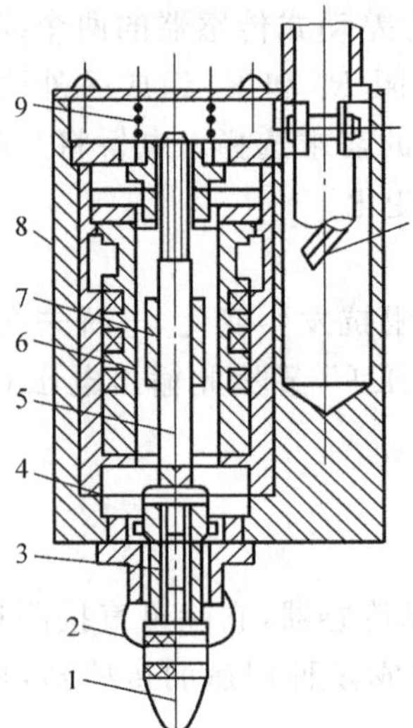

图 2.26 方形结构的差动变压器式传感器

1—测头；2—防尘罩；3—轴套；4—圆片弹簧；5—测杆；6—磁筒；7—活动衔铁；8—线圈架；9—弹簧；10—导线

位移 x 的大小。线圈和骨架放在磁筒 6 内，磁筒的作用是增加灵敏度和防止外磁场干扰，圆片弹簧 4 对测杆起导向作用，弹簧 9 用来产生一定的测力，使测头始终保持与被测物体表面接触的状态，防尘罩 2 的作用是防止灰尘进入测杆。

2. 滚珠直径测量系统

图 2.27 所示，将送来的滚珠按顺序送入落料管 5，滚珠的直径决定了电感传感器衔铁的位移量。电感传感器的输出经相敏检波后送到计算机，计算直径的偏差值。完成测量后移开挡板 8，滚珠落入与其直径偏差对应的容器。

3. 差动式压力传感器

如图 2.28 所示为差动式压力传感器结构原理图。它是用于测量各种生产流程中液体、水蒸气及气体的压力等。

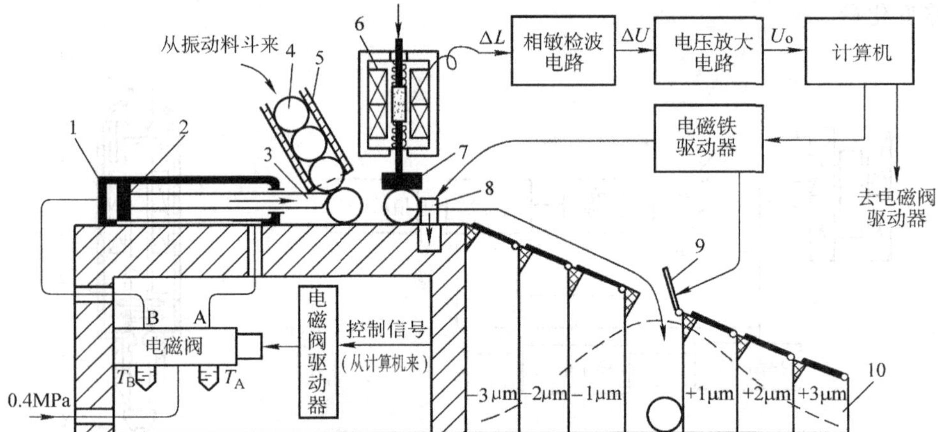

图 2.27 滚珠直径测量系统

1—气缸；2—活塞；3—推杆；4—被测滚珠；5—落料管；6—电感测微仪；7—钨钢测头；8—限位挡板；9—电磁翻板；10—容器(料斗)

传感器的敏感元件为波纹膜盒，差动变压器的衔铁与膜盒相连。工作原理如图 2.29 所示。

当被测压力 p_1 输入到膜盒中，膜盒的自由端面便产生一个与压力 p_1 成正比的位移，此位移带动衔铁上下移动，从而使差动变压器有正比于被测压力的电压输出。

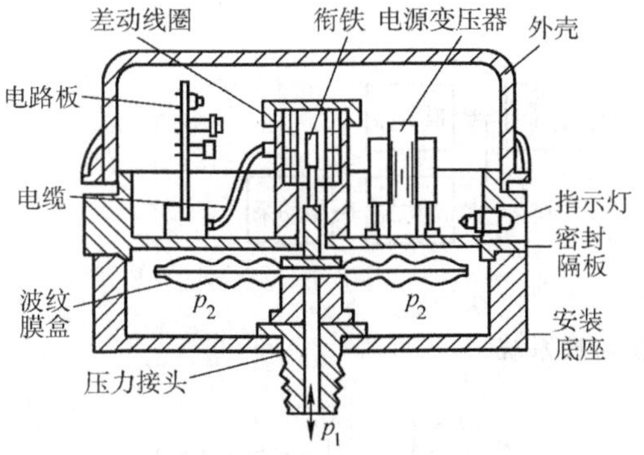

图 2.28　差动式压力传感器结构原理

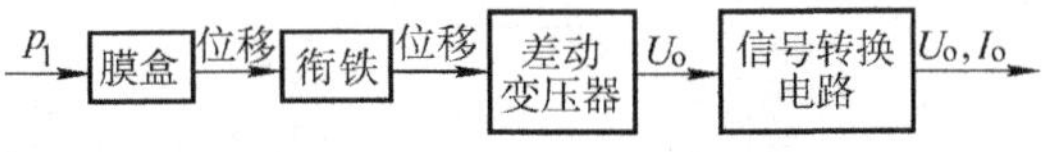

图 2.29　差动式压力传感器工作原理框图

该传感器的信号输出处理电路与传感器组合在一个壳体内，输出信号可以是电压，也可以是电流。由于电流信号不易受干扰，且便于远距离传输，所以在使用中多采用电流型输出。

4. 差动变压器式加速度传感器

图 2.30 为差动变压器式加速度传感器的一种形式。它由悬臂梁 1 和差动变压器 2 构成。测量时，将悬臂梁的底座及差动变压器的线圈骨架固定，而将差动变压器中的衔铁 3 的 A 端与被测振动体相连。被测体带动衔铁以 $\Delta x(t)$ 振动时，导致差动变压器输出电压也按相同的规律变化。因此，可从差动变压器的输出电压得知被测物体的振动参数。

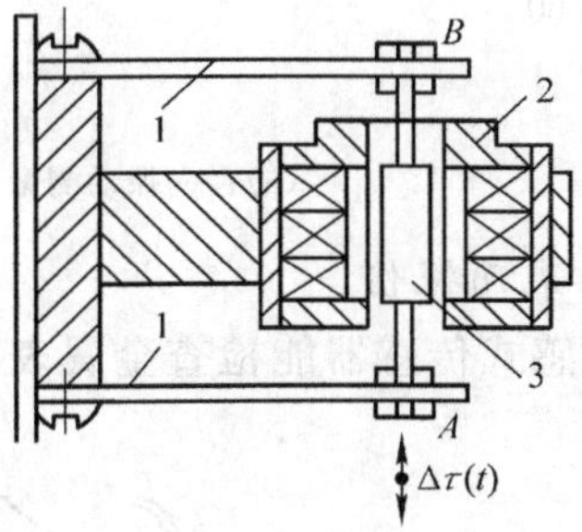

图 2.30　差动变压器式加速度传感器结构示意图

1—悬臂梁；2—差动变压器；3—衔铁

为满足测量精度的要求，加速度计的固有频率（$\omega_0=\sqrt{k/m}$）应比被测频率的上限大 3～4 倍。由于运动系统的质量 m 不可能太小，而增加弹簧片的刚度 k 又使加速度计的灵敏度受到影响，因此，系统的固有频率不可能很高，它能测量的振动频率的上限就受到限制，一般在 150 Hz 左右。

5. 液位监控系统

图 2.31 为由电涡流传感器构成的液位监控系统。当液位变化时，浮子与杠杆带动涡流板上、下移动，涡流板与传感器之间的距离发生变化，导致传感器的输出发生变化，系统根据传感器的信号控制电动泵的开启使液位保持一定。

6. 测量振动

电涡流传感器可无接触地测量各种振动的幅值，如用来监控汽轮机主要轴向振动。在研究轴的振动时可以用多个传感器测量出轴的振动形状，测量振动的振幅，如图 2.32 所示。

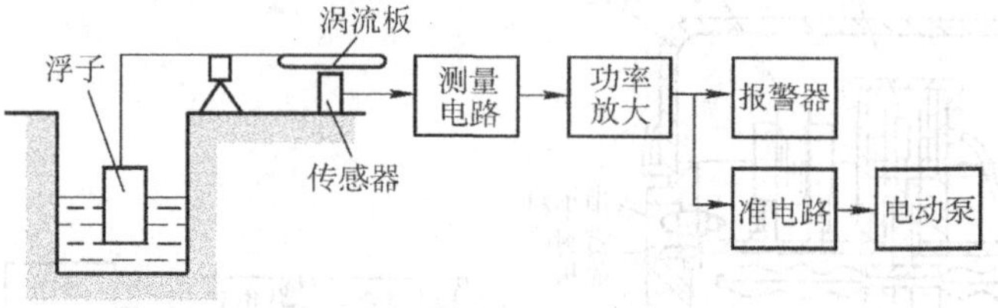

图 2.31　液位监控系统

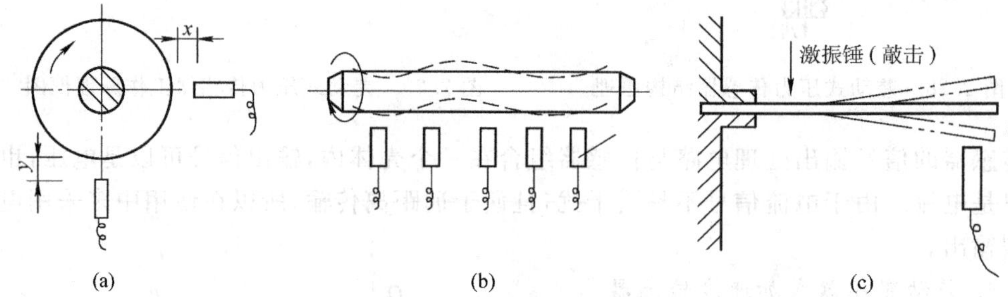

图 2.32　测量振动

(a)径向振动测量　(b)长轴多线圈测量　(c)叶片振动测量

7. 表面探伤

电感式传感器能检查金属表面的裂纹以及焊接处的缺陷等,如图 2.33 所示。

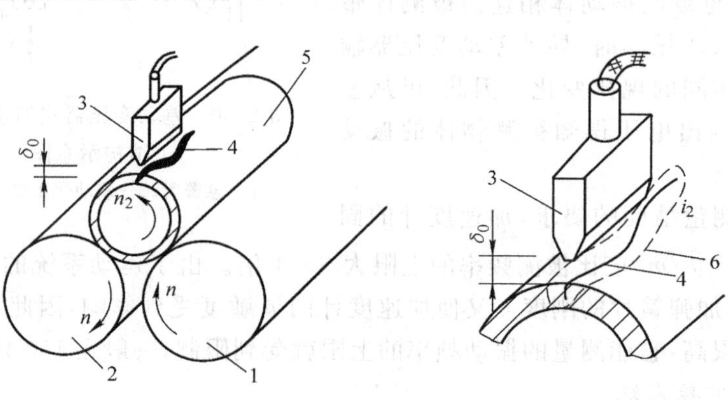

图 2.33　输油管表面裂纹检测

(a)机械结构　(b)裂纹局部放大图

1、2—导向辊;3—楔形电涡流探头;4—裂纹;5—输油管;6—电涡流

传感器探头对油管表面逐点扫描,得到输出信号。当油管出现裂纹时,电涡流所走路径大为增加,造成电涡流突然减小。输出信号通过带通滤波器,得到输出阻抗信号,从而判断裂纹的长短和深浅等。

第三节　电容式传感器

电容式传感器是将被测物理量变化转换为电容量变化的一种传感器。它具有结构简单、灵敏度高、动态响应特性好、适应性强、过载能力大及价格便宜等特点。可以用来测量压力、力、位移、振动、液位等参数。但电容式传感器的泄漏电阻和非线性等缺点给其应用带来一定的局限。随着电子技术的发展，特别是集成电路的应用，这些缺点得到了克服，促进了电容式传感器的广泛使用。

一、电容式传感器的结构及原理

如图 2.34 所示，设两极板相互覆盖的有效面积为 $A(\mathrm{m}^2)$，两极板间的距离为 $d(\mathrm{m})$，极板间介质的介电常数为 $\varepsilon(\mathrm{F/m})$，在忽略极板边缘影响的条件下，平板电容器的电容量为

$$C=\frac{\varepsilon A}{d} \tag{2.40}$$

由式(2.40)可以看出，ε、A、d 三个参数都直接影响着电容量 C 的大小。如果保持其中两个参数不变，使另外一个参数改变，则电容量将产生变化。如果变化的参数与被测量之间存在一定函数关系，那么被测量的变化就可以直接由电容量的变化反映出来。所以电容式传感器可以分成变面积式、变间隙式、变介电常数式三种类型。

(一)变面积式电容传感器

图 2.35 为直线位移型电容式传感器的示意图。

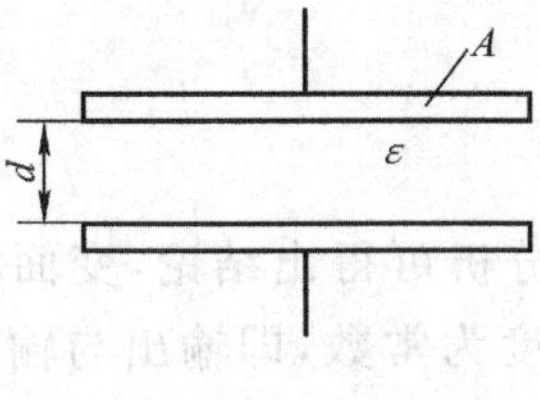

图 2.34　平板电容器示意图

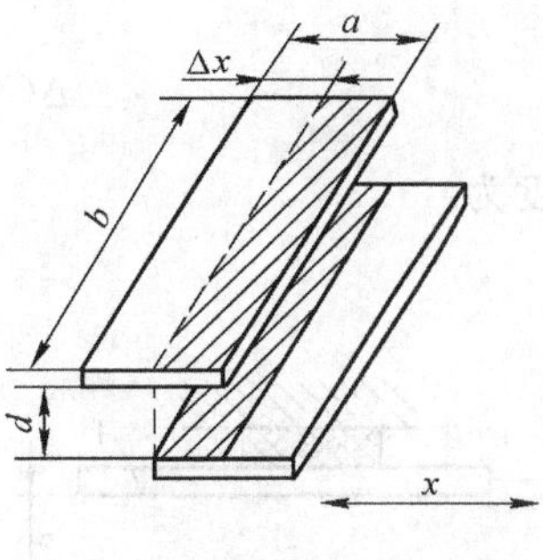

图 2.35　直线位移型电容式传感器示意图

当动极板移动 Δx 后，覆盖面积就发生了变化，电容量也随之改变，其值为

$$C=\frac{\varepsilon b(a-\Delta x)}{d}=C_0-\frac{\varepsilon b}{d}\Delta x \tag{2.41}$$

电容因位移而产生的变化量为

$$\Delta C=C-C_0=-\frac{\varepsilon b}{d}\Delta x=-C_0\frac{\Delta x}{a}$$

其灵敏度为

$$K=\frac{\Delta C}{\Delta x}=-\frac{\varepsilon b}{d}$$

可见，增加 b 或减少 d 均可提高传感器的灵敏度。变面积式电容传感器的几种派生形式如图 2.36 所示。

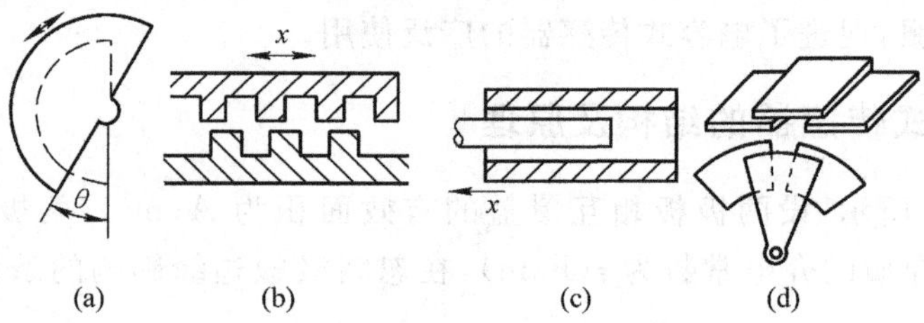

图 2.36　变面积式电容传感器的派生形式

(a)角位移型　(b)齿形极板型　(c)圆筒型　(d)差动型

图 2.36(a)是角位移型电容式传感器。当动片中有一角位移时，两极板间覆盖面积就发生变化，从而导致电容量的变化，此时电容量为

$$C=\frac{\varepsilon A(1-\frac{\theta}{\pi})}{d}=C_0-C_0\frac{\theta}{\pi}\tag{2.42}$$

图 2.36(b)中极板采用了齿形板，其目的是为了增加遮盖面积，提高灵敏度。当齿形极板的齿数为 n，移动 Δx 后，其电容量为

$$C=\frac{n\varepsilon b(a-\Delta x)}{d}=n\left(C_0-\frac{\varepsilon b}{d}\Delta x\right)\tag{2.43}$$

$$\Delta C=C-nC_0=-n\frac{\varepsilon b}{d}\Delta x$$

其灵敏度为

$$K=\frac{\Delta C}{\Delta x}=-n\frac{\varepsilon b}{d}$$

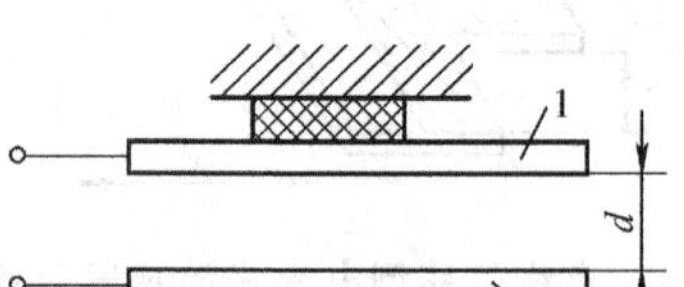

图 2.37　变间隙式电容传感器原理图

1—固定极板；2—与被测对象相连的活动极板

由前面的分析可得出结论，变面积式电容传感器的灵敏度为常数，即输出与输入呈线性关系。

（二）变间隙式电容传感器

图 2.37 为变间隙式电容传感器的原理图。当活动极板因被测参数的改变而引起移动时，两极板间的距离 d 发生变化，从而改变了两极板之间的电容量 C。

设极板面积为 A，其静态电容量为 $C_0=\varepsilon A/d$，当活动极板移动 x 后，其电容量为

$$C=\frac{\varepsilon A}{d-x}=C_0\frac{1+\dfrac{x}{d}}{1-\dfrac{x^2}{d^2}} \tag{2.44}$$

当 $x\ll d$ 时，$1-\dfrac{x^2}{d^2}\approx 1$，则

$$C=C_0\left(1+\frac{x}{d}\right) \tag{2.45}$$

由式(2.44)可以看出，电容 C 与 x 不是线性关系，只有当 $x\ll d$ 时，才可认为是近似线性关系。同时还可看出，要提高灵敏度，应减小起始间隙 d。但当 d 过小时，又容易引起击穿，同时加工精度要求也高了。为此，一般是在极板间放置云母、塑料膜等介电常数高的物质来改善这种情况。在实际应用中，为了提高灵敏度，减小非线性，可采用差动式结构。

(三)变介电常数式电容传感器

当电容式传感器中的电介质改变时，其介电常数变化，从而引起了电容量发生变化。此类传感器的结构形式有很多种，图 2.38 为介质面积变化的电容式传感器。这种传感器可用来测量物位或液位，也可测量位移。

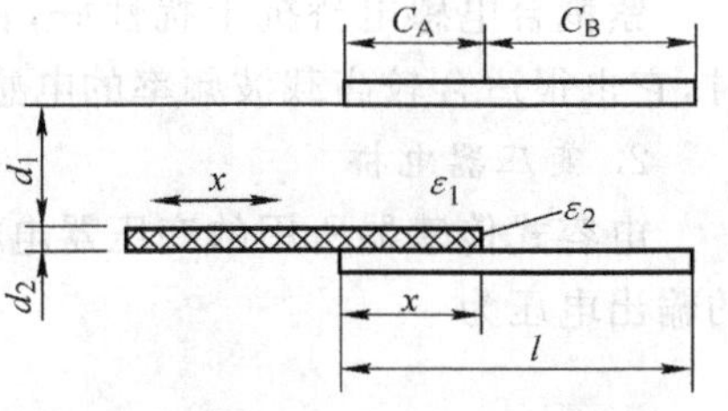

图 2.38　介质面积变化的电容传感器

由图 2.38 可以看出，此时传感器的电容量为

$$C=C_A+C_B$$

其中

$$C_A=\frac{bx}{\dfrac{d_1}{\varepsilon_1}+\dfrac{d_2}{\varepsilon_2}}\qquad C_B=\frac{b(l-x)}{\dfrac{d_1+d_2}{\varepsilon_1}}$$

设极板间无 ε_2 介质时的电容量为

$$C_0=\frac{\varepsilon_1 bl}{d_1+d_2}$$

当 ε_2 介质插入两极板间，则有

$$C=C_A+C_B=\frac{bx}{\dfrac{d_1}{\varepsilon_1}+\dfrac{d_2}{\varepsilon_2}}+\frac{b(l-x)}{\dfrac{d_1+d_2}{\varepsilon_1}}=C_0+C_0\frac{x}{l}\frac{1-\dfrac{\varepsilon_1}{\varepsilon_2}}{\dfrac{d_1}{d_2}+\dfrac{\varepsilon_1}{\varepsilon_2}} \tag{2.46}$$

式(2.46)表明，电容量 C 与位移 x 呈线性关系。

二、电容式传感器的测量电路

电容式传感器将被测非电量变换为电容变化后，必须采用测量电路将其转换为电压、电流或频率信号。

(一)耦合式电感电桥电路

1. 紧耦合电感电桥

图 2.39 为用于差动电容式传感器测量的紧耦合电感臂电桥。其结构特点是两个电感桥臂互为紧耦合。当负载阻抗为无穷大时，电桥输出电压为

$$\dot{U}_o=\dot{U}\left[\frac{2\omega^2L(C+\Delta C)}{2\omega^2L(C+\Delta C)-1}-\frac{2\omega^2L(C-\Delta C)}{2\omega^2L(C-\Delta C)-1}\right] \tag{2.47}$$

若 ΔC 很小时，则

$$\dot{U}_o=\dot{U}\frac{4\omega^2L\Delta C}{2\omega^2LC-1}$$

紧耦合电感电桥抗干扰性好，稳定性高，目前已广泛用于电容式传感器中。同时，它也很适合较高载波频率的电感式和电阻式传感器使用。

2. 变压器电桥

电容式传感器所用的变压器电桥如图 2.40 所示，当负载阻抗为无穷大时，电桥的输出电压为

$$\dot{U}_o=\frac{\dot{U}}{2}\cdot\frac{Z_2-Z_1}{Z_1+Z_2}$$

以 $Z_1=\frac{1}{j\omega C_1}$，$Z_2=\frac{1}{j\omega C_2}$代入上式得

$$\dot{U}_o=\frac{\dot{U}}{2}\cdot\frac{C_1-C_2}{C_1+C_2} \tag{2.48}$$

式中，C_1，C_2 为差动电容式传感器的电容量。

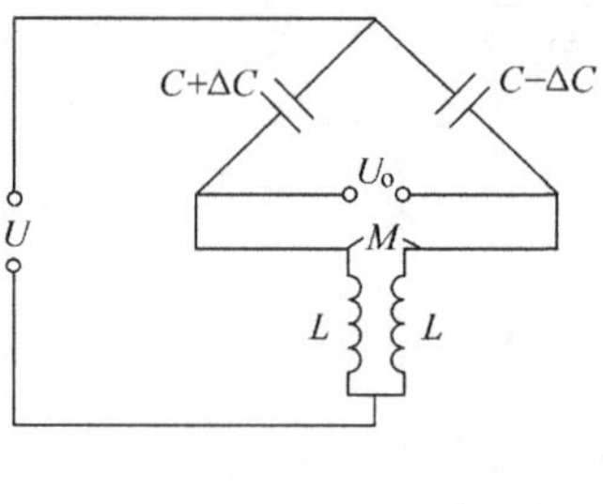

图 2.39 紧耦合电感臂电桥

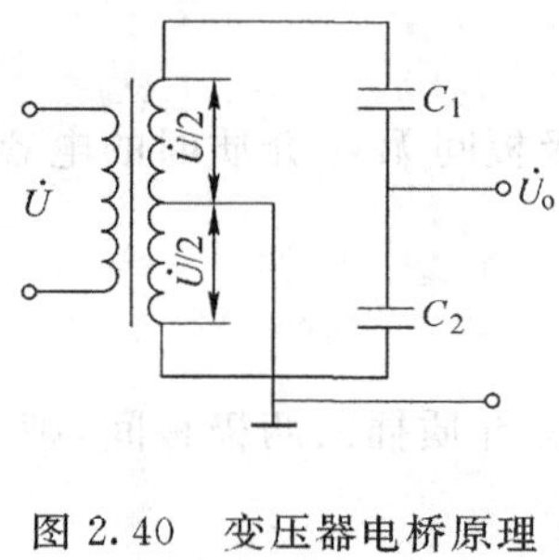

图 2.40 变压器电桥原理

设 C_1 和 C_2 为变间隙式电容传感器，则有

$$C_1=\frac{\varepsilon A}{d-\Delta d}\quad C_2=\frac{\varepsilon A}{d+\Delta d}$$

根据式(2.48)可得

$$\dot{U}_{\circ}=\frac{\dot{U}}{2}\cdot\frac{\Delta d}{d}$$

由此可以看出，在放大器输入阻抗极大的情况下，输出电压与位移呈线性关系。

(二)双 T 电桥电路

如图 2.41 所示，C_1、C_2 为差动电容式传感器的电容，当单电容工作时，可以使其中一个为固定电容，另一个为传感器电容。R_L 为负载电阻，V_1、V_2 为理想二极管，R_1、R_2 为固定电阻。

当电源电压 u 为正半周时，V_1 导通，V_2 截止，C_1 充电；当电源电压 u 为负半周时，V_1 截止，V_2 导通，这时电容 C_2 充电，电容 C_1 放电。电容 C_1 的放电回路分两路：一路是通过 R_1、R_L，另一路是通过 R_1、R_2、V_2。这时流过 R_L 的电流为 i_1。

到了下一个正半周，V_1 导通，V_2 截止，C_1 又被充电，而 C_2 则要放电。放电回路也分两路：一路通过 R_1、R_L，另一路通过 V_1、R_1、R_2。这时流过 R_L 的电流为 i_2。

如果选择特性相同的二极管，且 $R_1=R_2$，$C_1=C_2$，则流过 R_L 的电流 i_1 和 i_2 的平均值大小相等，方向相反，在一个周期内流过负载电阻 R_L 的平均电流为零，R_L 上无平均电压输出。若 C_1 或 C_2 变化时，在负载电阻 R_L 上产生的平均电流将不为零，因而有信号输出。此时输出电压平均值为

$$\overline{U}_L=\overline{I}_L R_L\approx\frac{R(R+2R_L)}{(R+R_L)^2}R_L U\cdot f(C_1-C_2) \tag{2.49}$$

式中，f 为电源频率。当 $R_1=R_2=R$，R_L 为已知时，则

$$\frac{R(R+2R_L)}{(R+R_L)^2}R_L=K$$

K 为一常数，故式(2.49)又可写成

$$\overline{U}_L=KU\cdot f(C_1-C_2) \tag{2.50}$$

(三)运算放大器电路

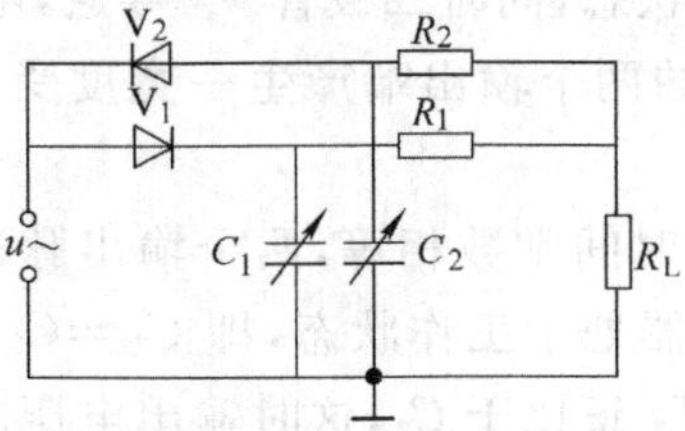

图 2.41　双 T 电桥电路

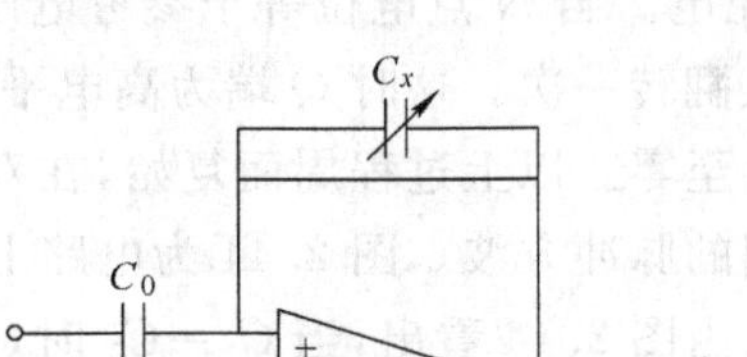

图 2.42　运算放大器式测量电路

运算放大器电路原理如图 2.42 所示。电容式传感器跨接在高增益运算放大器的输入端与输出端之间。运算放大器的输入阻抗很高，因此可认为它是一个理想运算放大器，其输出电压为

$$u_o = -u_i \frac{C_0}{C_x} \tag{2.51}$$

以 $C_x = \frac{\varepsilon A}{d}$ 代入上式，则有

$$u_o = -u_i \frac{C_0}{\varepsilon A} d \tag{2.52}$$

式(2.51)和式(2.52)中：u_o 为运算放大器输出电压；u_i 为信号源电压；C_x 为传感器电容量；C_0 为固定电容器。由式(2.52)可以看出，输出电压 u_o 与动极片位移 d 呈线性关系。

(四)脉冲调制电路

图 2.43 为差动脉冲宽度调制电路。这种电路根据差动电容式传感器电容 C_1 和 C_2 的大小控制直流电压的通断，所得方波与 C_1 和 C_2 有确定的函数关系。线路的输出端就是双稳态触发器的两个输出端。

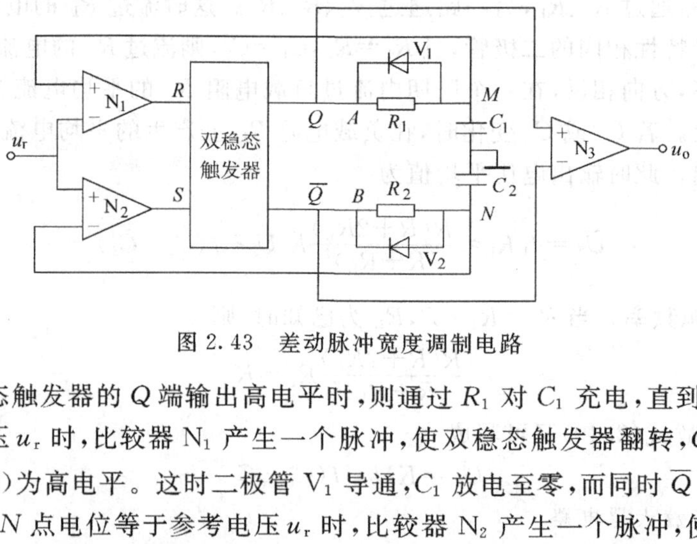

图 2.43　差动脉冲宽度调制电路

当双稳态触发器的 Q 端输出高电平时，则通过 R_1 对 C_1 充电，直到 M 点的电位等于参考电压 u_r 时，比较器 N_1 产生一个脉冲，使双稳态触发器翻转，Q 端(A)为低电平，$\overline{Q}$ 端(B)为高电平。这时二极管 V_1 导通，C_1 放电至零，而同时 $\overline{Q}$ 端通过 R_2 向 C_2 充电。当 N 点电位等于参考电压 u_r 时，比较器 N_2 产生一个脉冲，使双稳态触发器又翻转一次。这时 Q 端为高电平，C_1 处于充电状态，同时二极管 V_2 导通，电容 C_2 放电至零。以上过程周而复始，在双稳态触发器的两个输出端产生一宽度受 C_1、C_2 调制的脉冲方波。图 2.44 为电路上各点的波形。

由图 2.44 看出，当 $C_1 = C_2$ 时，两个电容充电时间常数相等，两个输出脉冲宽度相等，输出电压的平均值为零。当差动电容传感器处于工作状态，即 $C_1 \neq C_2$ 时，两个电容的充电时间常数发生变化，T_1 正比于 C_1，T_2 正比于 C_2，这时输出电压的平均值不等于零。输出平均电压为

$$\overline{U}_o = \frac{T_1}{T_1+T_2}U_1 - \frac{T_2}{T_1+T_2}U_1 = \frac{T_1-T_2}{T_1+T_2}U_1 \tag{2.53}$$

当电阻 $R_1 = R_2 = R$ 时，则有

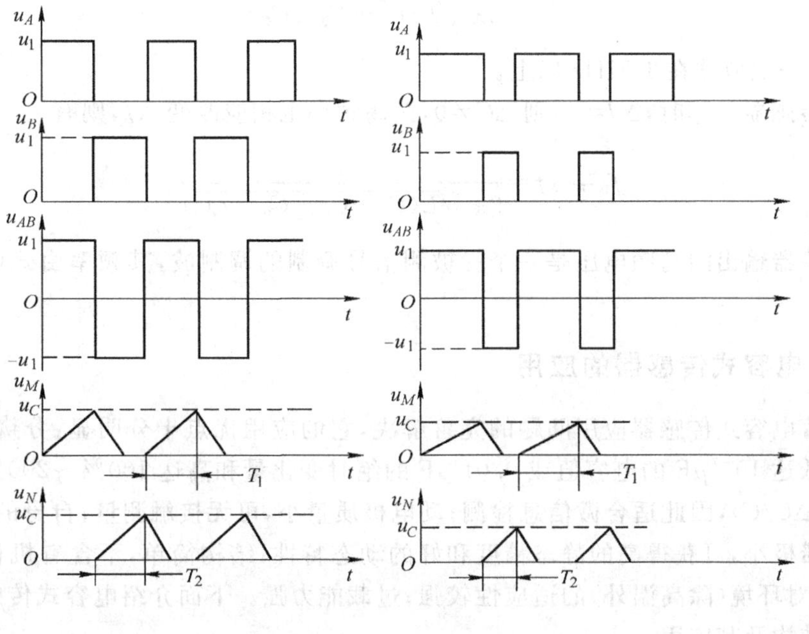

图 2.44　电压波形图

$$\overline{U}_o = \frac{C_1 - C_2}{C_1 + C_2} U_1 \tag{2.54}$$

由此可见，输出平均电压与电容变化呈线性关系。

（五）调频电路

调频电路是把电容式传感器与一个电感元件配合构成一个振荡器的谐振电路。当电容传感器工作时，电容量发生变化，导致振荡频率产生相应的变化。再通过鉴频电路将频率的变化转换为振幅的变化，经放大器放大后即可显示，这种方法称为调频法。图 2.45 就是调频-鉴频电路原理图。

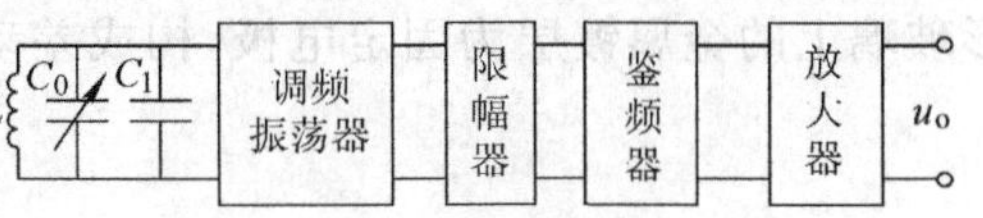

图 2.45　调频-鉴频电路原理图

调频振荡器的振荡频率由下式决定：

$$f = \frac{1}{2\pi\sqrt{LC}}$$

式中：L 为振荡回路电感；C 为振荡回路总电容。

振荡回路的总电容一般包括传感器电容 $C_0 \pm \Delta C$，谐振回路中的固定电容 C_1 和传感器电缆分布电容 C_C。以变间隙式电容传感器为例，如果没有被测信号，则 $\Delta d = 0$，$\Delta C = 0$，这时 $C = C_1 + C_0 + C_C$，所以振荡器的频率为

$$f_0=\frac{1}{2\pi\sqrt{L(C_1+C_0+C_C)}} \tag{2.55}$$

式中，f_0 一般应选在 1 MHz 以上。

当传感器工作时，$\Delta d\neq 0$，则 $\Delta C\neq 0$，振荡频率也相应改变 Δf，则有

$$f_0\mp\Delta f=\frac{1}{2\pi\sqrt{L(C_1+C_C+C_0+\Delta C)}} \tag{2.56}$$

振荡器输出的高频电压是一个受被测信号调制的调制波，其频率由式(2.56)决定。

三、电容式传感器的应用

随着电容式传感器应用问题的完善解决，它的应用优点十分明显：分辨力极高，能测量低达 $10^{-7}\mu F$ 的电容值或 0.01 μF 的绝对变化量和高达 100%～200%的相对变化量($\Delta C/C$)，因此适合微信息检测；动电极质量小，可无接触测量；自身的功耗、发热和迟滞极小，可获得高的静态精度和好的动态特性；结构简单，不含有机材料或磁性材料，对环境(除高温外)的适应性较强；过载能力强。下面介绍电容式传感器的几种典型结构及其应用。

(一)电容式位移传感器

图 2.46 为一种变面积型电容式传感器。它采用差动式结构、圆柱形电极，与测杆相连的动电极随被测位移而轴向移动，从而改变活动电极与两个固定电极之间的覆盖面积，使电容发生变化。它用于接触式测量，电容与位移呈线性关系。

(二)电容式压力传感器

图 2.47 为差动电容式压力传感器的结构图。图中所示膜片为动电极，两个在凹形玻璃上的金属镀层为固定电极，构成差动电容器。

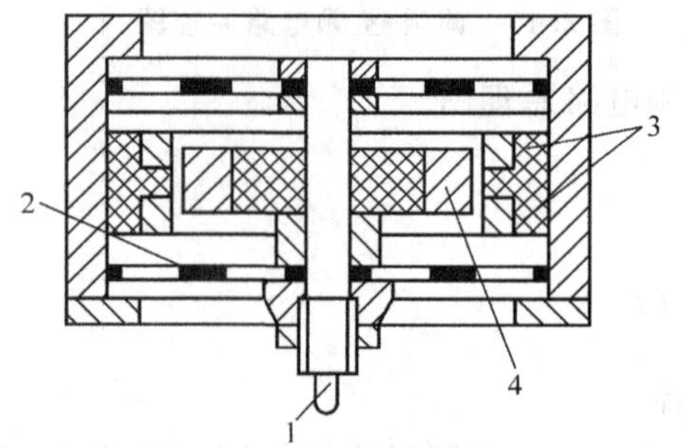

图 2.46 电容式位移传感器

1—测杆；2—开槽簧片；3—固定电极；4—活动电极

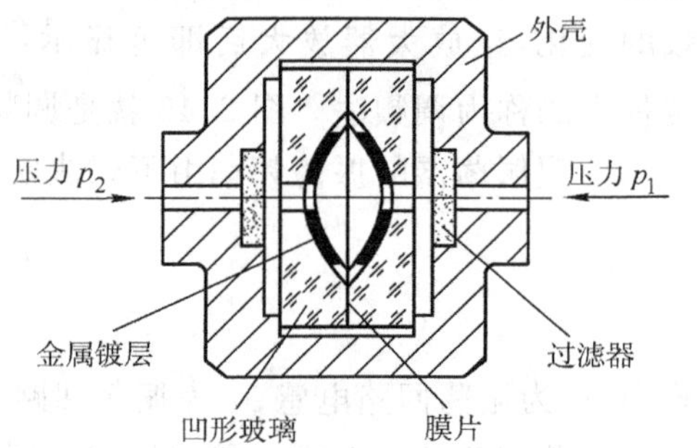

图 2.47 差动电容式压力传感器

当被测压力或压力差作用于膜片并产生位移时，所形成的两个电容器的电容量，一个增大，一个减小。该电容值的变化经测量电路转换成与压力或压力差相对应的电流或电压的变化。

（三）电容式加速度传感器

图 2.48 为差动电容式加速度传感器结构。它有两个固定极板（与壳体绝缘），中间有一用弹簧片支撑的导体质量块，此质量块的两个端面经过磨平抛光后作为可动极板（与壳体电连接）。

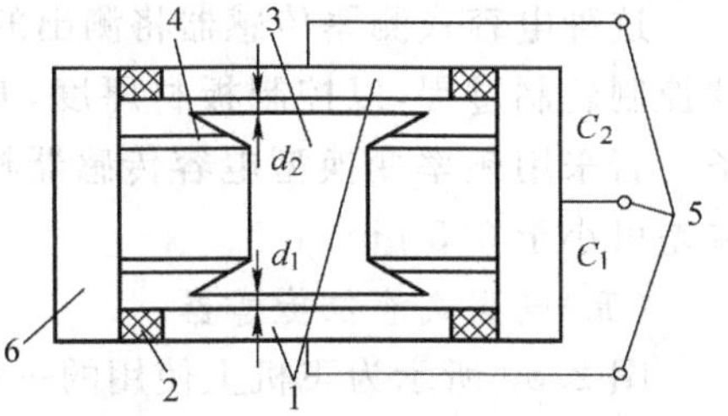

图 2.48　差动电容式加速度传感器

1—固定电极；2—绝缘垫；3—质量块；4—弹簧；5—输出端；6—壳体

当传感器壳体随被测对象沿垂直方向作直线加速运动时，质量块在惯性空间中相对静止，两个固定电极将相对于质量块在垂直方向产生大小正比于被测加速度的位移。此位移使两电容的间隙发生变化，一个增加，一个减小，从而使 C_1、C_2 产生大小相等、符号相反的增量，此增量正比于被测加速度。

电容式加速度传感器的主要特点是频率响应快和量程范围大，大多采用空气或其他气体做阻尼物质。

（四）电容式测厚传感器

图 2.49 所示为电容式测厚传感器在板材轧制装置中应用的工作原理。在被测带材的上、下两侧各置一块面积相等、与带材距离相等的极板，这样，极板与带材就构成了两个独立电容器 C_1 和 C_2。将两块极板用导线连接成一个电极，而带材就是电容的另一个电极，其总电容为 $C_x = C_1 + C_2$。电容 C_x 与固定电容 C_0、变压器 B 的次级 L_1 和 L_2 构成电桥，信号发生器提供变压器初级信号，经耦合作为交流电桥的供桥电源。

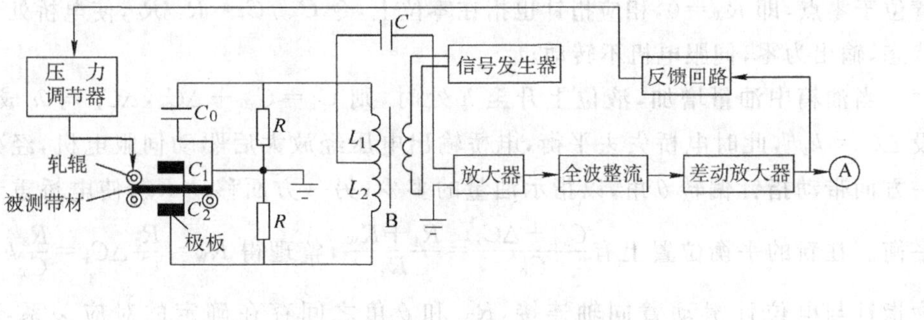

图 2.49　电容式测厚传感器应用实例原理

当被轧制板材的厚度相对于要求值发生变化时，则 C_x 发生变化。若 C_x 增大，表示板材厚度变厚；反之，板材变薄。此时电桥输出信号也将发生变化，变化量经耦

合电容 C 输出给放大器放大、整流，再经差动放大器放大后，一方面由指示仪表 A 读出此时的材板厚度，另一方面通过反馈回路将偏差信号传送给压力调节装置，调节轧辊与板材间的距离。经过不断调节，可使板材厚度控制在一定误差范围内。

这种电容式测厚传感器将测出的变化量与标定量进行比较，比较后的偏差量反馈控制轧制过程，以控制板材厚度，其中由电容传感器构成的电容测厚仪是关键设备。若采用频率变换型电容传感器检测厚度，对 0.5～1.0 mm 厚度的薄钢板检测，误差可小于 0.3 μm。

（五）电容式液位传感器

图 2.50 所示为飞机上使用的一种油量表。它采用了自动平衡电桥电路，由油箱液位电容式传感装置、交流放大器、两相伺服电机、减速器和指针等部件组成。电容式传感器电容 C_x 接入电桥的一个臂，C_0 为固定的标准电容器，R_W 为调整电桥平整的电位器，其电刷与指针同轴连接。

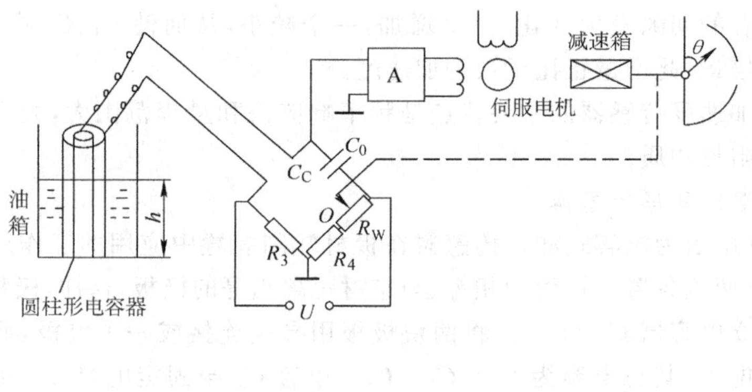

图 2.50　用于油箱液位检测的电容式液位传感器

当油箱无油时，电容式传感器有一起始电容 $C_x=C_{x0}$，令 $C_0=C_{x0}$，且 R_W 的滑动臂位于零点，即 $R_W=0$，相应指针也指在零位上，令 $C_{x0}/C_x=R_4/R_3$，使电桥处于平衡状态，输出为零，伺服电机不转动。

当油箱中油量增加，液位上升至 h 处时，则 $C_x=C_{x0}+\Delta C_x$，ΔC_x 与 h 成正比，设 $\Delta C_x=k_1h$，此时电桥失去平衡，电桥输出电压经放大后驱动伺服电机，经减速后一方面带动指针偏转 θ 角，以指示油量的多少；另一方面移动 R_W，使电桥重新恢复平衡。在新的平衡位置上有 $\frac{C_{x0}+\Delta C_x}{C_0}=\frac{R_4+R_W}{R_3}$，整理得 $R_W=\frac{R_3}{C_0}\Delta C_x=\frac{R_3}{C_0}k_1h$。因为指针与电位计滑动臂同轴连接，$R_W$ 和 θ 角之间存在确定的对应关系，设 $\theta=k_2R_W$，则 $\theta=k_1k_2\frac{R_3}{C_0}h$。可见，$\theta$ 与 h 呈线性关系，因而可以从刻度盘上读出油位的高度 h。

第四节　压电式传感器

压电式传感器是一种典型的有源传感器，它以某些电介质的压电效应为基础，在外力作用下，材料受力变形时，其表面会有电荷产生，从而实现非电量检测的目的。压电传感元件是一种力敏感元件，凡是能够变换为力的物理量，如应力、压力、加速度等，均可进行测量，但不能用于静态力测量。由于压电效应的可逆性，压电元件又常用作超声波的发射与接收装置。

压电传感器具有体积小、质量轻、工作频带宽、灵敏度及测量精度高等特点，又由于没有运动部件，因此结构坚固，可靠性和稳定性高。在声学、医学、力学、宇航等领域得到越来越广泛的应用。

一、压电式传感器的工作原理——压电效应

某些晶体受一定方向外力作用而发生机械变形时，相应地在一定的晶体表面产生符号相反的电荷，外力去掉后，电荷消失，力的方向改变时，电荷的符号也随之改变，这种现象称为压电效应(正向压电效应)。

压电材料还具有与此相反的效应，即在电介质的极化方向施加交变电场，它会产生机械变形，当去掉外加电场，电介质变形随之消失，这种现象称为逆压电效应(电致伸缩效应)。

在自然界中大多数晶体都具有压电效应，但压电效应大多微弱。用于传感器的压电材料或元件可分三类：一类是单晶压电晶体，如石英晶体是天然存在的；另一类是极化的多晶压电陶瓷，如钛酸钡、锆钛酸钡是由人工制造的；第三类是高分子压电材料，是近年来发展的新型材料。

(一)石英晶体的压电效应

石英晶体是一种应用广泛的压电晶体。它是二氧化硅单晶体，图 2.51 是天然石

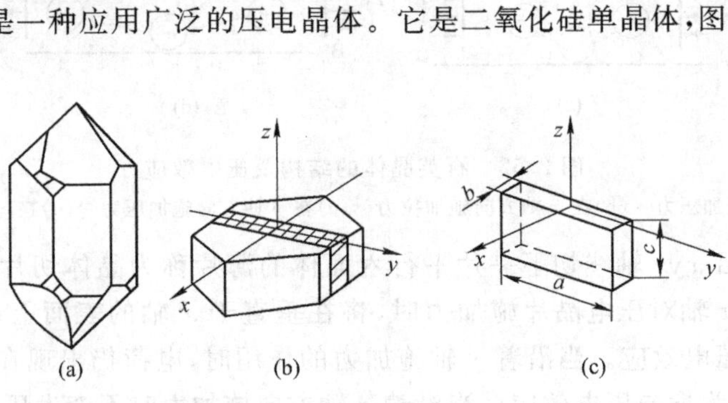

图 2.51　天然石英晶体结构

(a)石英晶体外形　(b)坐标轴　(c)石英切片

英晶体结构，它为规则的正六角棱柱体。石英晶体有三个相互垂直的晶轴：z 轴——光轴，它与晶体的纵轴线方向一致，该轴方向上没有压电效应；x 轴——电轴，它通过六面体相对的两个棱线并垂直于光轴，垂直于该轴晶面上的压电效应最明显；y 轴——机械轴，它垂直于两个相对的晶柱棱面，在电场作用下，沿此轴方向的机械变形最明显。

在正常情况下，石英晶体的每一个晶体单元中，有 3 个硅离子和 6 个氧离子，正负离子分布在正六边形的顶角上，当无外力作用时，正、负电荷中心重合，对外不显电性。当在 x 轴向施加压力时，如图 2.52(a)所示，各晶格上的带电粒子均产生相对位移，氧离子挤入两个硅离子之间，而硅离子也挤入两个氧离子之间。正电荷中心向 B 面移动，负电荷中心向 A 面移动，因而 B 面呈现正电荷，A 面呈现负电荷。当在 x 轴向施加拉力时，如图 2.52(b)所示，各晶格上的带电粒子均沿 x 轴向外产生位移，因而 A 面呈现正电荷，B 面呈现负电荷。在 y 方向施加压力时，如图 2.52(c)所示，晶格沿 y 轴被向内压缩，A 面呈现正电荷，B 面呈现负电荷。在 y 方向施加拉力时，如图 2.52(d)所示，晶格在 y 向被拉长，x 向缩短，B 面呈现正电荷，A 面呈现负电荷。若沿 z 轴方向施加力的作用时，由于硅离子和氧离子是对称地平移，故在表面没有电荷出现，因而不产生压电效应。这就是石英晶体压电效应产生的过程。

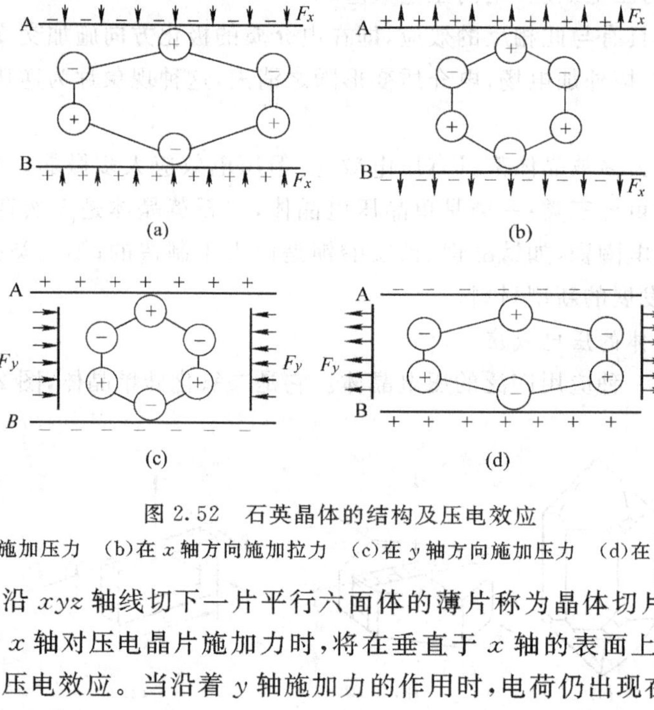

图 2.52　石英晶体的结构及压电效应

(a)在 x 轴方向施加压力　(b)在 x 轴方向施加拉力　(c)在 y 轴方向施加压力　(d)在 y 轴方向施加拉力

从晶体上沿 xyz 轴线切下一片平行六面体的薄片称为晶体切片，如图 2.51(c)所示。当沿着 x 轴对压电晶片施加力时，将在垂直于 x 轴的表面上产生电荷，这种现象称为纵向压电效应。当沿着 y 轴施加力的作用时，电荷仍出现在与 x 轴垂直的表面上，这称之为横向压电效应。当沿着 z 轴方向施加力时不产生压电效应。

纵向压电效应产生的电荷为

$$Q_{xx}=d_{xx}F_x \tag{2.57}$$

式中：Q_{xx}是垂直于 x 轴平面上的电荷，C；d_{xx}是纵向压电系数，$d_{xx}=2.3\times10^{-12}$ C/N；F_x是沿晶轴 x 方向施加的压力，N。下标的含义为产生电荷的面的轴向及施加作用力的轴向。

由式(2.57)看出，当晶片受到 x 向的压力作用时，Q_{xx}与作用力 F_x 成正比，而与晶片的几何尺寸无关。如果作用力 F_x 改为拉力时，则在垂直于 x 轴的平面上仍出现等量电荷，但极性相反。

如果沿 y 轴方向作用压力 F_x 时，电荷仍出现在与 x 轴相垂直的平面上，横向压电效应产生的电荷量为

$$Q_{xy}=d_{xy}\frac{a}{b}F_y \tag{2.58}$$

式中：Q_{xy}是在垂直于 x 轴平面上的电荷；d_{xy}是在垂直于 x 轴平面上产生电荷时的压电系数(称为横向压电系数)；F_y 是沿晶轴 y 方向施加的压力；a 是晶体切片的长度；b 是晶体切片的宽度。

根据石英晶体的对称条件 $d_{xy}=-d_{xx}$，所以有

$$Q_{xy}=-d_{xx}\frac{a}{b}F_y \tag{2.59}$$

石英晶体的介电常数和压电系数的温度稳定性相当好，其机械强度很高，绝缘性能也相当好，一般都作为标准传感器或高精度传感器中的压电元件，但比压电陶瓷昂贵。

(二)压电陶瓷的压电效应

压电陶瓷是人工制造的一种多晶压电体，它由无数的单晶组成，各单晶的自发极化方向是任意排列的，如图 2.53(a)所示。因此，虽然每个单晶具有强的压电性质，但组成多晶后，各单晶的压电效应却互相抵消了，所以，原始的压电陶瓷是一个非压电体，不具有压电效应。为了使压电陶瓷具有压电效应，就必须进行极化处理。所谓极化处理就是在一定的温度条件下，对压电陶瓷施加强电场，使极性轴转动到接近电场方向，规则排列，如图 2.53(b)所示。这个方向就是压电陶瓷的极化方向，这时压电陶瓷就有了压电性，在极化电场去除后，留下了很强的剩余极化强度。当压电陶瓷受到力的作用时，极化强度就发生变化，在垂直于极化方向的平面上就会出现电荷。对于压电陶瓷，通常取它的极化方向为 z 轴。

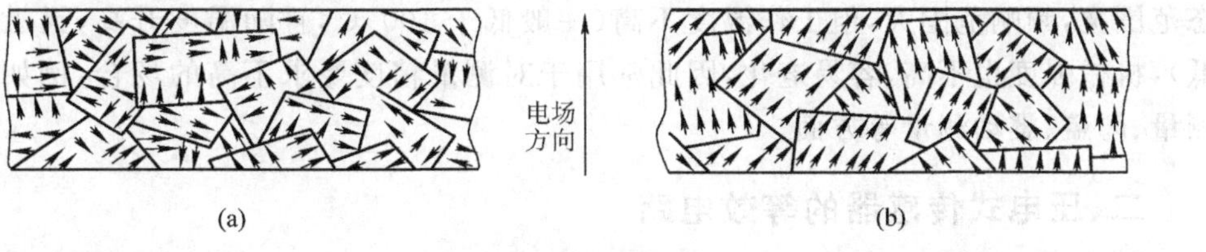

图 2.53　压电陶瓷的极化

(a)极化前　(b)极化后

当压电陶瓷在沿极化方向受力时,则在垂直于 z 轴的表面上将会出现电荷,如图 2.54 所示。电荷量 Q_{zz} 与作用力 F_z 成正比,即

$$Q_{zz}=d_{zz}F_z \tag{2.60}$$

式中,d_{zz} 为压电陶瓷的纵向压电系数,其数值比石英晶体的压电系数大得多,所以采用压电陶瓷制作的压电式传感器灵敏度较高。

当沿 x 轴方向施加作用力 F_x 时,如图 2.54(b)所示,产生的电荷同样出现在垂直于 z 轴的表面上,其大小为

$$Q_{zx}=\frac{A_z}{A_x}d_{zx}F_x \tag{2.61}$$

同理,当沿 y 轴方向施加作用力 F_y 时,在垂直于 z 轴的表面上产生的电荷量为

$$Q_{zy}=\frac{A_z}{A_y}d_{zy}F_y \tag{2.62}$$

式中:A_z、A_x、A_y 分别为垂直于 z 轴、x 轴、y 轴的晶片面积;d_{zx}、d_{zy} 为横向压电系数,均为负值。

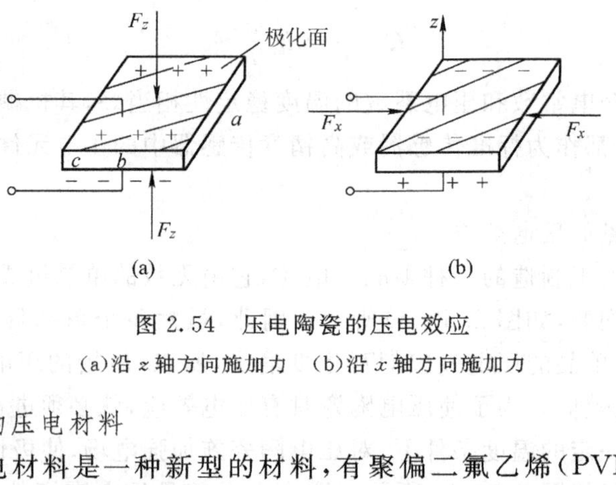

图 2.54 压电陶瓷的压电效应

(a)沿 z 轴方向施加力 (b)沿 x 轴方向施加力

(三)高分子的压电材料

高分子的压电材料是一种新型的材料,有聚偏二氟乙烯(PVF2)、聚偏氟乙烯(PVDF)、聚氟乙烯(PVF)、改性聚氯乙烯(PVC)等,其中以 PVF2 和 PVDF 的压电系数最高,有的材料比压电陶瓷还要高几十倍,其输出脉冲电压有的可以直接驱动 CMOS 集成门电路。高分子压电材料的最大特点是具有柔软性,可根据需要制成薄膜或电缆套管等形状,经极化处理后就出现压电特性。它不易破碎,具有防水性,动态范围宽,频响范围大,但工作温度不高(一般低于 100 ℃,且随温度升高,灵敏度降低),机械强度也不高,容易老化,因此常用于对测量精度要求不高的场合,例如水声测量、防盗、震动测量等方面。

二、压电式传感器的等效电路

(一)压电元件的等效电路

由上面分析可知,当压电式传感器的压电敏感元件受力后,便在压电元件一定方

向的两个表面上分别产生正、负电荷。因此，可把压电传感器视为一个电荷源，如图2.55(a)所示。同理当压电元件的表面聚集不同极性的正、负电荷时，则也可将其视为一个电容器，如图2.55(b)所示。

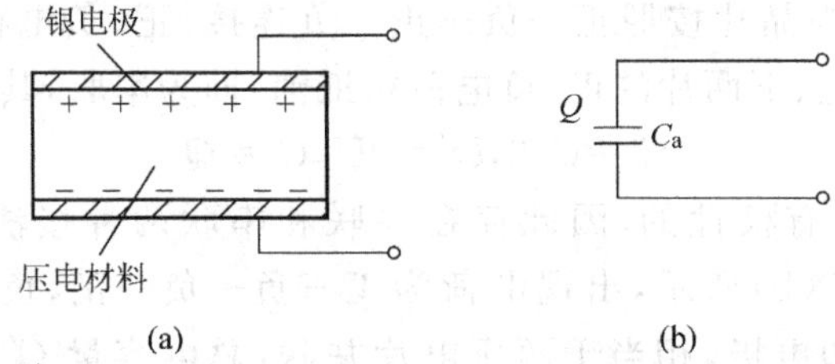

图2.55　压电元件的等效电路

(a)电荷等效电路　(b)电容器等效电路

其等效电容量为

$$C_a=\frac{\varepsilon A}{\delta}=\frac{\varepsilon_r\varepsilon_0 A}{\delta} \tag{2.63}$$

式中：A 为压电元件电极面积，m^2；δ 为压电元件厚度，m；ε 为压电材料的介电常数，F/m；ε_r 为压电材料的相对介电常数；ε_0 为真空介电常数，$\varepsilon_0=8.85\times10^{-12}$ F/m；C_a 为压电元件内部电容。

因此，可以把压电式传感器等效为一个电荷源与一个电容相并联的电荷等效电路，如图2.56(a)所示。

由于电容器上的电压 U_a(开路电压)、电荷 Q 与电容 C_a 三者之间存在的关系为

$$U_a=\frac{Q}{C_a} \tag{2.64}$$

式中，Q 为两极板的电荷量。

对式(2.64)，可用两种电路来等效压电式传感器。

1)电荷等效电路　电荷源与一个电容并联的电路，如图2.56(a)所示。此电路输出为 $Q=C_aU_a$，满足式(2.64)。

2)电压等效电路　一个电压源 U_a 与一个电容串联构成，如图2.56(b)所示。此电路输出为 $U_a=\frac{Q}{C_a}$，此式仍能满足式(2.64)。

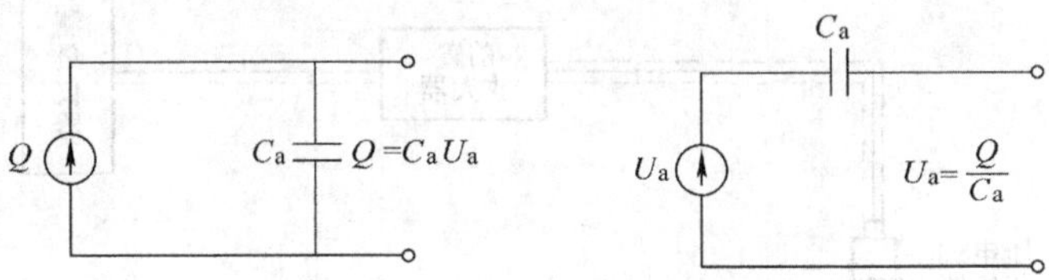

图2.56　压电式传感器的等效电路

(a)电荷等效电路　(b)电压等效电路

（二）压电元件常用结构形式

由于压电晶体表面产生的电荷一般不够多，所以在实际使用中常把两片或两片以上的压电片组合在一起。图 2.57 所示是压电元件的串联与并联情况。

图 2.57(a)所示为晶片按照正—负—正—负连接，正、负电荷分别分布在上、下电极。在中性面上，上、下两片的正、负电荷相抵消，即为串联，其关系为

$$C'=C/2, U'=2U, Q'=Q$$

由于压电材料是有极性的，因此存在并联和串联两种接法。双晶片正—负—负—正接法如图 2.57(b)所示，出现电荷为正—负—负—正，负电荷集中在中间电极，正电荷出现在两边电极，相当于两压电片并联，总电容量 C'、总电压 U'、总电荷 Q' 与单片的 C、U、Q 的关系是

$$C'=2C, U'=2U, Q'=2Q$$

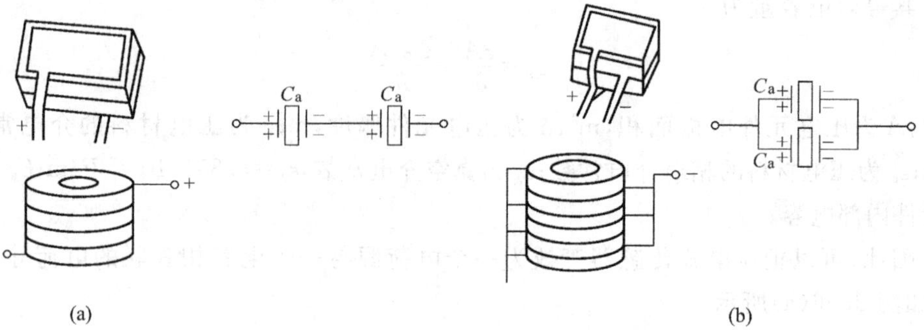

图 2.57　压电元件的串联与并联

(a)压电元件串联　(b)压电元件并联

在这两种接法中，并联接法输出电荷量大，本身电容也大，因此时间常数大，宜用于测量缓变信号，并且适用于以电荷作为输出量的场合。串联接法输出电压高，自身电容小，适用于以电压为输出量以及测量电路输入阻抗很高的场合。

（三）压电式传感器的实际等效电路

当压电传感器与测量仪器组合使用构成测量系统时，其连接电路如图 2.58 所示。

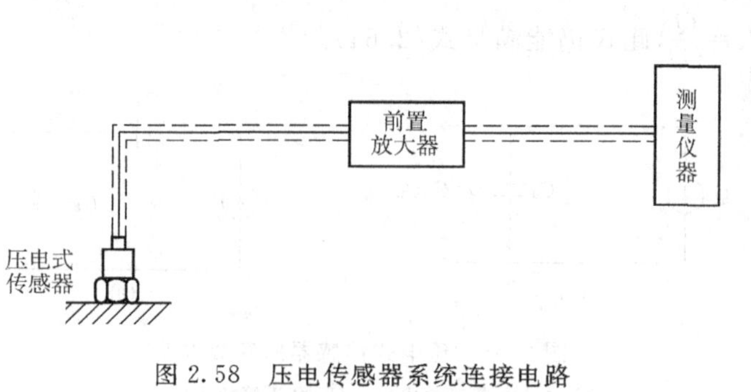

图 2.58　压电传感器系统连接电路

传感器的实际输出中有传感器对地的绝缘电阻 R_a、电缆的分布电容 C_C、放大器的输入阻抗(R_i、C_i)等损耗，因此，按照压电元件的两种等效电路，压电式传感器的实际等效电路也有两种，如图 2.59 所示。这两种电路完全等效。

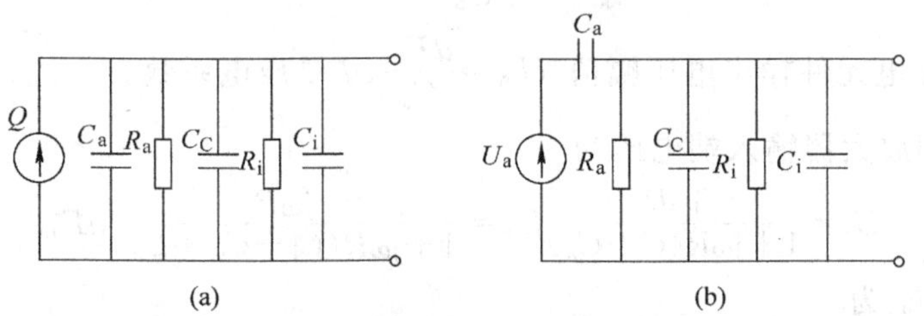

图 2.59　压电式传感器实际等效电路

(a)电荷等效　(b)电压等效

三、压电式传感器的测量电路

压电式传感器本身的内阻抗很高，而输出能量较小，因此它的测量电路通常需要接入一个高输入阻抗的前置放大器，其作用为二：一是把它的高输出阻抗变换为低输出阻抗；二是放大传感器输出的微弱信号。根据压电式传感器的工作原理和等效电路，压电式传感器的输出可以是电压信号，这时可以把传感器看作电压发生器；也可以是电荷信号，这时可以把传感器看作电荷发生器。因此前置放大器也有两种形式：电压放大器和电荷放大器。

1. 电压放大器

图 2.60(a)是压电式传感器接电压放大器的等效电路，图 2.60(b)是简化后的等效电路。其中，u_i 为放大器输入电压。

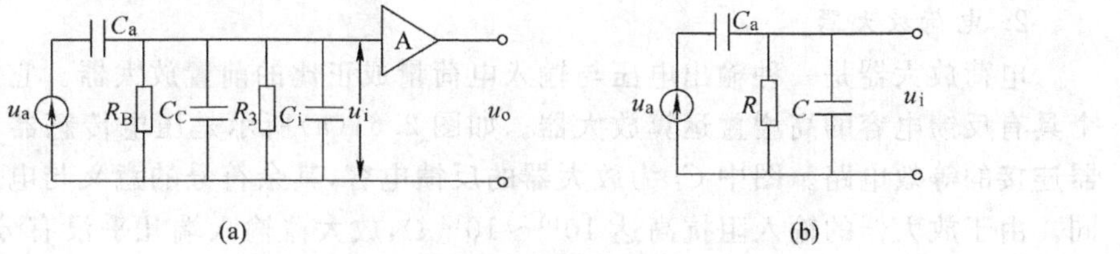

图 2.60　电压放大器电路原理及其等效电路

(a)电压放大器　(b)放大器输入端等效电路

在等效电路图 2.60(b)中，等效电阻 R 为

$$R=\frac{R_aR_i}{R_a+R_i} \tag{2.65}$$

等效电容为

$$C=C_i+C_C \tag{2.66}$$

如果压电式传感器受力为 $f=F_m\sin\omega t$，则在压电元件上产生的电荷量为

$$Q=df=dF_{\mathrm{m}}\sin\omega t$$

压电元件上产生的电压为

$$u_{\mathrm{a}}=\frac{Q}{C_{\mathrm{a}}}=\frac{dF_{\mathrm{m}}\sin\omega t}{C_{\mathrm{a}}}=U_{\mathrm{m}}\sin\omega t \tag{2.67}$$

式中:U_{m} 是压电元件输出电压幅值,$U_{\mathrm{m}}=\frac{dF_{\mathrm{m}}}{C_{\mathrm{a}}}$;$d$ 是压电系数。

由此得到放大器输入端电压为

$$U_{\mathrm{i}}=\frac{\mathrm{j}\omega R}{1+\mathrm{j}\omega R(C+C_{\mathrm{a}})}U_{\mathrm{a}}=\frac{\mathrm{j}\omega R}{1+\mathrm{j}\omega R(C_{\mathrm{i}}+C_{\mathrm{C}}+C_{\mathrm{a}})}dF_{\mathrm{m}} \tag{2.68}$$

其幅值 U_{im} 为

$$U_{\mathrm{im}}=\frac{dF_{\mathrm{m}}\omega R}{\sqrt{1+\omega^2R^2(C_{\mathrm{i}}+C_{\mathrm{C}}+C_{\mathrm{a}})^2}} \tag{2.69}$$

在理想情况下,传感器的电阻 R_{a}、放大器的输入电阻 R_{i} 均为无穷大,即 $\omega R(C_{\mathrm{i}}+C_{\mathrm{C}}+C_{\mathrm{a}})\gg 1$,由式(2.69)可知,理想情况下放大器的输入电压为

$$U_{\mathrm{im}}\approx\frac{d}{C_{\mathrm{i}}+C_{\mathrm{C}}+C_{\mathrm{a}}}F_{\mathrm{m}} \tag{2.70}$$

由式(2.70)可以看出放大器输入电压幅度与被测频率无关。但根据式(2.68)可知,当作用在压电元件上的力为静态力时($\omega=0$),放大器的输入电压为零。因为在实际测量时,放大器的输入电阻 R_{i} 和传感器的泄漏电阻 R_{a} 不可能为无穷大,因此电荷就会通过放大器的输入电阻 R_{i} 和传感器的泄漏电阻 R_{a} 漏掉,所以压电传感器不能用于静态力测量,但其高频响应特性非常好。由式(2.70)可知,当改变连接传感器与前置放大器的电缆长度时,C_{C} 将改变,从而引起放大器的输出电压 U_{im} 也发生变化。在设计时,通常把电缆长度定为一常数,使用时如要改变电缆长度或更换电缆,则必须重新校正电压灵敏度值,否则会造成测量误差。

2. 电荷放大器

电荷放大器是一种输出电压与输入电荷量成正比的前置放大器。它实际上是一个具有反馈电容的高增益运算放大器。如图 2.61(a)所示是压电传感器与电荷放大器连接的等效电路。图中 C_{f} 为放大器的反馈电容,其余符号的意义与电压放大器相同。由于放大器的输入阻抗高达 $10^{10}\sim10^{12}\ \Omega$,放大器输入端几乎没有分流,实际的等效电路如图 2.61(b)所示,电荷 Q 只对反馈电容 C_{f} 充电,充电电压接近放大器的输出电压。

电荷放大器的输出为

$$U_{\mathrm{o}}=\frac{-AQ}{C_{\mathrm{i}}+C_{\mathrm{C}}+C_{\mathrm{a}}+(1+A)C_{\mathrm{f}}} \tag{2.71}$$

式中,A 为开环放大倍数,常为 $10^4\sim10^6$。

因为 $A\gg 1$,而 $(1+A)C_{\mathrm{f}}\gg C_{\mathrm{i}}+C_{\mathrm{C}}+C_{\mathrm{a}}$ 时,放大器的输出电压可以表示为

$$U_{\mathrm{o}}\approx-\frac{Q}{C_{\mathrm{f}}} \tag{2.72}$$

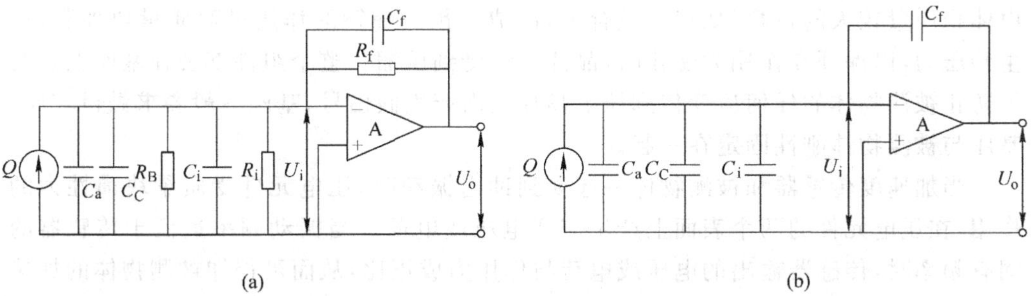

图 2.61　电荷放大器等效电路

(a)压电传感器与电荷放大器连接的等效电路　(b)实际等效电路

由式(2.72)可以看出电荷放大器的输出电压与电缆电容无关。因此电缆可以很长，可达数百米，甚至上千米，灵敏度却无明显损失，这是电荷放大器的一个突出优点。因此在测量时，不必考虑传感器与放大器配套的问题，放大器与传感器可以任意互换，这也是压电式传感器的放大电路多用电荷放大器的主要原因。

四、压电式传感器的应用

(一)压电式测力传感器

图 2.62 是利用压电陶瓷传感器测量刀具切削力的示意图。由于压电陶瓷元件的自振频率高，特别适合测量变化剧烈的载荷。图中压电传感器位于车刀前部的下方，当进行切削加工时，切削力通过刀具传给压电传感器，压电传感器将切削力转换为电信号输出，记录下电信号的变化便可测得切削力的变化。

(二)压电式加速度传感器

压电式加速度传感器由于体积小，质量小，频带宽(零点几赫兹到数千赫)，测量范围宽(10^{-5}～10^{4} m/s^2)，使用温区宽(400～700 ℃)，因此广泛用于加速度、振动和冲击测量。

图 2.63 是一种压电式加速度传感器的结构图。它主要由压电元件、质量块、预压弹簧、基座及外壳等组成。整个部件装在外壳内，并由螺栓加以固定。质量块一般

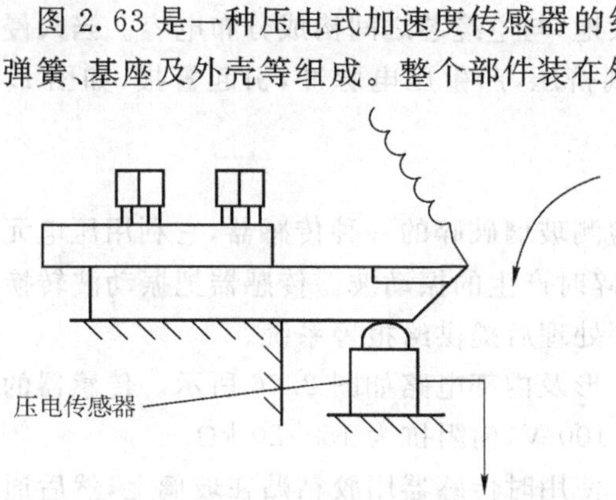

图 2.62　压电式刀具切削力测量示意图

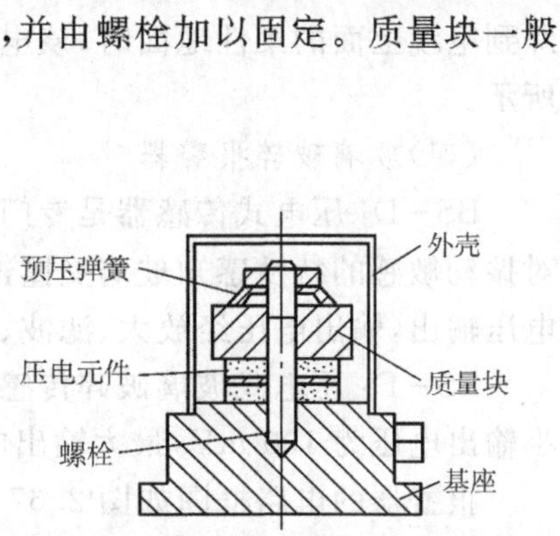

图 2.63　压电式加速度传感器结构

由体积质量较大的材料(如钨或重合金)制成。预压弹簧的作用是对质量块加载,产生预压力,以保证在作用力变化时,晶片始终受到压缩。整个组件都装在基座上。为了防止被测物体的任何应变传到压电晶片上而产生假信号,基座一般要求做得较厚。基座与被测物体刚性固定在一起。

当加速度传感器和被测物体一起受到冲击振动时,压电元件受质量块惯性力的作用,在压电元件的两个表面上产生交变电压或电荷。当振动频率远低于传感器的固有频率时,传感器输出的电压或电荷与作用力成正比,从而可得知被测物体的加速度 a。

压电式加速度传感器的结构形式有多种,有基于压电元件厚度变形的压缩型、基于剪切变形的剪切型、基于弯曲变形的弯曲型和组合结构的复合型等。最常见的是压缩型和剪切型两种。图 2.64 所示为常见的几种结构形式。其中图 2.64(a)(b)(c)为压缩式压电加速度传感器,是目前最常见的一种结构形式,其结构简单,装配较为方便。为了便于装配和增大电容量,常采用两片晶片并联,也有采用四片并联的。

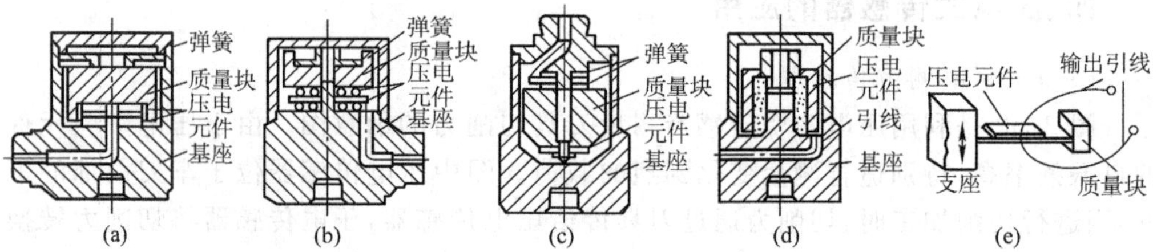

图 2.64 常见的压电式加速度传感器的结构形式

(a)外圆配合压缩式 (b)中心配合压缩式 (c)倒装中心配合压缩式 (d)剪切式 (e)弯曲式

(三)周界报警系统

周界报警系统又称线控报警系统。它警戒的是一条边界包围的重要区域。在警戒区域的四周埋设屏蔽电缆,屏蔽层接大地,与电缆芯之间构成分布电容。当入侵者踩到电缆上面的柔性地面时,该电缆受到挤压,产生压电脉冲,引起警报,如图 2.65 所示。

(四)玻璃破碎报警器

BS-D_2 压电式传感器是专门用于检测玻璃破碎的一种传感器,它利用压电元件对振动敏感的特性感知玻璃受撞击和破碎时产生的振动波。传感器把振动波转换成电压输出,输出电压经放大、滤波、比较等处理后提供给报警系统。

BS-D_2 压电式玻璃破碎传感器的外形及内部电路如图 2.66 所示。传感器的最小输出电压为 100 mV,最大输出电压为 100 V,内阻抗为 15~20 kΩ。

报警器的电路框图如图 2.67 所示。使用时传感器用胶粘贴在玻璃上,然后通过电缆和报警电路相连。为了提高报警器灵敏度,信号经放大后,需经带通滤波器进行滤波,要求它对选定的频谱通带的衰减要小,而频带外衰减要尽量大。由于玻璃振动的波长在音频和超声波的范围内，这就使滤波器成为电路中的关键。只有当传感器输出信号高于设定的阈值时，才会输出报警信号，驱动报警执行机构工作。

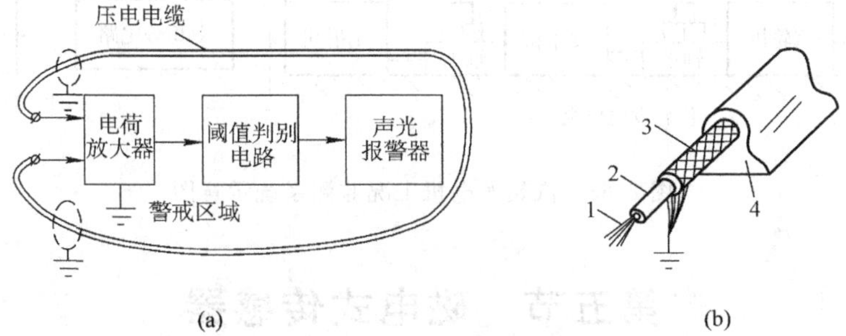

图 2.65　压电式传感器用于周界报警

(a)原理框图　(b)高分子压电电缆

1—铜芯线(分布电容内电极)；2—管状高分子压电塑料绝缘层；

3—铜网屏蔽层(分布电容外电极)；4—橡胶保护层(承压弹性元件)

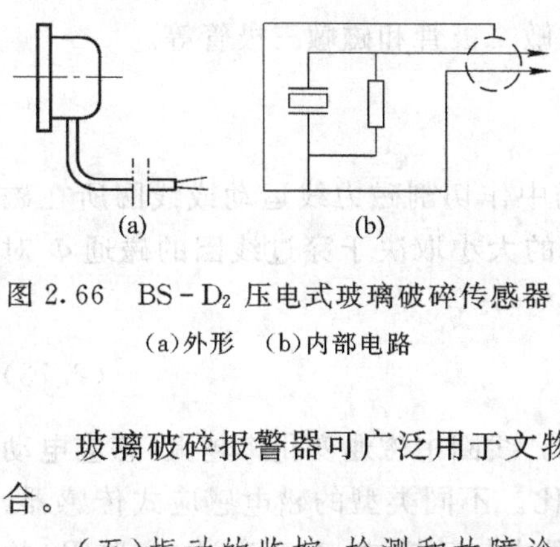

图 2.66　BS - D_2 压电式玻璃破碎传感器

(a)外形　(b)内部电路

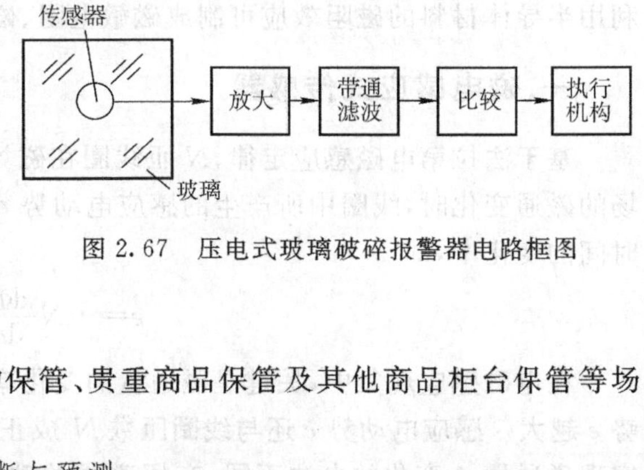

图 2.67　压电式玻璃破碎报警器电路框图

玻璃破碎报警器可广泛用于文物保管、贵重商品保管及其他商品柜台保管等场合。

(五)振动的监控、检测和故障诊断与预测

振动的监控、检测和故障诊断及趋势的预示是压电传感器的典型应用。众所周知，振动存在于所有具有动力设备的各种工程或装置中，并成为这些工程设备的工作故障源以及工作情况监测信号源。目前，对这种振动的监控、检测，多数采用压电加速度传感器。图 2.68 为发电厂汽轮发电机组工作情况(振动)监测系统工作示意图。众多的压电加速度传感器分布在轴承等高速旋转的要害部位，并用螺栓刚性固定在振动体上。假如使用前面介绍过的压缩型加速度传感器，则当传感器感受振动体的振动加速度时，质量块产生的惯性力 F 便作用于压电元件上，从而产生电荷 Q 的输出。通常，这种传感器输出 Q 与输入加速度成正比，因此，就不难求出加速度。传感器检测系统的输出为监测系统的诊断提供了信息。

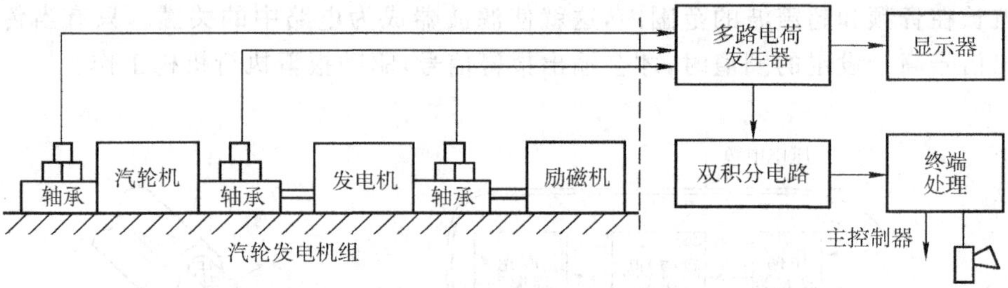

图 2.68 汽轮发电机工况监测系统示意图

第五节 磁电式传感器

磁电式传感器是通过磁电作用将被测量转换成电信号的传感器。它主要是利用金属磁场敏感材料和半导体磁场敏感材料作为转换器件。

利用导体和磁场的相对运动产生感应电动势的电磁感应原理,可制成各种类型的磁电感应式传感器和磁记录装置。利用半导体材料的霍尔效应可制成霍尔元件。利用半导体材料的磁阻效应可制成磁敏电阻、磁敏二极管和磁敏三极管等。

一、磁电感应式传感器

基于法拉第电磁感应定律,N 匝线圈在磁场中作切割磁力线运动或线圈所在磁场的磁通变化时,线圈中所产生的感应电动势 e 的大小取决于穿过线圈的磁通 Φ 对时间的变化率,即

$$e=-N\frac{\mathrm{d}\Phi}{\mathrm{d}t} \tag{2.73}$$

在电磁感应现象中,关键是磁通量的变化率。线圈中磁通变化率越大,感应电动势 e 越大。感应电动势 e 还与线圈匝数 N 成正比。不同类型的磁电感应式传感器,实现磁通量 Φ 变化的办法不同,有恒磁通的动圈式与动铁式,有变磁通(变磁阻)的开磁路式和闭磁路式。

磁电感应式传感器的直接应用是测定线速度 v 和角速度 ω,如图 2.69 所示。当线圈垂直于磁场方向运动时,线圈相对于磁场的运动速度为 v 或 ω,则式(2.73)可写成

$$e=-NBlv \text{ 或 } e=-NBA\omega \tag{2.74}$$

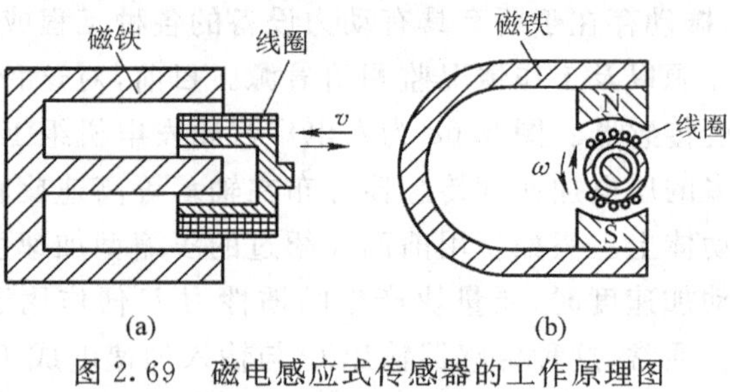

图 2.69 磁电感应式传感器的工作原理图
(a)线速度测量 (b)角速度测量

式中:B 为磁感应强度;l 为每匝线

圈的长度(平均值);A 为线圈的截面积。

磁电感应式传感器是结构型传感器。当结构参数确定后,N、B、l、A 为定值,因此感应电动势与相对速度 v 或 ω 成正比。式中负号表示感应电流所激发的磁通量抵消引起感应电流的磁通量变化。

从上述工作原理可知,磁电感应式传感器只适用于动态测量。如果在其测量电路中接入积分电路,输出的感应电动势就与位移成正比;如果接入微分电路,输出的感应电动势与加速度成正比。可见磁电感应式传感器除测速度外,还可测位移和加速度。

1. 恒磁通式磁电传感器

如图 2.70 所示,磁路产生恒定的直流磁场,磁路中的工作气隙是固定不变的,因此气隙中的磁通也是不变的。传感器的运动部件可以是线圈,也可以是磁铁。当壳体 5 随被测振动体一起振动时,运动部件质量相对较大,惯性也大,振动能量被弹簧 2 吸收。当振动频率足够大,大大高于传感器的固有频率时,运动部件近于静止,则振动能量几乎全部被弹簧吸收,此时永久磁铁 4 与线圈 3 之间的相对运动速度接近于振动体振动速度。相对运动使线圈切割磁力线,产生与振动速度成正比的感应电动势,即

$$e=-N_0B_0lv \tag{2.75}$$

式中:N_0 为工作匝数,即线圈处于工作气隙磁场中的匝数;B_0 为工作气隙处磁感应强度;l 为工作线圈每匝的平均长度。

恒定磁通式(动圈或动铁)磁电传感器,通常用于测量振动速度,因其工作频率不高,传感器能输出较大的信号,所以对变换电路要求不高,采用一般交流放大器就能满足要求。

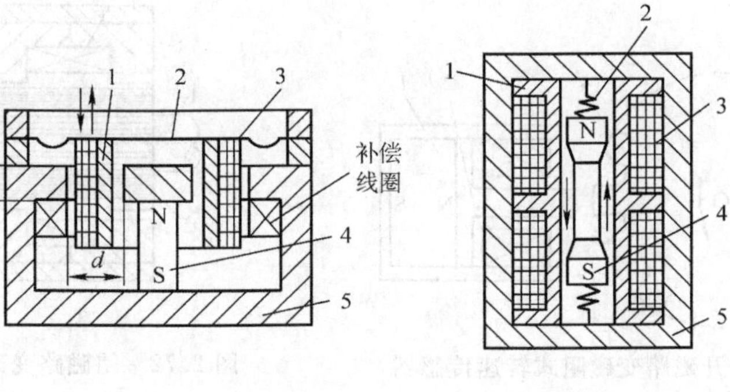

图 2.70　恒磁通感应式传感器结构原理

(a)动圈式　(b)动铁式

1—金属骨架;2—弹簧;3—线圈;4—永久磁铁;5—壳体

2. 变磁阻式磁电传感器

变磁阻式传感器的线圈和磁铁都是静止不动的,并利用磁性材料制成的一个齿

轮，在运动中它不断地改变磁路的磁阻，也就改变了贯穿线圈的磁通量 $d\Phi/dt$，因此在线圈中感应出电动势。

变磁阻式传感器一般都是做成转速传感器，产生感应电势的频率作为输出，其频率值取决于磁通变化的频率。

变磁阻式转速传感器在结构上分开磁路和闭磁路两种。

(1)开磁路变磁阻式转速传感器

开磁路变磁阻式转速传感器由永久磁铁、感应线圈、软铁组成，如图 2.71 所示。

齿轮安装在被测转轴上，与转轴一起旋转。当齿轮旋转时，由齿轮的凹凸引起磁阻变化，从而使磁通发生变化，因而在线圈中感应出交变电势，其频率等于齿轮的齿数 z 和转速 n 的乘积，即

$$f=\frac{zn}{60} \tag{2.76}$$

式中：z 为齿轮的齿数；n 为被测轴转速，r/min；f 为感应电势频率，Hz。

当齿轮的齿数 z 确定以后，若能测出 f 就可求出转速 $n(n=60f/z)$。这种传感器结构简单，但输出信号小，转速高时信号失真大，在振动强或转速高的场合，往往采用闭磁路变磁阻式转速传感器。

(2)闭磁路变磁阻式转速传感器

闭磁路变磁阻式转速传感器的结构如图 2.72 所示。它是由安装在转轴上的内齿轮、永久磁铁、外齿轮及线圈构成。内、外齿轮的齿数相等。测量时，转轴与被测轴相连。当旋转时，内、外齿轮的相对运动使磁路气隙发生变化，因而磁阻发生变化并贯穿于线圈的磁通量变化，在线圈中感应出电势。与开磁路相同，也可通过感应电势频率测量转速。

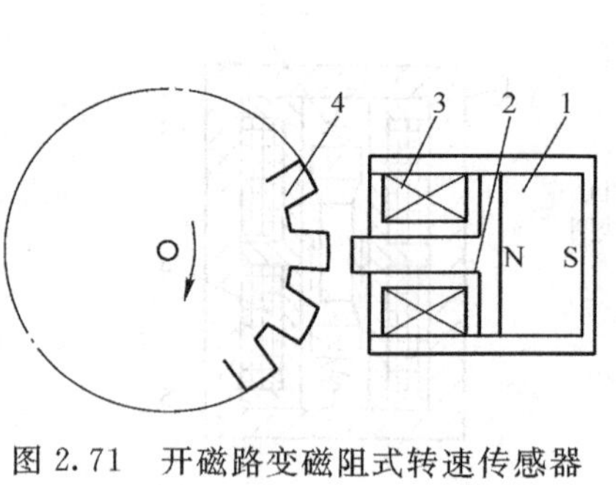

图 2.71　开磁路变磁阻式转速传感器

1—永久磁铁；2—软铁；3—感应线圈；4—齿轮

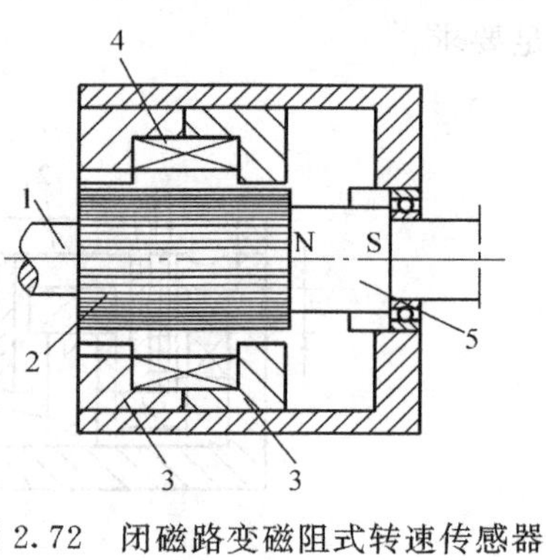

图 2.72　闭磁路变磁阻式转速传感器

1—转轴；2—内齿轮；3—外齿轮；4—线圈；5—永久磁铁

传感器的输出电势取决于线圈中磁场变化速度，因而它是与被测速度成一定比例的。当转速太低时，输出电势很小，以致无法测量。所以这种传感器有一个下限工作频率，一般为 50 Hz 左右，闭磁路转速传感器下限工作频率可低到 30 Hz 左右，上限工作频率可达 100 Hz。

二、霍尔传感器

（一）半导体材料的霍尔效应

通电半导体放在均匀磁场中，在垂直于电场和磁场的方向产生横向电场，这种现象叫霍尔效应，所产生的电场称为霍尔电场，如图 2.73 所示。

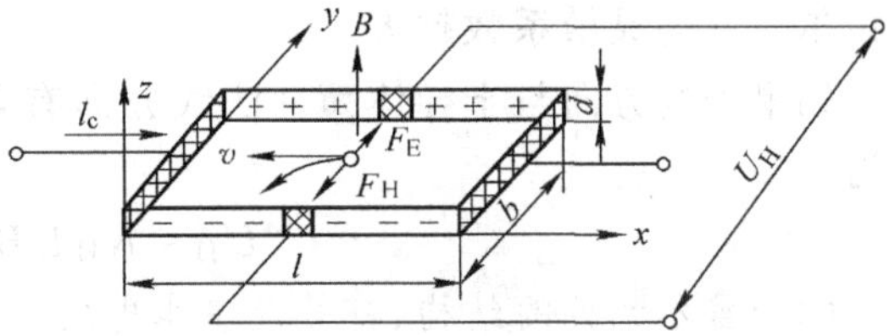

图 2.73　霍尔效应原理示意图

在长为 l、宽为 b、厚为 d 的 N 型半导体薄片上，沿长度与宽度方向的四个端面上分别制作电极。在长度方向（x 方向）上通以控制电流 I_c，在厚度方向（z 方向）上施加磁感应强度为 B 的磁场，在宽度方向（y 方向）上产生电位差，即产生横向电场，称为霍尔电场 E_H。相应的电势为霍尔电势 U_H。产生霍尔电势的原因是，半导体中的载流子（电子）以速度 v 沿电流 I_c 的反方向运动，由于磁场 B 的作用，电子受到磁场力 F_H（洛仑兹力）作用发生偏转，根据左手定则，在 y 的反方向端面上积聚电子，另一端面上缺少电子，形成霍尔电场。电场产生的电场力 F_E 将阻止电子的继续偏转，当方向相反的磁场力 F_H 与电场力 F_E 相等时，电子的积聚达到动态平衡。当电子运动速度为 v，电子电荷量为 q_0（$q_0=1.602\times10^{-19}$ C）时，上述分析可用如下公式表示。

磁场 B 作用产生的磁场力为

$$F_H=q_0vB \tag{2.77}$$

电场 E_H 作用产生的电场力为

$$F_E=q_0E_H=q_0\frac{U_H}{b} \tag{2.78}$$

式中，U_H 为霍尔电势（$U_H=E_Hb$）。

平衡时，磁场力与电场力相等，则

$$vB=\frac{U_H}{b}\text{或}\ U_H=bvB \tag{2.79}$$

电流密度 $j=nq_0v$，n 为电子浓度（单位体积中电子数），则电流 $I_c=jbd=nq_0vbd$。把电子速度 $v=I_c/nq_0bd$ 代入式（2.79），霍尔电势为

$$U_H=\frac{I_cB}{nq_0d}=R_H\frac{I_cB}{d}=K_HI_cB \tag{2.80}$$

式中：R_H 为霍尔系数（$R_H=\frac{1}{nq_0}$），m^3/C；K_H 为霍尔元件的灵敏系数（$K_H=\frac{R_H}{d}$），V/(A·T)。

从式（2.80）可知，霍尔系数反映霍尔效应的强弱，由材料物理性质决定，半导体材料导电粒子数目远小于金属材料，则霍尔效应强。霍尔元件的灵敏系数表示单位电流和单位磁场作用下开路的霍尔电势输出值大小。霍尔系数越大，霍尔元件越薄，

则霍尔元件的灵敏系数越大。

如果磁场方向与半导体薄片法线方向有角 α(法线方向即 z 方向),那么霍尔电势为

$$U_H = K_H I_c B\cos\alpha \tag{2.81}$$

(二)霍尔元件的结构、符号及基本电路

1. 霍尔元件的结构、符号

霍尔元件是一种半导体四端薄片,它一般做成正方形,在薄片的相对两侧对称地焊上两对电极引出线,如图 2.74(a)所示。其中一对(即 a、b 端)称为激励电流端,另外一对(即 c、d 端)称为霍尔电势输出端,c、d 端一般应处于侧面的中点。

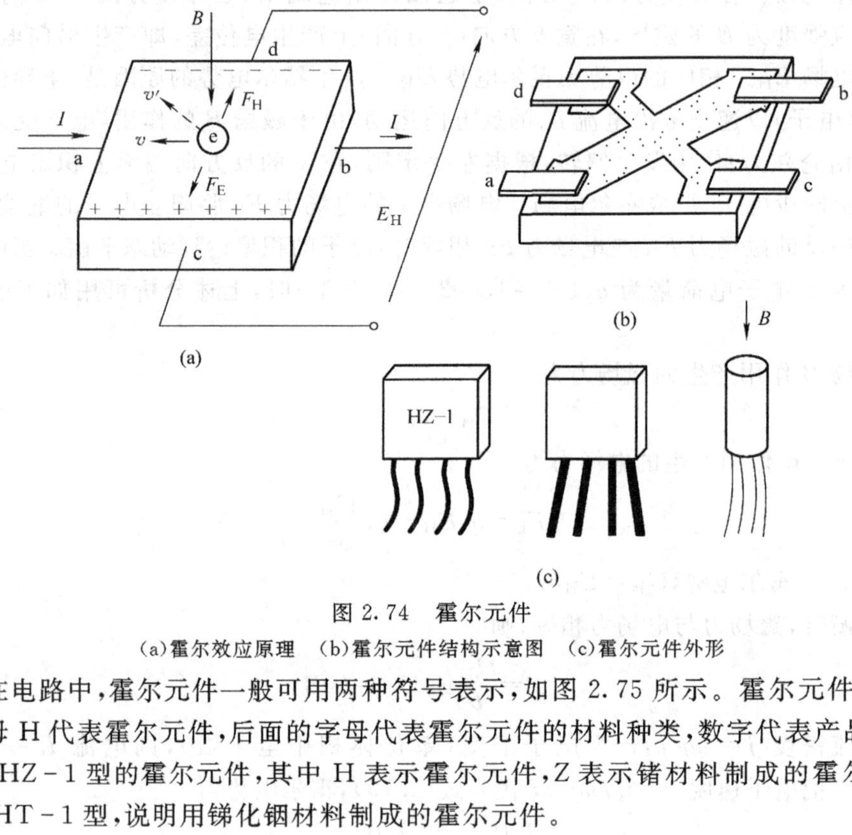

图 2.74　霍尔元件

(a)霍尔效应原理　(b)霍尔元件结构示意图　(c)霍尔元件外形

在电路中,霍尔元件一般可用两种符号表示,如图 2.75 所示。霍尔元件的符号中字母 H 代表霍尔元件,后面的字母代表霍尔元件的材料种类,数字代表产品序号。例如,HZ－1 型的霍尔元件,其中 H 表示霍尔元件,Z 表示锗材料制成的霍尔元件;又如 HT－1 型,说明用锑化铟材料制成的霍尔元件。

2. 霍尔元件的基本电路

霍尔元件的基本电路如图 2.76 所示。控制电流(激励电流)由电源 E 供给,其大小可由调节电阻 R 来实现,霍尔片输出端接负载 R_L,R_L 可以是一般电阻,也可以是放大器的输入电阻或指示器的内阻。

在磁场和控制电流的作用下,负载上就有输出电压。在实际使用中,输入信号可为电流 I 或磁感应强度 B,或者两者同时作为输入,则输出信号可正比于 I 或 B,或两

图 2.75 霍尔元件的符号

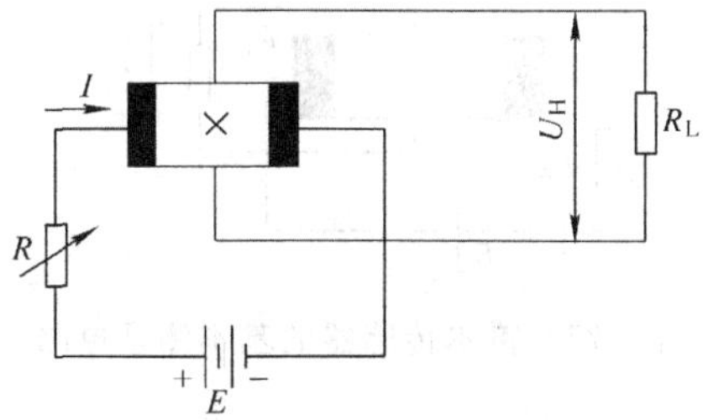

图 2.76 霍尔元件的基本电路

者之积。

由于建立霍尔效应所需的时间很短($10^{-14}\sim10^{-12}$ s之间)，因此控制电流用交流电时，频率可以很高(几千兆赫)。

(三)霍尔元件的特征参数

1)输入电阻 R_i 霍尔元件两激励电流端的直流电阻称为输入电阻，它的数值从几欧到几百欧，视不同型号的元件而定。温度升高，输入电阻变化，从而使输入电流改变，最终引起霍尔电势变化。为了减少这种影响，最好采用恒流源作为激励源。

2)输出电阻 R_o 两个霍尔电势输出端之间的电阻称为输出电阻，它的数值与输入电阻同一数量级，也随温度改变而改变。选择适当的负载电阻 R_L 与之匹配，可以使由温度引起的霍尔电势的漂移减至最小。

3)额定控制电流 I_c 由于霍尔电势随激励增大而增大，故在应用中应选用较大的激励电流。但激励电流增大，霍尔元件的功耗增大，元件的温度升高，从而引起霍尔电势的温漂增大，因此每种型号的元件均规定相应的额定控制电流 I_c，它是指在磁感应强度 $B=0$，室温(不超过允许温升)条件下，从霍尔元件电流输入端输入的电流值。通常定义使霍尔片温升 10 ℃时所施加的控制电流值为额定电流。

4)最大磁感应强度 B_M 磁感应强度超过 B_M 时，霍尔电势的非线性误差将明显增大，B_M 数值一般小于零点几特斯拉。

5)灵敏度系数 K_H $K_H=E_H/(IB)$，单位为 mV/(mA·T)。

6)磁灵敏系数 K_B 霍尔元件输出端开路电压与磁感应强度之比，单位 V/T。

7)不等位电势 U_M 霍尔元件制作时，两个输出电压电极不完全对称。在额定控制电流输入时，器件厚度不均匀或输出电极焊接不良等原因造成不加外磁场时输出电压电极之间产生空载电势，这种空载电势称为不等位电势。

8)零位电阻 R_M 不等位电势与控制电流之比称为位电阻，即 $R_M=U_M/I_c$。

9)霍尔电势温度系数 β_H 在一定控制电流和磁感应强度作用下，温度变化 1 ℃时，霍尔电势相对变化值，其单位为℃$^{-1}$。

(四)霍尔传感器的连接方式和输出电路

1. 霍尔传感器的基本测量电路

图 2.77 所示是霍尔传感器的基本测量电路。控制电流 I_c 由电源 E 供给，电位

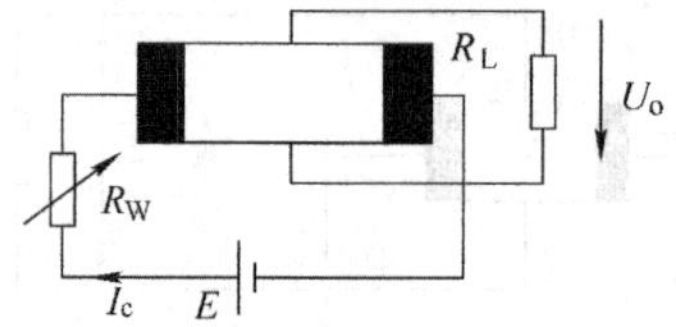

图 2.77　霍尔传感器的基本测量电路

器 R_W 调节控制电流 I_c 的大小。霍尔传感器输出接负载 R_L，R_L 可以是放大器的输入电阻或者是测量仪表的内阻。在测量中，可以把 $I_c \times B$，或者 I_c，或者 B 作为输入信号，则霍尔传感器的输出电势正比于 $I_c \times B$，或者 I_c，或者 B。

2. 霍尔传感器的连接方式

除了霍尔传感器的基本电路外，为了获得较大的霍尔输出电压，可以采用几片霍尔传感器叠加的连接方式，如图 2.78 所示。

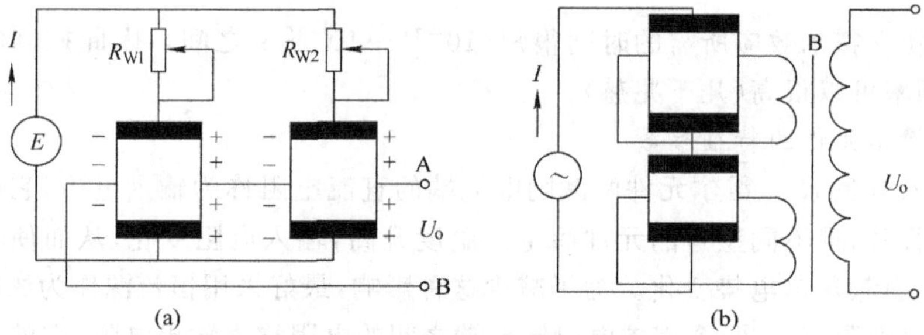

图 2.78　霍尔传感器输出叠加方式

(a)直流供电　(b)交流供电

图 2.78(a)所示为直流供电情况。控制电流端并联，由 R_{W1} 和 R_{W2} 调节两个元件的输出霍尔电势，A、B 为输出端，它的输出电势是单个霍尔片的 2 倍。

图 2.78(b)所示为交流供电情况。控制电流端串联，各元件输出端接输出变压器 B 的初级绕组，变压器的次级便有霍尔电势信号叠加值输出。

3. 霍尔传感器的输出电路

霍尔传感器有分立型和集成型两类。分立型又有单晶和薄膜两种；集成型有线性霍尔电路和开关霍尔电路。本书主要介绍集成型霍尔传感器的测量电路。霍尔元件是一种四端器件，本身不带放大器。霍尔电势一般是毫伏量级，实际使用中必须加差分放大器。

(1)线性霍尔集成传感器

图 2.79 所示是线性霍尔集成传感器，它是将霍尔传感器、放大器、电压调整、电流放大输出级、失调调整和线性度调整等部分集成在一块芯片上，其特点是输出电压随外磁场感应强度 B 呈线性变化。线性霍尔集成传感器分单端输出和双端输出。

(2)开关霍尔集成传感器

开关霍尔集成传感器是以硅为材料，利用平面工艺制造而成。因为 N 型硅的外延层材料很薄，故可以提高霍尔电压 U_H。用硅平面工艺技术将差分放大器、施密特触发器以及霍尔传感器集成在一起，大大提高了传感器的灵敏度。其内部结构如图 2.80 所示。

霍尔效应产生的电势由差分放大器进行放大，随后被送到施密特触发器。当外

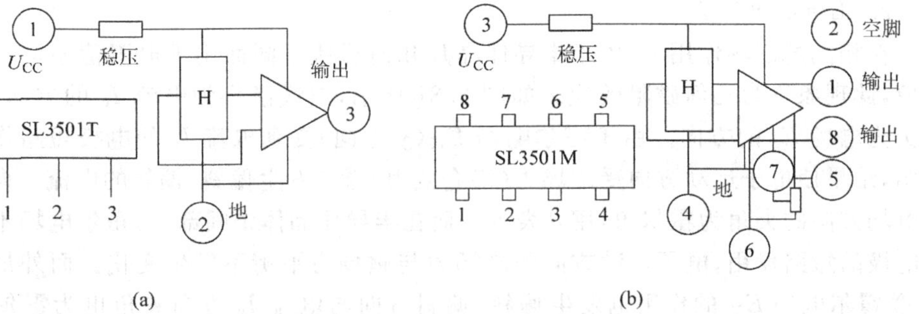

图 2.79　线性霍尔集成传感器电路结构

(a)SL3501T 型结构(单端输出)　(b)SL3501M 型结构(双端输出)

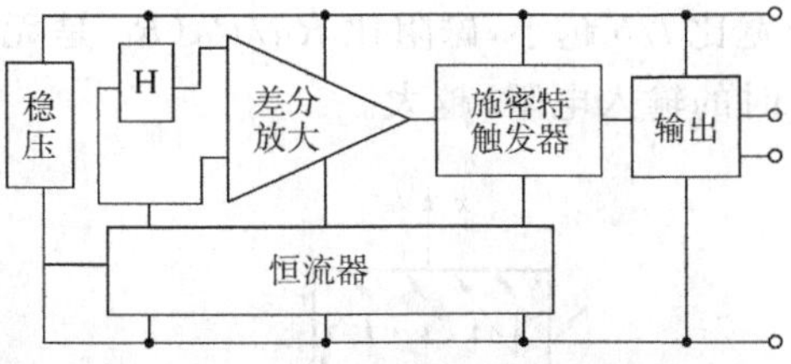

图 2.80　开关霍尔集成传感器结构

加磁场 B 小于霍尔传感器磁场的工作点 B_{op}(0.03～0.48 T)时，差分放大器的输出电压不足以开启施密特触发电路，驱动晶体管 T 截止，霍尔传感器处于关闭状态。当外加磁场 B 大于或等于 B_{op} 时，差分放大器的输出增大，启动施密特触发电路，使 T 导通，霍尔传感器处于开启状态。若此时外加磁场逐渐减弱，霍尔开关并不立即进入关闭状态，而是逐渐减弱至磁场释放点 B_{rp}，使差分放大器输出电压降到施密特电路的关闭阈值，晶体管才由导通变为截止。

霍尔传感器的磁场工作点 B_{op} 和释放点 B_{rp} 之差称为磁感应强度的回差宽度 ΔB。B_{op} 和 ΔB 是霍尔传感器的两个重要参数。B_{op} 越小，元件的灵敏度越高；ΔB 越大，元件抵抗干扰能力越强，外来杂散磁场干扰不易使其产生误动作。

三、半导体磁敏器件

(一)磁敏电阻

长方形半导体晶片受到与电流方向垂直的磁场作用时，不但产生霍尔效应，还会产生物理磁阻效应和几何磁阻效应。半导体磁阻器件就是综合这两种效应制成的磁敏器件。

1. 物理磁阻效应

在霍尔电场作用下，运动速度 $v=E_{H}\mu$ 的电子的运动方向不发生偏转；而速度大于或小于 v 的电子的运动方向受 E_H 作用都发生偏转。电子运动方向发生变化的直接结果是沿电流 I_c 方向电流密度减小，电阻率增大，这种现象称为物理磁阻效应。用电阻率相对变化量 $\Delta\rho/\rho$ 表示磁阻效应。在磁场强度 B 不太大时，$\Delta\rho/\rho$ 与 μ^2 和 B^2 成正比；随着磁场强度增加，在强磁场情况下，$\Delta\rho/\rho$ 与 μ^2 和 B 成正比；磁场强度趋向无限大时，电阻率 ρ 趋向饱和。

2. 几何磁阻效应

在相同的磁场作用下，由于半导体晶片几何形状不同而出现电阻值不同变化的现象，此现象称为几何磁阻效应。如图 2.81 所示，虚线箭头为电流 I_c 的方向，实线箭头为电场 E_c 的方向。由于霍尔电场 E_H（y 方向）受到电流 I_c 的电极短路作用而减弱，结果使电子运动方向受磁场力（洛仑兹力）影响发生偏斜，偏斜的电流方向与外加电场方向的夹角为霍尔角，用 θ 表示。而在半导体晶体中间部分，霍尔电场不受电流电极的短路作用，电子运动方向因电场力与磁场力平衡不发生变化。而外加电场 E_c 受霍尔电场 E_H 的作用也发生偏斜，偏斜方向与电流 I_c 方向夹角也为霍尔角 θ。霍尔角的大小由 $\tan\theta = E_H/E_c$ 决定。如半导体晶片长度减小，宽度 b 增加，电流电极的短路作用效果趋向显著。图 2.82 为不同几何形状的几何磁阻效应实验结果。长宽比 l/b 越小，磁阻比 R_B/R_0（R_0 是无磁场作用时的输入电阻，R_B 是磁场强度为 B 时的输入电阻）越大。

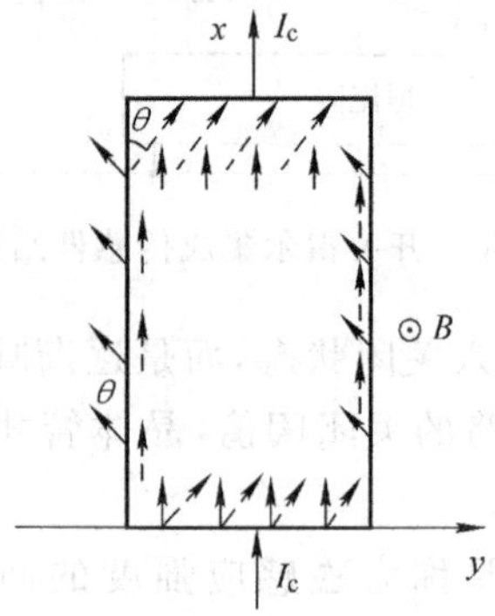

图 2.81　几何磁阻效应原理

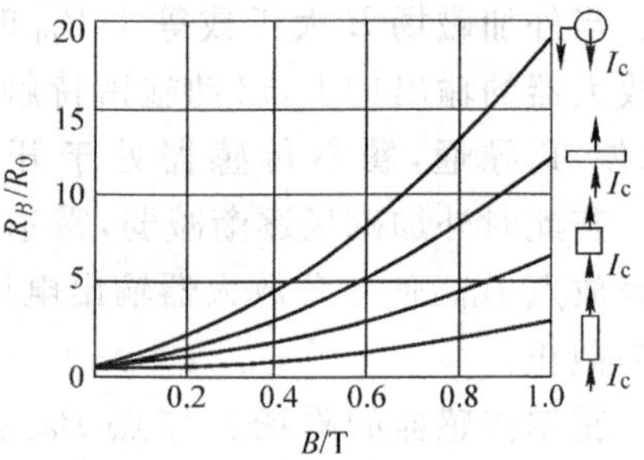

图 2.82　几何磁阻效应实验结果

3. 磁敏电阻的结构类型

根据电阻率相对变化量 $\Delta\rho/\rho$ 与 B 的关系，磁阻比 R_B/R_0 与 B^2 或 B 成正比关系，对 μ 和 B 的要求是 $\mu B>1$。在 $B=0.3$ T 情况下，半导体材料的电子迁移率 μ 应满足

$$\mu > 3.3\times10^4\ \text{cm}^2/(\text{V}\cdot\text{s})$$

衬底材料可选用陶瓷、微晶玻璃或铁氧体材料。对衬底材料的厚度均匀性有严格要求，其误差为 1 μm 左右。为提高磁敏电阻的灵敏度，在衬底反面粘贴能收集磁力线的纯铁集束片。

为提高磁敏电阻的灵敏度，在 InSb 溶解时渗入 Ni，使之析出具有方向性的针状 NiSb，在与电流方向成直角的方向上起到金属短路条的作用，从而得到电阻变化大的 InSb－NiSb 共晶材料磁敏电阻。

金属短路条也起到提高磁敏电阻灵敏度的作用，它是在长 l、宽 b、高 d 的长方形磁敏电阻上沉积许多金属短路条，如图 2.83 所示。将磁敏电阻分割成宽为 b、长满

足 $l/nb \ll 1$ 的许多子元件。金属短路条的数量 n 应满足

$$n+1 \geqslant \frac{l}{0.35b}$$

假如每个子元件在无磁场和有磁场时，电阻分别为 R_0 和 R_B，总零磁场电阻和有磁场电阻为其$(n+1)$倍。

磁敏电阻有单晶型、薄膜型和共晶型三种。单晶型是将厚度为 10～30 μm 的 InSb 单晶片粘贴在衬底上，用光刻或腐蚀方法得到几何图形，再沉积金属短路条，用合金化方法制作欧姆接触电极、焊接引线等。薄膜型是用真空蒸发或阴极溅射技术制作的多晶 InSb 薄膜。共晶型是在 InSb 熔解时渗入 Ni 形成的 InSb－NiSb 共晶材料磁敏电阻。

磁敏电阻的结构形式有两端型和三端型两种，如图 2.84 所示。

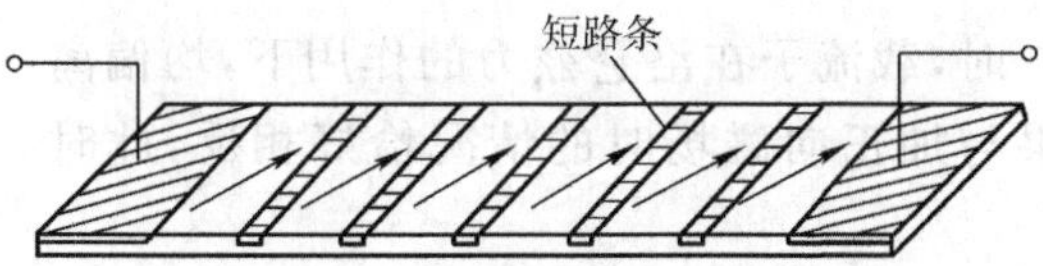

图 2.83 栅格磁敏电阻外形

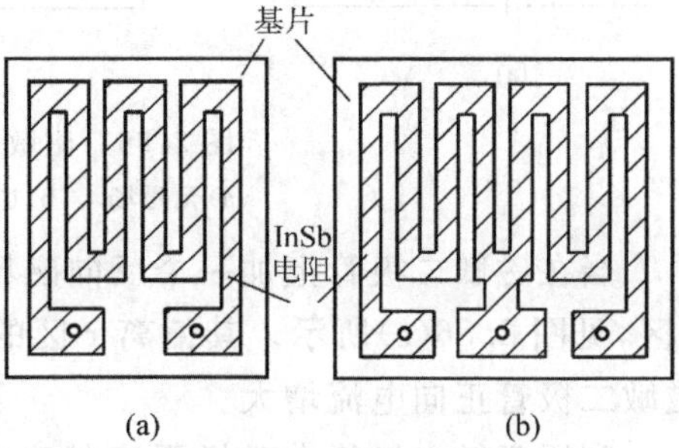

图 2.84 磁敏电阻结构

(a)两端型 (b)三端差分型

(二)磁敏二极管

1. *磁敏二极管的结构*

磁敏二极管是 PN 结型的磁电转换元件，有硅磁敏二极管和锗磁敏二极管两种，结构如图 2.85 所示。在高纯度锗半导体的两端用合金法制成高掺杂的 P 型和 N 型两个区域，在 P、N 之间有一个较长的本征区 I，本征区 I 的一面磨成光滑的复合表面(为 I 区)，另一面打毛，成为高复合区(r 区)，因为电子-空穴对易于在粗糙表面复合而消失。当通以正向电流后就会在 P、I、N 结之间形成电流。由此可知，磁敏二极管是 PIN 型的。

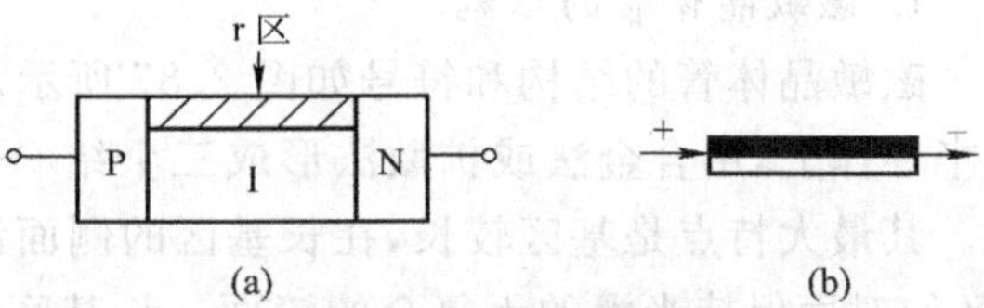

图 2.85 磁敏二极管

(a)结构 (b)符号

磁敏二极管与普通二极管的区别在于：普通二极管 PN 结的基区很短，以避免载流子在基区复合；而磁敏二极管的 PN 结却有很长的基区，大于载流子的扩散长度，但基区是由接近本征半导体的高阻材料构成的。

2. *工作原理*

在没有外加磁场的情况下，外加正偏压时，大部分的空穴和电子分别流入 N 区

和P区而产生电流，只有很少部分载流子在r区复合，如图2.86(a)所示。此时I区有恒定的阻值，器件呈稳定状态。

若给磁敏二极管外加一个磁场H^+，在正向磁场的作用下，空穴和电子受洛仑兹力的作用偏向r区，如图2.86(b)所示。由于空穴和电子在r区的复合速率大，因此载流子复合掉的数量比在没有磁场时大得多，从而使I区的载流子数量减少，回路中的电流减小。

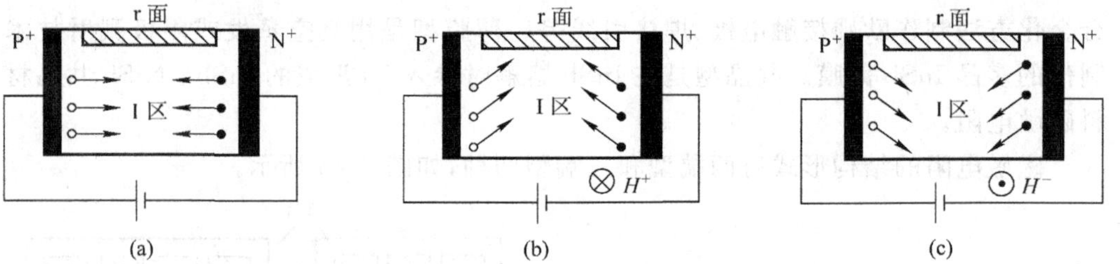

图2.86　磁敏二极管工作原理示意图

(a)无磁场　(b)加正向磁场　(c)加反向磁场

当在磁敏二极管上加一个反向磁场H^-时，载流子在洛仑兹力的作用下，均偏离r区，见图2.86(c)所示。其偏离r区的结果与加正向磁场时的情况恰好相反，此时磁敏二极管正向电流增大。

利用磁敏二极管在磁场强度的变化下，其电流发生变化，于是就实现了磁电转换。且I区和r区的复合能力之差越大，磁敏二极管的灵敏度就越高。

(三)磁敏晶体管

1. 磁敏晶体管的结构

磁敏晶体管的结构和符号如图2.87所示。NPN型磁敏晶体管是在弱P型近本征半导体上，用合金法或扩散法形成三个结——发射结、基极结、集电结的半导体元件。其最大特点是基区较长，在长基区的侧面制成一个复合率很高的高复合区r，在r区的对面保持光滑的无复合的镜面。长基区分为输运基区和复合基区两部分。

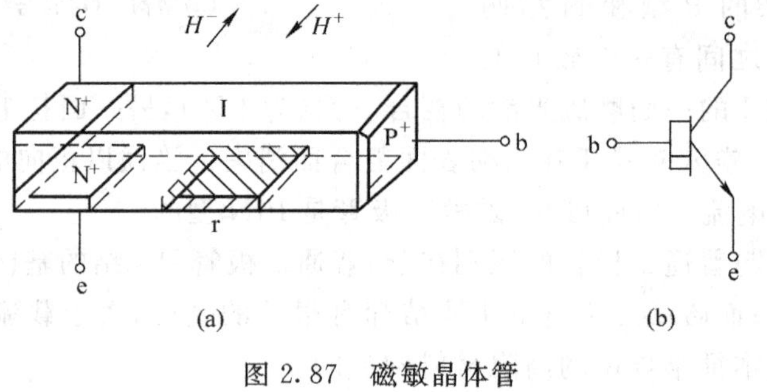

图2.87　磁敏晶体管

(a)结构(NPN)　(b)符号

2. 工作原理

当不受磁场作用时，如图 2.88(a)所示，由于磁敏晶体管的基区宽度大于载流子的有效扩散长度，因而注入的载流子除少部分输入到集电极 c 外，大部分通过 e—I—b而形成基极电流。显而易见，基极电流大于集电极电流。所以，电流放大系数 $\beta=I_c/I_b<1$。

当受到正向磁场 H^+ 作用时，如图 2.88(b)所示，由于洛仑兹力作用，载流子向发射结一侧偏转，从而使集电极电流明显下降。

当受反向磁场 H^- 作用时，如图 2.88(c)所示，载流子在洛仑兹力的作用下，向集电结一侧偏转，使集电极电流增大。

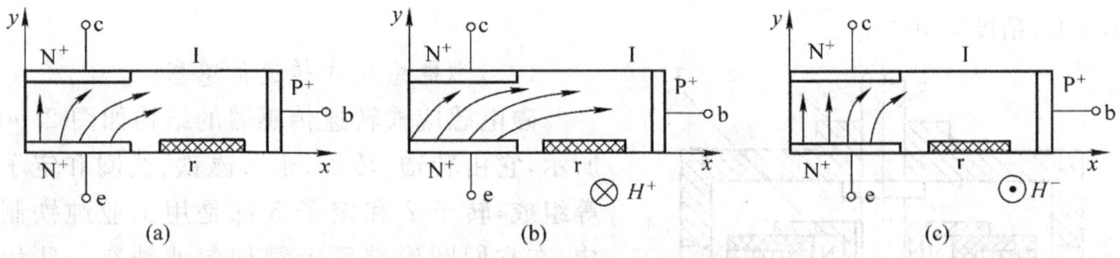

图 2.88　磁敏晶体管工作原理示意图

(a)无磁场　(b)加正向磁场　(c)加反向磁场

由此可以看出，磁敏晶体管工作原理与磁敏二极管完全相同。在正向或反向磁场作用下，会引起集电极电流的减少或增加。因此，可以用磁场方向控制集电极电流的增加或减少，用磁场的强弱控制集电极电流的增加或减少。

四、磁电式传感器的应用

(一)磁电感应式振动加速度传感器

CD－1 型绝对振动速度传感器的结构如图 2.89 所示，它属于动圈式恒定磁通式传感器。工作线圈 6 放在磁路的右气隙，用铜或铝制成的圆环形阻尼器 2 放在左气隙，工作线圈和圆环形阻尼器用芯轴 5 连在一起组成质量块，用圆形弹簧片 1 和 8 支撑在壳体上。使用时，将传感器固定在被测物体上，永久磁铁、铝架和壳体一起随被测物体振动。质量块产生惯性力，而弹簧片又非常柔软，因此当振动频率远大于传感器固有频率时，线圈在磁路系统环形气隙中相对永久磁铁运动，以振动体的振动速度切割磁力线，产生感应电动势，由引线 9 接到测量电路。同时良导体阻尼器也在磁路系统气隙中运动，感应产生涡流，形成系统的阻尼力，起衰减固有振动和扩展频率响应范围的作用。

传感器测量振动速度的灵敏度为 604 mV/(cm・s^{-1})，在测量电路中接入积分电路和微分电路，也可测量被测物体的振幅和加速度，可测振幅范围为 0.1～1 000 μm，可测加速度不大于5g。传感器工作频率 10～500 Hz，固有频率 12 Hz，工作线圈内阻

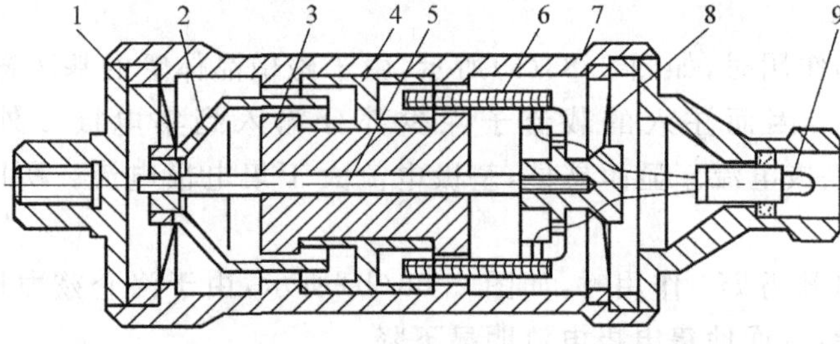

图 2.89　CD－1 型振动速度传感器结构

1、8—圆形弹簧片；2—圆环形阻尼器；3—永久磁铁；4—铝架；5—芯轴；6—工作线圈；7—壳体；9—引线

1.9 Ω，精度≤10%。

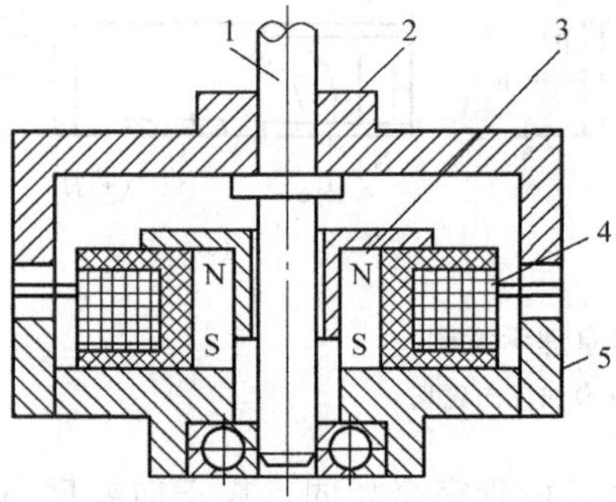

图 2.90　磁电感应式转速传感器结构

1—转轴；2—转子；3—永久磁铁；4—线圈；5—定子

(二)磁电感应式转速传感器

磁电感应式转速传感器的结构如图 2.90 所示，它由转轴、转子、永久磁铁、线圈和定子等组成，转子 2 和定子 5 都是用工业纯铁制成，在它们圆形端面上都均匀地铣有一些齿和槽，两者的齿、槽数相等，转子 2 与转轴 1 固定联结，它们和永久磁铁 3 组成磁路系统。测量转速时，转轴与被测转轴连接，从而带动转子转动，当转子 2 的齿与定子 5 的齿相对时，气隙最小，磁路中磁通量最小。因而当定子不动而转子转动时，磁通发生周期性的变化，从而在线圈中感应出近似正弦的电感信号，感应电动势频率与转速成正比，即

$$f=\frac{zn}{60} \tag{2.82}$$

式中：z 为定子(转子)端面上的齿数；n 为转轴转速。

(三)磁电感应式扭矩传感器

磁电感应式扭矩传感器属于变磁通式传感器。其结构如图 2.91(a)所示。转子和线圈固定在传感器转轴上，定子(永久磁铁)固定在传感器外壳上，转子和定子上有一一对应的齿和槽。

测量扭矩时，需要用两个传感器(见图 2.91(b))将它们的转轴(包括线圈和转子)分别固定在被测轴两端，它们的外壳固定不动。安装时，一个传感器的定子齿与其转子齿相对，而另一个传感器定子槽与其转子齿相对。当被测轴无外加扭矩时，扭转角为零，这时若转轴以一定角速度旋转，则两传感器产生相位差为 180°，近似正弦波的两个感应电动势。当被测轴有扭矩产生时，轴两端产生扭转角 ϕ，因此两传感器输出的感应电动势将因扭矩而有附加相位差 ϕ_0。扭转角 ϕ 与感应电动势相位差 ϕ_0

的关系为 $\phi_0 = z\phi$，z 为传感器定子(或转子)的齿数。由 ϕ_0 和 z 可求出扭转角 ϕ，根据 ϕ、被测轴材质及长度即可求出扭矩。

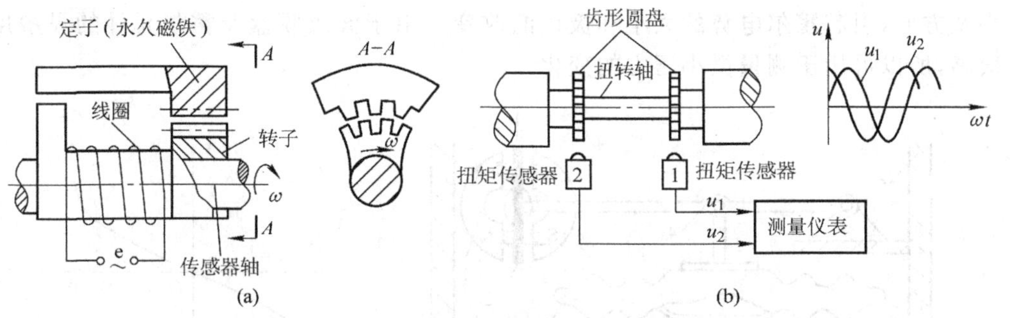

图 2.91　磁电感应式扭矩传感器
(a)扭矩传感器结构　(b)扭矩测量示意图

(四)角位移测量仪

角位移测量仪结构如图 2.92 所示。霍尔元件与被测物联动，而霍尔元件又在一个恒定的磁场中转动，于是霍尔电势 E_H 就反映了转角 θ 的变化。这个变化是非线性的(E_H 正比于 $\cos\theta$)，若要使 E_H 与 θ 有线性关系，必须采用特定形状的磁极。

(五)霍尔转速传感器

利用霍尔元件测量转速的方案很多。一种是将永久磁铁装在旋转体上，霍尔元件装在永久磁铁旁，相隔 1 mm 左右。当永久磁铁通过霍尔元件时，霍尔元件输出一个电脉冲，测定脉冲信号的频率便可得到转速值。另一种是将永久磁铁装在靠近带齿旋转体的侧面，磁铁 N 极与 S 极的距离等于齿距。霍尔元件粘贴在磁极的端面，如图 2.93 所示。齿轮每转过一个齿，霍尔元件便输出一个电脉冲，测定脉冲信号的频率便可得到转速值。

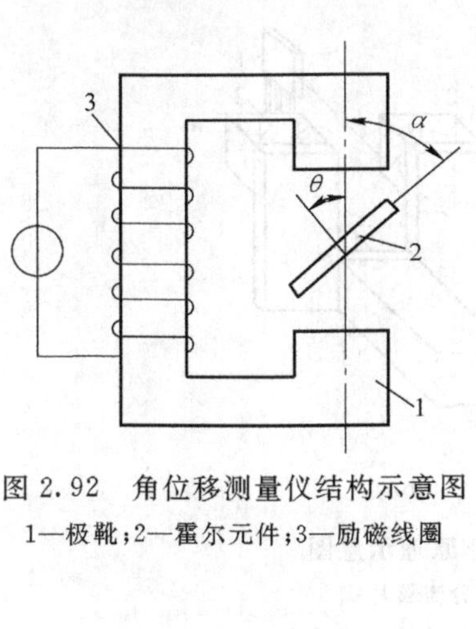

图 2.92　角位移测量仪结构示意图
1—极靴；2—霍尔元件；3—励磁线圈

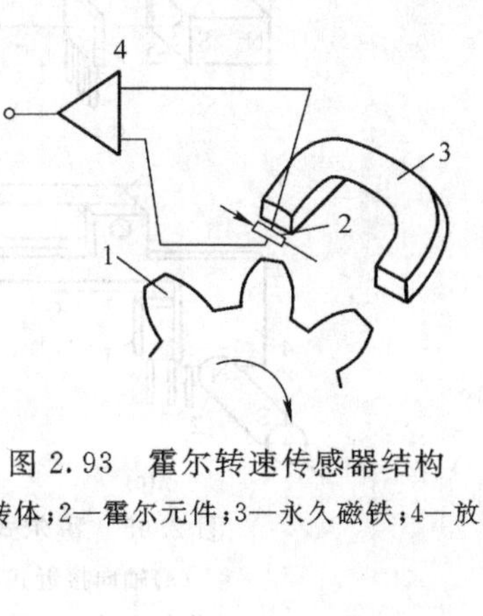

图 2.93　霍尔转速传感器结构
1—旋转体；2—霍尔元件；3—永久磁铁；4—放大器

(六)霍尔式微压力传感器

霍尔式微压力传感器原理如图 2.94 所示,被测压力 p 使弹性波纹膜盒膨胀,带动杠杆向上移动,从而使霍尔元件在磁路系统中运动,改变了霍尔元件感受的磁场大小及方向,引起霍尔电势的大小和极性的改变。由于波纹膜盒及霍尔元件的灵敏度很高,所以可用于测量微小压力的变化。

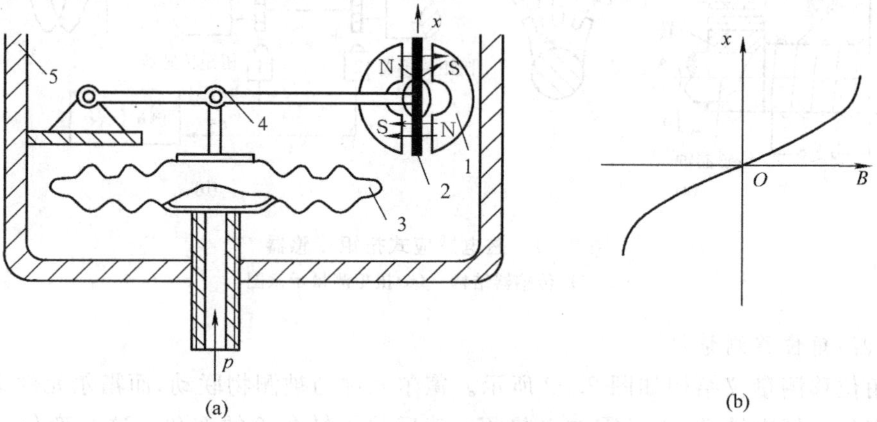

图 2.94 霍尔式微压力传感器原理示意图

(a)结构 (b)磁场与位移的关系曲线

1—磁路;2—霍尔元件;3—波纹膜盒;4—杠杆;5—外壳

(七)接近开关及霍尔传感器在接近开关中的应用

在一定的距离(几毫米至十几毫米)内检测物体有无的传感器称为接近开关。它给出的是开关信号(高电平或低电平),有的还具有较大的带负载能力(如直接驱动继电器工作等)。许多接近开关的工作原理如图 2.95 所示。

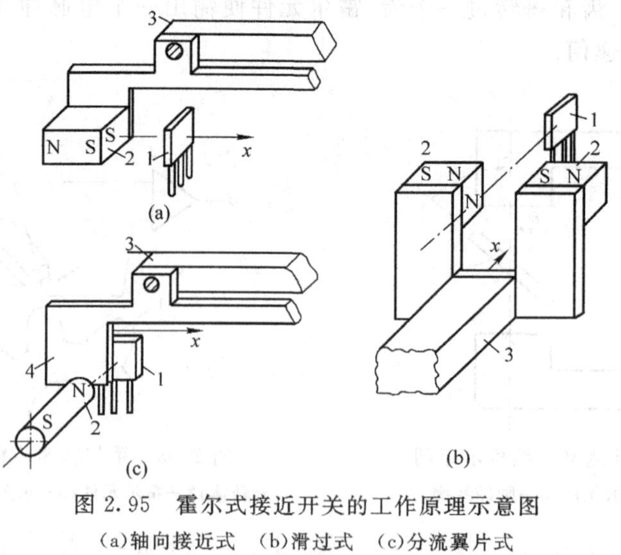

图 2.95 霍尔式接近开关的工作原理示意图

(a)轴向接近式 (b)滑过式 (c)分流翼片式

1—霍尔元件;2—磁铁;3—运动部件;4—软铁分流翼片

在图 2.95(a)中,磁极的轴线与霍尔元件的轴线在同一直线上。当磁铁随运动部件移动到距霍尔元件几毫米时,霍尔元件的输出由高电平变为低电平,经驱动电路使继电器吸合或释放,运动部件停止移动。

在图 2.95(b)中,磁铁随运动部件沿 x 方向移动,霍尔元件从两块磁铁的间隙中滑过。当磁铁与霍尔元件的间距小于某一数值时,霍尔元件输出由高电平变为低电平。与图 2.95(a)不同的是,若运动部件继续向前移动滑过了头,霍尔元件的输出又将恢复高电平。

在图 2.95(c)中,软铁制作的分流翼片与运动部件联动,当它移动到磁铁与霍尔部件之间时,磁力线被分流,遮挡了磁场对霍尔元件的激励,霍尔元件输出为高电平。

(八)磁敏电阻电位器

图 2.96 所示是将 InSb－NiSb 材料制成具有中心抽头的三端环形磁阻元件的无触点电位器。将半圆形磁钢(一种稀土永磁体)同心固定于磁阻元件上,并与两个轴承固定的转轴连接。随着转轴的转动,不断地改变磁钢在圆形磁阻元件上面的位置。这种无触点电位器实际上是一种中间抽头的两臂磁阻元件的互补电路。旋转磁钢改变作用于两臂磁阻元件的磁钢面积比,可产生磁阻比的变化。

图 2.97 表示电源电压 $E_c=6$ V 时,输出电压与磁钢旋转角度的关系。从图中可见,旋转角输出特性是以 360°为周期、以 180°为界对称出现的。若以输出电压的一半为中心点,在±25°范围内,其线性度达 0.5%;在±45°范围内,线性度达 1.5%。这种无触点电位器是通过磁钢与磁阻器件的相对位置变化来改变输出电压的,它的分辨力比触点式电位器高两个数量级,而且不发生因触点移动而引起的摩擦噪声。但这种无触点电位器的成本比较高,不可能完全代替触点式电位器。

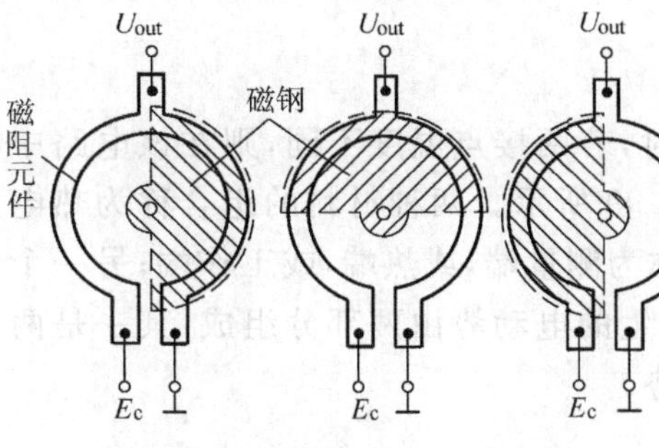

图 2.96　磁阻元件无触点电位器

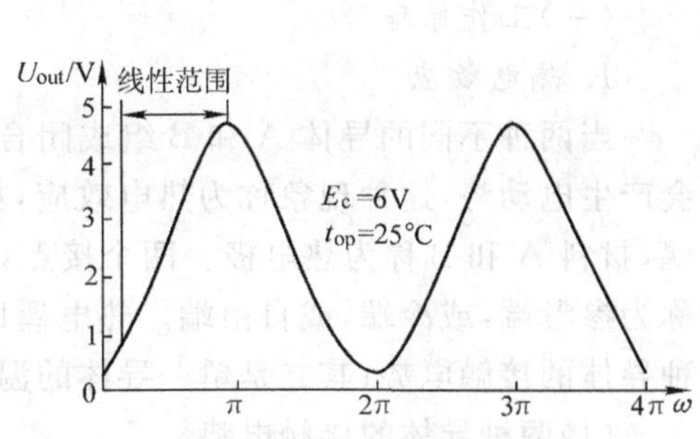

图 2.97　无触点电位器旋转的输出特性

(九)磁敏二极管漏磁探伤

利用磁敏二极管可以检测弱磁场的变化这一特性,可以制成漏磁探伤仪。图 2.98 所示为漏磁探伤原理图,钢棒被磁化部分与铁芯构成闭合磁路。由激磁线圈感应的磁通通过棒材局部表面,若没有缺陷存在,探头附近则没有泄漏磁通,因而探头

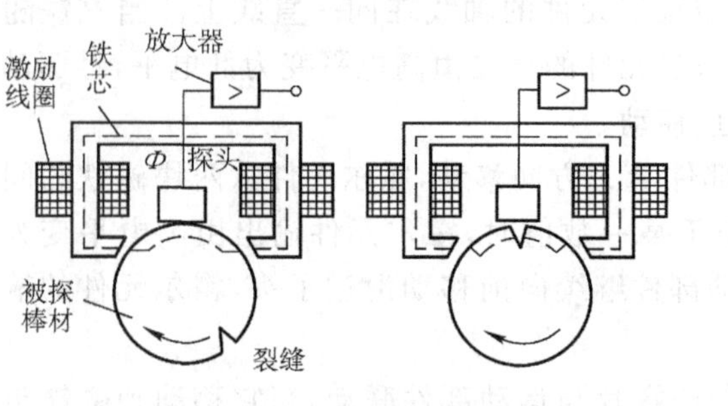

图 2.98　漏磁探伤原理

没有信号输出。如果棒材有局部缺陷，那么，缺陷处的泄漏磁通将作用于探头上，使其产生信号输出，如图 2.98 所示。所以，根据信号的有无可以判定钢棒有无缺陷。

第六节　热电式传感器

热电式传感器是一种将温度变化转换为电量变化的装置。在各种热电式传感器中，以将温度量转换为电阻和电势的方法最为普遍。其中最常用于测量温度的是热电阻和热电偶，热电阻是将温度变化转换为电阻值的变化，而热电偶是将温度变化转换为电势变化。这两种热电式传感器目前在工业生产中得到广泛应用，并且有与其相配套的显示仪表和记录仪表。另外，经常接触到的热电式传感器还有半导体热敏电阻、AD590 集成温度传感器及热电式红外线传感器，等等。

一、热电偶

热电偶在温度的测量中应用十分广泛，它构造简单，使用方便，测温范围宽，并且有较高的精确度和稳定性。

（一）工作原理

1. 热电效应

当两种不同的导体 A 和 B 组成闭合回路时，若两接点温度不同，则在该电路中会产生电动势，这种现象称为热电效应，如图 2.99 所示。两种材料的组合称为热电偶，材料 A 和 B 称为热电极。两个接点，一个称为测量端，或热端，或工作端；另一个称为参考端，或冷端，或自由端。热电偶回路产生的电动势由两部分组成：其一是两种导体的接触电势；其二是单一导体的温差电势。

(1)两种导体的接触电势

当两种导体 A、B 接触时，由于不同材料的电子密度不同，在接触面上会发生电子扩散现象。设导体 A、B 的电子密度分别为 N_A 和 N_B，且 $N_A > N_B$。则在接触面上由 A 扩散到 B 的电子比由 B 扩散到 A 的电子多，从而 A 侧失去电子带正电，B 侧得到电子带负电，在接触面处形成一个 A 到 B 的静电场，如图 2.100 所示。这个电场阻碍了电子的继续扩散，当达到动态平衡时，接触面形成一个稳定的电位差，即接触电势 E_{AB}。

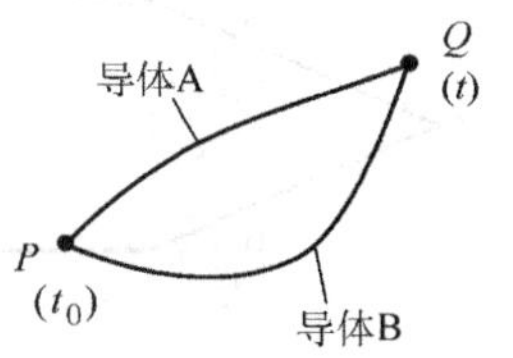

图 2.99　热电偶原理

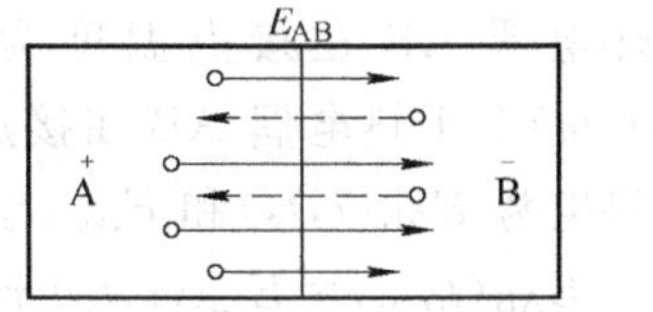

图 2.100　两种导体的接触电势

(2)单一导体的温差电势

如图 2.101 所示,单一导体中,如果两端温度分别为 t 和 $t_0(t>t_0)$,导体内自由电子在高温端具有较大动能,因而向低温端扩散。结果高温端因失去电子而带正电,低温端得到自由电子带负电,即在导体两端产生了电动势,这个电动势称为单一导体的温差电动势。

如图 2.102 所示,热电偶电路中产生的总热电势为

$$E_{AB}(t,t_0)=E_{AB}(t)-E_A(t,t_0)+E_B(t,t_0)-E_{AB}(t_0) \tag{2.83}$$

式中:$E_{AB}(t,t_0)$为热电偶电路中的总电动势;$E_A(t,t_0)$为 A 导体的温差电动势;$E_{AB}(t)$为热端接触电动势;$E_B(t,t_0)$为 B 导体的温差电动势;$E_{AB}(t_0)$为冷端接触电动势。

在总电动势中,温差电动势比接触电动势小很多,可忽略不计,则热电偶的总热电势可表示为

$$E_{AB}(t,t_0)=E_{AB}(t)-E_{AB}(t_0)=f(t) \tag{2.84}$$

对于已经选定的热电偶,当参考端温度 t_0 恒定时,$E_{AB}(t_0)$为常数,总的电动势就只与温度 t 成单值函数关系。

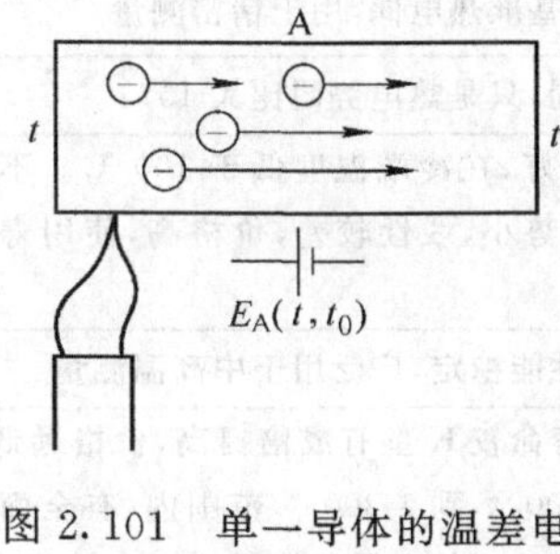

图 2.101　单一导体的温差电势

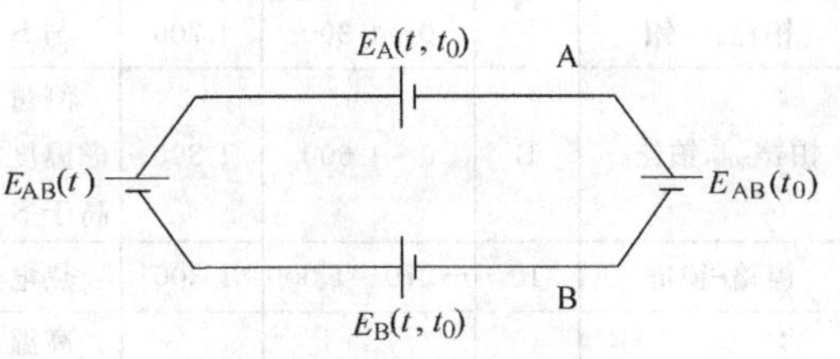

图 2.102　热电偶闭合回路

2. 基本定律

(1)均质导体定律

由一种导体组成的闭合回路,不论导体的截面积和长度如何,也不论各处温度如何,都不产生热电势。

(2)中间导体定律

如图 2.103 所示,在热电偶电路中接入第三种导体 C,只要导体 C 两端温度相等,热电偶产生的总热电动势不变。根据这个定律,热电偶回路中接入测量仪表、连

线等不影响热电势的测量。

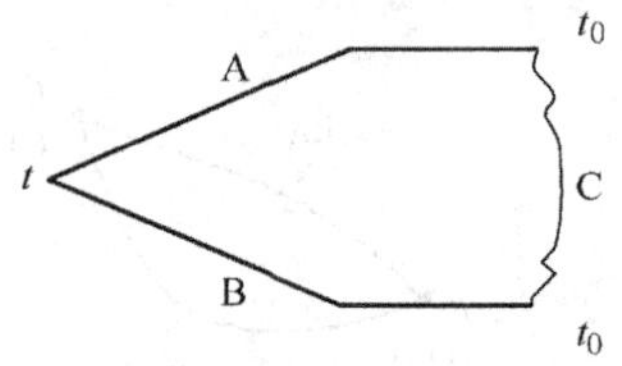

图 2.103 接入第三种导体示意图

(3)中间温度定律

热电偶 AB 在接点温度为 t、t_0 时的热电势 $E_{AB}(t,t_0)$等于热电偶 AB 在接点温度 t、t_c 和 t_c、t_0 时的热电势 $E_{AB}(t,t_c)$和 $E_{AB}(t_c,t_0)$的代数和,即

$$E_{AB}(t,t_0)=E_{AB}(t,t_c)+E_{AB}(t_c,t_0) \quad (2.85)$$

根据这一定律,只要列出热电势在冷端温度为 0 ℃的分度表,就可以求出冷端在其他温度时的热电势值。

(二)标准化热电偶

根据热电偶的测温原理,任何两种导体都可以组成热电偶,用来测量温度。但是为了保证在工程技术中应用可靠,并具有足够的准确度,不是所有材料都能作为热电偶材料。常用热电偶可分为标准热电偶和非标准热电偶两大类。标准热电偶是指国家标准规定了其热电势与温度的关系、允许误差,有统一的标准分度表的热电偶,它有与其配套的显示仪表可供选用;非标准热电偶在使用范围或数量级上均不及标准热电偶,一般也没有统一的分度表,主要用于某些特殊场合的测量。

表 2.1 给出了 8 种标准化热电偶的名称、分度号、测温范围和主要性能,表中所列的每一种型号的热电材料前者为热电偶的正极,后者为负极。

表 2.1 标准化热电偶

热电偶名称	分度号	测温范围/℃		特点及应用场合
		长期使用	短期使用	
铂铑$_{10}$-铂	S	0～1 300	1 700	热电特性稳定,抗氧化性强,测量精确度高,热电势小,线性差,价格高。可作为基准热电偶,用于精密测量
铂铑$_{13}$-铂	R	0～1 300	1 700	与 S 型性能几乎相同,只是热电势同比大 15%
铂铑$_{30}$-铂铑$_{6}$	B	0～1 600	1 800	测量上限高,稳定性好,在冷端温度低于 100 ℃。不用考虑温度补偿问题,热电势小,线性较差,价格高,使用寿命远高于 S 型和 R 型
镍铬-镍硅	K	−270～1 000	1 300	热电势大,线性好,性能稳定,广泛用于中高温测量
镍铬硅-镍硅	N	−270～1 200	1 300	高温稳定性及使用寿命较 K 型有成倍提高,价格远低于 S 型,而性能相近,在−200 ℃到 1 300 ℃范围内,有全面代替廉价金属热电偶和部分 S 型热电偶的趋势
铜-铜镍(康铜)	T	−270～350	400	准确度高,价格低,广泛用于低温测量
镍铬-铜镍	E	−270～870	1 000	热电势较大,中低温稳定性好,耐腐蚀,价格便宜,广泛用于中低温测量
铁-铜镍	J	−270～750	1 200	价格便宜,耐 H_2 和 CO_2 气体腐蚀,在含碳或铁的条件下使用也很稳定,适用于化工生产过程的温度测量

(三)热电偶冷端温度的处理

从热电偶测温基本公式可以看到，热电偶产生的热电势，对某一种热电偶来说，只与工作端温度 t 和自由端温度 t_0 有关，即

$$E_{AB}(t,t_0)=E_{AB}(t)+E_{BA}(t_0) \tag{2.86}$$

热电偶的分度表是以 $t_0=0$ ℃作为基准进行分度的，而在实际使用过程中，自由端温度 t_0 往往不能维持在 0 ℃，那么工作端温度为 t 时，在分度表中所对应的热电势 $E_{AB}(t,0)$ 与热电偶实际输出的电势值 $E_{AB}(t,t_0)$ 之间存在误差，根据中间温度定律，误差为

$$E_{AB}(t,0)-E_{AB}(t,t_0)=E_{AB}(t_0,0) \tag{2.87}$$

因此需要对热电偶自由端温度进行处理。

由于热电偶的材料一般都比较贵重(特别是采用贵金属时)，而测温点到仪表的距离都很远，为了节省热电偶材料，降低成本，通常采用补偿导线把热电偶的冷端(自由端)延伸到温度比较稳定的控制室内，并连接到仪表端子上。必须指出，热电偶补偿导线只起延伸热电极的作用，使热电偶的冷端移动到控制室的仪表端子上，它本身并不能消除冷端温度变化对测温的影响。因此，还需采用其他修正方法来补偿冷端温度 $t_0\neq0$ ℃时对测温的影响。

在使用热电偶补偿导线时必须注意型号相配，极性不能接错，补偿导线与热电偶连接端的温度不能超过 100 ℃。

1. 补偿导线法

由于热电偶的材料一般都比较贵重，在实际测温时，需要把热电偶输出的电势信号传输到远离现场数十米的控制室里的显示仪表或控制仪表上，这样参考端温度 t_0 也比较稳定。热电偶一般做得较短，需要用导线将热电偶的冷端延伸出来，如图 2.104 所示。要求补偿导线和所配热电偶具有相同的热电特性，常用补偿导线如表 2.2 所示。

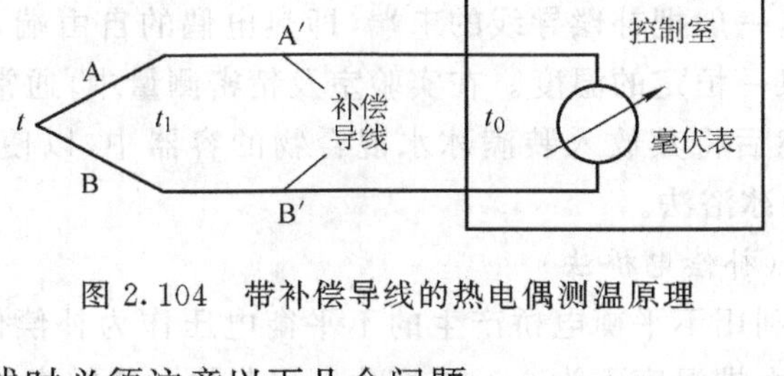

图 2.104　带补偿导线的热电偶测温原理

在使用补偿导线时必须注意以下几个问题：

①补偿导线只能在规定的温度范围内(一般为 0～100 ℃)与热电偶的热电特性相等或相近；

②不同型号的热电偶有不同的补偿导线；

③热电偶与补偿导线连接的两个接点处要保持相同温度；

④补偿导线有正负极之分，需分别与热电偶的正负极相连；

⑤补偿导线的作用只是延伸热电偶的自由端，当自由端温度 $t_0 \neq 0$ ℃时，还需要进行其他补偿与修正。

表 2.2 常用热电偶补偿导线

补偿导线型号	配用热电偶型号	补偿导线		绝缘层颜色	
		正极	负极	正极	负极
SC	S	SPC(铜)	SNC(铜镍)	红	绿
KC	K	KPC(铜)	KNC(康铜)	红	绿
KX	K	KPX(镍铬)	KNX(镍硅)	红	绿
EX	E	EPX(镍铬)	ENX(铜镍)	红	绿

2. 计算修正补偿

设热电偶的测量端温度为 t，自由端温度为 $t_0 \neq 0$ ℃，根据中间温度定律有

$$E(t,0)=E(t,t_0)+E(t_0,0)$$

式中：$E(t,0)$是热电偶测量端温度为 t、自由端温度为 0 ℃时的热电势；$E(t,t_0)$为热电端测量端温度为 t、自由端温度为 t_0 时所实际测得的热电势值；$E(t_0,0)$为自由端温度为 t_0 应加的修正值。

例 2.1 S 型热电偶在工作时自由端温度为 $t_0=25$ ℃，现测得热电偶的电势为 7.3 mV，求被测介质实际温度。

解 由题意知，热电偶测得的电势为 $E(t,25)=7.3$ mV，由分度表查得修正值为

$$E(25,0)=0.143 \text{ mV}$$

则

$$E(t,0)=E(t,25)+E(25,0)=7.3+0.143=7.443 \text{ mV}$$

再由分度表查出与其对应的实际温度为 809 ℃。

3. 自由端恒温法

在工业应用时，一般把补偿导线的末端（即热电偶的自由端）引至电加热的恒温器中，使其维持在某一恒定的温度。在实验室及精密测量中，通常把自由端放在盛有绝缘油的试管中，然后将其放入装满冰水混合物的容器中，以使自由端温度保持在 0 ℃，这种方法称为冰浴法。

4. 自动补偿法（补偿电桥法）

补偿电桥法是利用不平衡电桥产生的不平衡电压作为补偿信号，自动补偿热电偶测量过程中因自由端温度不为 0 ℃或变化而引起热电势的变化值。如图 2.105 所示，电桥由 R_1、R_2、R_3（均为锰铜电阻）和 R_{Cu}（铜电阻）组成，串联在热电偶回路中，热电偶自由端与电桥中的 R_{Cu}处于相同温度。当 $t_0=0$ ℃时，$R_1=R_2=R_3=R_{Cu}=1\ \Omega$，这时电桥处于平衡状态，无电压输出，即 $U_{AB}=0$，此时热电偶回路的热电势为 $E_{AB}=$

$E(t,0)$。当自由端温度变化时，R_{Cu}也将改变，于是电桥两端A、B就会输出一个不平衡电压U_{AB}，如选择适当的R_s可以使电桥的输出电压$U_{AB}=E(t_0,0)$，从而使回路中的总电势仍为$E(t_0,0)$，达到了自由端温度自动补偿的目的。

例 2.2　有一个实际的热电偶测温系统，如图2.106所示，两个热电极的材料分别为镍铬-镍硅，L_1和L_2分别为配镍铬-镍硅热电偶的补偿导线，测量系统配用K型热电偶的温度显示仪表(带补偿导线)来显示被测温度的大小。设$t=300$ ℃，$t_c=50$ ℃，$t_0=20$ ℃。

①求测量回路的总电势以及温度显示仪表的读数。

②如果补偿导线为普通铜导线，则测量回路的总电势和温度的显示值为多少？

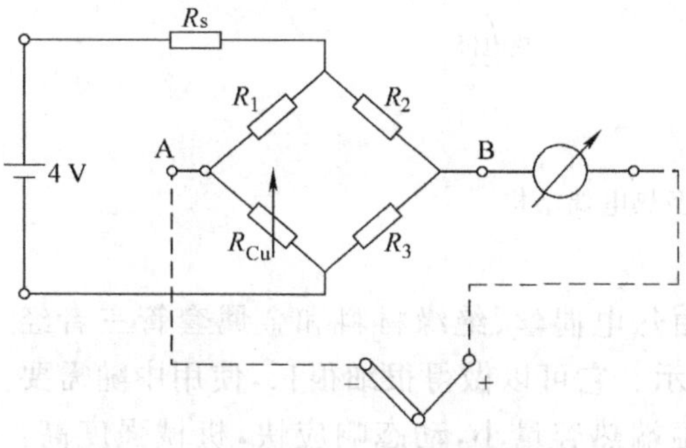

图 2.105　补偿电桥

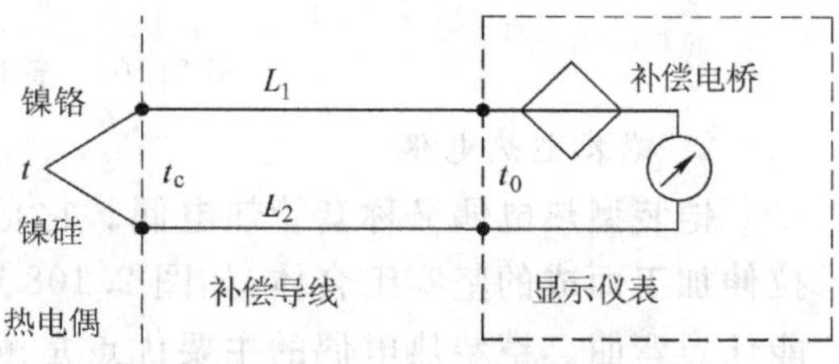

图 2.106　一个实际的热电偶测温系统

解　①由题意可知，所用热电偶的分度号为K型，则总的回路电势为

$$E=E_K(t,t_c)+E_{K补}(t_c,t_0)+E_{补}(t_0,0)$$

式中：$E_K(t,t_c)$为K型热电偶产生的热电势；$E_{K补}(t_c,t_0)$为配K型热电偶的补偿导线产生的电势；$E_{补}(t_0,0)$为补偿电桥提供的电势。由于补偿导线和补偿电桥都是配K型热电偶的，因此，这两部分产生的电势分别可近似为$E_K(t_c,t_0)$和$E_K(t_0,0)$，所以总电势可写为

$$E=E_K(t,t_c)+E_K(t_c,t_0)+E_K(t_0,0)=E_K(t,0)$$

将$t=300$ ℃代入上式，并查K型热电偶的分度表，得$E=12.209$ mV。显然，这仪表读数为300 ℃。

②当补偿导线是普通铜导线时，因为是同一种导体铜，所以不产生电动势，即$E_{K补}(t_c,t_0)=0$，那么回路总电势为

$$E=E_K(t,t_c)+E_{补}(t_0,0)=E_K(300,50)+E_K(20,0)$$
$$=(12.209-2.023)+(0.798-0)=10.984\ \text{mV}$$

查K型分度表，得到$t_{显示}=270.3$ ℃。

通过该题的计算可以发现，在热电偶测量系统中，不正确的补偿导线接法会引起错误的结果。

(四)热电偶的结构形式

为了适应不同生产对象的测温要求和条件，热电偶的结构形式有普通型热电偶、

铠装型热电偶和薄膜热电偶等。

1. 普通型热电偶

普通型热电偶在工业上使用最多，它一般由热电极、绝缘套管、保护管和接线盒组成，其结构如图 2.107 所示。普通型热电偶按其安装时的连接形式不同可分为固定螺纹连接、固定法兰连接、活动法兰连接、无固定装置等多种形式。

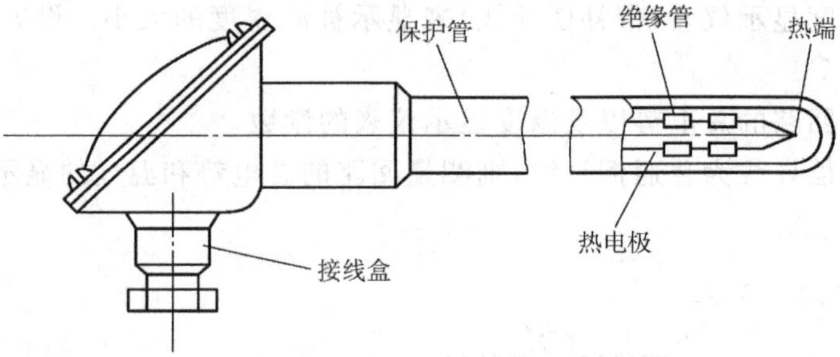

图 2.107 普通型热电偶结构

2. 铠装型热电偶

铠装型热电偶又称套管热电偶。它是由热电偶丝、绝缘材料和金属套管三者经拉伸加工而成的坚实组合体，如图 2.108 所示。它可以做得很细很长，使用中随需要能任意弯曲。铠装热电偶的主要优点是测温端热容量小，动态响应快，机械强度高，挠性好，可安装在结构复杂的装置上，因此被广泛用在许多工业部门中。

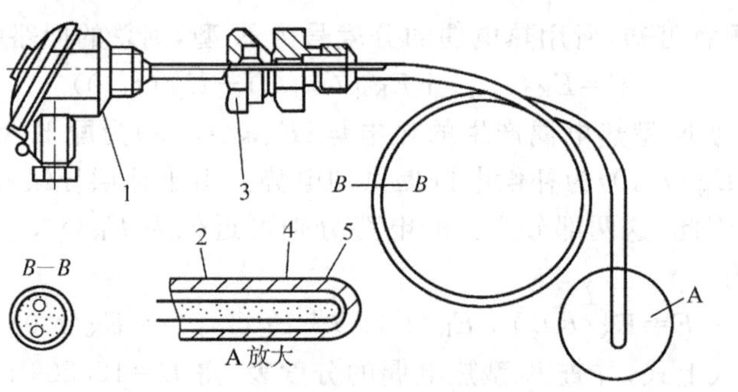

图 2.108 铠装型热电偶结构

1—接线盒；2—金属套管；3—固定装置；4—绝缘材料；5—热电极

3. 薄膜热电偶

薄膜热电偶是由两种薄膜热电极材料，用真空蒸镀、化学涂层等办法蒸镀到绝缘板上面制成的一种特殊热电偶，如图 2.109 所示。薄膜热电偶的热接点可以做得很小（可薄到 0.01～0.1 μm），具有热容量小、反应速度快等特点，热响应时间达到微秒级，适用于微小面积上的表面温度以及快速变化的动态温度测量。

二、金属热电阻（热电阻）

热电阻传感器是利用导体或半导体的电阻值随温度变化而变化的原理进行测温

的。热电阻传感器分为金属热电阻和半导体热电阻两大类，一般把金属热电阻称为热电阻，而把半导体热电阻称为热敏电阻。热电阻广泛用来测量－200～850 ℃范围内的温度，少数情况下，低温可测量至 1 K，高温达 1 000 ℃。

(一)常用热电阻温度特性

用于制造热电阻的材料应具有尽可能大和稳定的电阻温度系数和电阻率，电阻和温度关系最好呈线性，物理化学性能稳定，复现性好等。目前最常用的热电阻有铂热电阻和铜热电阻。热电阻温度特性如图 2.110 所示。

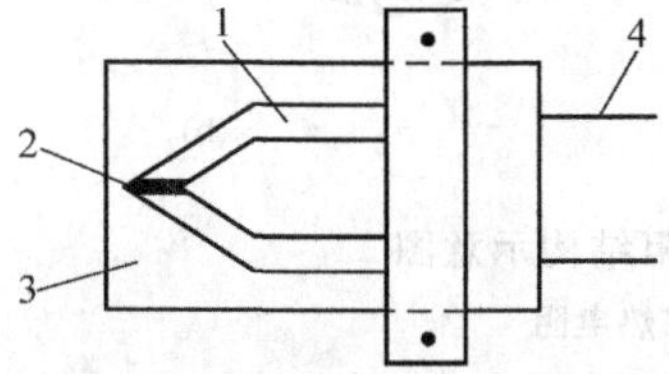

图 2.109　薄膜型热电偶结构

1—热电极；2—热接点；3—绝缘基板；4—引出线

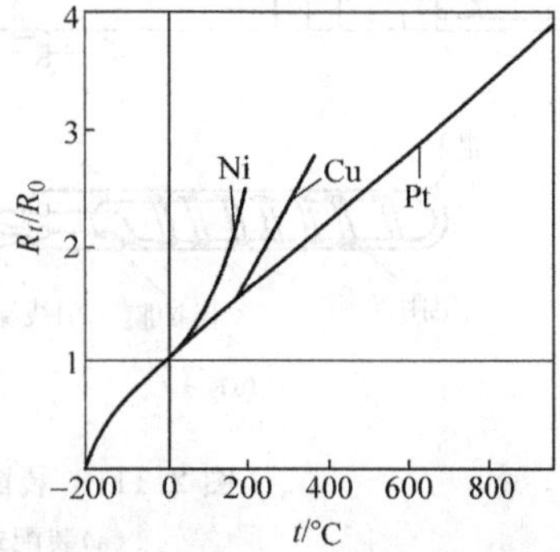

图 2.110　金属热电阻的温度特性曲线

1. 铂热电阻

铂热电阻的特点是精度高、稳定性好、性能可靠，所以在温度传感器中得到了广泛应用。按 IEC 标准，铂热电阻的使用温度范围－200～850 ℃。

在－200～0 ℃的温度范围内，

$$R_t=R_0[1+At+Bt^2+C(t-100)t^3] \tag{2.88}$$

在 0～850 ℃的温度范围内，铂热电阻的特性方程为

$$R_t=R_0(1+At+Bt^2) \tag{2.89}$$

式中：R_t 和 R_0 分别为 t ℃和 0 ℃时铂的电阻值；A、B 和 C 为常数。

从式(2.89)可看出，热电阻在温度 t 时的电阻值与 R_0 有关，温度 t 和电阻值 R_t 是呈非线性关系的。目前我国规定工业用铂热电阻值 $R_0=10\ \Omega$ 和 $R_0=100\ \Omega$ 两种，它们的分度号分别为 Pt_{10} 和 Pt_{100}，其中以 Pt_{100} 为常用。铂热电阻不同分度号亦有相应分度表，即 R_t-t 的关系表，这样在实际测量中，只要测得热电阻的阻值 R_t，便可从相关分度表手册上查出对应的温度值。

2. 铜热电阻

由于铂是贵重金属，因此，在一些测量精度要求不高且温度较低的场合，可采用铜热电阻进行测温，它的测温范围为－50～150 ℃。

在测量范围内，铜热电阻的电阻值与温度的关系几乎是线性的，可近似地表示为

$$R_t=R_0(1+\alpha t) \tag{2.90}$$

式中 α 为铜热电阻的电阻温度系数，取 $\alpha=4.28\times10^{-3}/℃$。铜热电阻的两种分度号分别为 Cu_{50}（$R_0=50\ \Omega$）和 Cu_{100}（$R_0=100\ \Omega$）。

（二）热电阻传感器的结构

热电阻传感器是由电阻体、绝缘管、保护套管、引线和接线盒等部分组成。如图 2.111 所示。

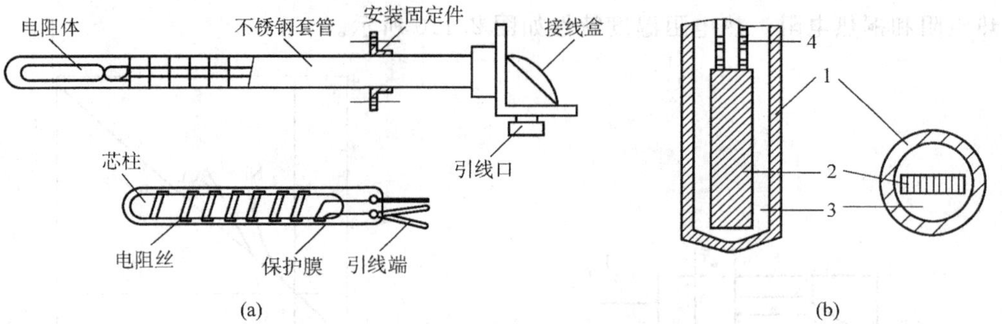

图 2.111　装配式和铠装式热电阻结构示意图

（a）装配式热电阻　（b）铠装式热电阻

1—金属保护套管；2—热电阻元件；3—绝缘材料粉末；4—引线

热电阻丝必须在骨架的支持下才能构成测温元件，因此要求骨架材料的体膨胀系数要小，此外还要求其机械强度和绝缘性能良好，耐高温、耐腐蚀。常用的骨架材料有云母、石英、陶瓷、玻璃和塑料等，根据不同的测温范围和加工需要可选用不同的材料。

在工业上使用的标准热电阻的结构有两种，它与标准热电偶一样分为普通型装配式和柔性安装型铠装式。装配式是将铂热电阻感温元件焊上引线组装在一端封闭的金属或陶瓷保护套管内，再装上接线盒而成，如图 2.111（a）所示。铠装式是将铂热电阻感温元件、引线、绝缘粉组装在不锈钢管内再经模具拉伸的坚实整体，具有坚实、抗振、可挠、线径小、使用安装方便等特点，如图 2.111（b）所示。

（三）热电阻测量电路

采用热电阻构成的测温仪器有电桥、直流电位差计、电子式自动平衡计量仪器、动圈比率式计量仪器、动圈式计量仪器、数字温度计等。在这些仪器的测量电路中，热电阻作为测量桥路的一个桥臂电阻。引线是热电阻出厂时自身具备的，使热电阻丝能与外部测量桥路连接，通常位于保护套管内。引线的电阻在环境温度变化的情况下会发生变化，对测量结果影响较大。目前常用的引线方式有两线制、三线制和四线制三种，如图 2.112 所示。

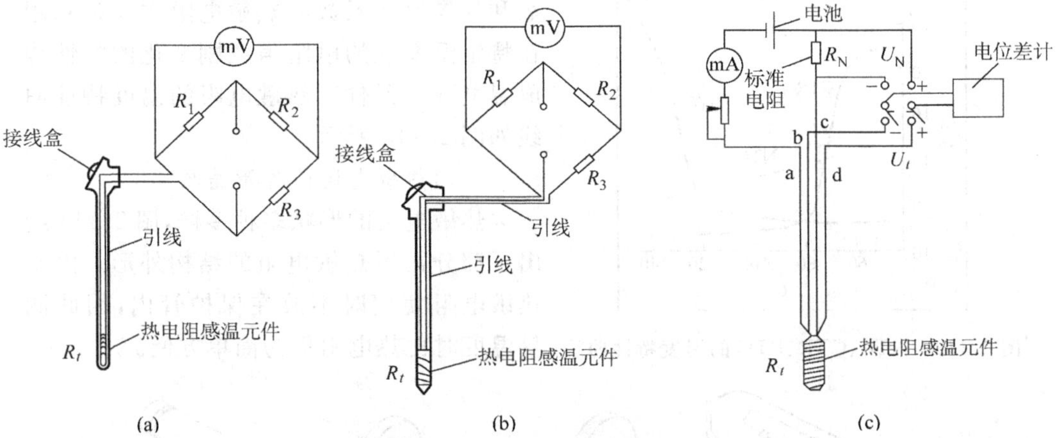

图 2.112　热电阻的几种引线方式

(a)两线制　(b)三线制　(c)四线制

1)两线制　在热电阻体的两端各连接一根导线的引线方式，如图 2.112(a)所示。这种引线方式比较简单，但引线电阻及其变化值会给测量结果带来附加误差。适用于引线较短、测量精度要求不高的场合。

2)三线制　在热电阻体的一端连接两根导线，另一端连接一根导线的引线方式，如图 2.112(b)所示。由于热电阻的两根连线分别置于相邻两桥臂内，所以温度引起连线电阻的变化对电桥的影响相互抵消，电源连线电阻的变化对供桥电压影响是极其微小的，可忽略不计。因此，这种引线方式可以较好地消除引线电阻的影响，测量精度比两线制高，应用比较广泛。工业热电阻通常采用三线制接法，尤其在测温范围窄、导线长、架设铜导线途中温度易发生变化等情况下，必须采用三线制接法。

3)四线制　热电阻体的两端各连接两根导线的引线方式，如图 2.112(c)所示。其中两根引线为热电阻提供恒流源，在热电阻上产生的压降通过另两根引线引至电位差计进行测量。这种接线方式能完全消除引线电阻带来的附加误差，且在连接导线阻值相同时，也可消除连接导线的影响。这种引线方式主要用于高精度的温度检测。

必须指出，无论是三线制，还是四线制，引线都应该从热电阻感温元件的根部引出，不能从热电阻的接线端子上分出。

三、半导体热敏电阻

(一)热敏电阻的原理

半导体热敏电阻的材料是一种由锰、镍、铜、钴、铁等金属氧化物按一定比例混合烧结而成的半导体，简称热敏电阻。热敏电阻是利用半导体的电阻随温度变化的特性制成的测温元件。热敏电阻有正温度系数(PTC)、负温度系数(NTC)和临界温度系数(CTR)三种。具有负温度系数的热敏电阻主要用于温度的检测；具有正温度系

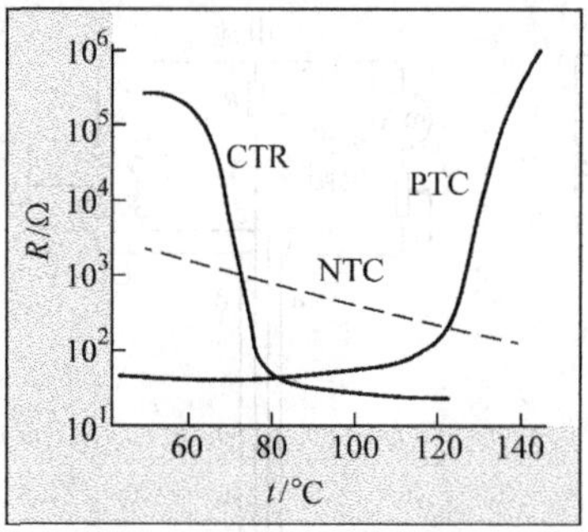

图 2.113 NTC、CTR、PTC 的温度特性曲线

数和临界温度系数的热敏电阻主要是利用在特定温度下的电阻值急剧变化的特性构成温度开关元件。热敏电阻的温度特性曲线如图 2.113 所示。

(二)热敏电阻的外形结构

热敏电阻的形状多种多样,图 2.114 给出了部分常用热敏电阻的结构外形。由于热敏电阻使用时不放在保护管内,因此测量温度时比热电阻更为简单方便。

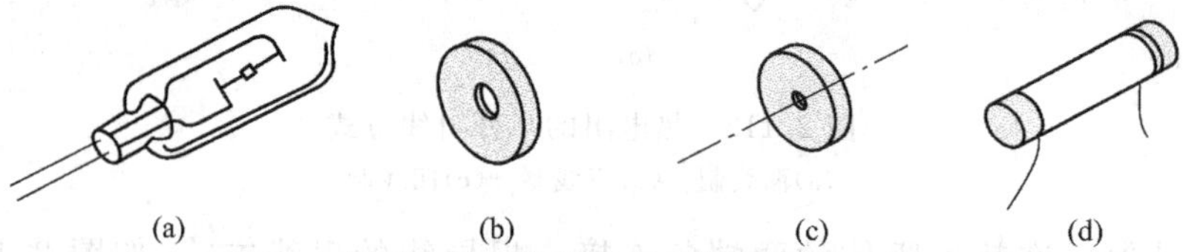

图 2.114 常用热敏电阻的外形

(a)玻璃罩式 (b)垫圈式 (c)圆片式 (d)棒状

四、集成温度传感器

集成温度传感器是利用晶体管 PN 结的电流和电压特性与温度的关系,把感温元件(PN 结)与有关的电子线路集成在很小的硅片上封装而成。具有体积小、线性好、反应灵敏、价格低、抗干扰能力强等优点,所以应用十分广泛。由于 PN 结不能耐高温,所以集成温度传感器通常测量 150 ℃以下的温度。集成温度传感器按输出量不同可分为电流型、电压型和频率型三大类。电流型输出阻抗很高,可用于远距离精密温度的遥感和遥测,而且不用考虑接线引入的损耗和噪声。电压型输出阻抗低,易于同信号处理电路连接。频率输出型易与微型计算机连接。按输出端个数分,集成温度传感器可分为三端式和两端式两大类。

(一)集成温度传感器的基本工作原理

图 2.115 所示为集成温度传感器原理示意图。其中 VT_1、VT_2 为差分对管,恒流源提供的 I_1、I_2 分别为 VT_1、VT_2 的集电极电流,则 ΔU_{be} 为

$$\Delta U_{be}=\frac{kT}{q}\ln\left(\frac{I_1}{I_2}\gamma\right) \tag{2.91}$$

式中:k 是玻尔兹曼常数;q 是电子电荷量;T 是绝对温度;γ 是 VT_1 和 VT_2 发射极面积之比。

由式(2.91)可知,只要 I_1/I_2 为恒定值,则 ΔU_{be} 与温度 T 为单值线性函数关系。这就是集成温度传感器的基本工作原理。

(二)电压输出型集成温度传感器

图 2.116 所示的电路为电压输出型温度传感器。VT_1、VT_2 为差分对管,调节

电阻 R_1，可使 $I_1=I_2$，当对管 VT_1、VT_2 的 β 值大于等于 1 时，电路输出电压 U_o 为

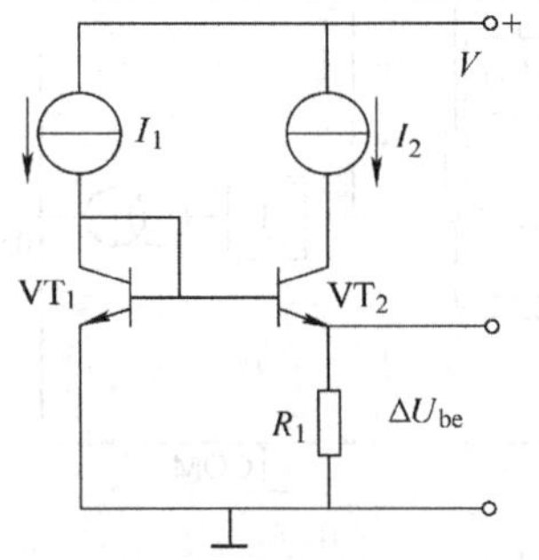

图 2.115　集成温度传感器原理示意图

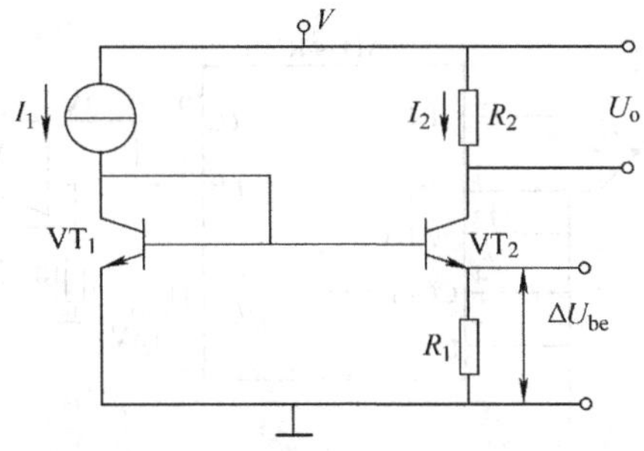

图 2.116　电压输出型集成温度传感器电路

$$U_o=I_2R_2=\frac{\Delta U_{be}}{R_1}R_2$$

由此可得

$$\Delta U_{be}=\frac{R_1}{R_2}U_o=\frac{kT}{q}\ln\gamma \tag{2.92}$$

由式(2.92)可知 R_1、R_2 不变，则 U_o 与 T 呈线性关系。若 $R_1=940\ \Omega$，$R_2=30\ k\Omega$，$\gamma=37$，则电路输出的温度系数为 10 mV/K。

(三)电流输出型集成温度传感器

电流输出型集成温度传感器原理电路如图 2.117 所示。对管 VT_1、VT_2 作为恒流源负载，VT_3、VT_4 作为感温元件，VT_3、VT_4 发射极面积之比为 γ，此时电源总电流 I_T 为

$$I_T=2I_1=\frac{2\Delta U_{be}}{R}=\frac{2kT}{qR}\ln\gamma \tag{2.93}$$

由式(2.93)可得知，当 R、γ 为恒定量时，I_T 与 T 成线性关系。若 $R=358\ \Omega$，$\gamma=8$，则电路输出的温度系数为 1 μA/K。

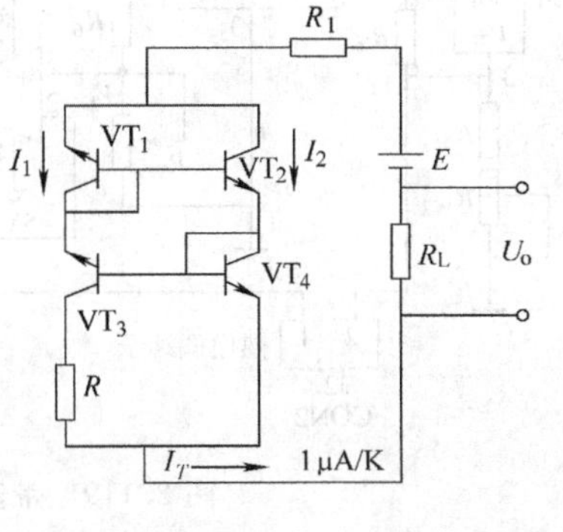

图 2.117　电流输出型集成温度传感器电路

五、热电式传感器应用举例

(一)热电偶温度测量电路

图 2.118 所示为采用 AD594C 的热电偶温度测量电路。AD594C 片内除有放大电路外，还有温度补偿电路，对于 J 型热电偶经激发修整后可得到 10 mV/℃输出。在 0～300 ℃测量范围内的精度为±1 ℃。若 AD594C 输出接 A/D 转换器，则可构成数字显示温度计。电路中的 2B20B 是电压/电流变换器，将运放 A1 所放大的与温度相应的电压信号变换为 4～20 mA 的电流信号进行远距离的传送。

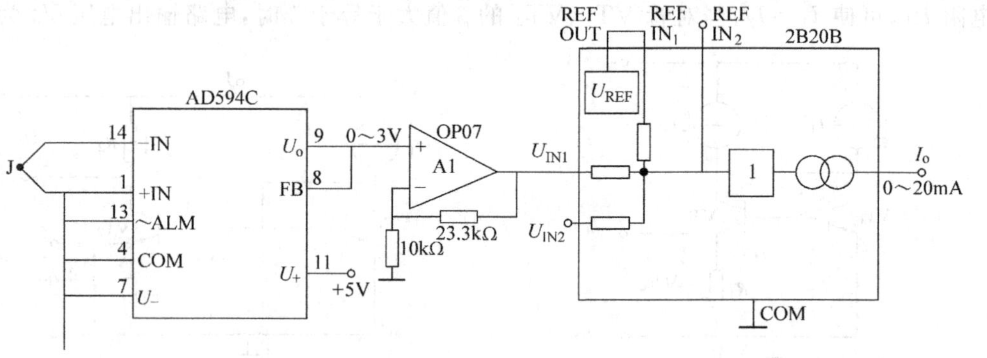

图 2.118　热电偶温度测量电路

(二)用集成温度传感器冷端补偿的热电偶测温电路

图 2.119 为表面贴装装置中采用热电偶测温电路的实例。热电偶输出的热电势值较小,一般为几毫伏至几十毫伏,所以热电偶测温电路一般由放大电路和补偿电路组成。

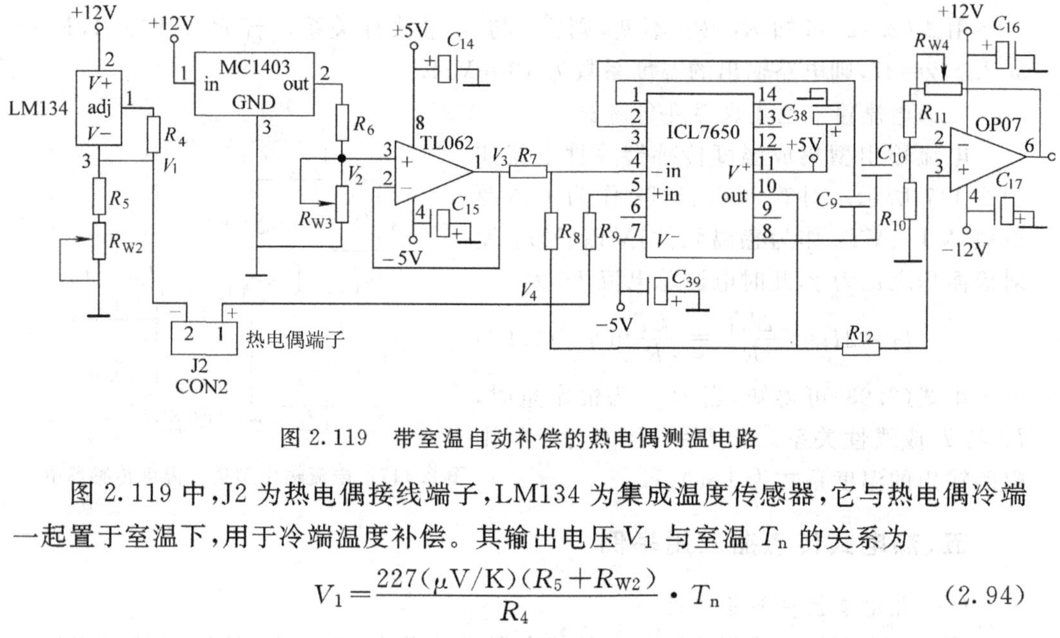

图 2.119　带室温自动补偿的热电偶测温电路

图 2.119 中,J2 为热电偶接线端子,LM134 为集成温度传感器,它与热电偶冷端一起置于室温下,用于冷端温度补偿。其输出电压 V_1 与室温 T_n 的关系为

$$V_1=\frac{227(\mu V/K)(R_5+R_{W2})}{R_4}\cdot T_n \tag{2.94}$$

MC1403 为稳压电源,将输出电压稳定在 3 V。该电压经电阻 R_6 和电位器 R_{W3} 分压后为

$$V_2=\frac{R_{W3}}{R_6+R_{W3}}\times 3\ \text{V} \tag{2.95}$$

TL062 组成跟随器结构,用于阻抗匹配。跟随器的输出电压即为精密运算放大器 ICL7650 的负端输入 V_3,且

$$V_3 \approx V_2 \tag{2.96}$$

ICL7650 的正端输入 V_4 由 LM134 的输出和热电偶的输出合成而成，即

$$V_4 = E_{AB}(T, T_n) + V_1 \tag{2.97}$$

式中：E_{AB}代表热端温度为 T、冷端温度为 T_n 时热电偶的热电势，T_n 代表室温的变化，且有

$$T_n = T_0 + \Delta T \tag{2.98}$$

由式(2.84)得　　$E_{AB}(T, T_n) = E_{AB}(T) - E_{AB}(T_n)$　　(2.99)

由式(2.84)与式(2.99)得

$$\begin{aligned} E_{AB}(T, T_n) &= E_{AB}(T) - E_{AB}(T_n) \\ &= E_{AB}(T) - E_{AB}(T_0) - [E_{AB}(T_n) - E_{AB}(T_0)] \end{aligned}$$

即

$$E_{AB}(T, T_n) = E_{AB}(T, T_0) - E_{AB}(T_n, T_0) \tag{2.100}$$

将式(2.94)和式(2.100)代入式(2.97)，即得

$$V_4 = E_{AB}(T, T_0) - E_{AB}(T_n, T_0) + \frac{227(\mu V/K)(R_5 + R_{W2})}{R_4} \cdot T_n \tag{2.101}$$

设计时电参数的选取应保证 $E_{AB}(T_n, T_0)$ 随温度的变化量与 V_1 随温度的变化量一致，两者均随温度的升高而增大，但由于符号相反，可互相抵消。因此，当室温 T_n 发生变化时，V_4 不随之变化；而当被测温度 T 发生变化时，V_4 发生变化。

ICL7650 为差动放大器，当热电偶冷端为 T_0 时，调节 R_{W3}，使 $V_4 = V_3$，则放大器 ICL7650 的输出为零。OP07 为二级放大电路，此时通过调零使其输出也为零。根据式(2.100)，此时 $T_n = T_0$，$E_{AB}(T_n, T_0) = 0$，根据式(2.94)计算出此时的 V_1，最终得到室温 T_0 时 V_4。当室温发生变化时，V_4 仍然不变。

$$V_5 = K_1(V_4 - V_5) \tag{2.102}$$

$$V_6 = K_2 V_5 \tag{2.103}$$

式中，K_1 和 K_2 分别为两级放大电路的放大倍数。

V_6 经 A/D 转换电路后变成数字量进入 PC 机或单片机，经 CPU 处理后数字显示被测温度值。

在 PC 机或单片机中，CPU 采集到数据 V_6 后，根据式(2.102)和式(2.103)计算出 V_4，再由式(2.101)计算出 $E_{AB}(T, T_0)$，最后根据式(2.84)计算出 $E_{AB}(T)$。反查热电偶的分度表，即可获得被测温度值。

（三）热电阻测温

电冰箱压缩机温度继电器内部的感温元件是一片碟形双金属片（即铂热电阻），如图 2.120(a)(b)所示。由图 2.120(c)(d)可以看出在双金属片上固定着两个动触头。正常时，这两个动触头与固定的两个静触头组成两个常闭触点。在碟形双金属片的下面还安放着一根电热丝。该电热丝与这两个常闭触点串联连接。整个保护继电器只有两根引出线，在电路中，它与压缩机电动机的主电路串联。流过压缩机电动机的电流必定流过它的常闭触点和电热丝。

压缩机工作正常时，也有电流流过电热丝，但因电流较小，电热丝发出的热量不能使双金属片翻转，所以常闭触点维持闭合状态，如图 2.120(c)所示。如果由于某种原因使压缩机电动机中的电流过大时，这一大电流流过电热丝后，使它很快发热，放出的热量使碟形双金属片温度迅速升高到它的动作温度，使碟形双金属片翻转，同时带动常闭触点断开，切断压缩机电动机的电源，保护全封闭式压缩机不至于损坏，如图 2.120(d)所示。

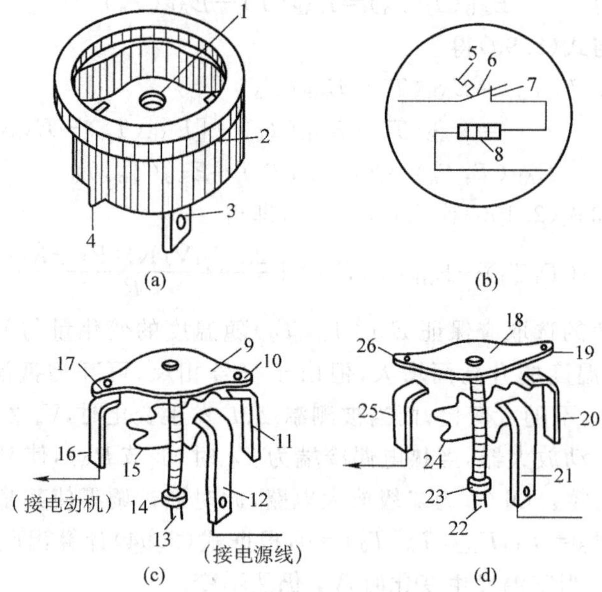

图 2.120　碟形双金属片温度测量过程

(a)外形　(b)内部电路　(c)正常工作　(d)异常工作

1、5、9、18—碟形双金属片；2—外壳；3、12、21—金属板；4、16、25—金属板；6—动触头；7—静触头；8、15、24—电热丝；10、19—触点；11、20—金属板；13、22—调节螺丝；14、23—锁紧螺母；17、26—触点

(四)热敏电阻作为控制开关的应用

在温度控制中热敏电阻常与继电器或与相应的信号保护装置的电磁线圈相连。把热敏电阻放在要控制的地方，当温度改变时，引起热敏电阻器阻值剧变，电流雪崩式地增加，该电流经过放大或直接流经继电器使之动作，从而达到控制温度的目的。图 2.121 是汽车空调用温控器电路。电路中 R_1、R_T、R_2、R_3 及温度设定电位器 R_P 构成温度检测电桥。当被控温度高于 R_P 设定的温度时，R_T 阻值较小，A 点电位低于 B 点电位，A_2 输出为高电平，此时 A_1 的反相输入端电位低于同相输入端电位，输出也为高电平，晶体管 VT 饱和导通，继电器 J 吸合，常开触点 J_1 闭合，导致汽车离合器得电工作，从而使压缩机工作制冷。随着被控温度逐渐降低，R_T 阻值增大，A 点电位逐渐升高，当被控温度达到或低于 R_P 设定温度时，A 点电位高于 B 点电位，此

时 A_2 输出低电平，则 A_1 输出为低电平，VT 截止，继电器 J 释放，J_1 断开，造成离合器失电而使压缩机停止工作。以上过程周而复始，就可以确保汽车内温度控制在由 R_P 设定的温度附近了。

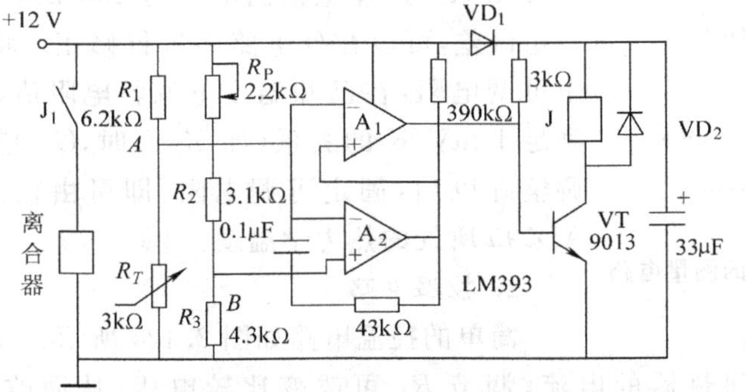

图 2.121　汽车空调用温控器电路

其他场合用到的空调中的热敏电阻控制器，原理基本与图 2.121 相同。

（五）对管道流量的测量

图 2.122 是采用铂热电阻测量气体或液体管道中流量的原理图。热电阻 R_{T_1} 的探头放在气体或液体的实测流路中，而另一个热电阻 R_{T_2} 的探头则放置在温度与被测介质相同，但不受介质流速影响的连通室内。热电阻式流量计是根据介质内部热传导现象制成的，如果将温度为 t_n 的热电阻放入温度为 t_c 的介质内，设热电阻与介质相接触的面积为 A，则热电阻耗散的热量为

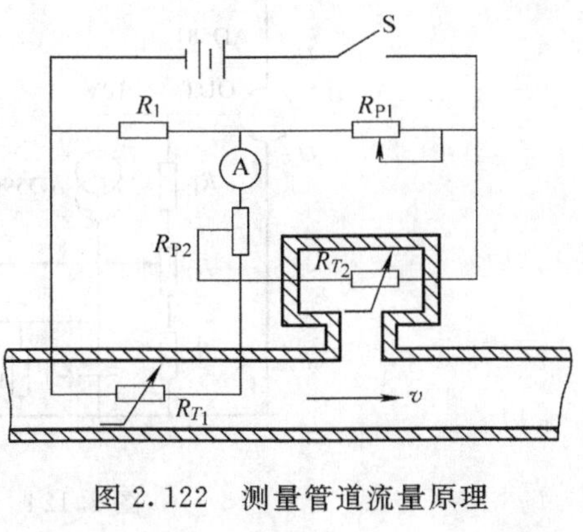

图 2.122　测量管道流量原理

$$Q=KA(t_n-t_c) \tag{2.104}$$

式中，K 为热传导系数。

实验证明，K 与介质的密度、黏度、平均流速等参数有关。当其他参数为定值时，K 仅与介质的平均流速有关。这样就可以通过测量热电阻耗散热量 Q，获得气体或液体介质的平均流速或流量。

电阻 R_1、R_{T_1}、R_{T_2}、R_{P1}、R_{P2} 组成一个电桥，电桥在气体或液体介质静止不动时处于平衡状态，电流表中无电流指示；当介质流动时，由于介质会带走热量，从而使热电阻 R_{T_1} 与 R_{T_2} 的散热情况出现差异，R_{T_1} 的温度下降，使电桥电路失去平衡，产生一个与介质流量变化相对应的电流流经电流表。如果事先将电流表按平均流量标定过，则从电流表的刻度上便知气体或液体介质流量的大小。

（六）集成温度传感器的典型应用

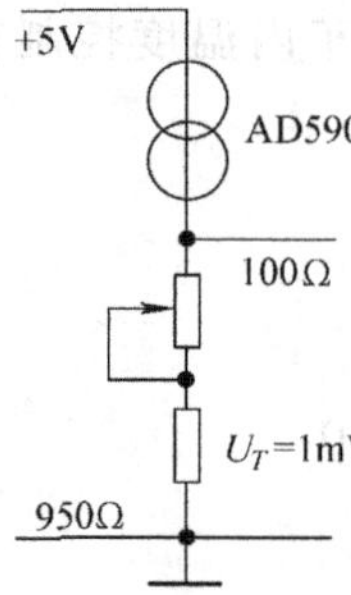

图 2.123　简单的测量电路

1. 温度测量电路

图 2.123 是一个简单的测温电路。AD590 在 25 ℃(298.2 K)时，理想输出电流为 298.2 μA，但实际上存在一定误差，可以在外电路中进行修正。将 AD590 串联一个可调电阻，在已知温度下调整电阻值，使输出电压 U_T 满足 1 mV/K 的关系（如 25 ℃时，U_T 应为 298.2 mV）。调整好以后，固定可调电阻，即可由输出电压 U_T 读出 AD590 所处的热力学温度。

2. 控温电路

简单的控温电路如图 2.124 所示。AD311 为比较器，它的输出控制回热器的电流，调节 R_1 可改变比较电压，从而改变了控制温度。AD581 是稳压器，为 AD590 提供一个合理的稳定电压，电容 C_1 用于滤除噪声，R_H 和 R_L 为 R_T 设置了最高和最低的限制。

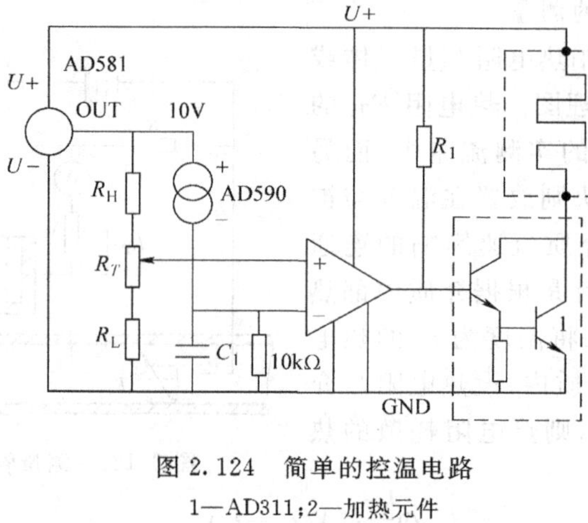

图 2.124　简单的控温电路

1—AD311；2—加热元件

第七节　常用流量计

一、电磁流量计

电磁流量计是利用法拉第电磁感应定律制成的一种测量导电液体体积流量的仪表。20 世纪 50 年代初，电磁流量计实现了工业化应用，近年来电磁流量计性能有了很大提高，得到了更为广泛的应用。根据电磁流量计的结构与原理可知，它有如下主要特点：电磁流量计的测量通道是一段无阻流检测件的光滑直管，因不易阻塞，适用于测量含有固体颗粒或纤维的液固两相流体，如纸浆、煤水浆、矿浆、泥浆和污水等；

不产生因检测流量所形成的压力损失；测得的体积流量不受流体密度、黏度、温度、压力和电导率(只要在某一阈值以上)变化明显的影响；前置直管段要求较低；测量范围大，通常为 20∶1～50∶1；不能测量电导率很低的液体，如石油制品和有机溶剂等；不能测量气体、蒸汽和含有较多较大气泡的液体；通用型电磁流量计由于受衬里材料和电气绝缘材料限制，不能用于较高温度液体的测量。

(一)电磁流量计原理与结构

1. 电磁流量计原理

电磁流量计的基本原理是法拉第电磁感应定律，即导体在磁场中切割磁力线运动时，在其两端产生感应电动势。如图 2.125 所示，导电性液体在垂直于磁场的非磁性测量管内流动，与流动方向垂直的方向上产生与流量成比例的感应电势，电动势的方向按右手规则判定，其值为

$$E=BDv \tag{2.105}$$

式中：E 为感应电动势，V；B 为磁感应强度，T；D 为测量管内径，m；v 为平均流速，m/s。

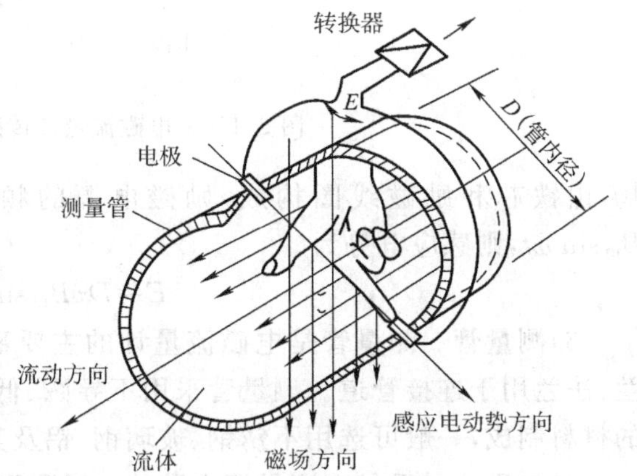

图 2.125　电磁流量计测量原理图

设液体的体积流量为 $q_V=\pi D^2 v/4$，则 $v=4q_V/\pi D^2$，代入式(2.105)得

$$E=(4B/\pi D)q_V=Kq_V \tag{2.106}$$

式中，K 为仪表常数，$K=4B/\pi D$。

由式(2.106)可知，在管道直径已确定、磁感应强度不变的条件下，体积流量与电磁感应电势有一一对应的线性关系，而与流体密度、黏度、温度、压力和电导率无关。

2. 电磁流量计的构成

电磁流量计由流量传感器和转换器两大部分组成。传感器结构如图 2.126 所示，测量管上下装有励磁线圈，通过励磁电流后产生磁场穿过测量管，一对电极装在测量管内壁与液体相接触，引出感应电势，送到转换器。励磁电流则由转换器提供。

(1)电磁流量计流量传感器

电磁流量计流量传感器由外壳、磁路系统、测量管、衬里和电极组成。

1)外壳　外壳应用铁磁材料制成，用于保护励磁线圈的外罩，还可以隔离外磁场的干扰。

2)磁路系统　磁路系统用于产生均匀的直流或交流磁场，直流磁场可以用永久磁铁来实现，其结构比较简单。但是，在电极上产生的直流电势会引起被测液体的电解，因而在电极上发生极化现象，破坏了原有的测量条件；当管道直径较大时，永久磁铁也要求很大，这样既笨重又不经济。在工业现场的电磁流量计，一般都采用交变磁

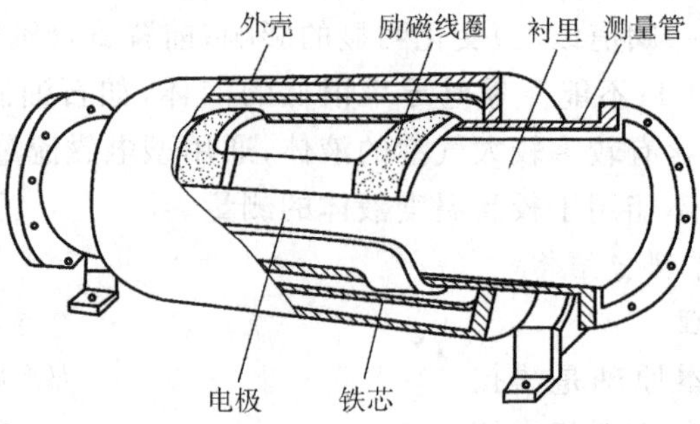

图 2.126　电磁流量计传感器结构示意图

场，由铁芯和励磁线圈构成，励磁电源的频率为 50 Hz，其磁感应强度为 $B=B_m\sin\omega t$，则感应电势为

$$E=DvB_m\sin\omega t \tag{2.107}$$

3)测量管　测量管是电磁流量计的主要部分，流过被测流体，它的两端设有法兰，法兰用于连接管道。测量管采用不导磁、低电导率、低热导率并有一定机械强度的材料制成，一般可选用不锈钢、玻璃钢、铝及其他高强度的材料。

4)衬里　衬里是在测量管内壁的一层耐磨、耐腐蚀、耐高温的绝缘材料。它的主要功能是增加测量管的耐磨性与耐腐蚀性，防止感应电势被金属测量管管壁短路。

5)电极　电极的作用是正确引出感应电势信号，电极一般用不锈钢非导磁材料制成，安装时要求与衬里齐平。电磁流量计的电极结构如图 2.127 所示。

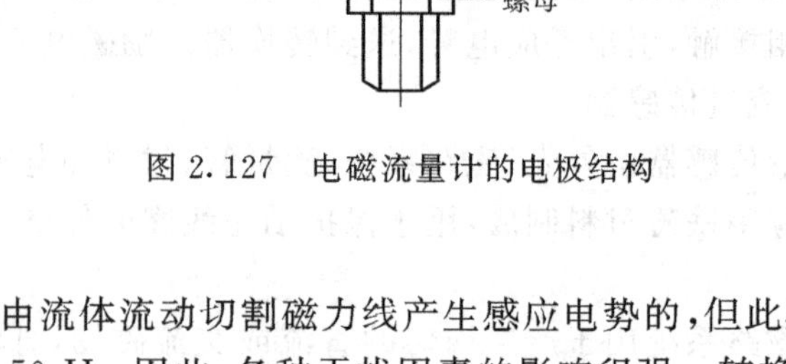

图 2.127　电磁流量计的电极结构

(2)转换器

电磁流量计是由流体流动切割磁力线产生感应电势的，但此感应电势很微小，励磁电源的频率又为 50 Hz，因此，各种干扰因素的影响很强。转换器的功能是将感应电势放大并抑制主要的干扰信号。转换器采用交变磁场克服了极化现象，但增加了电磁正交干扰信号。正交干扰信号的相位和被测感应电势相差 90°，造成正交干扰

的主要原因是，在电磁流量计工作时，管道内充满导电液体，这样，电极引线、被测导管、被测液体和转换器的输入阻抗构成闭合回路，而交变磁通有部分要穿过该闭合回路。根据电磁感应定律，交变磁场在闭合回路中产生的感应电势为

$$e_t = -K\frac{dB_m \sin \omega t}{dt} - KB_m \sin\left(\omega t - \frac{\pi}{2}\right) \tag{2.108}$$

比较式(2.107)和式(2.108)可知，有用信号感应电势 E 和正交干扰信号 e_t 的频率相同，而相位相差 90°，所以称为正交干扰。此干扰信号较大，有时可以将有用信号埋没。因此，必须消除这一干扰信号，否则该流量计不能正常工作。

消除正交干扰的方法常用信号引线自动补偿和转换器的放大电路反馈补偿两种方式。

①转换器与电磁流量传感器连线自动补偿方式如图 2.128 所示。从一根电极上引出两根线，分别绕过磁极形成两个回路，当有磁力线穿过这两个闭合回路时，在两回路内产生方向相反的感应电势，通过调零电位器 R_P，使进入转换器的正交干扰电势相互抵消。

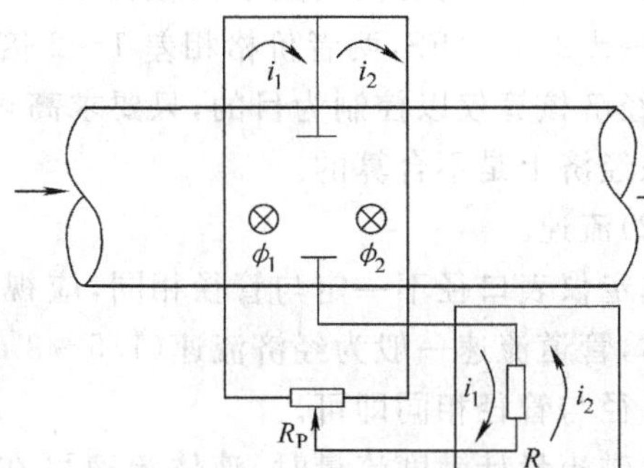

图 2.128　引线自动补偿方式

②转换器组成原理如图 2.129 所示，转换器的功能是将感应电势放大并抑制主要的干扰信号。转换器由前置放大器、主放大器、正交干扰抑制、相敏整流、功率放大、线圈、霍尔乘法器和电位分压器组成。抑制正交干扰由主放大器的正交干扰抑制反馈电路完成。霍尔乘法器用于消除励磁电压幅值和频率变化引起的误差。

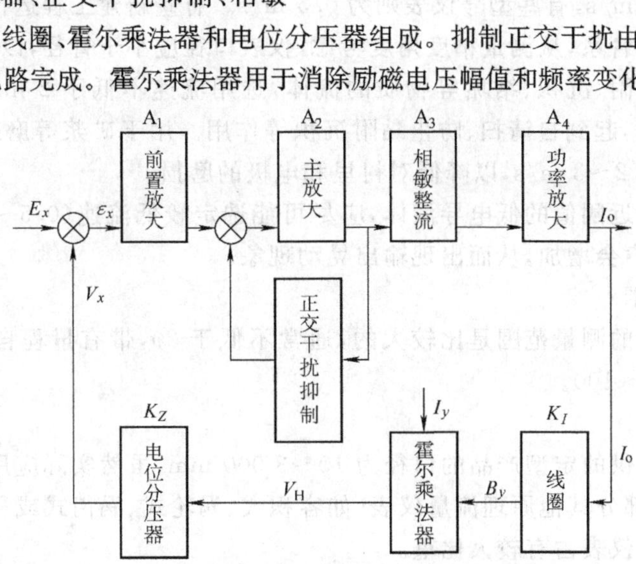

注：$\frac{V_H}{B_y} = R_H - I_y$

图 2.129　转换器组成框图

(二)电磁流量计的选用与安装注意事项

电磁流量计应用领域十分广泛。大口径仪表较多应用于给排水工程;中小口径仪表常用于固液双相流等难测流体或高要求场所,如测量造纸工业纸浆液和黑液、有色冶金业的矿浆、选煤厂的煤浆、化学工业的强腐蚀液,以及钢铁工业高炉风口冷却水控制和检漏、长距离管道煤的水力输送的流量测量和控制;小口径、微小口径仪表常用于医药工业、食品工业、生物工程等有卫生要求的场所。

1. 选用考虑要点

(1)精度

市场上通用型电磁流量计的性能有较大差别,有些精度高、功能多,有些精度低、功能简单。精度高的仪表基本误差为(±0.5%~±1%)FS,精度低的仪表则为(±1.5%~±2.5%)FS,两者价格相差1~2倍。因此,测量精度要求不很高的场所(例如,非经济核算仅以控制为目的,只要求高可靠性和优良重复性的场所)选用高精度仪表在经济上是不合算的。

(2)流速

选定仪表口径不一定与管径相同,应视流量而定。流程工业输送水等黏度不同的液体,管道流速一般为经济流速(1.5~3 m/s)。电磁流量计用在这样的管道上,传感器口径与管径相同即可。

电磁流量计满度流量时,液体流速可在1~10 m/s范围内选用,范围是比较宽的。上限流速在原理上是不受限制的,然而通常建议不超过5 m/s,除非衬里材料能承受液流冲刷,实际应用很少超过7 m/s,超过10 m/s则更为罕见。满度流量的流速下限一般为1 m/s,有些型号仪表则为0.5 m/s。有些新建工程运行初期流量偏低或在流速偏低的管系,从测量精度角度考虑,仪表口径应小于管径,以异径管连接之。

用于有易黏附、沉积、结垢等物质的流体,选用流速不低于2 m/s,最好提高到3~4 m/s或以上,起到自清扫、防止黏附沉积等作用。用于矿浆等磨耗性强的流体,常用流速应低于2~3 m/s,以降低对衬里和电极的磨损。

用在测量接近阈值的低电导液体,应尽可能选定较低流速(0.5~1 m/s)。因流速提高,流动噪声会增加,从而出现输出晃动现象。

(3)测量范围

电磁流量计的测量范围是比较大的,通常不低于20,带有量程自动切换功能的仪表,可超过50~100。

(4)口径

国内可以提供的定型产品的口径为10~3 000 mm,虽然实际应用还是以中小口径居多,但与大部分其他原理流量仪表(如容积式、涡轮式、涡街式或科里奥利质量式等)相比,大口径仪表占有较大比重。

(5)液体电导率

使用电磁流量计的前提是被测液体必须是导电的,不能低于阈值(即下限值)。

电导率低于阈值，会产生测量误差直至不能使用；超过阈值即使变化也可以测量，示值误差变化不大。通用型电磁流量计的阈值在 $5\times10^{-6}\sim10^{-4}$ S/cm 之间，视型号而异。使用时还取决于传感器和转换器间流量信号线长度及其分布电容，制造厂使用说明书中通常规定电导率相对应的信号线长度。

工业用水及其水溶液的电导率大于 10^{-4} S/cm，酸、碱、盐液的电导率在 $10^{-4}\sim10^{-1}$ S/cm 之间，使用不存在问题；低度蒸馏水的电导率为 10^{-5} S/cm，使用也不存在问题；石油制品和有机溶剂电导率过低，因此就不能使用。

2. 流量传感器的安装

(1)安装位置的选取

①测量混合相流体时，选择不会引起相分离的场所；测量双组分液体时，避免安装在混合尚未均匀的下游；测量化学反应管道时，要安装在反应充分完成段的下游。

②尽可能避免测量管内变成负压。

③选择振动小的场所，特别对一体型仪表。

④避免附近有大电机、大变压器等，以免引起电磁场干扰。

⑤易于实现传感器单独接地。

⑥尽可能避开周围环境有高浓度腐蚀性气体。

⑦环境温度在 $-25\sim10$ ℃和 $50\sim600$ ℃范围内，一体型结构温度还受制于电子元器件，范围要窄些。

⑧环境相对湿度在 10%～90%范围内。

⑨尽可能避免受阳光直照。

⑩避免雨水浸淋，不会被水浸没。

(2)直管段长度要求

为获得正常的测量精确度，电磁流量传感器上游也要有一定长度直管段，但其长度与大部分其他流量仪表相比要求较低。90°弯头、T 形管、同心异径管、全开闸阀后通常认为只需离电极中心线（不是传感器进口端连接面）5 倍直径（$5D$）长度的直管段，不同开度的阀则需 $10D$ 的直管段；下游直管段为 $(2\sim3)D$ 的直管段或无要求；但要防止蝶阀阀片伸入到传感器测量管内。各标准或检定规程所提出的上、下游直管段长度亦不一致，其要求比通常要高，这是为保证达到当前 0.5 级精度仪表的要求。

(3)安装位置和流动方向

传感器安装方向水平、垂直或倾斜均可，不受限制。但测量固液两相流体时，最好垂直安装，自下而上流动。这样能避免水平安装时衬里下半部局部磨损严重、低流速时固相沉淀等缺点。

水平安装时要使电极轴线平行于地平线，不要垂直于地平线。因为处于底部的电极易被沉积物覆盖，顶部电极易被液体中偶存气泡擦过，从而遮住电极表面，使输出信号波动。在图 2.130 所示管系中，c、d 为适宜位置，a、b、e 为不宜位置。b 处可能液体不充满，a、e 处易积聚气体，且 e 处传感器后管段短，也有可能不充满。排放

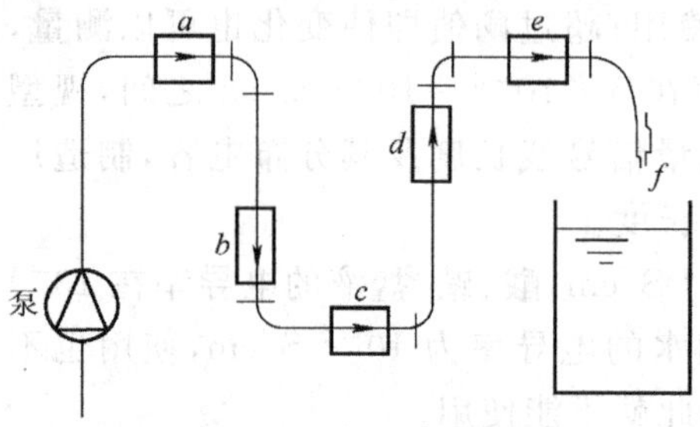

图 2.130　电磁流量计安装位置

a、b、e—不良；c、d—良好

口最好为如图 2.130 所示 f 处的形状。对于固液两相流，c 处亦是不宜位置。

(4)接地

传感器必须单独接地（接地电阻在 100 Ω 以下）。按照分离型原则，接地应在传感器一侧，转换器接地应在同一接地点。如传感器装在有阴极腐蚀的保护管道上，除了传感器和接地环一起接地外，还要用较粗铜导线（16 mm^2）绕过传感器跨接在管道两连接法兰上，使阴极保护电流与传感器之间隔离。

二、涡街流量计

在特定的流动条件下，一部分流体动能转化为流体振动，其振动频率与流速（流量）有确定的比例关系，依据这种原理工作的流量计称为流体振动流量计。目前流体振动流量计有三类：涡街流量计、旋进（旋涡进动）流量计和射流流量计。流体振动流量计具有以下一些特点：输出为脉冲频率，其频率与被测流体的实际体积流量成正比，它不受流体组分、密度、压力、温度的影响；测量范围宽，一般测量范围可达 10∶1 以上；精确度为中上水平；无可动部件，可靠性高；结构简单牢固，安装方便，维护费较低；应用范围广泛，可适用液体、气体和蒸汽。涡街流量计应用最广泛，因此，这里只介绍涡街流量计。

（一）工作原理与结构

1. 涡街流量计工作原理

在流体中设置旋涡发生体（阻流体），从旋涡发生体两侧交替地产生有规则的旋涡，这种旋涡称为卡曼涡街，如图 2.131 所示。旋涡列在旋涡发生体下游非对称地排列。设旋涡的发生频率为 f，管道内被测介质的平均速度为 v，旋涡发生体迎面宽度为 d，表体通径为 D，根据卡曼涡街原理，有如下关系式：

$$f=Sr\frac{v_1}{d}=Sr\frac{v}{md} \tag{2.109}$$

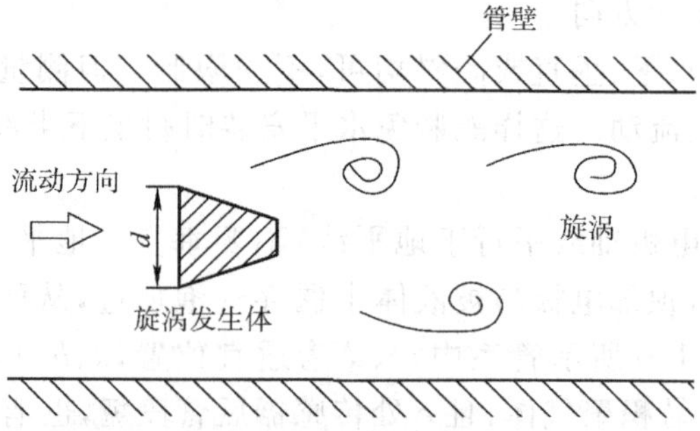

图 2.131　卡曼涡街

式中：v_1 为旋涡发生体两侧平均流速，m/s；Sr 为斯特劳哈尔数；m 为旋涡发生体两侧弓形面积与管道横截面面积之比，且

$$m=1-\frac{2}{\pi}\left[d/D\ \sqrt{1-(d/D)^2}+\arcsin\frac{d}{D}\right]$$

管道内体积流量为

$$q_V=\frac{\pi}{4}D^2 v=\frac{\pi}{4}D^2\ \frac{md}{Sr}f \tag{2.110}$$

流量计的仪表系数(脉冲数/m³)为

$$K=\frac{f}{q_V}=\left(\frac{\pi D^2 dm}{4Sr}\right)^{-1} \tag{2.111}$$

K 除了与旋涡发生体、管道的几何尺寸有关外，还与 Sr 有关。Sr 为无量纲参数，它与旋涡发生体形状及雷诺数 Re 有关。图 2.132 所示为圆柱旋涡发生体的 Sr 与管道 Re 的关系图。由图 2.132 可见，Re 在 $2\times10^4\sim7\times10^6$ 范围内，Sr 可视为常数，这是仪表正常的工作范围。

由式(2.111)可见，涡街流量计输出的脉冲频率信号不受流体物性和组分变化的影响，即仪表系数在一定雷诺数范围内仅与旋涡发生体及管道的形状尺寸等有关。

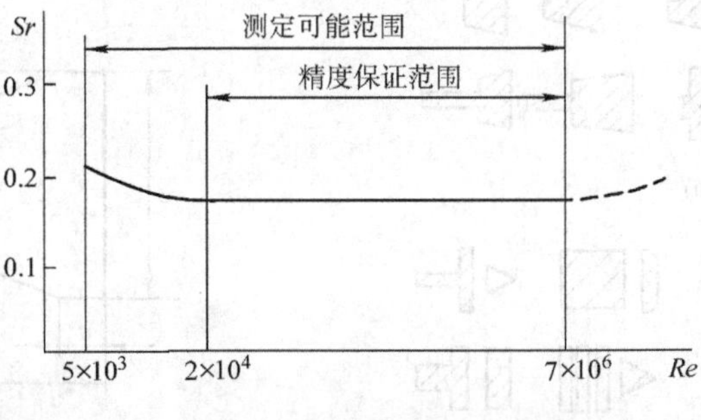

图 2.132　斯特劳哈尔数与雷诺数关系曲线

2. 涡街流量计结构

涡街流量计由传感器和转换器两部分组成，如图 2.133 所示。传感器包括旋涡发生体(阻流体)、检测元件、仪表表体等；转换器包括前置放大器、滤波整形电路、D/A转换电路、输出接口电路、端子、支架和防护罩等。近年来，智能式流量计还把微处理器，显示、通信及其他功能模块也装在转换器内。

(1)旋涡发生体

旋涡发生体是检测器的主要部件，它与仪表的流量特性(仪表系数、线性度、测量范围等)和阻力特性(压力损失)密切相关，已经开发出形状繁多的旋涡发生体，它可分为单旋涡发生体和多旋涡发生体两类，如图 2.134 所示。旋涡发生体的基本形状有圆柱、矩形柱和三角柱，其他形状皆为这些基本形状的变形。三角柱形旋涡发生体

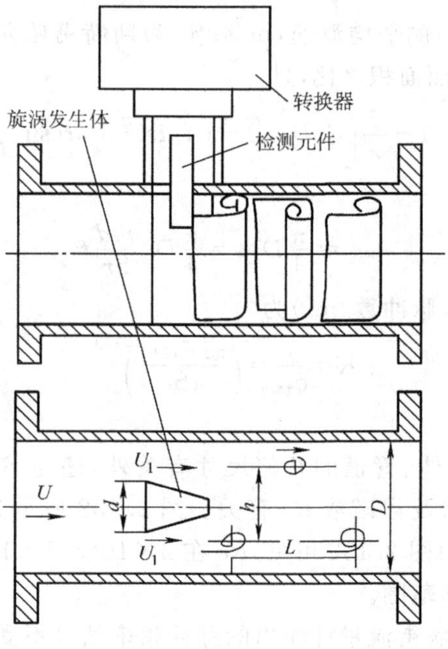

图 2.133　涡街流量计结构

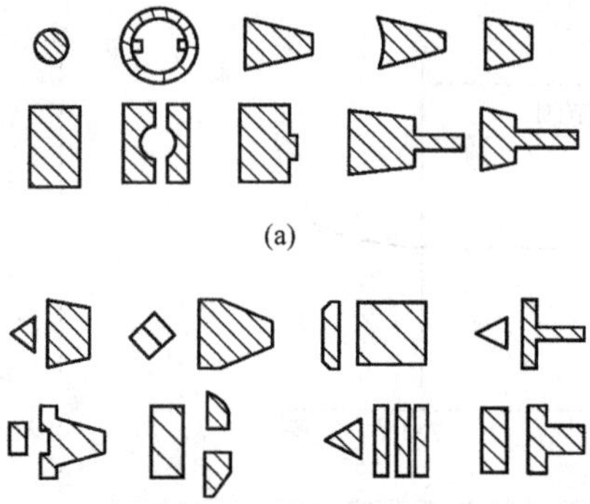

图 2.134　旋涡发生体

(a)单旋涡发生体　(b)多旋涡发生体

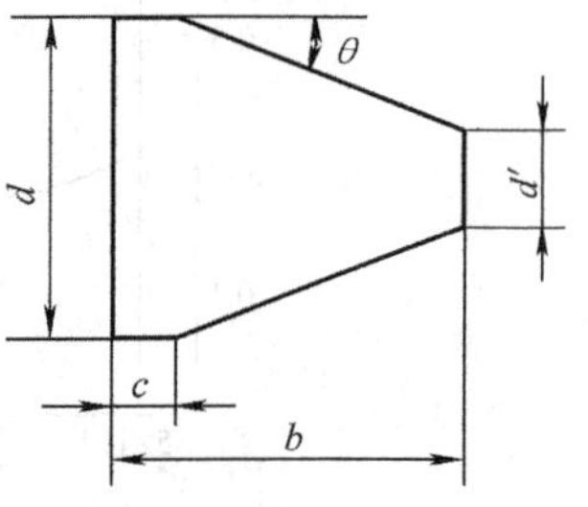

$d/D=0.2\sim0.3$　$c/D=0.1\sim0.2$

$b/d=1\sim1.5$　$\theta=15^\circ\sim65^\circ$

图 2.135　三角柱旋涡发生体

是应用最广泛的一种，如图 2.135 所示，其中，D 为仪表口径。为提高涡街强度和稳定性，可采用多旋涡发生体，不过它的应用并不普遍。

(2)检测元件

流量计检测旋涡信号有以下五种方式：

①用设置在旋涡发生体内的检测元件直接检测发生体两侧差压；

②旋涡发生体上开设导压孔，在导压孔中安装检测元件检测发生体两侧差压；

③检测旋涡发生体周围交变环流；

④检测旋涡发生体背面交变差压；

⑤检测尾流中旋涡列。

根据这五种检测方式，采用不同的检测技术（热敏、超声、应力、应变、电容、电磁、光电、光纤等），可以构成不同类型的涡街流量计，如表 2.3 所示。

表 2.3　旋涡发生体和检测方式一览

序号	旋涡发生体截面形状	传感器 检测方式	传感器 检测元件
1		方式⑤	超声波束
2	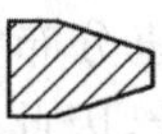	方式② 方式③ 方式⑤ 方式①	悬臂梁/电容，悬臂梁/压电片 热敏元件 超声波束 应变元件
3		方式① 方式②	压电元件 压电元件
4		方式① 方式② 方式②	膜片/电容 热敏元件 振动体/电磁传感器
5		方式①	膜片/静态电容
6		方式①	磁致伸缩元件
7	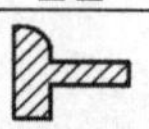	方式①	膜片/压电元件
8	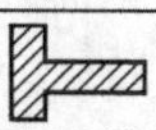	方式②	热敏元件
9		方式②	反射镜/光电元件
10	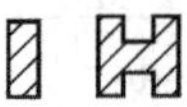	方式⑤	膜片/压电元件
11	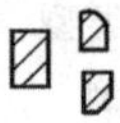	方式③	扭力管/压电元件
12		方式④	扭力管/压电元件
13	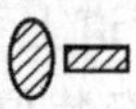	方式④	振动片/光纤传感器
14	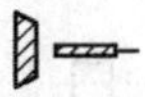	方式⑤	超声波束
15	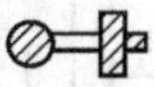	方式②	应变元件
16		方式①	压电元件
17		方式④	应变元件
18		方式⑤	超声波束

（3）转换器

检测元件把涡街信号转换成电信号，该信号既微弱又含有不同成分的噪声，必须进行放大、滤波、整形等处理才能得出与流量成比例的脉冲信号。

不同检测方式应配备不同特性的前置放大器，如表 2.4 所示。

表 2.4　检测方式与前置放大器

检测方式	热敏式	超声式	应变式	应力式	电容式	光电式	电磁式
前置放大器	恒流放大器	选频放大器	恒流放大器	电荷放大器	调谐-振动放大器	光电放大器	低频放大器

转换器原理框图如图 2.136 所示。

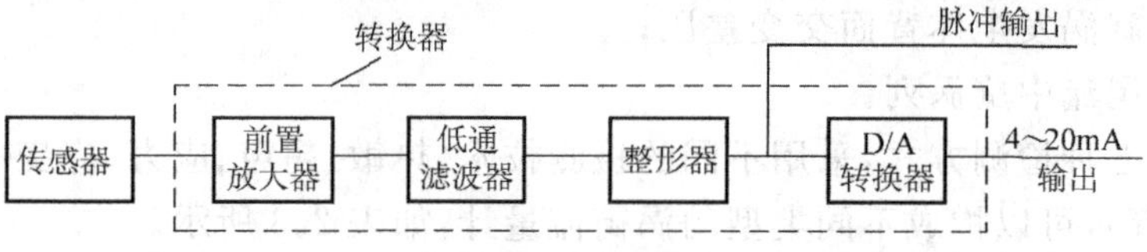

图 2.136 转换器原理框图

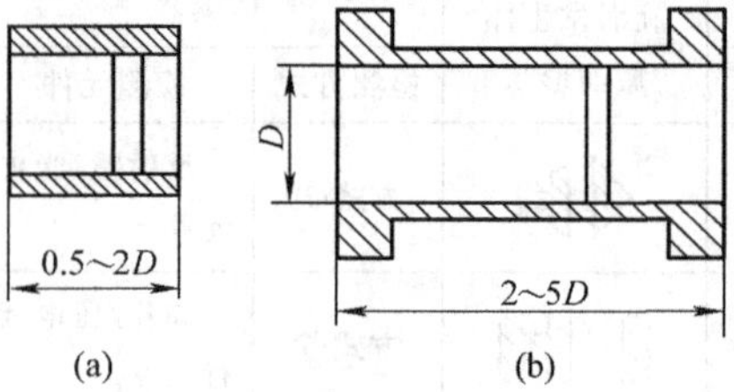

图 2.137 仪表表体类型

(a)夹装型 (b)法兰型

(4)仪表表体

仪表表体可分为夹装型和法兰型,如图 2.137 所示。

(二)安装使用注意事项

1. 安装注意事项

涡街流量计属于对管道流速分布畸变、旋转流和流动脉动等敏感的流量计,因此,对现场管道安装条件应充分重视,遵照生产厂家使用说明书的要求执行。

涡街流量计可安装在室内或室外。如果安装在地井里,有水淹的可能,要选用涎水型传感器。传感器在管道上可以水平、垂直或倾斜安装,但测量液体和气体时,为防止气泡和液滴的干扰,安装位置要注意,如图 2.138 所示。

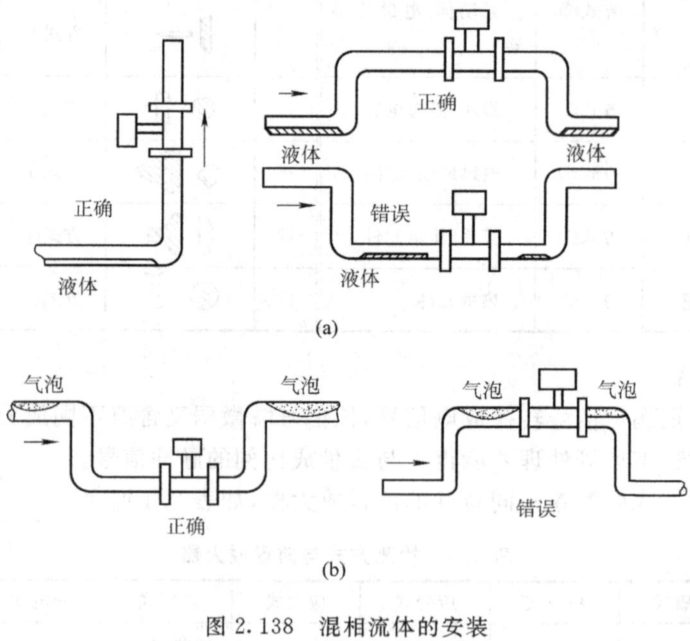

图 2.138 混相流体的安装

(a)测量含液体的气体流量仪表安装 (b)测量含气泡的液体流量仪表安装

涡街流量计必须保证上、下游直管段有必要的长度,如图 2.139 所示。各种资料中数据有差异,其原因可能是:旋涡发生体尚未标准化,形状尺寸的差异有多少影响尚待验证;对各类阻流件必要的直管段长度试验研究尚不够,即还不成熟,对比节流式差压流量计,这方面工作还处于初始阶段。

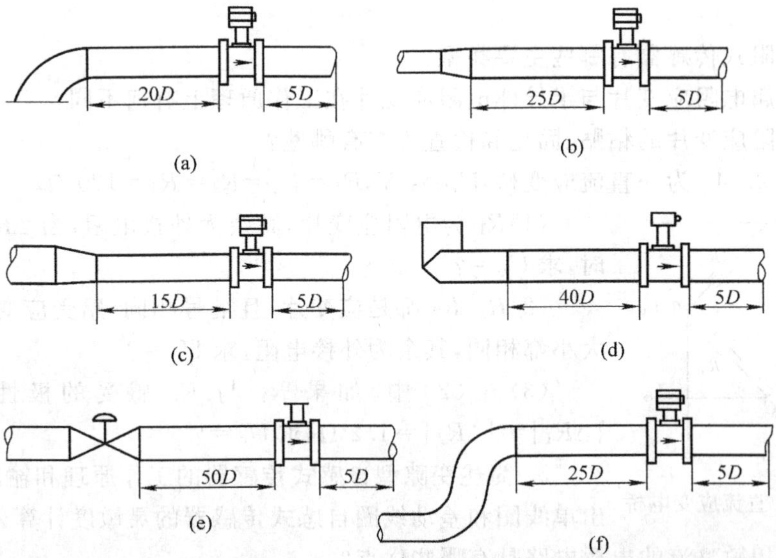

图 2.139　涡街流量计对上、下游直管段长度的要求

(a)一个 90°弯头;(b)同心扩管　(c)同心收缩全开阀门　(d)不同平面两个 90°弯头　(e)调节阀半开阀门　(f)同一平面两个 90°弯头

2. 使用注意事项

(1)现场安装完毕通电和通流前的检查

①主管和旁通管上各法兰、阀门、测压孔、测温孔及接头应无渗漏现象。

②管道振动情况是否符合说明书规定。

③传感器安装是否正确,各部分电气连接是否良好。

(2)接通电源静态调试

在通电不通流时转换器应无输出,瞬时流量指示为零,累积流量无变化。否则,应首先检查是否因信号线屏蔽或接地不良,或管道振动强烈而引入干扰信号。如确认不是上述原因时,可调整转换器内的电位器,降低放大器增益或提高整形电路触发电平,直至输出为零。

(3)通流动态调试

关闭旁通阀,打开上下游阀门,流动稳定后转换器输出连续的脉宽均匀的脉冲,流量指示稳定无跳变,调阀门开度,输出随之改变。否则,应细致检查并调整电位器,直至仪表输出既无误触发又无漏脉冲为止。

习题与思考题

1. 电阻式传感器有哪些主要类型？

2. 金属电阻应变片与半导体电阻应变片在工作原理上有何不同？

3. 电阻应变片的粘贴、固化和检查工艺有哪些？

4. 图 2.140 为一直流应变桥，$U_i=4$ V，$R_1=R_2=R_3=R_4=120$ Ω。

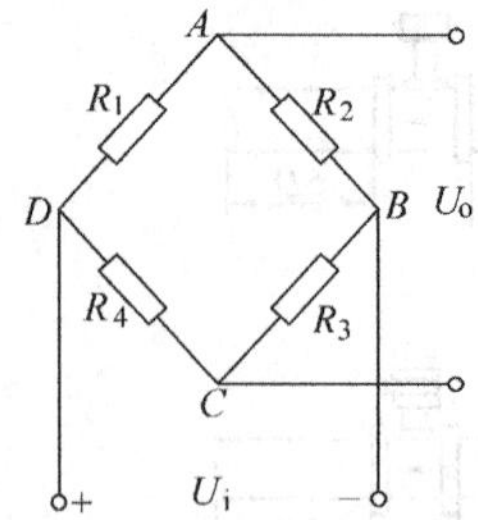

图 2.140 直流应变电桥

(1)R_1 为电阻应变片，其余为外接电阻，当 $\Delta R_1=1.2$ Ω 时，求 $U_o=$？

(2)R_1、R_2 都是应变片，且批号相同，感受应变的极性和大小都相同，其余为外接电阻，求 $U_o=$？

(3) 在 (2) 中，如果 R_1 与 R_2 感受的极性相反，且 $|\Delta R_1|=|\Delta R_2|=1.2$ Ω，求 $U_o=$？

5. 简述变隙型自感式传感器的工作原理和输出特性，写出单线圈和差动线圈自感式传感器的灵敏度计算公式。

6. 带相敏整流的电桥电路具有哪些优点？

7. 差动变压器式传感器有几种结构形式？各有什么特点？

8. 差动变压器式传感器的等效电路包括哪些元件和参数？各自的含义是什么？

9. 简述电涡流效应的工作原理，怎样利用电涡流效应进行位移测量？

10. 如何利用电涡流式传感器测量金属板厚度？

11. 根据电容式传感器的工作原理可将其分为几种类型？各有什么特点？

12. 若有一单组式变面积型平板线位移电容式传感器，两极板相互覆盖宽度为 4 mm，两极板的间隙为 0.5 mm，极板间介质为空气，试求其静态灵敏度。若极板相对移动 2 mm，求电容变化量。

13. 什么是压电效应？在测量电路中，引入前置放大器有什么作用？

14. 画出压电元件的两种等效电路，简述其等效原理。

15. 用压电元件和电荷放大器组成的压力测量系统能否用于静态测量？对被测信号的变化速度有何限制？这种限制由哪些因素组成？

16. 压电式传感器中采用电荷放大器有何优点？为什么电压灵敏度与电缆长度有关，而电荷灵敏度与电缆长度无关？

17. 根据磁电感应式传感器工作原理，设计一传感器测量主轴扭矩(引起主轴转速变化)，并说明如何实现作为数字量传感器使用。

18. 说明磁电感应式传感器的温度误差补偿方法(画图说明)，并简述补偿线圈的作用。

19. 什么是强磁性体的磁阻效应？与半导体的磁阻效应有什么本质区别？

20. 什么是霍尔效应？

21. 为什么导体材料和绝缘材料均不宜做成霍尔元件？

22. 为什么霍尔元件一般采用 N 型半导体材料？

23. 霍尔灵敏度与霍尔元件厚度之间有什么关系？

24. 什么是霍尔元件的温度特性？如何进行补偿？

25. 集成霍尔传感器有什么特点？

26. 金属热电阻温度传感器常用的材料有哪几种？各有何特点？热电阻传感器的测量电路有哪些？说明每种测量电路的特点。

27. 热电偶温度传感器的工作原理是什么？热电势的组成有哪几种？说明热电势产生的过程，并写出热电偶回路中总热电势的表达式。

28. 热电偶的基本定律有哪些？其含义是什么？各定律的意义何在？并证明各定律。

29. 热电偶的性质有哪些？

30. 为什么要对热电偶进行冷端温度补偿？常用的补偿方法有哪几种？补偿导线的作用是什么？连接补偿导线要注意什么？

31. 欲测量变化范围为 0～200 ℃的温度应选择何种传感器？测量 2 000 ℃的高温又应选择何种传感器？

32. 使用热电阻测温时，为什么要采用三线制接法？

33. 电磁流量计由哪几部分组成？简述每部分的功能。

34. 电磁流量计主要干扰源有哪些？如何克服？

35. 涡街流量计由哪几部分组成？简述每部分的功能。

36. 涡街流量计的旋涡发生器有哪几种类型？常用测量旋涡的方法有哪几种？

第三章 新型传感器

第一节 气敏电阻传感器

气敏传感器可检测气体的浓度或成分，并将其转变为相应电信号输出。目前，气敏传感器主要用于各种可燃气体、有害气体的检测报警。

气敏传感器可分为半导体气敏传感器、固体电解质气敏传感器、浓差电池型气敏传感器和组合电位型气敏传感器等多种类型。其中实际使用最多的是半导体气敏传感器。

一、气敏传感器的结构及原理

制作气敏电阻的材料主要有二氧化锡(SnO_2)等金属氧化物半导体，取材和掺杂不同决定了气敏电阻的类型，常用的气敏电阻有 P 型和 N 型两种。如用 SnO_2、ZnO、MnO_2、Fe_2O_3 等材料制成的气敏电阻属于 N 型，用 MoO_2、NiO、CoO 等材料制成的气敏电阻属于 P 型。

气敏传感器通常由气敏元件、加热器和封装体三部分组成。气敏元件根据制造工艺可分为烧结型、薄膜型和厚膜型三种。常见的气敏传感器大都采用烧结型管芯结构。管芯结构有两种：一种为直热式，如图 3.1(a)所示，加热丝 f—f 与测量极 A—B(绕成灯丝状)一同烧结在氧化物半导体管芯内；另一种为旁热式，如图 3.1(b)所示，管芯用陶瓷做基底，在陶瓷内部穿入一根加热丝，在陶瓷管表面配置测量极和半导体气敏材料，经高温烧结而成。

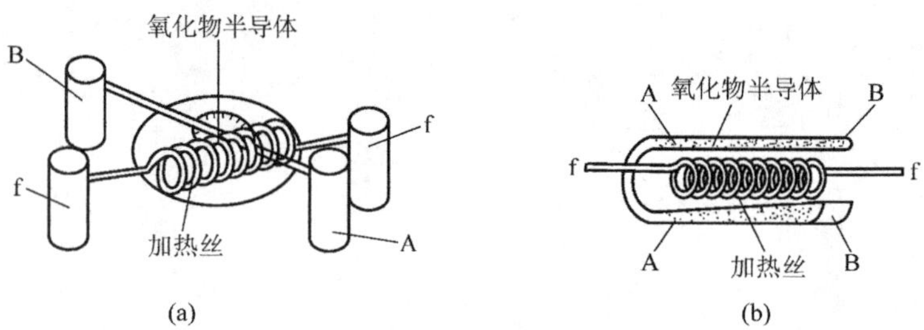

图 3.1 常见烧结型气敏器件管芯

(a)直热式 (b)旁热式

在使用气敏传感器时，必须预先给加热丝通电，加热温度一般为 200～400 ℃，给器件预热，不仅可提高其对可燃性气体的检测灵敏度，而且可加快响应速度。

由图 3.2 可知，电阻丝通电加热之后，敏感元件电阻值首先是急剧地下降，一般经 2～10 min 过渡过程后，阻值达到稳定状态，这一状态称为初始稳定状态。到达初始稳定状态的时间长短与环境条件有关。必须指出，使用气敏传感器时必须预热，待敏感元件达到初始稳定状态后，才能开始检测。

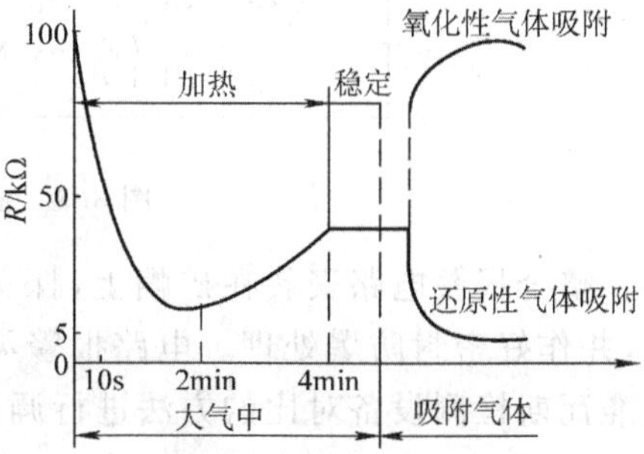

图 3.2　气敏传感器工作原理

当加热的气敏电阻表面接触并吸附被测气体时，被吸收的气体分子首先在表面扩散而失去动能，这期间，部分气体分子被蒸发掉，剩余的气体分子则因热分解而固定在吸附位置上。若气敏元件材料的功函数比被吸附气体分子的电子亲和力小，则被吸附的气体分子就从元件表面夺取电子而以阴离子形式吸附。具有阴离子吸附性质的气体有 O_2 和 NO_x 等，它们被称为氧化性气体。若气敏元件材料的功函数大于被吸附气体分子的离解能，则吸附分子将向气敏元件释放电子而形成正离子吸附。具有正离子吸附性质的气体有 H_2、CO、碳氢化合物和醇类，它们被称为还原性气体。

当氧化性气体吸附到 N 型半导体上，还原性气体吸附到 P 型半导体上，将使半导体载流子数目减少，气敏元件的阻值增大；当还原性气体吸附到 N 型半导体上，氧化性气体吸附到 P 型半导体上时，将使半导体载流子数目增加，半导体气敏元件的阻值减小。

图 3.2 为气体吸附到 N 型半导体时所产生的气敏元件阻值变化情况。根据图示的特性，就可以从阻值变化情况确定吸附气体的种类和浓度。

二、气敏传感器的应用

1. 袖珍瓦斯报警器

这是一种携带方便的瓦斯报警器，它可以直接安装在煤矿工人的矿帽内（或头灯里）。当井下瓦斯超限时，能发出响亮的警笛声，防止严重隐患事故的发生。

袖珍瓦斯报警器的电路如图 3.3 所示。由国产气敏元件 QM－N_5、及 R_1 和 R_P 组成瓦斯检测电路；由模拟声报警集成电路 A(KD－9561)、R_2、功放管 VT 和超薄型动圈式扬声器 B($\phi 7\times 9$ mm)组成模拟警笛声音响电路；用小型塑封单向可控硅 VS (MCR100－6)做无触点电子开关。

当工作现场无瓦斯或瓦斯浓度很小时，QM－N_5 的 a、b 两点之间电导率很小，R_P 滑动触点的输出电压小于 0.7 V，单向可控硅 VS 不被触发，A 无电不工作，报警器不发声；当瓦斯超过限定的安全标准时，a、b 之间的电导率迅速增大，R_P 滑动触点的输出电压大于 0.7 V，VS 获得触发电压导通，A 得电工作，其输出信号经 VT 功率放大后，推动扬声器 B 发出响亮的警笛声。

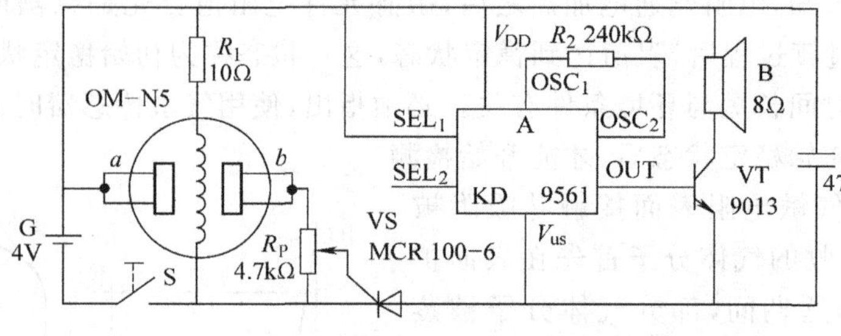

图 3.3　袖珍瓦斯报警器电路

整个报警电路安装在矿帽上，探头可固定在矿帽边沿，其余电路则焊接在矿帽内，并作好密封防爆处理。电路报警灵敏度可通过改变 R_P 阻值进行调整，可采用同标准瓦斯检测设备对比的方法进行调试。

2. 带排风的煤气报警器

这是一个实用的室内气控报警器，在对有害气体超浓度报警的同时，可自动开启换气扇，及时排除有害气体，防止灾害或事故发生。

带排风的煤气报警器电路如图 3.4 所示。它主要由气体检测电路、电路开关、声光发生器和排风控制电路组成，其核心元件是一块单片多功能集成报警电路 A_1（XD－BD_1）。

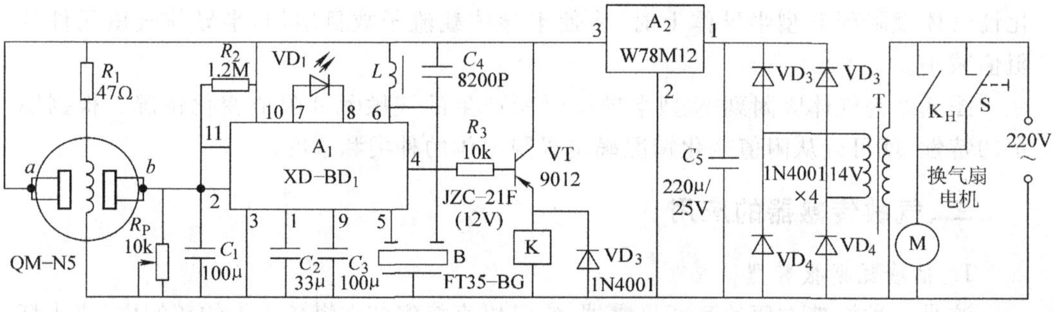

图 3.4　带排风的煤气报警器电路

在洁净空气中，气敏元件 QM－N5 的 a、b 两极间呈高阻抗，A_1 的门电路信号比较端 2 脚电压小于 5.4 V，此时比较电路不工作，后级电路处于等待状态。当室内易燃或有害气体达到一定浓度时，气敏元件呈现的阻抗很小，使 A_1 的比较端 2 脚电压大于 5.5 V，此时比较电路开始工作，并启动后级电路。振荡器使红色发光二极管 VD_1 闪烁发光，使三端压电蜂鸣片 B 同时发出间歇啸叫声。在报警的同时，VT 亦被控制导通，继电器 K 吸合，其常开触点 K_H 接通换气扇电机电源，使换气扇自动向外排气。

电路中 R_2 和 C_1 构成延时电路，使每次报警、排气的时间不少于 2 min。C_2 为防误报电容，当空气中瞬时出现易燃或有害气体时，电路不动作；只有在这些气体持续出现几秒钟以后，电路才作出反应。可通过改变 C_2 电容量来调整防误报时间，C_2 越大，则电路不动作时间越长。S 为手动开关，可使换气扇连续通电工作。A_2 为 W78M12 型(12 V,0.5 A)三端固定稳压集成块；T 为 220/14 V、3 W 电源变压器。

3. 烟雾报警器电路

图 3.5 给出了烟雾报警器电路原理图。由电源、检测、定时报警输出三部分组成。电源部分将 220 V 市电经变压器降至 15 V，由 $VD_1 \sim VD_4$ 组成的桥式整流电路整流并经 C_2 滤波成直流。三端稳压器 7810 供给烟雾检测器件(HQ－2)和运算放大器 IC_1、IC_2 10 V 直流电源以工作，三端稳压器 7805 供给 5 V 电压以加热。

HQ－2 气敏管 a、b 之间的电阻，在无烟环境中为几十千欧，在有烟雾环境中可下降到几千欧。一旦有烟雾存在，a、b 间电阻便迅速减小，比较器通过电位器 R_{P1} 所取得的分压随之增加，IC_1 翻转输出高电平使 VT_2 导通。IC_2 在 IC_1 翻转之前输出高电平，因此 VT_1 也处于导通状态。只要 IC_1 翻转，输出端便可输出报警信号。输出端可接蜂鸣器或发光器件。IC_1 翻转后，由 R_3、C_1 组成的定时器开始工作(改变 R_3 阻值可改变报警信号的长短)。当电容 C_1 被充电达到阈值电位时，IC_2 翻转，则 VT_1 关断，停止输出报警信号。烟雾消失后，比较器复位，C_1 通过 IC_1 放电。该气敏管长期搁置首次使用时，在没有遇到可燃性气体时电阻也将减小，需经 10 min 左右的初始稳定时间后方可正常工作。

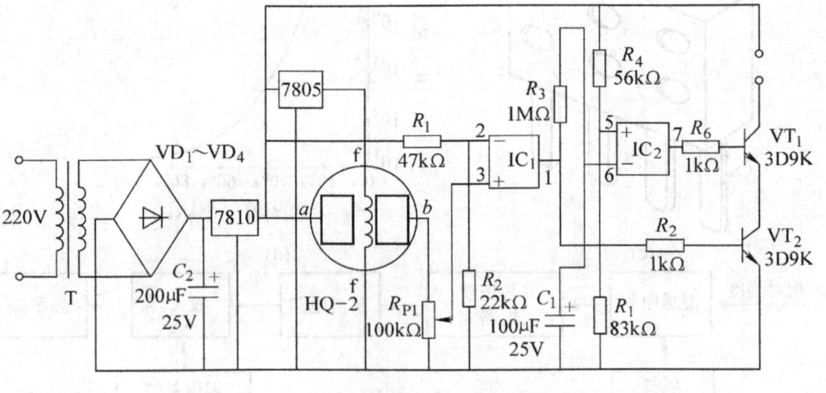

图 3.5　烟雾报警器电路原理

第二节　湿敏电阻传感器

湿度的检测与控制在现代科研、生产、生活中的地位越来越重要。例如，许多储物仓库在湿度超过某一程度时，物品易发生变质或霉变现象；居室的湿度希望适中；纺织厂要求车间的湿度保持在 60%～75%RH；在农业生产中的温室育苗、食用菌培养、水果保鲜等都需要对湿度进行检测和控制。近年来，湿度传感器的研发取得了长足的发展，正从简单的湿敏元件向集成化、智能化、多参数检测的方向发展。湿敏元件是最简单的湿敏传感器，根据工作方式可分为电阻式和电容式两类。电阻式和电容式又各有许多种类，在此以陶瓷电阻式和陶瓷电容式湿度传感器为例加以介绍。

一、陶瓷电阻式湿度传感器

图 3.6 是陶瓷电阻式湿度传感器的结构、外形及测量转换电路框图，它主要用于测量空气的相对湿度。

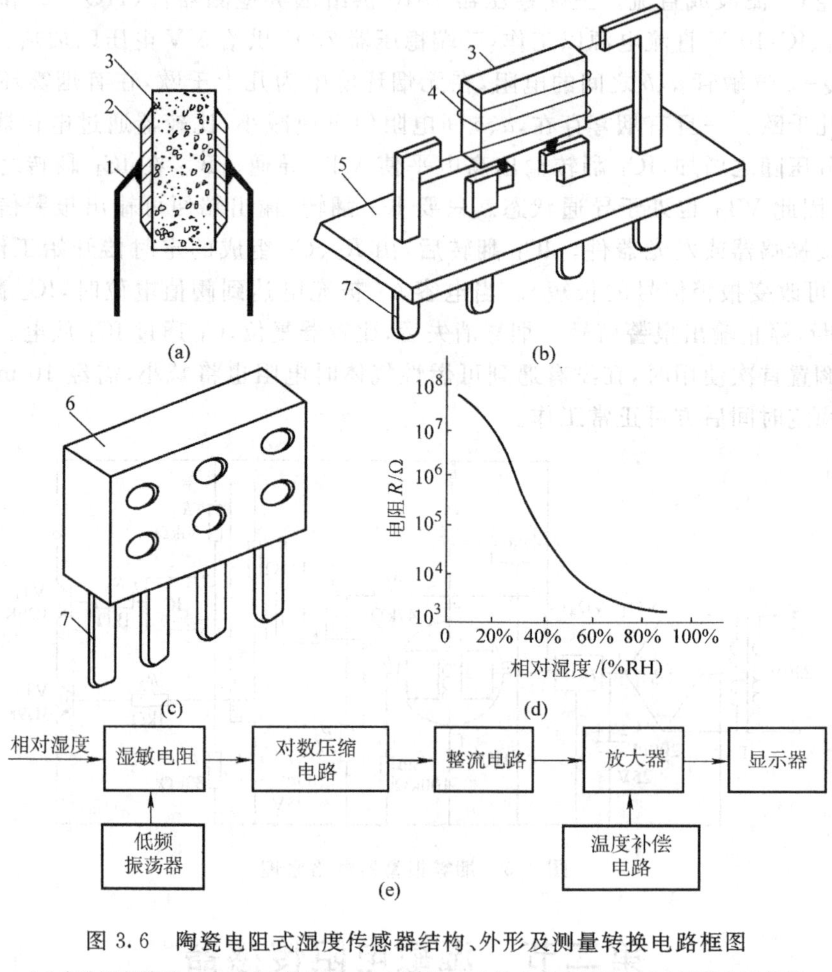

图 3.6　陶瓷电阻式湿度传感器结构、外形及测量转换电路框图

(a)多孔湿敏陶瓷　(b)湿度传感器　(c)外形　(d)输入输出特性　(e)测量电路框图

1—引线；2—多孔性电极；3—多孔陶瓷；4—加热丝；5—底座；6—塑料外壳；7—引脚

陶瓷电阻式湿度传感器的核心部分是用铬酸镁-氧化钛（$MgCr_2O_4-TiO_2$）等金属氧化物以高温烧结的工艺制成的多孔陶瓷半导体。它的气孔率高达25%以上，具有 1 μm 以下的细孔分布。与日常生活中常用的结构致密的陶瓷相比，其接触空气

的表面显著增大，所以水蒸气极易被吸附于其表层及其孔隙之中，使其电导率下降。当相对湿度从1%RH变化到95%RH时，其电阻率变化高达4个数量级以上，所以在测量电路中必须考虑采用对数压缩手段。

由于多孔陶瓷置于空气中易被灰尘、油烟污染，从而使感湿面积下降。如果将湿敏陶瓷加热到400 ℃以上，就可使污物挥发或烧掉，使陶瓷恢复到初期状态，所以必须定期给加热丝通电。陶瓷湿敏传感器吸湿快(10 s左右)，而脱湿要慢许多，从而产生滞后现象，称为湿滞。当吸附的水分子不能全部脱出时，会造成重现性差及测量误差。有时可用重新加热脱湿的办法来解决。

二、陶瓷电容式湿度传感器

1. 结构

陶瓷电容式湿度传感器由多孔氧化铝感湿膜、铝基片和金电极等构成，其结构如图3.7所示。

2. 工作原理

陶瓷电容式湿度传感器基于单元气孔的平行板电容器效应，利用器件的电容随环境湿度的变化而变化的原理制成。在低湿时首先进行化学吸附，随着湿度的增加开始形成第一物理吸附层，在高湿度的情况下会形成多层物理吸附层，电容量也会相应增大。

3. 陶瓷电容式湿度传感器的特性

Al_2O_3薄膜组成的陶瓷电容式湿度传感器在气孔中有一定水汽吸附时，随着环境湿度的变化，膜电阻和膜电容都将改变，其特性曲线如图3.8所示。在低湿度时，曲线线性良好，到高湿度时线性变差，若湿度进一步提高，特性曲线变得平缓。在实际的应用中，线性不良和在高湿环境中长期工作容易老化是多孔Al_2O_3湿度传感器的主要缺点。

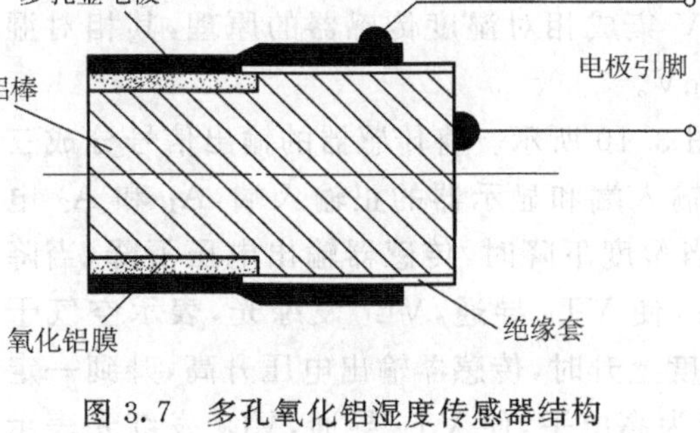

图3.7　多孔氧化铝湿度传感器结构

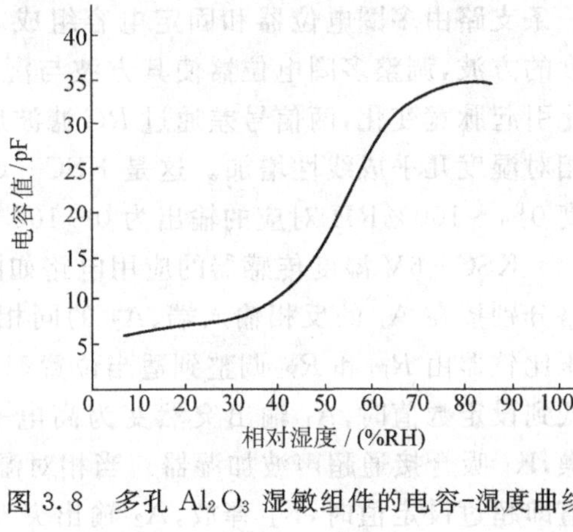

图3.8　多孔Al_2O_3湿敏组件的电容-湿度曲线

三、湿敏电阻传感器的应用

1. 高湿度显示器

图 3.9 所示是高湿度显示器电路。它能在环境相对湿度过高时显示，告知人们应采取排湿措施。湿度传感器采用 SMOI－A 型湿敏电阻，当环境的相对湿度在 20%～90%RH 变化时，它的电阻值在几十千欧到几百千欧范围内改变。为防止湿敏电阻产生极化现象，采用变压器降压供给检测电路 9 V 交流电压，湿敏电阻 R_H 和电阻 R_1 串联后接在它的两端。当环境湿度增大时，R_H 阻值减小，电阻 R_1 两端电压会随之升高，这个电压经 VD_1 整流后加到由 VT_1 和 VT_2 组成的施密特电路中，使 VT_1 导通，VT_2 截止，VT_3 随之导通，发光二极管 VL 发光。高湿度显示电路可应用于蔬菜大棚、粮棉仓库、花卉温室、医院等对湿度要求比较严格的场合。

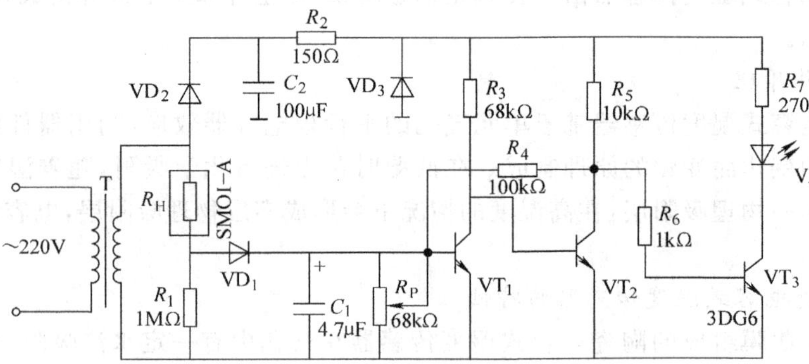

图 3.9 高湿度显示器电路

2. 房间湿度控制器

将湿敏电容置于 RC 振荡电路中，直接将湿敏元件的电容信号转换为电压信号。由双稳态触发器及 RC 组成双振荡器，其中一条支路由固定电阻和湿敏电容组成，另一条支路由多圈电位器和固定电容组成。设定在 0%RH 时，湿敏支路产生脉冲宽度的方波，调整多圈电位器使其方波与湿敏支路脉宽相同，则两信号差为 0，湿度变化引起脉宽变化，两信号差通过 RC 滤波后经标准化处理得到电压输出，输出电压随相对湿度几乎成线性增加。这是 KSC－6V 集成相对湿度传感器的原理，其相对湿度 0%～100%RH 对应的输出为 0～100 mV。

KSC－6V 湿度传感器的应用电路如图 3.10 所示。将传感器的输出信号分成三路分别接在 A_1 的反相输入端、A_2 的同相输入端和显示器的正输入端，A_1 和 A_2 电压比较器由 R_{P1} 和 R_{P2} 调整到适当位置。当湿度下降时，传感器输出电压下降，当降低到设定数值时，A_1 输出突然变为高电平，使 VT_1 导通，VL_1 发绿光，表示空气干燥，K_1 吸合接通超声波加湿器。当相对湿度上升时，传感器输出电压升高，升到一定值即超过设定值时，K_1 释放，A_2 输出突变为高电平，使 VT_2 导通，VL_2 发红光表示空气太潮湿，K_2 吸合接通排气扇排除潮气。相对湿度降到一定值时，K_2 释放排气扇停止工作。这样可以将室内湿度控制在一定范围内。

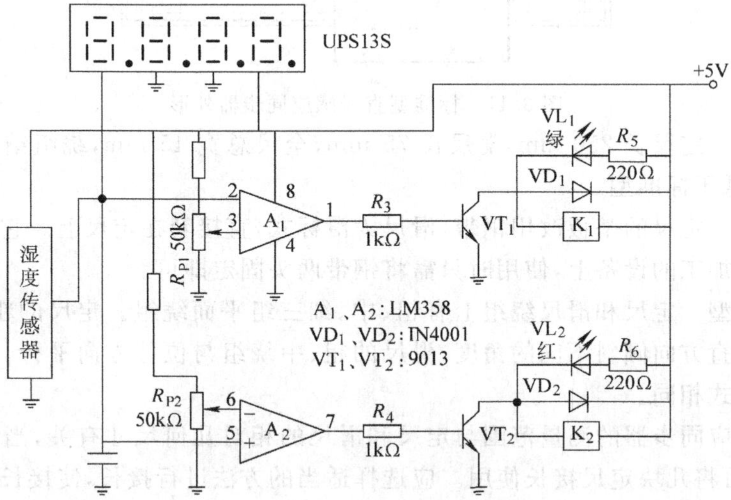

图 3.10　湿度传感器原理电路

第三节　感应同步器

感应同步器是利用两个平面形印刷电路绕组的互感随其位置变化的原理制成的。根据用途不同，感应同步器分为直线感应同步器和圆感应同步器两大类。前者用于测量线位移，后者用于测量转角。感应同步器具有测量精度高、抗干扰能力强、对环境要求低等特点，因此，得到广泛应用。尤其在旧机床的数显改造方面，由于其不怕油污和灰尘而被大量采用。

一、种类与结构

1. 直线感应同步器

直线感应同步器由定尺和可以相对移动的滑尺组成。加工时，分别在滑尺和定尺的基体上，用热压法粘贴上绝缘层和铜箔，然后通过光刻和化学腐蚀工艺蚀刻出所需的平面绕组图形。在滑尺上还粘有一层铝膜，以防止静电感应。基体材料一般和被测物件的材料相同，目的是使感应同步器的热膨胀系数与所安装的主体相同，如用于机床位置测量的感应同步器常使用低碳钢做基体。直线感应同步器分为标准型、窄型、带型和三重型四种。前三种都是增量式，不能测量绝对位置；后一种是绝对式，对位置具有记忆功能。

1)标准型　定尺长 250 mm,滑尺长 100 mm,全尺总宽 88 mm,其外形如图 3.11 所示。标准型直线感应同步器精度高,使用最为普遍。

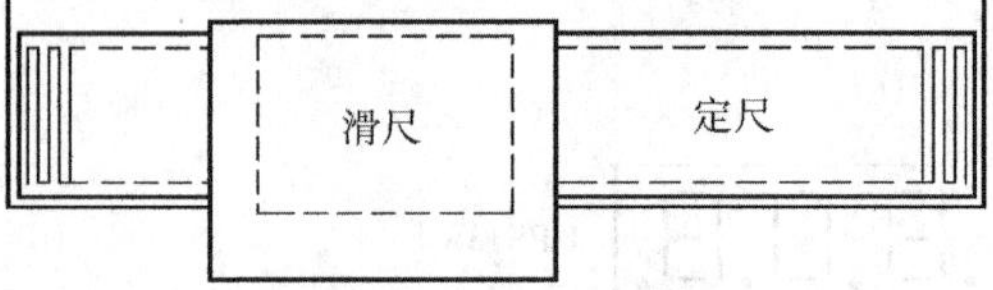

图 3.11　标准型直线感应同步器外形

2)窄型　定尺长 250 mm,滑尺长 75 mm,全尺总宽 45 mm,绕组结构与标准型相同,精度低于标准型。

3)带型　定尺的基板改用钢带,滑尺为滑标式,直接套在定尺上。它适用于安装在表面不易加工的设备上,使用时只需将钢带两头固定即可。

4)三重型　定尺和滑尺绕组上有粗、中、细三组平面绕组。定尺的粗、中绕组相对于位移垂直方向倾斜不同的角度,滑尺的粗、中绕组与位移方向平行,定滑尺的细绕组与标准式相同。

直线感应同步器的测量范围与定尺和滑尺的相对几何尺寸有关,当需要扩大测量范围时,可将几块定尺接长使用。应选择适当的方法进行接长,使接长后的定尺组件在全程范围内的累计误差最大限度地减小。

2. 圆感应同步器

圆感应同步器也称为旋转式感应同步器,由转子和定子组成。如图 3.12 所示,转子为单绕组,定子做成正弦、余弦绕组形式,两绕组的电相位角相差 $\pi/2$。圆感应同步器径向导体数又称为极数,有 360 极、720 极等几种。在极数相同的情况下,感应同步器的直径越大,精度可做得越高。

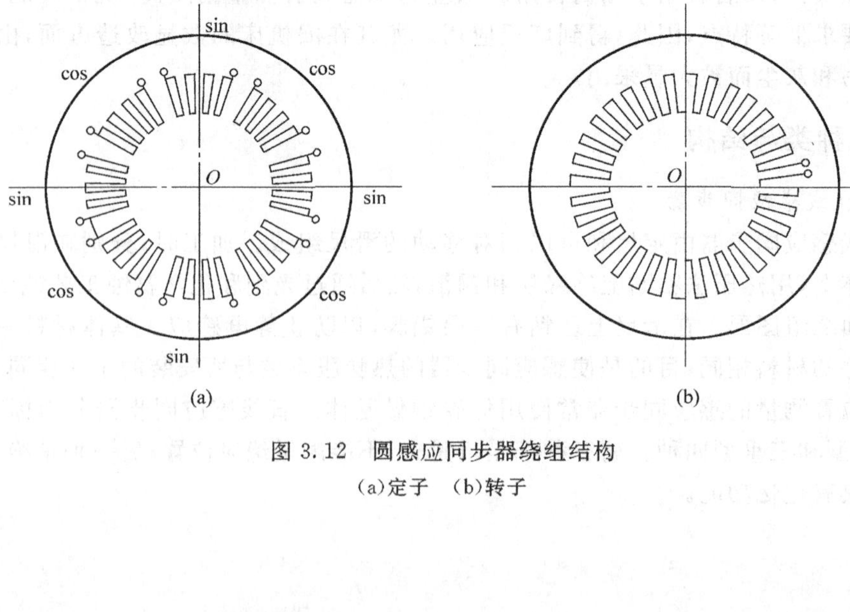

图 3.12　圆感应同步器绕组结构

(a)定子　(b)转子

与直线感应同步器类似，圆感应同步器也有多重式，用于测量绝对位置。定子、转子中配置两套绕组的称为二重式，配三套绕组的称为三重式。

圆感应同步器的测量信号由转子输出。工作时，转子处于旋转状态，因此信号不能由引线直接输出，而要采用特殊方式，可以采用滑环的直接耦合方式或变压器耦合方式。

二、输出信号的鉴别方式

以图 3.11 所示长感应同步器采用滑尺励磁为例，从定尺上输出的感应电动势，可以通过鉴别输出感应电动势的相位和幅值确定相对位移量。

1. 鉴别相位方式

在滑尺的分段绕组上加以频率相同、相位差 90°的交流励磁电压，正弦绕组励磁电压为 $u_s=U_m\sin\omega t$，余弦绕组励磁电压为 $u_c=U_m\cos\omega t$。

两个励磁绕组分别在定尺绕组上感应出电动势，其值分别为

$$e_s=K_uU_m\sin\left(\frac{2\pi x}{W}\right)\cos\omega t$$

$$e_c=K_uU_m\cos\left(\frac{2\pi x}{W}\right)\sin\omega t$$

按叠加原理在定尺（连续绕组）上总感应电动势为

$$e=e_s+e_c=K_uU_m\sin(\omega t+\theta_x) \tag{3.1}$$

式中：θ_x 为感应电动势的相位角，$\theta_x=\dfrac{2\pi x}{W}$，$W$ 为节距；K_u 为电磁耦合系数。

相位角 θ_x 是相对位移量的函数，相对位移量为一个节距 W 时重复变化一次，变化周期为 2π。同励磁电压 $U_m\sin\omega t$ 的相位比较，鉴别感应电动势的相位可测出定尺和滑尺间相对位移量。

2. 鉴别幅值方式

若加到滑尺分段绕组上的交流励磁电压为 $u_s=U_s\sin\omega t$ 和 $u_c=-U_c\sin\omega t$，则分别在定尺绕组上感应出的电动势为

$$e_s=K_uU_s\sin\left(\frac{2\pi x}{W}\right)\cos\omega t$$

$$e_c=-K_uU_c\cos\left(\frac{2\pi x}{W}\right)\cos\omega t$$

定尺（连续绕组）上总感应电动势为

$$e=e_s+e_c=K_u\cos\omega t(U_s\sin\theta_x-U_c\cos\theta_x) \tag{3.2}$$

采用函数变压器使滑尺的分段绕组交流励磁电压幅值为 $U_s=U_m\cos\theta_d$，$U_c=U_m\sin\theta_d$；θ_d 为励磁电压的相位角，$\theta_x=\dfrac{2\pi x}{W}$，则总感应电动势为

$$e=K_uU_m\cos\omega t\sin(\theta_x-\theta_d) \tag{3.3}$$

设在起始状态下，$\theta_d=\theta_x$，则 $e=0$。然后滑尺相对定尺有一位移 Δx，使感应电动势的相位角，即定尺与滑尺间相对位移角 θ_x 有一增量 $\Delta\theta_x$，则总感应电动势增量为

$$\Delta e=K_u U_m \cos \omega t \sin(\Delta\theta_x)=K_u U_m \cos \omega t\left(\frac{2\pi}{W}\cdot \Delta x\right) \tag{3.4}$$

在 Δx 较小的情况下($\sin \Delta\theta_x \approx \Delta\theta_x$)，感应电动势增量的幅值 Δe 与 Δx 成正比，通过鉴别 Δe 可测出相对位移 Δx 大小。

实际应用时，利用了施密特触发器。当位移 Δx 达到一定值，如 $\Delta x=0.01$ mm，就使 Δe 幅值超过电平门槛值，触发一次，输出一个脉冲信号(计数)。同时用此脉冲自动改变励磁电压幅值 u_s 和 u_c，使新的 θ_d 跟上新的 θ_s，形成 $\theta_x=\theta_d$ 新起始点。这样，把位移量转换为脉冲数，既可以用数字显示，又便于微机控制。这种方法是正弦波励磁-函数变压器数模转换方式。

对感应同步器的基本要求是：正弦和余弦绕组在空间相位差90°应准确；要尽可能消除感应耦合中的高次谐波；要尽可能减小因平面绕组横向段产生的(环流)电动势；要尽量减小安装误差等。一次绕组的励磁电压频率一般在1～20 kHz范围内选择；f 低些，绕组感抗小，有利于提高精度；f 高些，输出感应电动势增加，允许测量速度大些。感应同步器具有较高精度和分辨力，抗干扰能力强，使用寿命长。直线感应同步器广泛应用于大位移的静态或动态精密测量；圆形感应同步器则广泛应用于转台和回转伺服控制系统中。

第四节　磁栅式传感器

一、磁栅

磁栅是一种有磁化信息的标尺，它是在非磁性体的平整表面上镀一层约0.02 mm厚的Ni－Co－P磁性薄膜，并用录音磁头沿长度方向按一定的激光波长 λ 录上磁性刻度线而构成的，因此又把磁栅称为磁尺。

录制磁信息时，要使磁尺固定，磁头根据来自激光波长的基准信号，以一定的速度在其长度方向上边运行边流过一定频率的相等电流，这样，就在磁尺上记录了相等节距($W=\lambda$)的磁化信息而形成磁栅。

磁栅录制后的磁化结构相当于一个个小磁铁按NS、SN、NS、……的状态排列起来，如图3.13所示。因此在磁栅上的磁场强度呈周期性地变化，并在N、N或S、S相接处为最大处。

磁栅的种类可分为单面型直线磁栅、同轴型直线磁栅和旋转型磁栅等。单面型直线磁栅主要用于直线位移测量，同轴型直线磁栅和旋转型磁栅主要用于角位移测量。

二、磁栅位移传感器的结构和工作原理

磁栅位移传感器由磁尺(磁栅)、磁头和检测电路组成。其工作原理是电磁感应

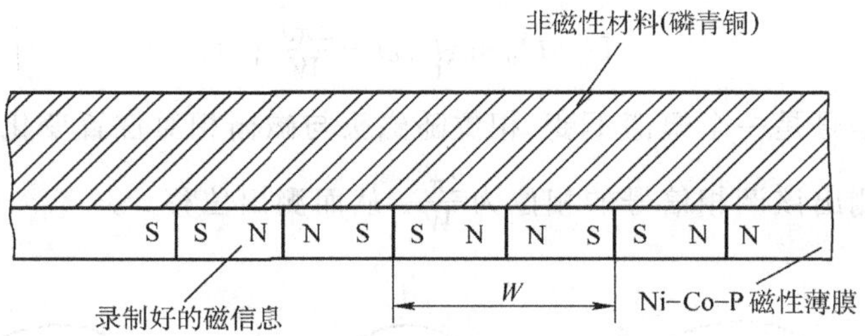

图 3.13　磁栅的基本结构

原理，当线圈在一个周期性磁体表面附近匀速运动时，线圈上就会产生不断变化的感应电动势。感应电动势的大小，既和线圈的运动度有关，还和磁性体与线圈接触时的磁性大小及变化率有关。根据感应电动势的变化情况，就可获得线圈与磁体相对位置和运动的信息。磁尺是检测位移的基准尺，磁头用来读取磁尺上的记录信号。按读取方式不同，磁头分为动态磁头和静态磁头两种。

1. *动态磁头*

动态磁头上只有一个输出绕组，只有当磁头和磁尺相对运动时才有信号输出，因此动态磁头又称为速度响应磁头。运动速度不同，输出信号的大小和周期也不同，因此，对运动速度不均匀的部件、或时走时停的机床，不宜采用动态磁头进行测量。但动态磁头测量位移较简单，磁头输出为正弦信号，在 N、N 相接处达到正向峰值，在 S、S 相接处为负向峰值，如图 3.14 所示。通过计数磁尺的磁节距个数(或正弦波周期个数)，就可知道磁头与磁尺间的相对位移量。

$$x=nW \tag{3.5}$$

式中：n 是正弦波周期个数(磁节距个数)；W 是磁节距。

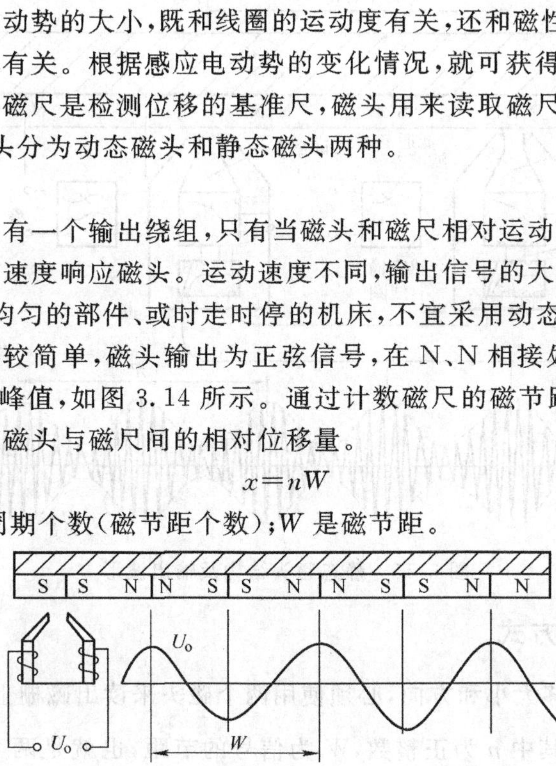

图 3.14　动态磁头输出波形与磁栅位置关系

2. *静态磁头*

静态磁头是一种调制式磁头，磁头上有两个绕组，一个是激励绕组，加以激励电源电压，另一个是输出绕组。即使在磁头与磁尺之间处于相对静止时，也会因为有交变激励信号使输出绕组有感应电压信号输出。如图 3.15 所示，静态磁头和磁尺之间有相对运动时，输出绕组产生一个新的感应电压信号输出，它作为包络，调制在原感应电压信号频率上。该电压随磁尺磁场强度周期的变化而变化，从而将位移量转换为电信号输出，这提高了测量精度。检测电路主要用来供给磁头激励电压和把磁头检测到的信号转换为脉冲信号输出并以数字形式显示出来。磁头总的输出信号为

$$U=U_{\mathrm{m}}\sin\left(2\omega t+\frac{2\pi x}{W}\right) \tag{3.6}$$

可见输出信号是一个幅值不变、相位随磁头与磁栅相对位置变化而变化的信号，可用鉴相电路测出该调相信号的相位为$\frac{2\pi x}{W}$，从而测出位移 x。

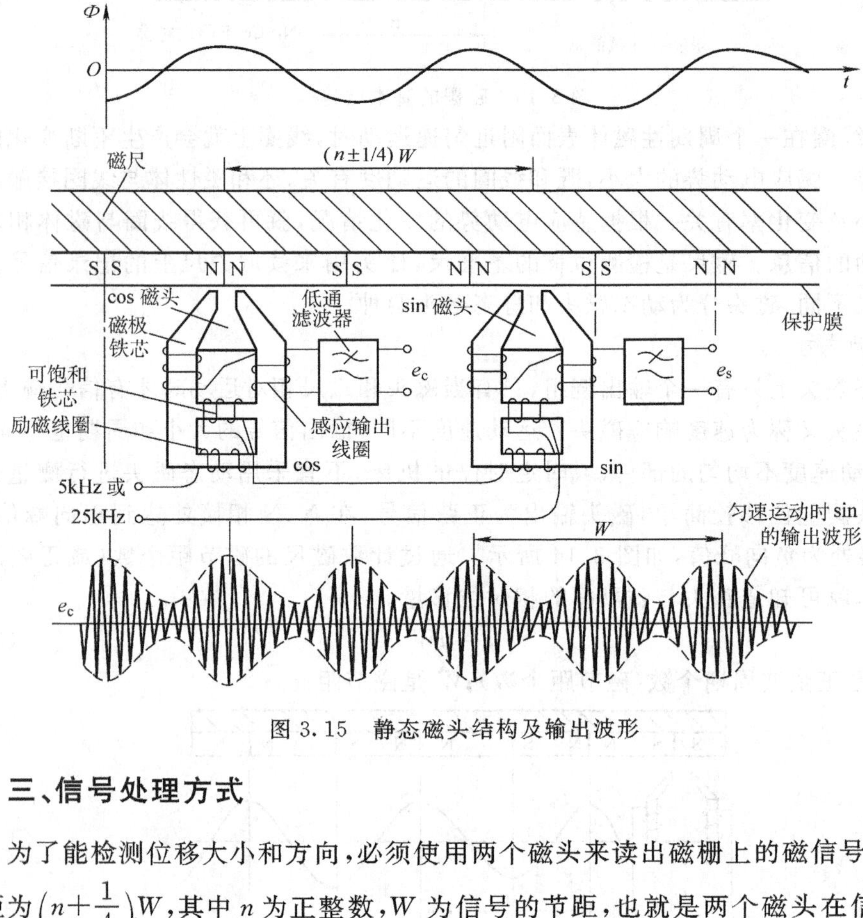

图 3.15　静态磁头结构及输出波形

三、信号处理方式

为了能检测位移大小和方向，必须使用两个磁头来读出磁栅上的磁信号，它们的间距为$\left(n+\frac{1}{4}\right)W$，其中 n 为正整数，W 为信号的节距，也就是两个磁头在信号角度上布置成相差 90°，其信号处理方式分为鉴幅型和鉴相型两种。

1. 鉴幅型信号处理方式

两个磁头输出相差 90°，其输出电压分别为

$$u_1=U_{\mathrm{m}}\sin\frac{2\pi x}{W}\sin 2\omega t$$

$$u_2=U_{\mathrm{m}}\cos\frac{2\pi x}{W}\sin 2\omega t$$

经检测器检波及滤波器滤去高频载波后，可得

$$u'_1=U_{\mathrm{m}}\sin\frac{2\pi x}{W} \tag{3.7}$$

$$u'_2 = U_m \cos\frac{2\pi x}{W} \tag{3.8}$$

它们是两个幅值与磁头位置 x 成比例的信号，通过细分辨向后，输出计数脉冲。

2. 鉴相型信号处理方式

将两磁头之一的激磁电压相移 45°(或将输出信号相移 90°)，则两个磁头的输出电压分别为

$$u_1 = U_m \sin\frac{2\pi x}{W}\cos 2\omega t$$

$$u_2 = U_m \cos\frac{2\pi x}{W}\sin 2\omega t$$

再将上述两电压相加得总输出电压为

$$u_0 = u_1 + u_2 = U_m \sin\left(\frac{2\pi x}{W} + 2\omega t\right) \tag{3.9}$$

由式(3.9)可知，输出信号是一个幅值恒定、相位随磁头与磁栅之间相对位移 x 而变化的信号，这种方法称为鉴相法。

第五节　辐射式温度传感器

辐射式温度传感器是利用物体的辐射能随温度变化的原理制成的。其原理是一种非接触式测温方法，即只要将传感器与被测对象对准即可测量其温度的变化。与接触式温度传感器相比，辐射式温度传感器具有以下特点。

①传感器与被测对象不接触，不会干扰被测对象的温度场，故可测量运动物体的温度，且可进行遥测。

②由于传感器与被测对象不在同一环境中，不会受到被测介质性质的影响，所以可以测量腐蚀性、有毒物体及带电体的温度，测温范围广，理论上无测温上限限制。

③在检测时传感器不必和被测对象进行热量交换，所以测量速度快，响应时间短，适于快速测温。

④由于是非接触测量，测量精度不高，测温误差大。

一、辐射测温的原理

辐射温度传感器是利用斯忒藩·玻耳兹曼全辐射定理研制出的。其数学表达式为

$$E_0 = \sigma T^4 \tag{3.10}$$

式中：E_0 是全波长辐射能力；σ 是斯忒藩·玻耳兹曼常数，$\sigma = 5.67\times10^{-8}\ \mathrm{W/(m^2\cdot K^4)}$；$T$ 是物体的绝对温度。

由式(3.10)可知，物体温度越高，辐射功率就越大，只要知道物体的温度，就可以计算出它所发射的功率。反之，如果测量出物体所发射出来的辐射功率，就可利用式

(3.10)确定物体的温度。

二、辐射式温度传感器结构原理

1. 热释电红外传感器

热释电红外传感器的结构及内部电路如图 3.16 所示。传感器主要由外壳、滤光片、热电元件 PZT、结场效应管 FET、电阻、二极管等组成,并向壳内充入氮气封装起来。其中滤光片设置在窗口处,组成红外线通过的窗口。滤光片为 6 μm 多层膜干涉滤光片,它对 5 μm 以下短波长光有高反射率,而对 6 μm 以上人体发射出来的红外线热源(10 μm)有高穿透性,阻抗变换用的 FET 管和电路元件放在管底部分。敏感元件用红外线热释电材料 PZT(或其他材料)制成很小的薄片,再在薄片两面镀上电极,构成两个反向串联的有极性的小电容。这样,当入射的能量顺序地射到两个元件时,由于是两个元件反相串联,故其输出是单元件的两倍;由于两个元件反相串联,对于同时输入的能量会相互抵消。由于双元件红外敏感元件具有上面的特性,可以防止因太阳光等红外线所引起的误差或误动作;由于周围环境温度的变化影响整个敏感元件产生温度变化,两个元件产生的热释电信号互相抵消,起到补偿作用。

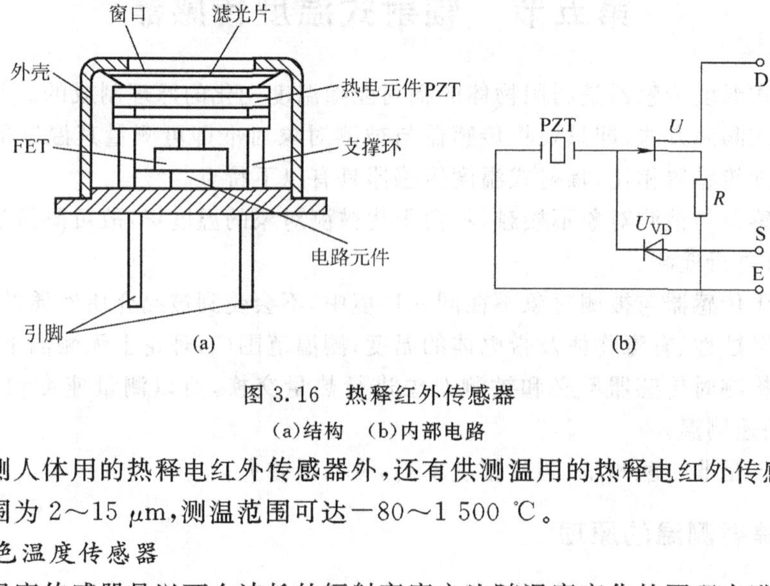

图 3.16 热释红外传感器

(a)结构 (b)内部电路

除探测人体用的热释电红外传感器外,还有供测温用的热释电红外传感器,其响应波长范围为 2～15 μm,测温范围可达－80～1 500 ℃。

2. 比色温度传感器

比色温度传感器是以两个波长的辐射亮度之比随温度变化的原理来进行温度测量的。图 3.17 所示为光电比色温度传感器的工作原理。被测对象的辐射射线经过透镜射到由电动机带动的旋转调制盘上,在调制盘的开孔上附有红、蓝两种颜色的滤光片。当电动机转动时,光敏器件上接收到的光线为红、蓝两色交变的光线,进而使光敏器件输出与红、蓝光对应的电信号,经过放大器放大处理后,送到显示仪表,从而得到被测物体的温度。

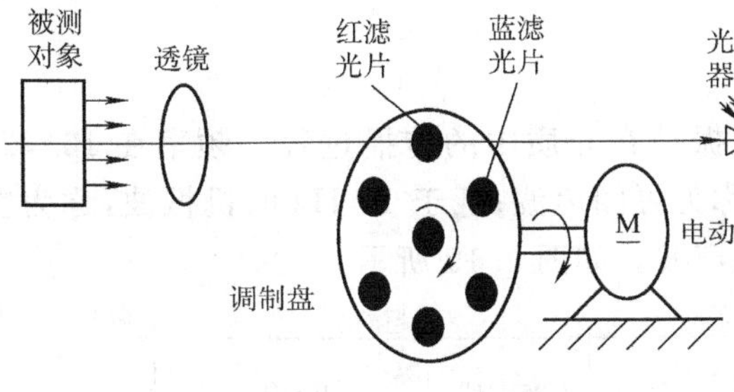

图 3.17　光电比色温度传感器的工作原理

三、应用举例

图 3.18 为红外辐射测温仪表结构原理。它有光学系统、调制器、红外传感器、放大器和指示器等部分组成。

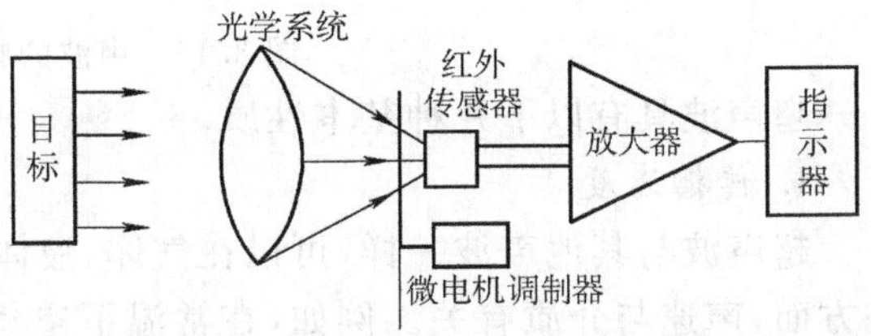

图 3.18　红外测温仪结构原理

光学系统可以是投射式的，也可以是反射式的。投射式光学系统部分是用红外光材料制成的，根据红外波长选择光学材料。一般测量高温（700 ℃以上）仪器，有用波段主要在 0.76～3 μm 的近红外区，可选用一般光学玻璃或石英等材料。测量中温（100～700 ℃）仪器，有用波段主要在 3～5 μm 的中红外区，多采用氟化镁、氧化镁等热压光学材料。测量低温（100 ℃以下）仪器，有用波段主要在 5～14 μm 的中远红外波段，多采用锗、硅、热压硫化锌等材料。一般还在镜片表面蒸镀红外增透层，一方面滤掉不需要的波段，另一方面增大有用波段的投射率。反射式光学系统多采用凹面玻璃反射镜，表面镀金、铝或镍铬等红外波段反射率很高的材料。

调制器就是把红外辐射调制成交变辐射的装置。一般是用微电机带动一个齿轮盘或等距离孔盘，通过齿轮盘或带孔盘旋转，切割入射辐射而使投射到红外传感器上的辐射信号呈交变的。因为系统对交变信号处理比较容易，能取得较高的信噪比。

第六节　超声波传感器

超声波传感器是根据超声波的特性实现自动检测的，它的输出量为电参数。超声波是一种频率在 20 kHz 以上的机械波，具有波长短、频率高、方向性好、能量集中、穿透本领大、遇到杂质或分界面产生显著的反射等优点。因此，在工业中被广泛用于测量探伤、厚度、流量等领域。

一、超声波及特性

声波是一种机械波，是机械振动在介质中的传播过程。频率在 $16\sim 2\times 10^4$ Hz 之间，能为人耳所闻的机械波，称为可闻声波；低于 16 Hz 的机械波，称为次声波；高于 2×10^4 Hz 的机械波，称为超声波。如图 3.19 所示。

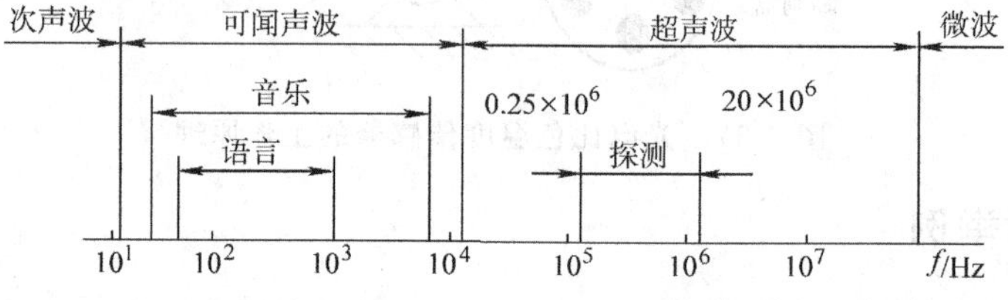

图 3.19　声波的频率界限

超声波具有以下几种基本性质。

1. 传播速度

超声波与其他声波一样，可以在气体、液体及固体中传播，并有各自的传播速度。一方面，声速与介质有关。例如，在常温下空气中的声速约为 334 m/s，在水中的声速约为 1 440 m/s，在钢铁中约为 5 000 m/s。另一方面，声速还与介质所处的状态（如温度）有关，对于空气来说，影响声速的主要因素是温度，其关系式为

$$v=20.067\sqrt{T} \tag{3.11}$$

而在许多固体和液体中的声速一般随着温度的增高而降低。

2. 反射与折射现象

当声波从一种介质传播到另一种介质时，由于两种介质的密度不同，所以声波在这两种介质中的传播速度也不同，且在分界面上声波会发生反射和折射现象。当超声波从液体或固体垂直入射到气体时，或相反的情况，反射系数接近 1，也就是说超声波几乎全部被反射。超声波测物位就是利用超声波的这种特性。

3. 传播中的衰减

超声波在介质中传播时，由于介质吸收能量而使超声波的强度衰减。若超声波进入介质时的强度为 I_0，通过介质后的强度为 I，它们之间的关系式为

$$I=I_0\mathrm{e}^{-Ad} \tag{3.12}$$

式中：d 为介质的厚度；A 为介质对超声波能量的吸收系数。

超声波衰减的程度与介质及超声波的频率有关系。

1）与介质的关系　气体对超声波吸收最强而衰减最大，液体次之，固体吸收最小而衰减最小。因此，对于一定强度的超声波，在气体中传播的距离会明显比在液体和固体中传播的距离短。

2）与超声波频率的关系　频率越高，衰减越大，因此超声波比其他声波在传播时的衰减更明显。

超声波具有频率高、波长短、绕射现象小，特别是方向性好、能够成为射线而定向

传播等特点。

二、超声波的发射和接收

以超声波作为检测手段，必须能产生超声波和接收超声波。能完成这种功能的装置就是超声波传感器，习惯上称为超声换能器，或者超声探头。

超声波探头主要由压电晶体组成，既可以发射超声波，也可以接收超声波。其接收和发射是根据压电效应和逆压电效应实现的。具有压电效应的压电晶体受到声波声压作用时，产生电荷，即将超声波转换成电能；反之，如果将交变电压加在晶体两端面的电极上，沿着晶体厚度方向将产生与所加交变电压同频率的机械振动，并向外发射超声波，实现了电能与超声波的转换。

超声探头有许多不同的结构，可分直探头（纵波）、斜探头（横波）、表面波探头（表面波）、兰姆波探头（兰姆波）、双探头（一个探头反射、一个探头接收）等。

超声探头的核心是其塑料外套或者金属外套中的一块压电晶片。构成晶片的材料可以有许多种。晶片的大小，如直径和厚度也各不相同，因此每个探头的性能是不同的，使用前必须预先了解它的性能。超声波传感器的主要性能指标如下。

1）工作频率　工作频率就是压电晶片的共振频率。当加到它两端的交流电压的频率和晶片的共振频率相等时，输出的能量最大，灵敏度也最高。

2）工作温度　由于压电材料的居里点一般比较高，特别是诊断用的超声波探头使用功率较小，所以工作温度比较低，可以长时间地工作而不失效。医疗用的超声探头的温度比较高，需要单独的制冷设备。

3）灵敏度　主要取决于制造的晶片本身。机电耦合系数大，灵敏度高；反之，灵敏度低。

三、超声波在检测中的应用

1. 探伤

超声波探伤是一种无损探伤技术，是对工业产品进行无损检测与质量管理的一种十分重要的手段。主要用于检测板材、管材、锻件和焊缝等材料中的缺陷（如裂缝、气孔、夹渣等）。国内外在图像化的超声探伤技术方面取得了显著成就，这种方法被广泛地应用到冶金、机械、造船、航空、建筑、化工以及原子核能等许多工业领域。探伤方法多种多样，这里仅介绍脉冲反射法。

根据不同的探伤要求，可用不同的探头。例如：锻件探伤一般用（纵波）直探头；焊缝探伤一般用（横波）斜探头；管材探伤一般用水浸聚焦探头；对板材或钢轨探伤是用轮式探头；对叶片还可采用专用微型表面波探头；等等。

测试前，先将探头插入探伤仪的连接插座上，探伤仪面板上有一个荧光屏，通过荧光屏可知工件中是否存在缺陷、缺陷大小及缺陷位置。测试时，探头放在工件上，并在工件上来回移动进行检测，探头发出的超声波以一定的速度向工件内部传播，如果工件中没有缺陷，在超声波传到工件底部才反射，在荧光屏上只出现脉冲 T 和 B，如图 3.20(a)所示。如果工件中有缺陷，一部分超声波在缺陷处反射，另一部分继续传播到工件底部反射，在荧光屏上出现三个脉冲，多了一个脉冲 F，如图 3.20(b)所示。通过缺陷脉冲在荧光屏上的位置可确定缺陷在工件中的位置，也可以通过缺陷脉冲的幅度高低来判别缺陷的大小。

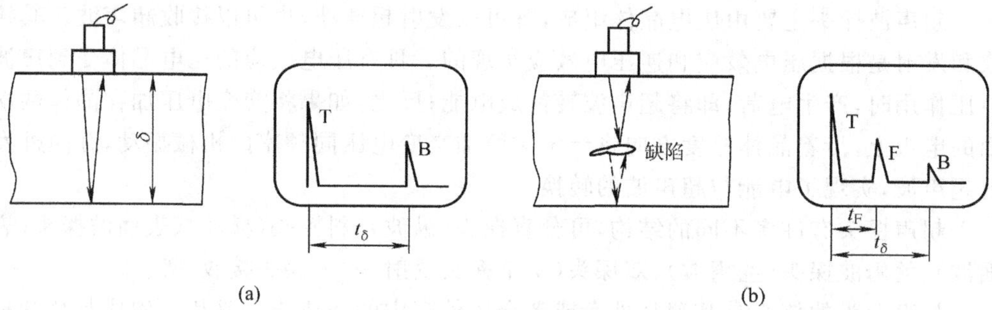

图 3.20　超声波探伤

(a)无缺陷时超声波的反射及显示波形　(b)有缺陷时超声波的反射及显示波形

超声波探伤因具有检测灵敏度高、速度快、成本低等优点，受到人们普遍重视，并在生产实践中得到广泛的应用。

2. 距离测量

超声波测距的原理是：超声波发射器发射超声波，通过被测物体的反射，接收器接收回波，通过从发射到接收的时差来测量被测距离，是一种非接触式测量。

测定物位距离时不接触被测物体，无活动部分，安装调试简单，维修保养方便，测量精度高。作为物位测量控制器，测量控制料位、液位变化的精确位置，因此可非接触测量有腐蚀性的各种液体、固体，实现料位、液位的自动化控制。

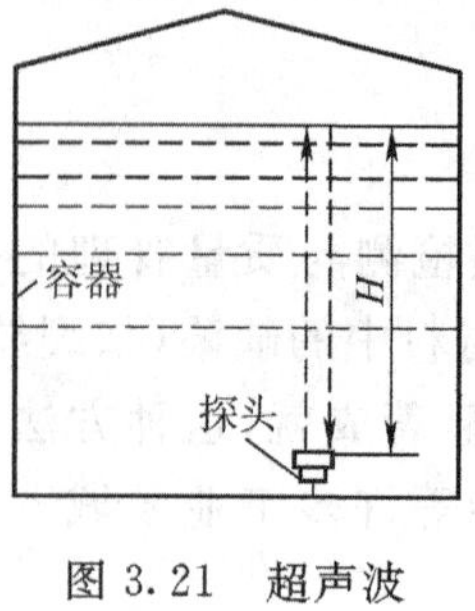

图 3.21　超声波液位检测原理

超声波物位传感器是利用超声波在两种介质的分界面上的反射特性而制成的，通过测量超声波从反射至接收到被测物位界面反射的回波的时间间隔来确定物位的高低。检测原理如图 3.21 所示，超声波发射器被置于容器底部，当它向液面发短促的脉冲时，在液面处产生反射，回波被超声波接收器接收。若超声波在液体中传播的速度为 v，从发射到接收的时间为 t，则液面高度可表示为

$$H=\frac{1}{2}vt \tag{3.13}$$

超声探头也可以装在液面的上方，让超声波在空气中传播，这种方式便于安装和维修。

超声脉冲的传播时间 t 可以用适当电路进行精确的测量，而速度 v 会随着介质的温度、成分等变化而变化，如 0 ℃时为 331.36 m/s，20 ℃时为 343.38 m/s。因此需要采取有效的补偿措施，如设置校正具，如图 3.22 所示。在被测介质中安装两组

换能器探头，一组用作测量探头；另一组用作校正探头。校正的方法是将校正用的探头固定在校正具的一端，校正具的另一端是一块反射板，由于校正探头到反射板的距离为 L_0（一固定长度），测出超声脉冲从校正探头到反射板的往返时间，则可得声波在介质中的传播速度为

$$v_0=\frac{2L_0}{t_0} \tag{3.14}$$

因为校正探头和测量探头在同一介质中，如果两者的传播速度相等，即 $v_0=v$，代入式(3.13)可得

$$H=\frac{L_0}{t_0}t \tag{3.15}$$

由上式可知，只要测出时间 t 和 t_0，就能获得物位 H，从而消除了声速变化引起的误差。

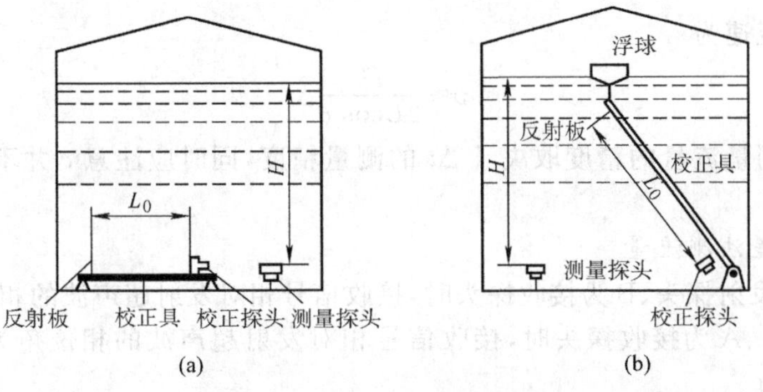

图 3.22　应用校正具检测液位原理

(a)校正具两端固定　(b)校正具一端固定

基于超声波测距的原理，还可以应用到其他地方，比如机器人防撞、各种超声波接近开关、自动门设计应用、倒车雷达、交通车辆的检测以及防盗报警等相关领域。

四、超声波测流量

利用超声波测流量对被测流体并不产生附加阻力，测量结果不受流体物理和化学性质的影响。超声波在静止和流动液体中的传播速度是不同的，进而形成传播时间和相位上的变化，由此可求得流体的流量和流速。图 3.23 为超声波测流体流量的工作原理。图中 v 为流体的平均流速，c 为超声波在流体中的速度，θ 为超声波传播方向与流体流动方向的夹角，A、B 为两个超声波探头，L 为其间距离。

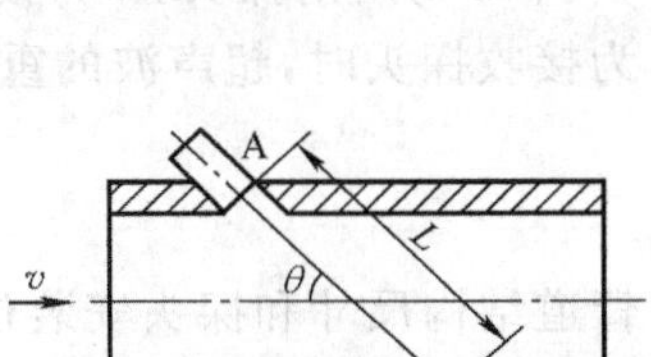

图 3.23　超声波测流量的工作原理

1. 时差法测流量

当 A 为发射探头、B 为接收探头时，超声波传播速度为 $c+v\cos\theta$，于是顺流传播

时间 t_1 为

$$t_1=\frac{L}{c+v\cos\theta} \tag{3.16}$$

当 B 为发射探头、A 为接收探头时，超声波传播速度为 $c-v\cos\theta$，于是逆流传播时间 t_2 为

$$t_2=\frac{L}{c-v\cos\theta} \tag{3.17}$$

时差

$$\Delta_t=t_2-t_1=\frac{2Lv\cos\theta}{c^2-v^2\cos^2\theta} \tag{3.18}$$

由于 $c\gg v$，式(3.18)可近似为

$$\Delta t\approx\frac{2Lv\cos\theta}{c^2} \tag{3.19}$$

流体的平均流速为

$$v\approx\frac{c^2}{2L\cos\theta}\Delta t \tag{3.20}$$

该方法测量流量的精度取决于 Δt 的测量精度，同时应注意 c 并不是常数，而是温度的函数。

2. 相对差法测流量

当 A 为发射探头、B 为接收探头时，接收信号相对发射超声波的相位角为 φ_1；当 B 为发射探头、A 为接收探头时，接收信号相对发射超声波的相位角为 φ_2。则流体的平均流速为

$$v\approx\frac{c^2}{2\omega L\cos\theta}\Delta\varphi \tag{3.21}$$

该法以测相位角代替时差法的精确测量时间，因而可以进一步提高测量精度。

3. 频率差法测流量

当 A 为发射探头、B 为接收探头时，超声波的重复频率为 f_1；当 B 为发射探头、A 为接收探头时，超声波的重复频率为 f_2。则流体的平均流速为

$$v=\frac{L}{2\cos\theta}\Delta f \tag{3.22}$$

当管道结构尺寸和探头安装位置一定时，式(3.22)中 $\frac{L}{2\cos\theta}$ 为常数。v 直接与 Δf 有关，而与 c 值无关。可见，该法将能获得更高的测量精度。

超声波检测的应用十分广泛，如换能器构成的声纳，可探测海洋舰船、礁石和鱼群等。

第七节　光电式传感器

光电式传感器是将光信号转换为电信号的一种传感器。利用这种传感器测量非

电量时，只需将这些非电量的变化转换为光信号的变化，就可以将非电量的变化转换为电量的变化而进行检测。光电式传感器具有结构简单、非接触、高可靠性、高精度和反应快等特点。

一、光电效应

光由具有一定能量的粒子组成，根据爱因斯坦光粒子学说，每个光子所具有的能量 E 与其频率 f 的大小成正比（即 $E=hf$，式中 $h=6.626\times10^{-34}$ J·s，为普朗克常数）。光照射在物体上可看成一连串具有能量的光子对物体的轰击，物体吸收光子能量而产生相应的电效应，即光电效应，这是实现光电转换的物理基础。光电效应依其表现形式的不同，通常可分为外光电效应、内光电效应和光生伏特效应三类。

1. 外光电效应

在光线作用下，物体内的电子逸出物体表面向外发射的物理现象称为外光电效应，也称为光电发射效应。逸出的电子称为光电子。外光电效应可用爱因斯坦光电方程来描述，即

$$\frac{1}{2}mv^2=hf-W \tag{3.23}$$

式中：v 是电子逸出物体表面时的初速度；m 是电子质量；W 是金属材料的逸出功（金属表面对电子的束缚）。

式(3.23)即为著名的爱因斯坦光电方程，它揭示了光电效应的本质。根据爱因斯坦的假设，一个光子的能量只能给一个电子，因此单个的光子把全部能量传给物体中的一个自由电子，使自由电子的能量增加为 hf，这些能量一部分用于克服逸出功 W，另一部分作为电子逸出时的初动能 $\frac{1}{2}mv^2$。由于逸出功与材料的性质有关，当材料选定后，要使金属表面有电子逸出，入射光的频率 f 有一最低的限度。当 hf 小于 W 时，即使光通量很大，也不可能有电子逸出，这个最低限度的频率称为红限频率。当 hf 大于 W 时，光通量越大，逸出的电子数目也越多，光电流也就越大。

根据外光电效应制成的光电元器件有光电管、光电倍增管、光电摄像管等。

2. 内光电效应

在光线作用下，使物体导电能力发生变化的现象称为内光电效应，也称为光电导效应。根据内光电效应制成的光电元器件有光敏电阻、光敏二极管、光敏晶体管和光敏晶闸管等。

3. 光生伏特效应

在光线作用下，物体产生一定方向电动势的现象称为光生伏特效应。基于光生伏特效应的光电元器件是光电池。

二、光电器件

(一)光电管

光电管的外形如图 3.24 所示，光电阴极 K 和光电阳极 A 封装在真空玻璃管内。

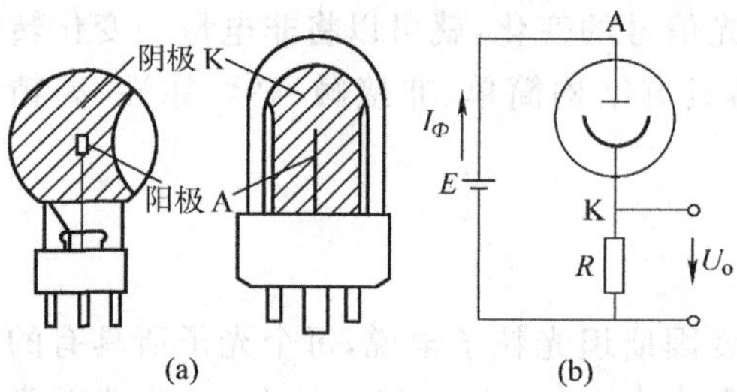

图 3.24　光电管

(a)光电管的结构　(b)符号及测量电路

当入射光线穿过光窗照到光电阴极上时，光子的能量传递给阴极表面的电子，当电子获得的能量足够大时，就有可能克服金属表面对电子的束缚（逸出功）而逸出金属表面形成电子发射，这种电子称为光电子。当光电管阳极加上适当电压（数十伏）时，从阴极表面逸出的电子被具有正电压的阳极所吸引，在光电管中形成电流，称为光电流 I_Φ。光电流 I_Φ 正比于光电子数，而光电子数又正比于光通量。如果在外电路中串入一只适当阻值的电阻，则电路中的电流便转换为电阻上的电压。该电流或电压的变化与光成一定函数关系，从而实现了光电转换。

由于材料的逸出功不同，所以不同材料的光电阴极对不同频率的入射光有不同的灵敏度，人们可以根据检测对象是可见光或紫外光而选择不同阴极材料的光电管。目前紫外光电管在工业检测中多用于紫外线测量、火焰监测等，可见光较难引起光电子的发射。

（二）光电倍增管

光电倍增管有放大光电流的作用，灵敏度非常高，信噪比大，线性好，多用于微光测量。图 3.25 是光电倍增管结构示意图。

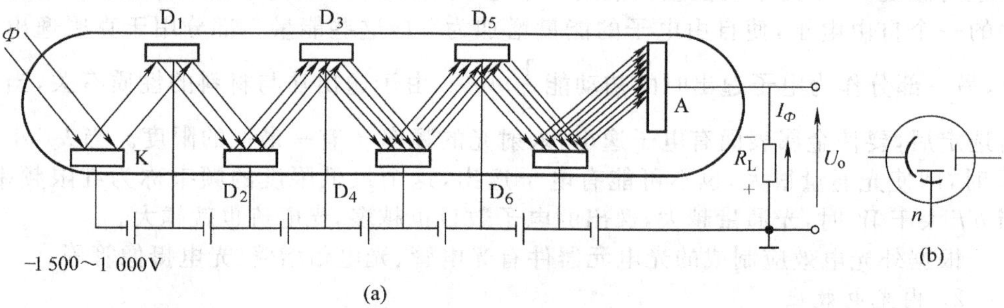

图 3.25　光电倍增管

(a)结构、工作原理　(b)图形符号

从图 3.25 中可知，光电倍增管也有一个阴极 K、一个阳极 A，与光电管不同的是，在它的阴极和阳极间设置许多二次发射电极 D_1，D_2，D_3，……，它们又称为第一倍增极，第二倍增极，……，相邻电极间通常加上 100 V 左右的电压，其电位逐级升高。阴极电位最低，阳极电位最高，两者之差一般在 600～1 200 V。

当微光照射阴极 K 时，从阴极 K 上逸出的光电子被第一倍增极 D_1 所加速，以高速轰击 D_1，入射光电子的能量传递给 D_1 表面的电子使它们由 D_1 表面逸出，这些电子称为二次电子。一个入射光电子可以产生多个二次电子。D_1 发射出来的二次电

子被 D_1、D_2 间的电场加速，射向 D_2，并再次产生二次电子发射，得到更多的二次电子。这样逐级前进，一直到最后到达阳极 A 为止。若每级的二次电子发射倍增率为 δ，共有 n 组（通常可达 9～11 级），则光电倍增管阳极得到的光电流比普通光电管大 δ^n 倍，因此光电倍增管灵敏度极高。

光电倍增管的光电特性如图 3.26 所示（为大范围展示曲线形状，对纵坐标作了处理，下同），从图中可知，在光通量为 10^{-14}～10^{-8} lm（流明），光电特性基本上是一条直线。

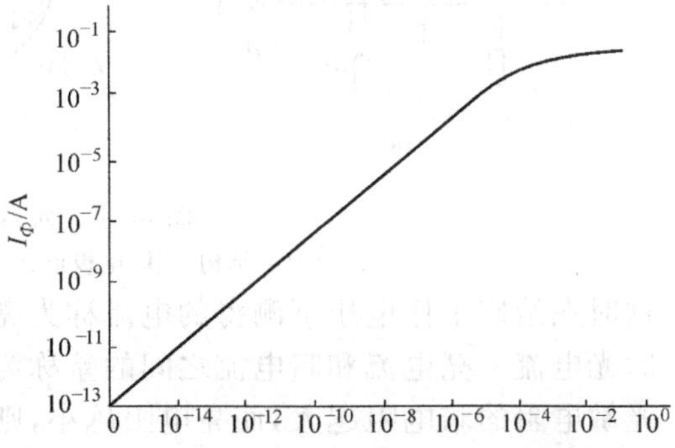

图 3.26　光电倍增管的光电特性

（三）光敏电阻

光敏电阻是一种利用内光电效应（光导效应）制成的光电元件。它具有精度高、体积小、性能稳定、价格低等特点，所以被广泛应用在自动化技术中作为开关式光电信号传感元件。

1. 光敏电阻的结构与材料

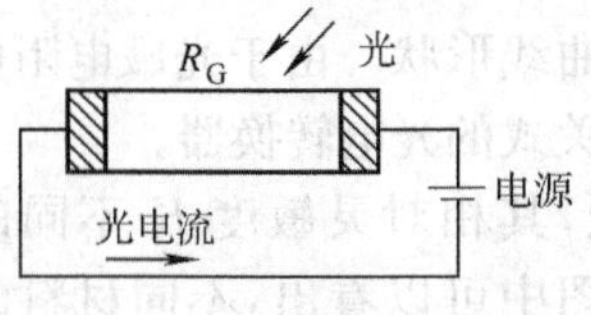

图 3.27　光敏电阻工作原理

光敏电阻由一块两边带有金属电极的光电半导体组成，电极和半导体之间呈欧姆接触，使用时在它的两电极上施加直流或交流工作电压，如图 3.27 所示。在无光照射时，光敏电阻 R_G 呈高阻，回路中仅有微弱的电流（称为暗电流）通过。在有光照射时，光敏材料吸收光能，使电阻率变小，R_G 呈低阻态，从而在回路中有较强的电流（称为亮电流）通过。光照越强，阻值越小，亮电流越大。如果将该亮电流取出，经放大后即可作为其他电路的控制电流。当光照射停止时，光敏电阻又逐渐恢复原有的高阻状态。

制作光敏电阻的材料种类很多，如金属的硫化物、硒化物和锑化物等半导体材料。目前生产的光敏电阻主要是硫化镉，为提高其光灵敏度，在硫化镉中再掺入铜、银等杂质。光敏电阻的结构如图 3.28 所示。通常采用涂敷、喷涂等方法在陶瓷基片上涂上栅状光导电体膜（硫化镉多晶体）经烧结而成。为防止受潮，光敏电阻采用两种封闭方法：金属外壳，顶部有透明玻璃窗口的密封结构；没有外壳，但在其表面涂上一层防潮树脂。

2. 光敏电阻的主要参数

1）暗电阻　光敏电阻置于室温、全暗条件下，经一段时间稳定后测得的阻值称为暗电阻。这时在给定的工作电压下测得的电流称为暗电流。

2）亮电阻　光敏电阻置于室温和一定光照条件下测得的稳定电阻值称为亮电

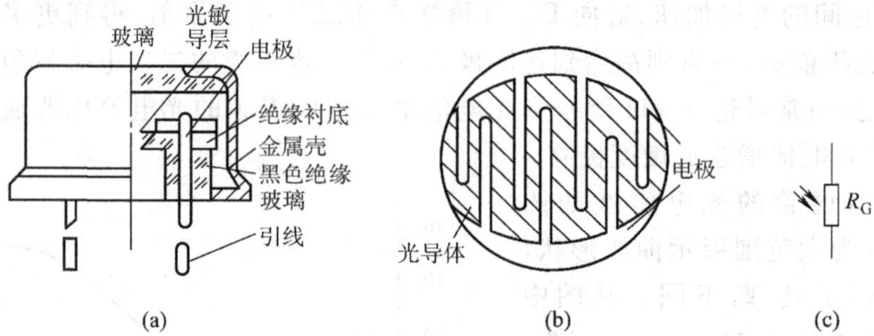

图 3.28 光敏电阻

(a)结构 (b)电极形状 (c)图形符号

阻。这时在给定工作电压下测得的电流称为亮电流。

3)光电流 亮电流和暗电流之间的差称为光电流 I_Φ。

光敏电阻的暗电阻越大，而亮电阻越小，则性能越好。也就是说，暗电流要小，光电流要大，这样的光敏电阻的灵敏度就高。实际上，大多数光敏电阻的暗电阻往往超过 1 MΩ，甚至高达 100 MΩ，而亮电阻即使在正常白昼条件下也可降到 1 kΩ 以下，可见光敏电阻的灵敏度是相当高的。

3. 光敏电阻的主要特性

1)光照特性 指光敏电阻的光电流 I_Φ 与光通量 Φ 的关系。不同的光敏电阻，其光照特性不同，但多数光敏电阻的光照特性为如图 3.29 所示的曲线形状。由于光敏电阻的光照特性呈非线性，因此不能用于光的精密测量，只能用作开关式的光电转换器。

2)光谱特性 指光敏电阻对于不同波长 λ 的入射光，其相对灵敏度 K 不同的特性。各种不同材料的光谱特性曲线如图 3.30 所示。从图中可以看出，不同材料的峰值所对应的光的波长是不一样的，因此，在选用光敏电阻时，应考虑光源的发光波长与光敏电阻的光谱特性峰值的波长相接近，这样才能获得高的灵敏度。

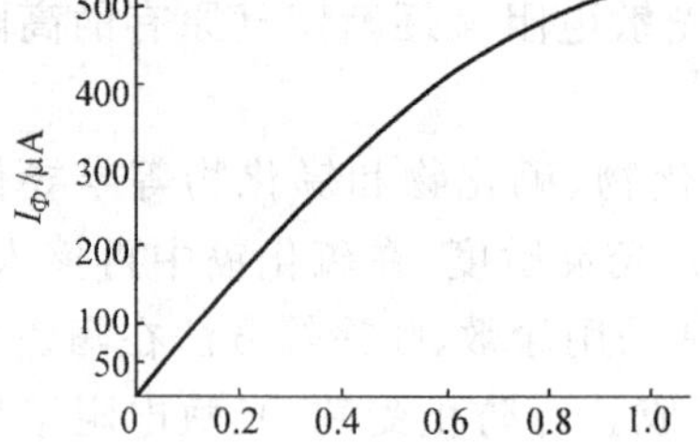

图 3.29 光敏电阻的光照特性曲线

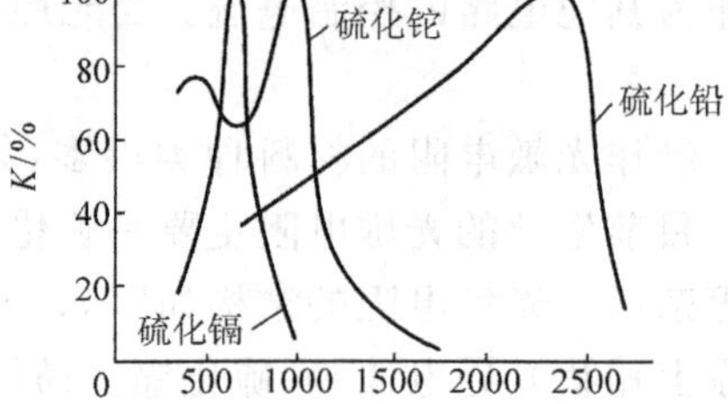

图 3.30 光敏电阻的光谱特性曲线

3)伏安特性 伏安特性表示光敏电阻两端所加电压与流过光敏电阻的电流之间的关系。如图 3.31 所示，光敏电阻的伏安特性为线性关系，且不同照度(单位为勒克斯)，其斜率也不同。同普通电阻一样，光敏电阻也有最大功率，超过额定功率将会导致光敏电阻永久性的损坏。

4)响应时间　响应时间指光敏电阻中光电流的变化滞后于光的变化的时间。即光敏电阻突然感受光照时,光电流并不是立刻上升到其稳定数值,而当光突然消失时光电流也不会立刻下降到零,这说明光电流的变化对于光的变化,在时间上有一个滞后。尽管不同材料的光敏电阻具有不同的响应时间,但都存在着这种延时特性,因此,光敏电阻不能用在要求快速响应的场合。

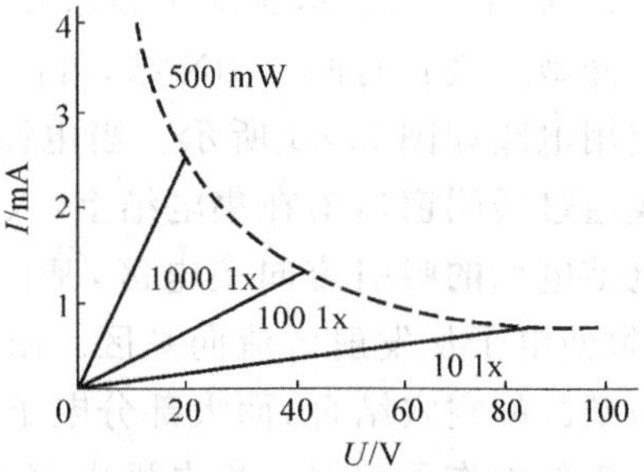

图 3.31　光敏电阻的伏安特性曲线

5)温度特性　温度特性指光敏电阻和其他半导体器件一样受温度影响较大,随着温度的升高,它的暗电阻与灵敏度都下降的特性。

(四)光敏晶体管

光敏二极管、光敏三极管、光敏晶闸管统称为光敏晶体管,它们的工作原理基于内光电效应。光敏三极管的灵敏度比光敏二极管高,但频率特性较差。光敏晶闸管主要用于光控开关电路。

1. 光敏二极管结构及工作原理

光敏二极管结构与一般二极管不同之处在于它的 PN 结装在透明管壳的顶部,可以直接受到光的照射。图 3.32(a)为其结构及图形符号,图 3.32(b)为光敏二极管在电路中处于反向偏置的状态。

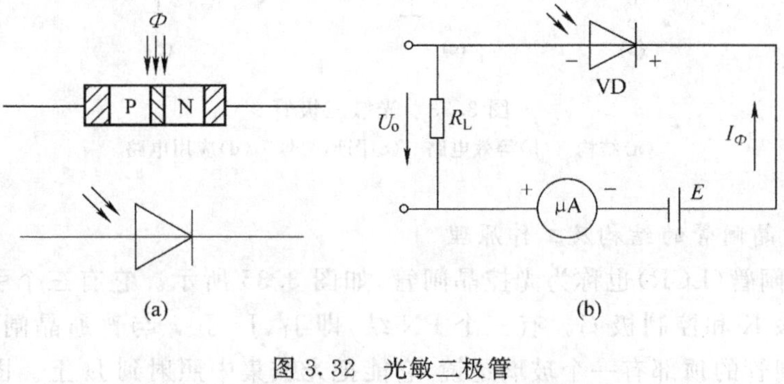

图 3.32　光敏二极管

(a)结构及图形符号　(b)基本应用电路

在没有光照时,由于二极管反向偏置,所以反向电流很小,这时的电流称为暗电流。当光照射在二极管的 PN 结上时,在 PN 结附近产生电子-空穴对,并在外电场的作用下,漂移越过 PN 结,产生光电流。入射光的照度增强,光产生的电子-空穴对数量也随之增加,光电流也相应增大,光电流与光照度成正比。

目前还研制出一种雪崩式光敏二极管(APD)。由于 APD 利用了二极管 PN 结的雪崩效应(工作电压达 100 V 左右),所以灵敏度极高,响应速度极快,可达数百兆赫,可用于光纤通信及微光测量。

2. 光敏三极管结构及工作原理

光敏三极管有两个PN结，可以获得电流增益。它的结构、等效电路、图形符号及应用电路如图3.33所示。当电路按3.33(d)连接时，集电结反偏，发射结正偏。光线通过透明窗口落在集电结上，入射光子在集电结附近产生电子-空穴对，电子受集电结电场的吸引流向集电区，基区中留下的空穴构成“纯正电荷”，使基区电压提高，致使电子从发射区流向基区。由于基区很薄，所以只有一小部分从发射区来的电子与基区的空穴结合，而大部分电子穿过基区流向集电区，这一段过程与普通三极管的电流放大作用相似。集电极电流 I_c 是原始光电流的 β 倍，因此，光敏三极管比光敏二极管的灵敏度高许多倍。有时生产厂家还将光敏三极管与另一只普通三极管制作在同一个管壳里，连接成复合管形式，称为达林顿型光敏三极管，如图3.34所示。达林顿光敏三极管的灵敏度大($\beta=\beta_1\beta_2$)，但管子的漏电(暗电流)较大，频响较差，温漂也较大。

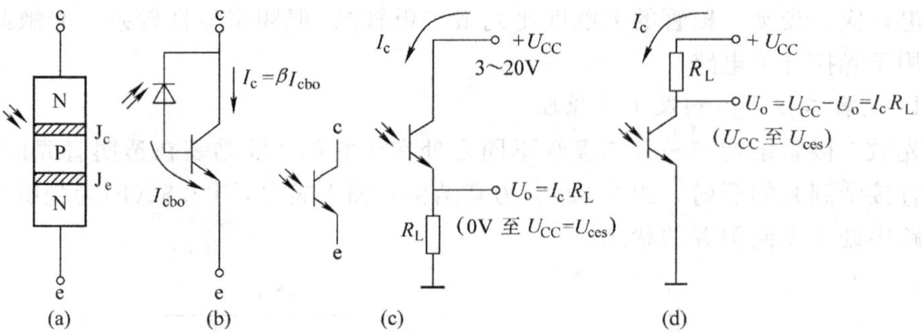

图3.33 光敏三极管

(a)结构 (b)等效电路 (c)图形符号 (d)应用电路

3. 光敏晶闸管的结构及工作原理

光敏晶闸管(LCR)也称为光控晶闸管，如图3.35所示。它有三个引出电极，即阳极A、阴极K和控制极G。有三个PN结，即 J_1、J_2、J_3。与普通晶闸管不同之处是，光敏晶闸管的顶部有一个玻璃透镜，它能把光线集中照射到 J_2 上。图3.35(c)是它的典型应用电路，光敏晶闸管的阳极接正极，阴极接负极，控制极通过电阻 R_G 与阴极相连接。这时，J_1、J_3 正偏，J_2 反偏，晶闸管处于正向阻断状态。当有一定照度的光信号通过玻璃窗口照射到 J_2 上时，在光能激发下，J_2 附近产生大量电子-空穴对，它们在外电压作用下，穿过 J_2 阻挡层，产生控制极电流，从而使光敏晶闸管从阻断状态变为导通状态。电阻 R_G 为光敏晶闸管的灵敏度调节电阻，调节 R_G 的大小可使晶闸管在设定的光照度下导通。

光敏晶闸管的特点是导通电流比光敏三极管大得多，工作电压有的可达数百伏，因此输出功率大，在工业自动检测控制和日常生活中将得到越来越广泛的应用。

4. 光敏晶体管的基本特性

(1)光谱特性

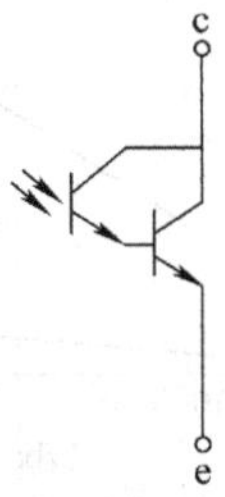

图 3.34　达林顿型光敏三极管

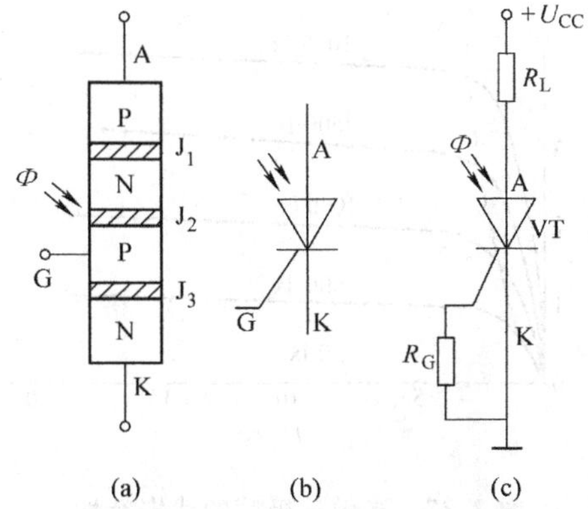

图 3.35　光敏晶闸管

(a)结构　(b)图形符号　(c)应用电路

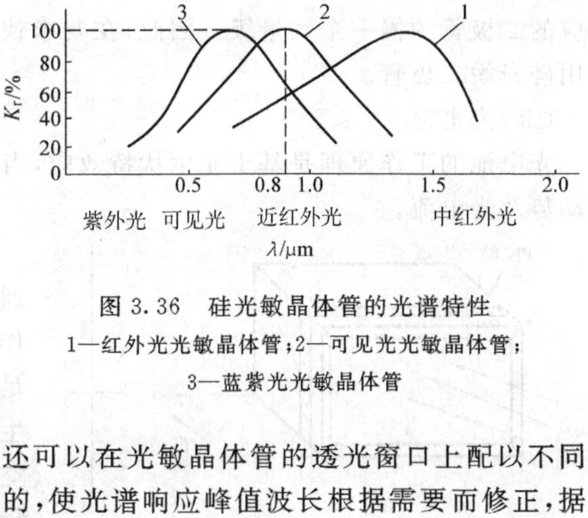

图 3.36　硅光敏晶体管的光谱特性

1—红外光光敏晶体管；2—可见光光敏晶体管；

3—蓝紫光光敏晶体管

不同材料的光敏晶体管对不同波长的入射光，其相对灵敏度 K_r 是不同的，即使是同一材料(如硅光敏晶体管)，只要控制其 PN 结的厚度不同，也能得到不同的光谱特性。例如，硅光敏元件的输出峰值一般在波长为 0.8 μm 左右的光，但现在已分别制造出对红外光、可见光、蓝紫光敏感的光敏晶体管，其光谱特性分别如图 3.36 中的曲线 1、2、3 所示。有时还可以在光敏晶体管的透光窗口上配以不同颜色的滤光玻璃，以达到光谱修正的目的，使光谱响应峰值波长根据需要而修正，据此可以制作色彩传感器。

(2)伏安特性

光敏三极管在不同光照度下的伏安特性与一般三极管在不同基极电流下的输出特性相似，如图 3.37 所示。

(3)光电特性

图 3.38 中的曲线 1、曲线 2 分别是某种型号光敏二极管、三极管的光电特性，从图上可看出，光电流与光照度呈线性关系，光敏三极管的光电特性曲线斜率较大，说明其灵敏度较高。

(4)温度特性

温度变化对亮电流影响不大，但对暗电流的影响非常大，并且是非线性的，将给微光测量带来误差。由于硅管的暗电流比锗管小几个数量级，所以在微光测量中应采用硅管，并用差动的办法来减小温度的影响。

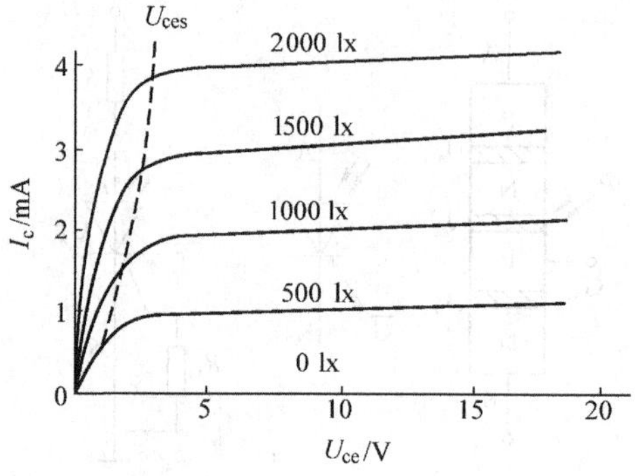

图 3.37 光敏三极管的伏安特性

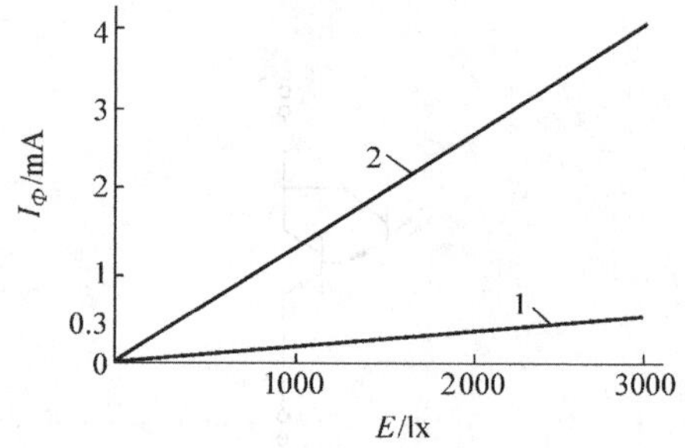

图 3.38 光电晶体管的光电特性

1—光敏二极管；2—光敏三极管

(5)响应时间

工业用的硅光敏二极管的响应时间为 $10^{-7}\sim10^{-5}$ s，光敏三极管的响应时间比相应的二极管约慢一个数量级。因此，在要求快速响应或入射光调制频率较高时应选用硅光敏二极管。

(五)光电池

光电池的工作原理是基于光生伏特效应，当光照射到光电池上时，可以直接输出电动势及光电流。

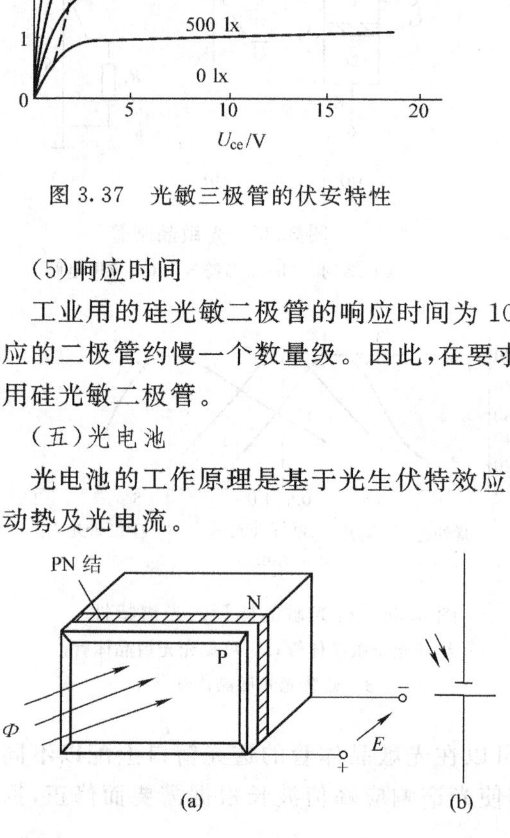

图 3.39 光电池

(a)结构 (b)图形符号

图 3.39(a)为光电池结构示意图。通常在 N 型衬底上制造一薄层 P 型层作为光照敏感面，当入射光子的能量足够大时，P 型区每吸收一个光子就产生一对光生电子-空穴对，光生电子-空穴对的浓度从表面向内部迅速下降，形成由表及里扩散的自然趋势。PN 结(空间电荷区)的内电场(N 区带正电、P 区带负电)使扩散到 PN 结附近的电子-空穴对分离，电子被接到 N 型区，空穴则留在 P 型区，故 N 型区带负电，P 型区带正电。如果光照是连续的，经短暂的时间(μs 数量级)，新的平衡状态建立后，PN 结两侧就有一个稳定的光生电动势输出。

光电池的种类很多，有硅、砷化镓、硒、氧化铜、锗、硫化镉光电池等，其中应用最广的是硅光电池。其优点是性能稳定、光谱范围宽、频率特性好、传递效率高、能耐高温辐射、价格便宜等。砷化镓光电池是光电池中的后起之秀，它在效率、光谱特性、稳定性、响应时间等多方面均有许多长处。

三、光电式传感器应用

1. 带材跑偏检测仪

这种装置可以用来检测带材在加工过程中偏离正确位置的大小和方向。例如，在冷轧带钢生产线上，如果带钢的运动出现走偏现象，就会使其边缘与传送机械发生碰撞摩擦，引起带钢卷边或断裂，造成废品，同时也可能损坏传送机械。因此，在生产过程中必须自动检测带材的走偏量并随时予以纠正。光电带材跑偏检测仪由光电式边缘位置传感器和测量电桥、放大电路组成，如图 3.40 所示。

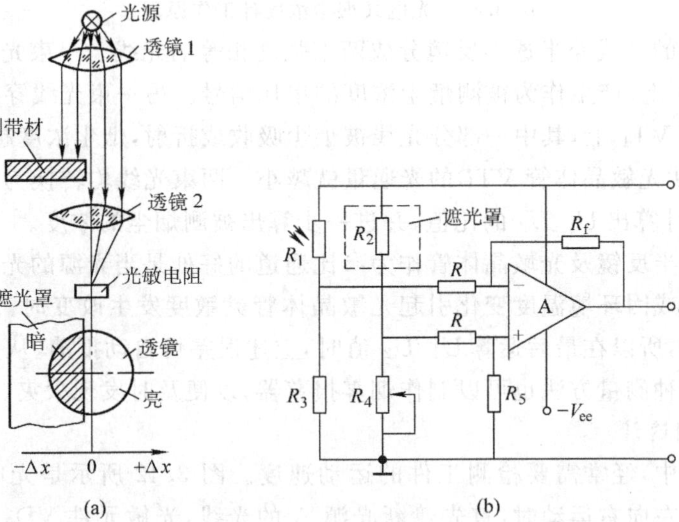

图 3.40 带材跑偏检测装置

(a)光电式传感器工作原理 (b)测量放大电路

由光源发出的光经透镜 1 会聚成平行光束后，再经透镜 2 会聚入射到光敏电阻 R_1 上。

透镜 1、2 分别安置在带材合适位置的上、下方，在平行光束到达透镜 2 途中，将有部分光线受到被测带材的遮挡，而使光敏电阻受照的光通量减小。R_1、R_2 是同型号的光敏电阻，R_1 作为测量元件安置在带材下方，R_2 作为温度补偿元件用遮光罩覆盖。R_1～R_4 组成一个电桥电路，当带材处于正确位置（中间位置）时，通过预调电桥平衡，使放大器的输出电压 U_o 为零。如果带材在移动过程中左偏时，遮光面积减小，光敏电阻的光照增加，阻值变小，电桥失衡，放大器输出负压 U_o；若带材右偏，则遮光面积增大，光敏电阻的光照减弱，阻值变大，电桥失衡，放大器输出正压 U_o。输出电压 U_o 的正负及大小，反映了带材走偏的方向及大小。输出电压 U_o 一方面由显示器显示出来，另一方面被送到纠偏控制系统，作为驱动执行机构产生纠偏动作的控制信号。

2. 光电式烟尘浓度计

工厂烟囱烟尘的排放是环境污染的重要来源，为了控制和减少烟尘的排放量，对烟尘的监测是必要的。如图 3.41 所示为光电式烟尘浓度计工作原理图。

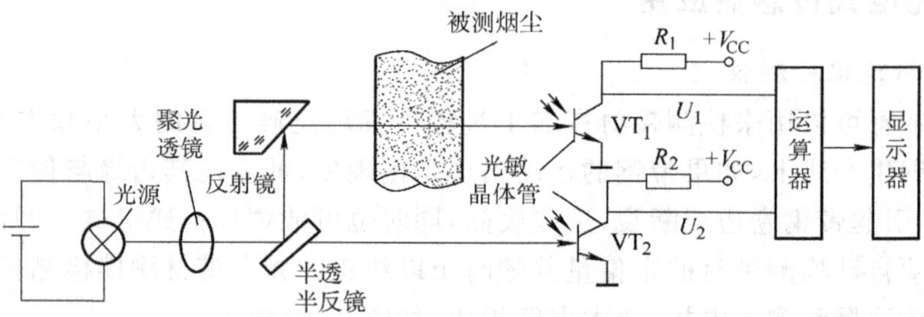

图 3.41 光电式烟尘浓度计工作原理

光源发出的光线经半透半反镜分成两束强度相等的光线。一束光线直接到达光敏晶体管 VT_2 上，产生作为被测烟尘浓度的参比信号。另一束光线穿过被测烟尘到达光敏晶体管 VT_1 上，其中一部分光线被烟尘吸收或折射，烟尘浓度越高，光线的衰减量越大，到达光敏晶体管 VT_1 的光通量就越小。两束光线均转换为电压信号 U_1、U_2，由运算器计算出 U_1、U_2 的比值，并进一步算出被测烟尘的浓度。

采用半透半反镜及光敏晶体管作为参比通道的好处是当光源的光通量由于种种原因有所变化或因环境温度变化引起光敏晶体管灵敏度发生改变时，由于两个通道结构完全一样，所以在最后运算 U_1/U_2 值时，上述误差可自动抵消，从而减小了测量误差。根据这种测量方法也可以制作烟雾报警器，以便及时发现火灾。

3. 光电测速计

工业生产中，经常需要检测工件的运动速度。图 3.42 所示是光电测速计原理图。当物体自左向右运动时，首先遮断光源 A 的光线，光敏元件 VD_A 输出低电平，触发 RS 触发器，使其置"1"，与非门打开，高频脉冲可以通过，计数器开始计数。当物体经过设定的 S_0 距离而遮挡光源 B 时，光敏元件 VD_B 输出低电平，RS 触发器置"0"，与非门关闭，计数器停止计数。设高频脉冲的频率 $f=1$ MHz，周期 $T=1$ μs，计数器所计脉冲为 n，则可判断出物体通过已知距离 S_0 所经历的时间为 $t=nT$（单位为 μs），则运动物体的平均速度为

$$v=\frac{S_0}{t} \tag{3.24}$$

应用上述原理，还可以测出运动物体的长度 L。

4. 光电式转速计

光电式转速传感器分为反射式和直射式两种。反射式转速计的工作原理如图 3.43(a)所示。用金属箔或荧光纸在被测转轴上，贴出一圈黑白相间的反射条纹，光源发射的光线经透镜、半透膜和聚焦透镜投射在转轴反射面上，反射光经聚焦透镜会聚后，照射在光电元件上产生光电流。该轴旋转时，黑白相间的反射面造成反射光强弱变化，形成频率与转速及黑白间隔数有关的光脉冲，使光电元件产生相应的电脉冲。当黑白间隔数一定时，电脉冲的频率便与转速成正比。此电脉冲经测量电路处

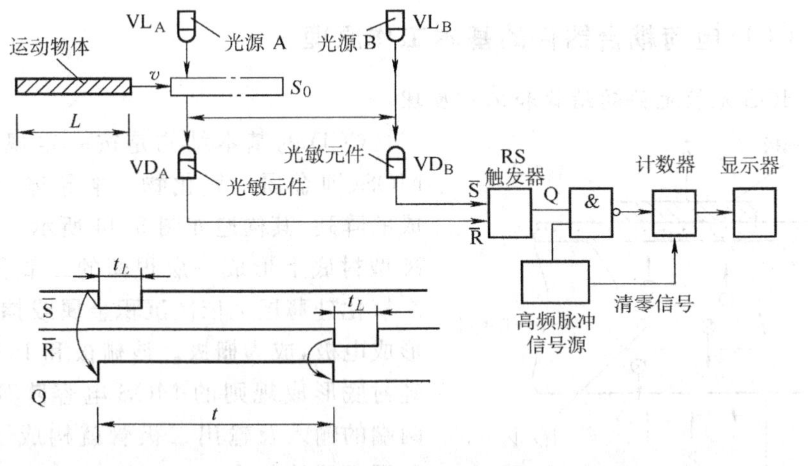

图 3.42　光电测速计原理

理后，就可得到轴的转速。

直射式光电转速计的工作原理见图 3.43(b)。转轴上装有带孔的圆盘，圆盘的一边设置光源，另一边设置光电元件。圆盘随轴转动，当光线通过小孔时，光电元件产生一个电脉冲，转轴连续转动，光电元件就输出一系列与转速及圆盘上孔数成正比的电脉冲数。在孔数一定时，脉冲数就和转速成正比。电脉冲输入测量电路后被放大和整形，再送入频率计显示，也可专门设计一个计数器进行计数和显示。

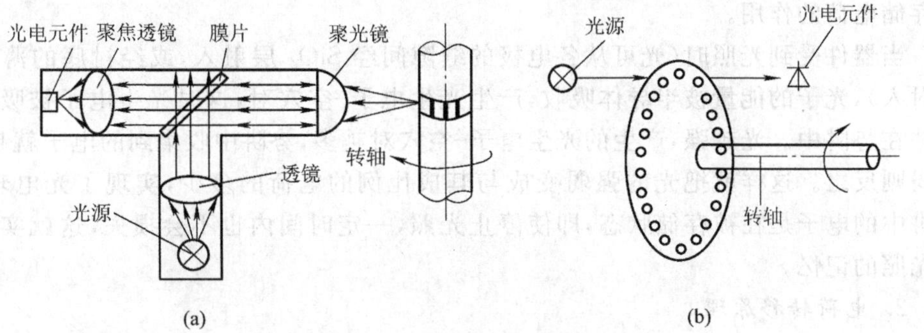

图 3.43　光电式转速计工作原理

(a)反射式　(b)直射式

第八节　电荷耦合器

电荷耦合器(Charge Coupled Devices，CCD)是利用内光电效应的原理集成的一种光敏元件。它具有电荷存储、移位和输出等功能。CCD 有一维和二维之分，前者用于位移、尺寸的检测，后者主要作为固态摄像器件用于图形、文字的拍摄、识别和传递，例如数码照相机、数码摄像机、扫描仪、无线传真、可视电话、生产过程监视以及安全监视摄像机等。

一、CCD 电荷耦合器件的基本工作原理

1. MOS 光敏元件的结构和工作原理

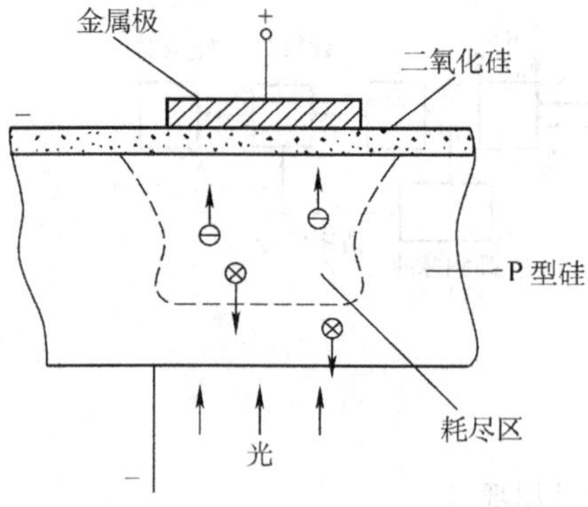

图 3.44　CCD 基本结构示意

CCD 的基本结构是按一定规律排列的 MOS(即金属—氧化物—半导体)电容器组成的阵列,其构造如图 3.44 所示。在 P 型或 N 型衬底上形成一层很薄的二氧化硅,再在二氧化硅薄层上依次沉积金属或掺杂多晶硅形成电极,成为栅极。该栅极和 P 型或 N 型硅衬底形成规则的 MOS 电容阵列,再加上两端的输入及输出二极管就构成了 CCD 电荷耦合器件芯片。

MOS 电容器和一般电容器不同的是,其下极板不是一般的导体而是半导体。假定该半导体是 P 型硅,其中多数载流子是空穴,少数载流子是电子。若在栅极上加正电压,衬底接地,则带正电的空穴被排斥离开硅-二氧化硅界面,带负电的电子被吸引到紧靠硅-二氧化硅界面。当栅极电压高到一定值,硅-二氧化硅界面就形成了对电子而言的陷阱,电子一旦进入就不能离开。栅极电压愈高,产生的陷阱愈深,从而起到了存储电荷的作用。

当器件受到光照时(光可从各电极的缝隙间经 SiO_2 层射入,或经衬底的薄 P 型硅射入),光子的能量被半导体吸收,产生光生电子-空穴对,这时光生电子被吸引并存储在势阱中。光越强,产生的光生电子-空穴对越多,势阱中收集到的电子就越多,光弱则反之。这样就把光的强弱变成与其成比例的电荷的多少,实现了光电转换。势阱中的电子是在被存储状态,即使停止光照,一定时间内也不会损失,这就实现了对光照的记忆。

2. 电荷转移原理

MOS 电容器上记忆的电荷信号的输出是采用转移栅极的办法来实现的。如图 3.45 所示,每一个光敏元件(像素)对应有三个相邻的栅电极 1、2、3。所有栅电极彼此之间离得很远,所有的电极 1 相连并加以时钟脉冲 Φ_1,所有的电极 2 相连并加以时钟脉冲 Φ_2,所有的电极 3 相连并加以时钟脉冲 Φ_3,三种时钟脉冲时序彼此交迭。三个相邻的栅电极依次为高电平,将电极 1 下的电荷依次吸引转移到电极 3 下。持续下去,直到传送完整一行的各像素。图 3.46 所示为电荷传输过程。

①当 $t=t_1$ 时,即 $\Phi_1=U,\Phi_2=0,\Phi_3=0$,此时只有 Φ_1 极下形成势阱。如果有光照,这些势阱里就会收集到光生电荷,电荷的数量与光照成正比。

②当 $t=t_2$ 时,即 $\Phi_1=0.5U,\Phi_2=U,\Phi_3=0$,此时 Φ_1 极下的势阱变浅,Φ_2 极下的势阱最深,Φ_3 极下没有势阱。原先在 Φ_1 极下的电荷就逐渐向 Φ_2 极下转移。

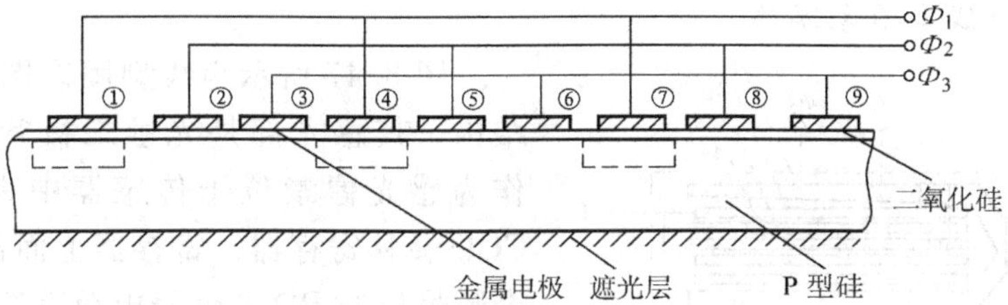

(a)

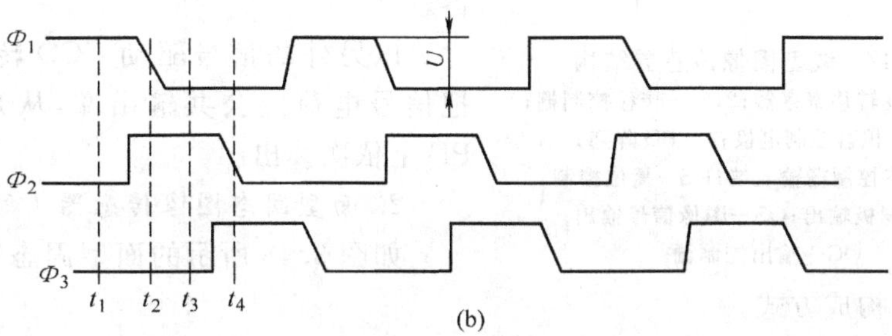

(b)

图 3.45　电荷转移原理

(a)电荷转移栅极结构　(b)电荷转移栅极电位变化波形

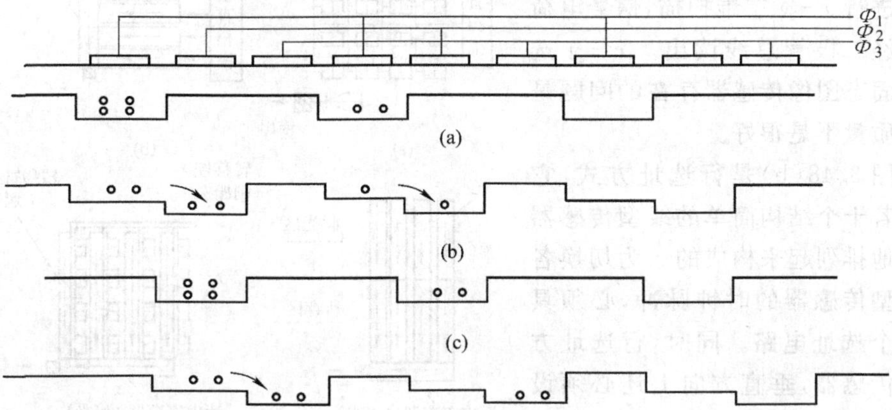

(a)

(b)

(c)

(d)

图 3.46　电荷传输过程

(a)$t=t_1$　(b)$t=t_2$　(c)$t=t_3$　(d)$t=t_4$

③到 $t=t_3$ 时，Φ_1 极下的电荷向 Φ_2 极下转移完毕。

④在 $t=t_4$ 时，Φ_2 极下的电荷向 Φ_3 极下转移，如此下去，势阱中的电荷沿着 $\Phi_1 \to \Phi_2 \to \Phi_3 \to \Phi_1$ 方向转移。在它的末端就能依次接收到原先存储在各个 Φ 极下的光生电荷。

二、CCD 图像传感器

CCD 图像传感器有线型和面型两大类，它们各具有不同的结构和用途。

1. CCD线型图像器件

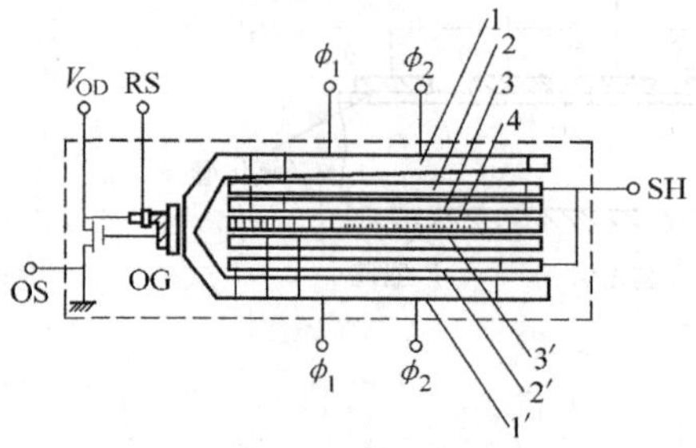

图 3.47　线型图像传感器结构

1,1′—CCD转移寄存器;2,2′—转移控制栅;
3,3′—积蓄控制电极;4—PD阵列;
SH—转移控制栅输入端;RS—复位控制;
V_{OD}—漏极输出;OS—图像信号输出;
OG—输出控制栅

图 3.47 所示为线型固态图像传感器的结构。其感光部是光敏二极管线阵列,PD作为感光像素位于传感器中央,两侧设置CCD转移寄存器。寄存器上面覆以遮光物。奇数号位的PD的信号电荷移往下侧的转移寄存器,偶数号位则移往上侧的转移寄存器。

以另外的信号驱动CCD转移寄存器,把信号电荷经公共输出端,从光敏二极管PD上依次读出。

2. 面型固态图像传感器

如图 3.48 所示的面型固态图像传感器有四种基本构成方式。

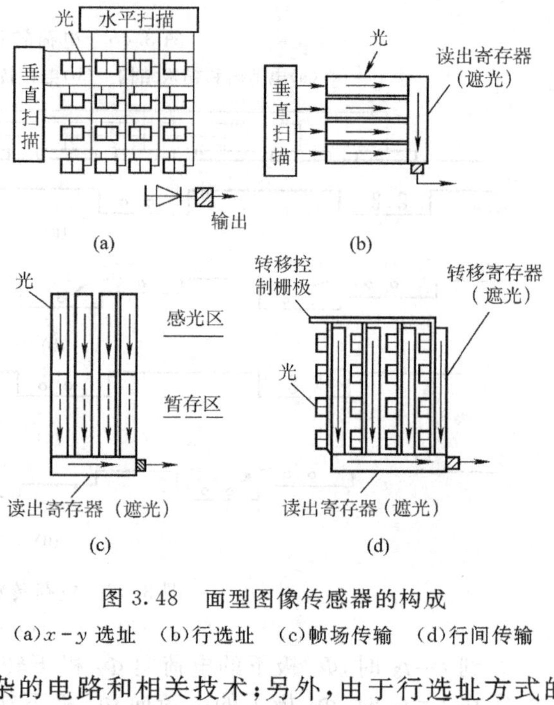

图 3.48　面型图像传感器的构成

(a)$x-y$ 选址　(b)行选址　(c)帧场传输　(d)行间传输

图 3.48(a)所示为 $x-y$ 选址方式。它也是用移位寄存器对PD阵列进行 $x-y$ 二维扫描,信号电荷最后经二极管总线读出。$x-y$ 选址式固态图像传感器存在的问题是图像质量不是很好。

图 3.48(b)是行选址方式,它是将若干个结构简单的线型传感器平行地排列起来构成的。为切换各个线型传感器的时钟脉冲,必须具备一个选址电路。同时,行选址方式的传感器,垂直方向上还必须设置一个专用读出寄存器,当某一行被选址时,就将这一行的信号电荷读至一垂直方向的读出寄存器。这样,诸行间就会有不相同的延时时间,为补偿这一延时往往需要非常复杂的电路和相关技术;另外,由于行选址方式的感光部分与电荷转移部分共用,很难避免光学拖影劣化图像画面的现象。正是由于以上两个原因,行选址方式未能得到继续发展。

如图 3.48(c)所示,帧场传输方式的特点是感光区与电荷暂存区相互分离,但两区构造基本相同,并且都是用CCD构成的。感光区的光生信号电荷积蓄到某一定数量之后,用极短的时间迅速送到常有光屏蔽的暂存区。这时,感光区又开始本场信号电荷的生成与积蓄过程；此间，上述处于暂存区的上一场信号电荷，将一行一行地移向读出寄存器依次读出，当暂存区内的信号电荷全部读出之后，时钟控制脉冲又将使之开始下一场信号电荷的由感光区向暂存区的迅速转移。

如图 3.48(d)所示，行间传输方式的基本特点是感光区与垂直转移寄存器相互邻接，这样可以使帧或场的转移过程合而为一。在垂直转移寄存器中，上一场在每个水平回扫周期内，将沿垂直转移信道前进一级，此间，感光区正在进行光生信号电荷的生成与积蓄过程。若使垂直转移寄存器的每个单元对应两个像素，则可以实现隔行扫描。

帧场传输方式及行间传输方式是比较可取的，尤其后者能够较好地消除图像上的光学拖影的影响。

除上述四种基本构成外，蛇行转移方式比较引人注意。蛇行转移方式基本属于行间传输 CCD 构成方式。蛇行转移方式的特点是像素交错相间分布。此方式水平分辨力较低，只能用信号处理方式补偿。但蛇行转移方式比垂直转移效率高，输出寄存器级数和转移频率减半，并且灵敏度高，信号转移量大。

三、图像传感器的应用

1. 尺寸测量

图 3.49 是用线型传感器测量物体尺寸的基本原理图。

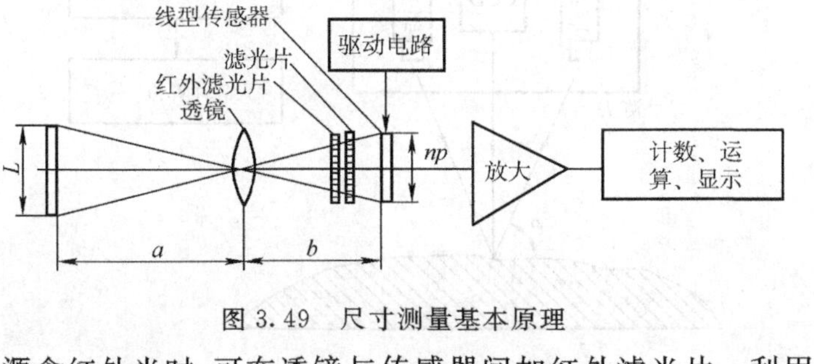

图 3.49　尺寸测量基本原理

当所用光源含红外光时，可在透镜与传感器间加红外滤光片。利用几何光学知识可以很容易地推导出被测对象长度 L 与系统诸参数之间的关系为

$$L=\frac{1}{M}np=\left(\frac{a}{f}-1\right)np \tag{3.25}$$

式中：f 为所用透镜焦距；a 为物距；M 为倍率；n 为现行传感器的像素数；p 为像素间距。

若选定透镜（即 f 和现场 l_1 已知）并且已知物距为 a，那么所需传感器的长度（被测参数在传感器中反映出的长度）l_2 可由下式求出

$$l_2=\frac{f}{a-f}l_1 \tag{3.26}$$

则有

$$\frac{l_1}{l_2}=\frac{a}{f}-1$$

代入式(3.25)得

$$L=\frac{l_1}{l_2}np$$

测量精度取决于传感器像素数与透镜视场的比值。为提高测量精度应当选用像素多的传感器,并且应当尽量缩窄视场。因为固态图像传感器所感知的光像之光强,是被测对象与背景光强之差,因此,就具体测量技术而言,测量精度还与两者比较基准值的选定有关。

2. 计算机视觉三维测试

计算机视觉技术具有非接触、速度快、精度适中、可在线测量等特点,目前已被广泛应用于航空航天、生物医疗、物体识别、工业自动化检测等领域,特别是对大型物体及表面形状复杂物体的形貌测量。汽车车身的检测就是一个典型的实例。

图 3.50 为应用激光三角法测量汽车车身曲面装置的原理图,该装置实质上是一个以 CCD 为核心器件的三维测试系统。

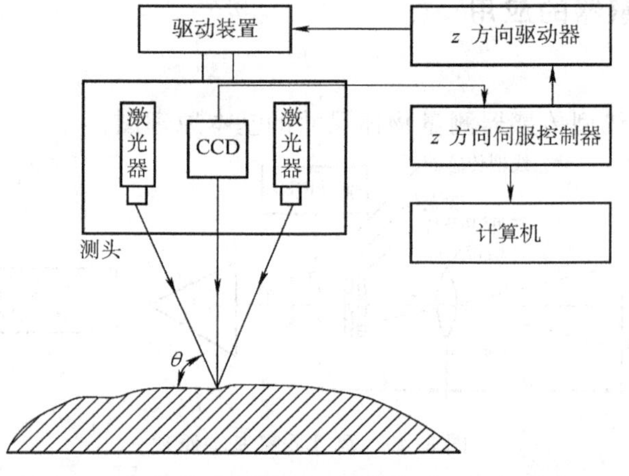

图 3.50 激光三角法测量汽车车身曲面装置的原理

采用以激光三角法为基础的激光等距测量,其基本思路是,控制非接触光电测头与被测曲面保持恒定的距离对曲面进行扫描,这样测头的扫描轨迹就是被测曲面的形状。为了实现这种等距测量,系统采用两束等波长激光,每束激光经聚焦准直系统后,与水平面成一个 θ 角被对称地反射到被测曲面上。当两束激光在被测曲面上形成的光点相重合并通过 CCD 传感器轴线时,CCD 中心像元将监测到成像信号并输出到控制计算机。光电测头安装在一个能在 z 方向随动的由计算机控制伺服的机构上,伺服控制系统会根据 CCD 传感器的信号输出控制伺服机构带动测头作方向随动,以确保测头与被测曲面在 z 方向始终保持一个恒定的高度。测量系统采用半导体激光器做光源,线阵 OCD 做光电接收器件,配以高精密导轨装置,对图像进行处理及曲面最优拟合,使系统的合成标准不确定度达到 0.1 mm。

第九节　光纤传感器

光导纤维传感器简称为光纤传感器，是目前发展速度很快的一种传感器。光纤不仅可以用来作为光波的传输介质在长距离通信中应用，而且光在光纤中传播时，表征光波的特征参量（如振幅、相位、偏振态、波长等）因外界因素（如温度、压力、磁场、电场和位移等）的作用而间接或直接地发生变化，从而可将光纤作为传感元件来探测各种待测量。根据工作原理不同，光纤传感器可以分为传感型和传光型两大类。

利用外界因素改变光纤中光的特征参量，从而对外界因素进行计量和数据传输的光纤传感器，称为传感型光纤传感器，它具有传光、传感合二为一的特点，信息的获取和传输都在光纤之中。传光型光纤传感器利用其他敏感元件感受被测量的变化，光纤仅作为光的传输介质。光纤传感器的测量对象涉及位移、加速度、液体、压力、流量、振动、水声、温度、电压、电流、磁场、核辐射、应变、荧光、pH 值、DNA 生物量等诸多内容。

和其他传感器相比，光纤传感器有抗电磁干扰强、灵敏度高、质量轻、体积小、柔软等优点。它对军事、航空航天、生命科学等的发展起着十分重要的作用，应用前景十分广阔。

一、光纤的结构和传光原理

1. 光纤的结构

光纤是一种多层介质结构的圆柱体，由石英玻璃或塑料制成。每一根光纤由纤芯、包层和外层组成，其结构如图 3.51 所示。

纤芯位于光线的中心。其直径范围为 5～75 μm，光主要在纤芯中传输。围绕纤芯的是一层圆柱形包层，直径在 100～200 μm 范围内，包层的折射率比纤芯小。包层外面常有一层尼龙外套，直径约为 1 mm，其作用有二：一是保护光纤不受外界损害，增加光纤的机械强度；二是以颜色区分各种光纤。

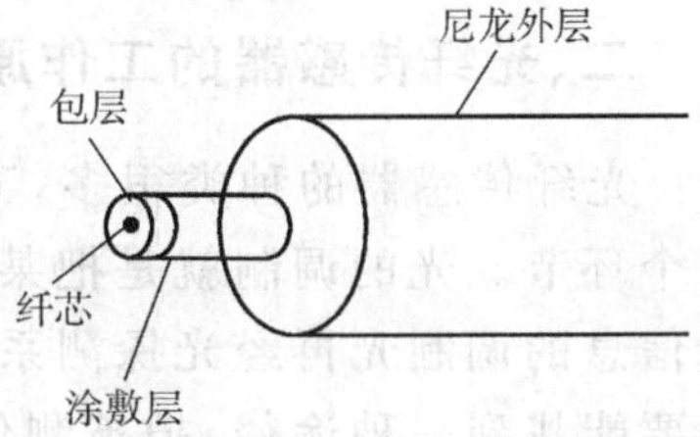

图 3.51　光纤结构

2. 传光原理

根据几何光学理论，当光线以较小的入射角 θ_1 从光密介质 1 射向光疏介质 2 时，一部分入射光以折射角 θ_2 进入光疏介质 2，另一部分以 θ_1 的反射角返回到光密介质 1，如图 3.52(a) 所示。当入射角大到临界角 θ_c，即 $\theta_1=\theta_c=\arcsin(n_2/n_1)$ 时，折射角 $\theta_2=90°$，光线沿界面传播。当继续加大入射角，即 $\theta_1>\theta_c$ 时，光线产生全反射，即光不再离开光密介质。

光纤由于其圆柱形纤芯的折射率 n_1 大于包层的折射率 n_2，因此如图 3.52(b) 所示，在光纤的入射端，光线从空气中以入射角 ϕ_0 射入光纤，在光纤内折射成角

ϕ_1，然后以 $\theta=90-\phi_1$ 角入射到纤芯与包层的界面。在角 $2\phi_c$ 之间的入射光，除了在玻璃中吸收和散射之外，大部分在界面上产生多次反射，而以锯齿形的线路在光纤中传播，在光纤的末端以与入射角相等的出射角射出光纤。这就是光纤传光的原理。

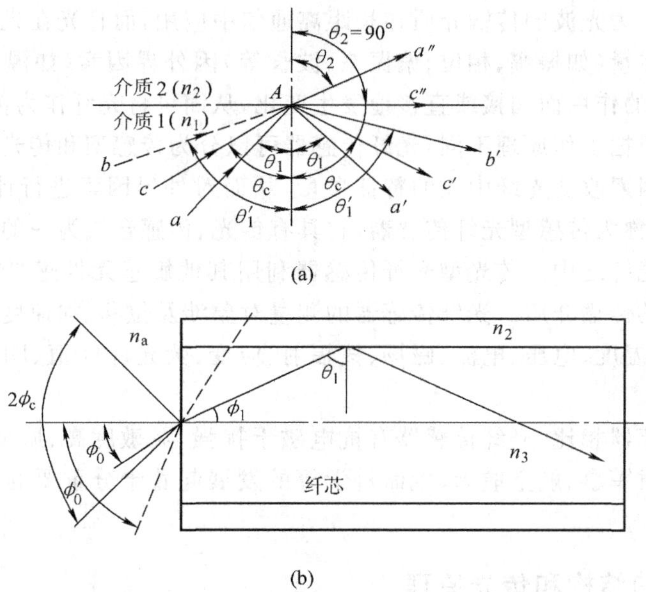

图 3.52　光纤传光原理

(a)光在两介质界面上的折射与反射　(b)光纤的结构及传光原理

二、光纤传感器的工作原理

光纤传感器的种类很多，工作原理也各不相同，但都离不开光的调制和解调两个环节。光的调制就是把某一被测信息加载到传输光波上，这种承载了被测量信息的调制光再经光探测系统解调，便可获得所需检测的信息。从原则上说，只要能找到一种途径，把被测信息叠加到光波上并能解调出来，就可以构成一种光纤传感器。

常用的光调制有强度调制、相位调制、频率调制及偏振调制等几种。

1. 强度调制

利用被测量的因素改变光纤中光的强度，再通过光强的变化测量外界物理量，称为强度调制。强度调制是光纤传感器最早使用的调制方法，其特点是技术简单、可靠，价格低。光源可采用 LED 和高强度的白炽光等非相干光源。探测器一般用光敏二极管、晶体管和光电池等。

2. 波长调制和频率调制

利用外界因素改变光纤中光的波长或频率，然后通过检测光纤中的波长或频率的变化来测量各种物理量的原理，分别称为波长调制和频率调制。波长调制主要用于液体浓度的化学分析、磷光与荧光现象分析、黑体辐射分析等方面。例如，利用热色物质的颜色变化进行波长调制，从而达到测量温度及其他物理量的目的。频率调制技术主要利用多普勒效应实现，光纤常采用传光型光纤，当光源发射出的光经过运动物体后，观察者所见到的光波频率相对于原频率发生了变化。根据此原理可制成多种测速光纤传感器，如光纤血流测量系统，如图3.53所示。

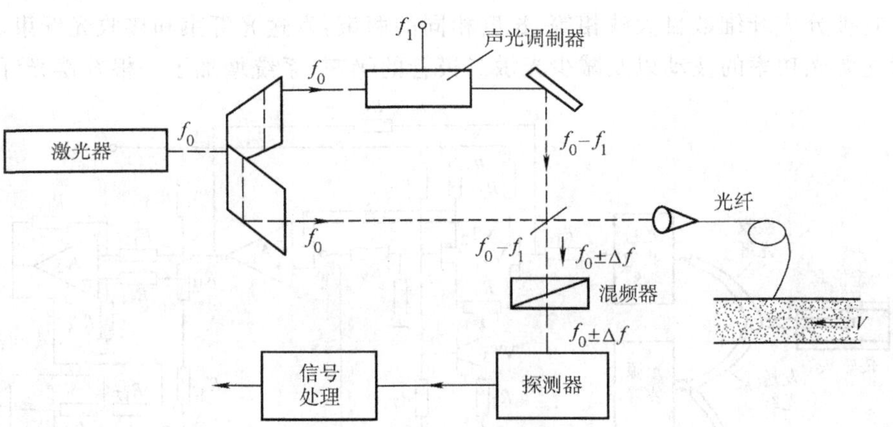

图3.53 光纤血流测量系统

设激光光源频率为 f_0，经分束器分成两束光，其中被声光调制器调制成频率为 f_0-f_1 的一束光，射入探测器中；另一束频率为 f_0 的光经光纤射到被测血液中。当血液以一定速度运动时，根据多普勒效应，其反射光的光谱产生频率为 $f_0\pm\Delta f$ 的光，它与 f_0-f_1 的光在光电探测器中混频后，形成振荡信号，通过测量 Δf，可换算出血流速度。

3. 相位调制

相位调制是将光纤的光分为两束：一束相位受外界信息的调制；一束作为参考光使两束光叠加形成干涉花纹。通过检测干涉条纹的变化可确定出两束光相位的变化，从而测出使相位发生变化的待测物理量。其调制机理分为两类：一类是将机械效应转变为相位调制，如将应变、位移、水声的声压等通过某些机械元件转换为光纤的光学量（折射率等）的变化，从而使光波的相位发生变化；另一类是利用光学相位调制器将压力、转动等信号直接改变为相位变化。

光纤传感器的调制方法除了上面介绍的，还有利用外界因素调制返回信号的基带频谱，通过检测基带的延迟时间、幅度大小的变化来测量各种物理量的大小和空间分布的时分调制；利用电光、磁光、光弹等物理效应进行的偏振调制等调制方法。

三、光纤传感器的应用

1. 反射光强调制型光纤传感器

图 3.54 所示光纤动态压力传感器是一个反射光强调制型的光纤传感器。整个系统由光源、压力膜片、光敏二极管、Y 形光纤束和放大器等组成。压力敏感元件——膜片一方面用于感受压力流场的平均压力和脉动压力，另一方面用于反射光；它是用不锈钢材料制成的圆形平膜片，膜片的内表面抛光后镀一层反射膜，以提高反射率。Y 形光纤束约由 3 000 根直径为 50 μm 的阶跃型光纤（NA＝0.603）集束而成。它被分成纤维数目大致相等、长度相同的两束：发送光纤束和接收光纤束。为了补偿光源光功率的波动以及减少光敏二极管的噪声，系统增加了一根补偿光纤束。

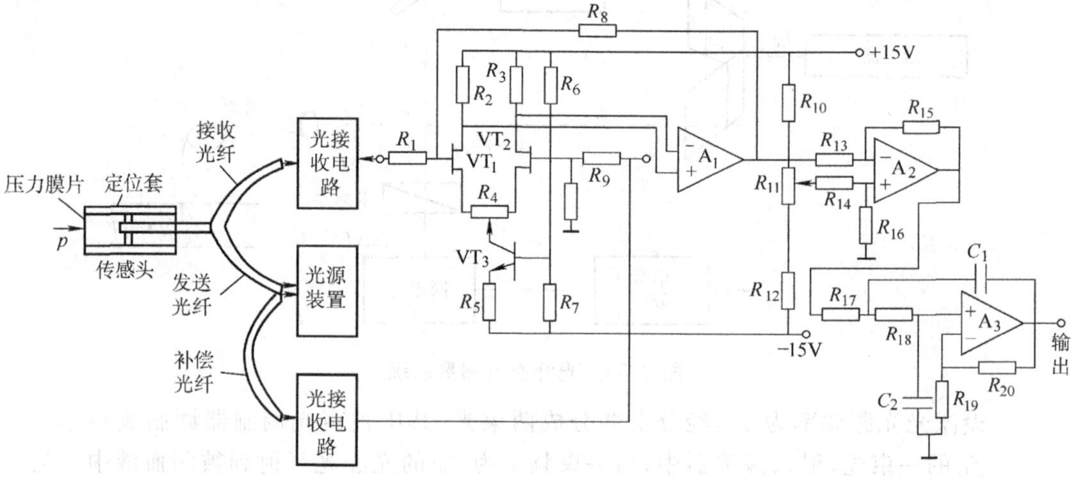

图 3.54　光纤动态压力传感器结构原理

由膜片的挠度理论知，周边固定的圆形平膜片，其中心位移与压力成正比。当压力变化时，膜片与光纤端面之间的距离将相应地发生线性变化。因此，光纤接收的反射光强度也将随压力的变化而线性变化。此光信号被光敏二极管变成相应的微弱光电流，经放大、滤波后输出与压力成正比的电压信号。

该系统的优点是：频率响应范围宽，脉动压力的频率在 0～18 kHz 的范围内变化；灵敏度高，输出幅值大，放大后的输出信号可达几伏；结构简单，容易实现。

2. 光纤加速度传感器

光纤加速度传感器的组成结构如图 3.55 所示。它是一种简谐振子的结构形式。激光束通过分光板后分为两束光，其中，透射光作为参考光束，反射光作为测量光束。当传感器感受加速度时，由于质量块对光纤的作用，从而使光纤被拉伸，引起光程差的改变。相位改变的激光束由单模光纤射出后与参考光束会合产生干涉效应。激光干涉仪的干涉条纹的移动可由光电接收装置转换为电信号，经过处理电路处理后便可正确地测出加速度值。

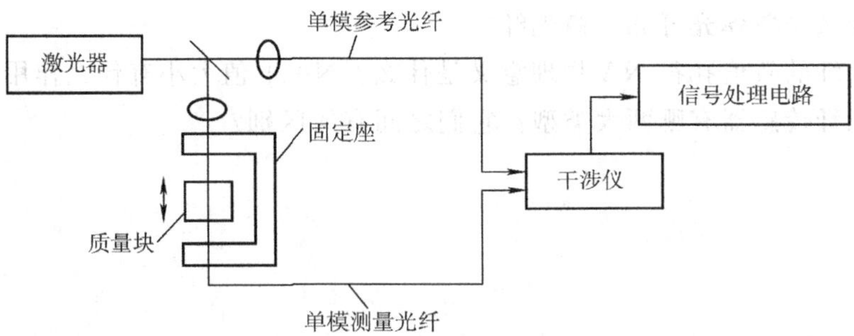

图 3.55　光纤加速度传感器结构原理

习题与思考题

1. 半导体式气敏传感器是如何分类的？

2. 电阻型半导体气敏传感器有几种结构？各有什么特点？

3. 为什么大多数气敏元件都附有加热器？简述半导体气敏元件吸附气体时的阻值变化情况。

4. 以陶瓷湿敏传感器为例简述其工作原理。

5. 简述感应同步器的分类及特点。

6. 分析感应同步器的信号输出方式及原理。

7. 超声波的特点是什么？有哪些传播特性？

8. 什么是透射率和反射率？举例说明它们的应用价值。

9. 利用超声波测量厚度的基本原理是什么？试设计一个超声波液位检测仪。

10. 思考如何利用热释电传感器及其他元器件实现商场玻璃大门的自动开闭？

11. 光电效应有哪几种？分别对应什么光电元件？

12. 试比较光敏电阻、光电池、光敏二极管和光敏晶体管的性能差异，并简述在不同场合下应选用哪种元件最为合适。

13. 光电式传感器由哪些部分组成？被测量可以影响光电式传感器的哪些部分？

14. 简述光电倍增管的工作原理。

15. CCD 电荷耦合器件的 MOS 电容器阵列是如何将光照射转换为电信号并转移输出的？

16. 举例说明 CCD 图像传感器的用途。

17. 试述光纤的结构和传光原理。
18. 什么是单模光纤和多模光纤？
19. 光纤的数值孔径 NA 物理意义是什么？NA 取值大小有什么作用？
20. 光纤传感器有哪两大类型？它们之间有何区别？

第四章　检测系统中信号的转换与调理

检测系统的第二个环节为信号的转换与调理。被测物理量经传感环节被转换为电阻、电容、电感或电压、电流、电荷等电参量的变化，由于在测量过程中不可避免地受到各种内、外干扰因素的影响，且为了用被测信号驱动显示、记录和控制等仪器或进一步将信号输入计算机进行数据处理，经传感器后的信号尚需经过调理、放大、滤波、运算分析等一系列的加工处理，以抑制干扰噪声、提高信噪比，便于进一步的传输和后续环节中的处理。信号的转换与调理涉及的范围很广，本章将集中讨论一些常用的环节，如信号放大与隔离、调制与解调、信号的滤波及信号转换等。

第一节　信号的放大与隔离

一、测量放大器

被测量由传感器转换为电信号，在没有干扰情况下，信号源为单一有效信号，直接加到放大器上将微弱信号放大。但在许多场合，传感器输出的微弱电信号还包含有工频、静电和电磁耦合等干扰信号，有时甚至是与有效信号相同频率的干扰信号。称上述干扰为共模干扰。对这种含有共模干扰信号的放大需要放大电路具有很高的共模拟制比以及高增益、低干扰和高输入阻抗的特点。习惯上，将具有上述特点的放大器称作测量放大器。

(一)测量放大器电路原理

通常对一个单纯的微弱信号，可以采用运算放大器进行放大，如图 4.1 所示。此时，

$$U_o=-\frac{R_1}{R_2}U_s \tag{4.1}$$

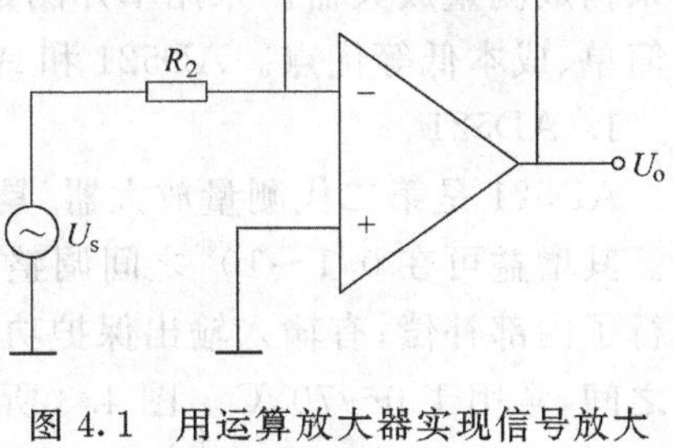

图 4.1　用运算放大器实现信号放大

运算放大器也可以接成同相输入的形式。由于传感器的工作环境往往比较恶劣，在传感器的两个输出端上经常产生较大的干扰信号，有时是完全相同的共模干扰信号。虽然运算放大器对直接输入到差动端的共模信号有较强的抑制能力，但对简单的反相输入或同相输入接法，由于电路结构不对称，抵御共模干扰的能力很差。通常采用运算放大器的差动接法，从较大的共模信号中检出差值信号并加以放大。

差动测量放大器电路结构如图 4.2 所示。从电路图可知，

$$U_{o1}=U_1(1+\frac{R_1}{R_P}),\quad U_{o2}=U_2(1+\frac{R_1}{R_P})$$

$$U_o=\frac{R_1}{R}(U_{o2}-U_{o1})=\frac{R_1}{R}(1+\frac{2R_1}{R_P})(U_2-U_1) \tag{4.2}$$

其增益为

$$A_U=\frac{U_o}{U_2-U_1}=\frac{R_1}{R}(1+\frac{2R_1}{R_P}) \tag{4.3}$$

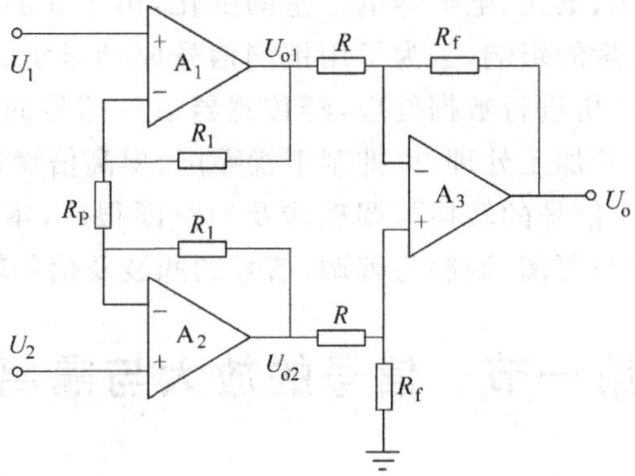

图 4.2　测量放大器电路结构

这种电路是由三个放大器构成的，差动输入端 U_1 与 U_2 是两个输入阻抗和电压增益对称的同相输入端。由于性能对称，其漂移将大大减少，加上高输入阻抗和高共模抑制比，对微小差模电压很敏感，并适于测量远距离传输信号，因而适宜与传感器配合使用。多用于热电偶、应变电桥以及微弱输出信号有较大共模干扰等场合。

（二）实用测量放大器

目前，各模拟器件公司竞相推出了许多型号的单片专用测量放大集成电路供用户选择使用。因此，在信号处理中需对微弱信号放大时，可以不必再用通用运算放大器来构成测量放大器。采用单片测量放大器芯片显然具有性能优异、体积小、电路结构简单、成本低等优点。AD521 和 AD522 是 AD 公司推出的单片精密测量放大器。

1. AD521

AD521 是第二代测量放大器，具有高输入阻抗、低失调电压、高共模抑制比等特点。其增益可在 $0.1\sim10^3$ 之间调整，增益调整不需精密外接电阻，各种增益参数已进行了内部补偿；有输入输出保护功能，有较强的过载能力。其使用温度在 $-25\sim85$ ℃之间，常用于 0～70 ℃。图 4.3 所示为 AD521 典型接线图。

在使用 AD521（或其他任何测量放大器）时，要特别注意为偏置电流提供回路，防止放大器输出饱和。图 4.4 为不同耦合方式的输入信号采用不同的偏置电流回路接线方式。图 4.4(a)为电容器耦合方式，通过电阻 R 为偏置电流提供回路，使输入端与电源地构成回路；图 4.4(b)为变压器耦合方式，输入端与电源地相连构成回路；图 4.4(c)为热电偶直接耦合。

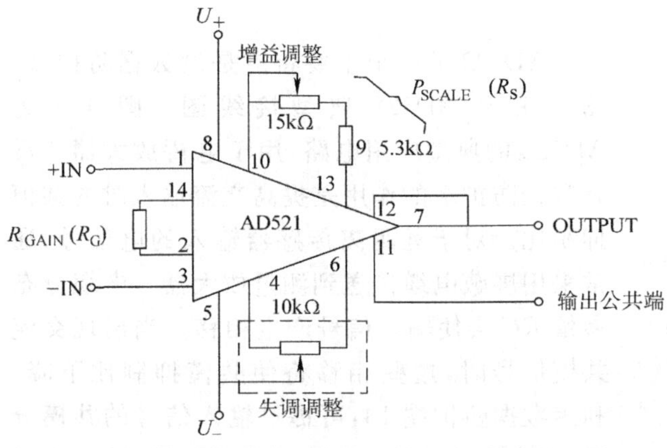

增益	R_G
0.1	1MΩ
1	100kΩ
10	10kΩ
100	1kΩ
1000	100Ω

图 4.3 AD521 典型接线

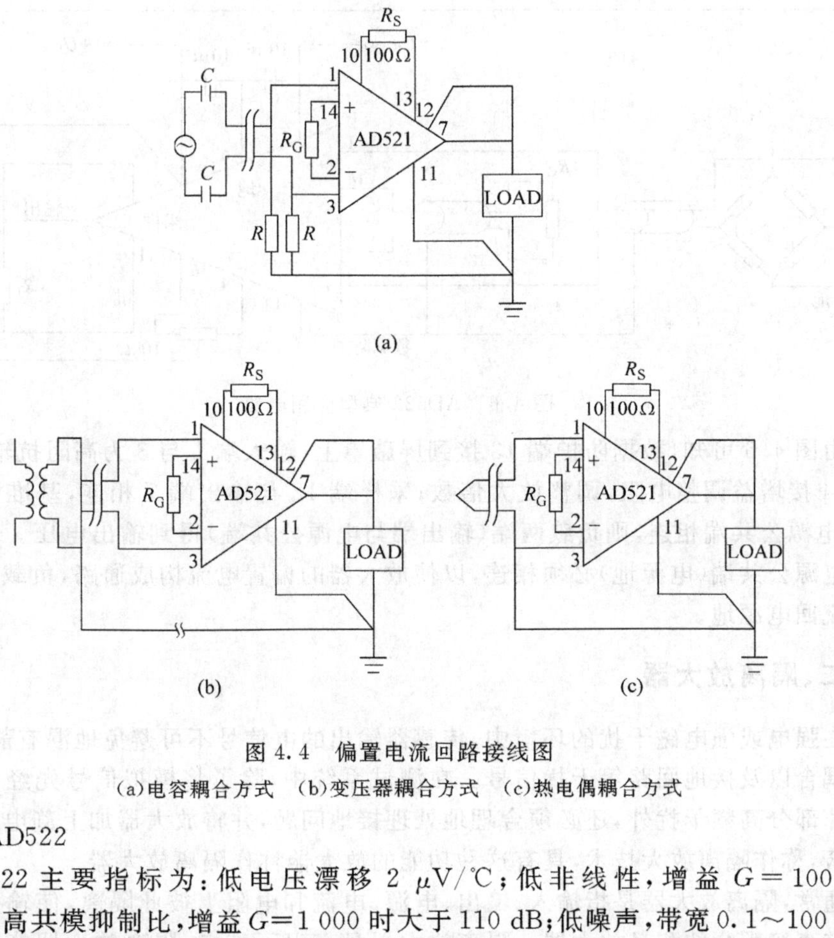

图 4.4 偏置电流回路接线图

(a)电容耦合方式 (b)变压器耦合方式 (c)热电偶耦合方式

2. AD522

AD522 主要指标为：低电压漂移 2 μV/℃；低非线性，增益 $G=100$ 时为 0.005%；高共模抑制比，增益 $G=1\ 000$ 时大于 110 dB；低噪声，带宽 0.1～100 Hz 间为1.5 μV；低失调电压，100 μV。主要用于恶劣环境下高精度数据采集（12 位采集位数)系统中。

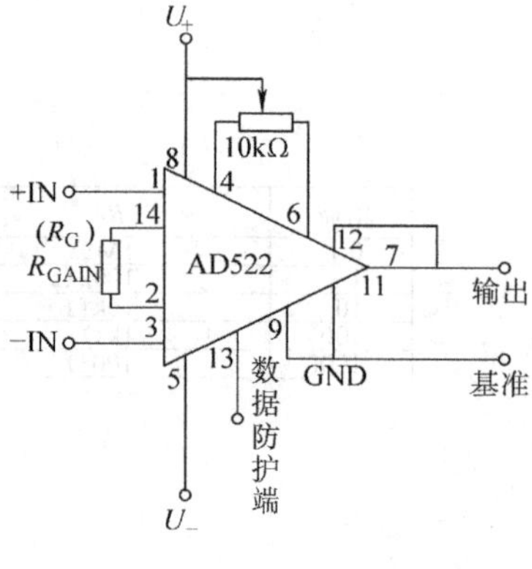

图 4.5 AD522 典型接线

AD522 的一个主要特点是设数据防护端。图 4.5 为 AD522 典型接线图。图 4.6 为 AD522 的典型应用电路,用于电桥放大器。设有数据防护端的作用是提高交流输入时的共模抑制比。对于远距离传感器输入的电信号,通常采用屏蔽电缆传送到测量放大器。电缆分布参量 RC 会使输入信号产生相移。当出现交流共模信号时,这些相移将使共模抑制比下降。利用数据防护端 13,可提供输入信号的共模分量,用来驱动同轴输入电缆的屏蔽层,从而克服上述影响。

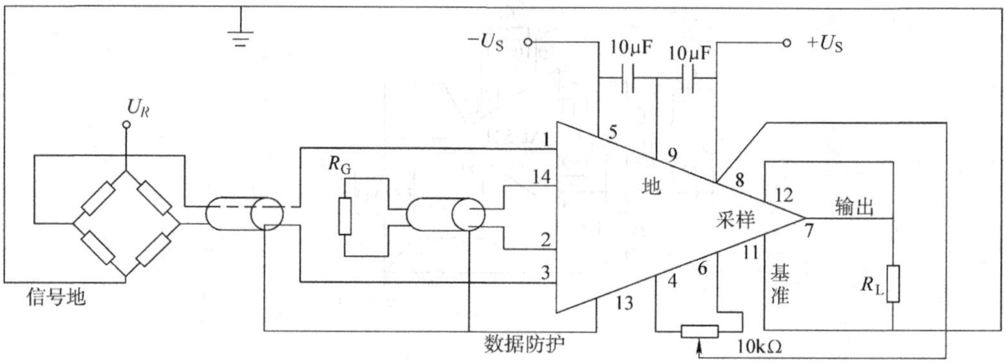

图 4.6 AD522 典型应用电路

由图 4.6 可知,数据防护端 13 接到屏蔽罩上;输入端 1 与 3 为高阻抗输入端;端 2 与 14 接增益调整电阻,调整放大倍数;采样端 12 与输出端 7 相连,基准(参考)端 11 与电源公共端相连,则负载两端(输出端与电源公共端)得到输出电压。图中信号地与电源公共端(电源地)必须相连,以使放大器的偏置电流构成通路,负载电流经基准端流回电源地。

二、隔离放大器

在强电或强电磁干扰的环境中,传感器输出的电信号不可避免地混有静电耦合、电磁耦合以及接地回路等干扰信号。在测试系统中,除了将模拟信号先经低通滤波器滤掉部分高频干扰外,还必须合理地处理接地问题,并将放大器加上静电屏蔽和电磁屏蔽,称作隔离放大技术,具有这种功能的放大器称作隔离放大器。

通常,隔离放大器是指输入、输出、电源、电流和电阻上彼此隔离,使输入与输出间没有直接耦合的测量放大器。隔离放大器具有以下特点:隔离放大器能保护系统中器件不受高共模电压损害,防止高压对低压信号系统的损坏;泄漏电流低,对于测量放大器的输入端无须提供偏置电流回路;共模抑制比高,能对直流和低频信号准确安全地测量。

隔离放大器由输入部件、调制与解调部件、耦合部件和输出部件组成模块结构。目前,隔离放大器的耦合方式主要有两种:变压器耦合和光电耦合。利用变压器耦合实现载波调制,具有较高的线性度和隔离性能,但其频带宽度一般小于 1 kHz。利用光电耦合实现载波调制,可获得 10 kHz 频带宽度,但耦合性能不如变压器耦合。不论哪种耦合方式都必须对差动输入级提供隔离电源,以达到隔离作用。以下介绍几种隔离放大器。

1. 284 型隔离放大器

图 4.7 所示为 284 型隔离放大器电路结构图。采用调制式放大方式,其内部分为输入、输出和电源三个彼此完全隔离的部分,并且由低泄漏高频载波变压器耦合在一起。这样可以提高微电流和低频信号的测量精度,减少漂移。

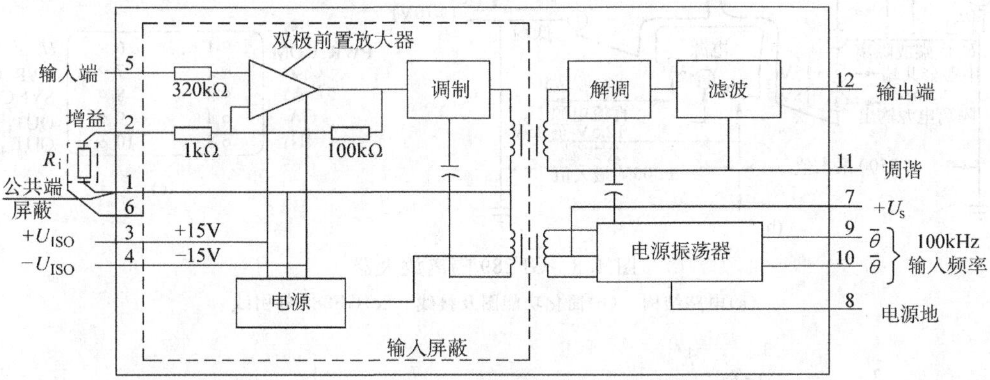

图 4.7 284 型隔离放大器电路结构

2. GF289 集成隔离放大器

GF289 是典型的隔离放大器,图 4.8(a)为其电路结构图。它的特点是三端口隔离,即输入、输出、电源的三个“地”是相互隔离的。能抗高共模电压(1 500 V),具有高共模抑制比、高精度、低漂移等特性。从图中可以看出,外加直流电源 U_S 经稳压后为高频振荡器提供电源,可产生 100 kHz 的交流信号。振荡器的输出越过隔离层耦合分成两路:一路到输入部分,即隔离电源 1#;另一路到输出部分,即隔离电源 2# 作为相敏解调信号。隔离电源 1# 提供的电流,一部分作为输入放大器输出电压的调制信号;另一部分可产生±15 V 的浮空电源。被测信号在输入部分经滤波放大被调制成交流信号,然后耦合到输出部分;再经解调、滤波及放大,输出±10 V 的直流信号。图 4.8(b)为 GF289 的简化功能图及接线法。图 4.8(c)为外引线图。

3. 光电隔离放大系统

光耦合器是一种电光电耦合器件,它的输入量是电流,输出量也是电流,可使两者之间从电气上看却是绝缘的,图 4.9 是其结构示意图。

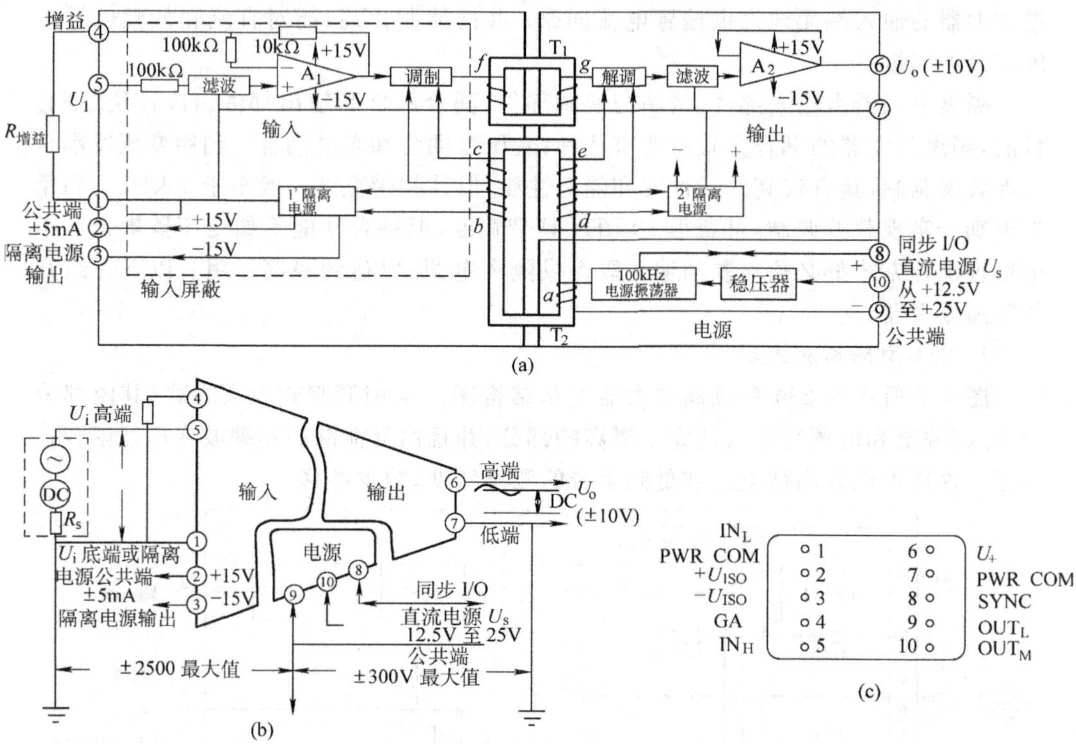

图 4.8 GF289 隔离放大器

(a)电路结构 (b)简化功能图及接线 (c)GF289 外引线

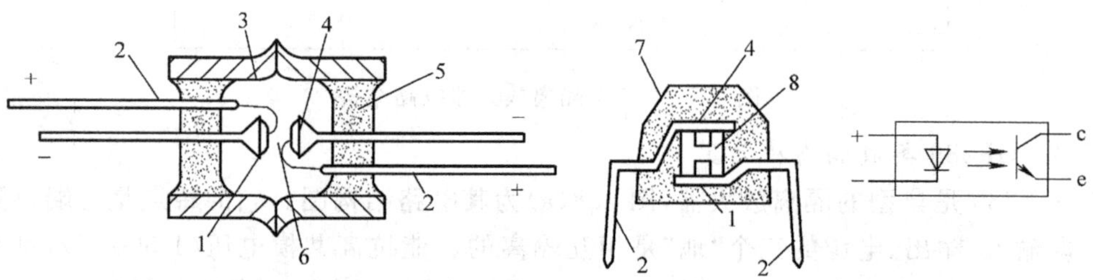

图 4.9 光耦合器

(a)管形轴向封装 (b)双列直插封装 (c)图形符号

1—发光二极管；2—引脚；3—金属外壳；4—光敏元件；5—不透光玻璃绝缘材料；

6—气隙；7—黑色不透光塑料外壳；8—透明树脂

使用光耦合器能比较彻底地切断大地电位差形成的环路电流。近年来，线性光耦合器的性能不断提高，误差可以小于千分之几。图 4.10 是采用线性光耦合器的前置放大电路。电源 5 和电源 6 相互间是隔离的，因此回路 1、2、5 与回路 4、6 之间在电气上是绝缘的，采用这种办法就不会形成两点接大地的干扰电流回路，可以使检测系统在高共模噪声干扰的环境下工作。

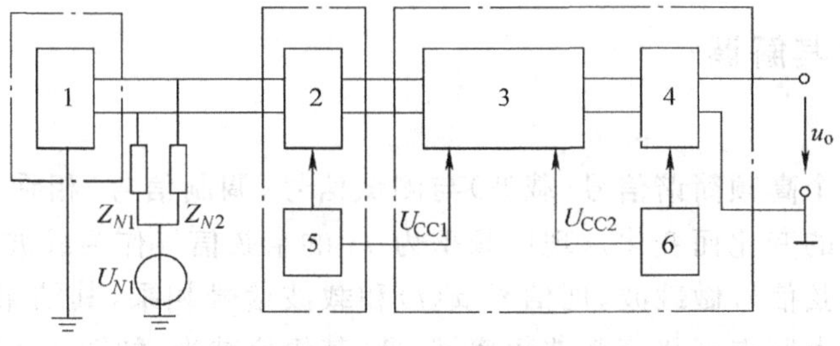

图 4.10　采用线性光耦合器的前置放大电路

1—信号源；2—预防大电路；3—线性光电耦合器件；4—放大器；5、6—隔离式电源

第二节　调制与解调

一些被测量，如力、位移等，经过传感器变换以后，常常是一些缓变的电信号。从放大处理来看，这类信号除用直流放大外，目前较常用的还是先调制而后用交流放大。所谓调制就是使一个信号的某些参数在另一信号的控制下发生变化的过程。前一信号称为载波，一般是较高频率的交变信号，后一信号（控制信号）称为调制信号，最后的输出是已调制波。已调制波一般都便于放大和传输。最终从已调制波中恢复出调制信号的过程，称为解调。实际上，许多传感器的输出就是一种已调制信号，因此调制-解调技术在测试领域中极为常用。

根据载波受调制的参数的不同，调制可分为调幅（AM）、调频（FM）和调相（PM）。使载波的幅值、频率或相位随调制信号而变化的过程分别称为调幅、调频或调相。它们的已调波也就分别称为调幅波、调频波或调相波。图 4.11 表示了载波、调制信号、调幅波和调频波。本节着重讨论调幅、调频及其解调。

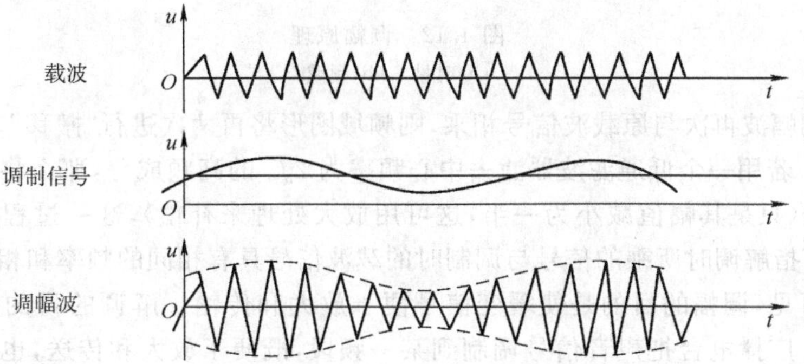

图 4.11　载波与调制信号

一、调幅及其解调

(一)原理

调幅是将一个高频简谐信号(载波)与测试信号(调制信号)相乘,使高频信号的幅值随测试信号的变化而变化。现以频率为 f_0 的余弦信号作为载波进行讨论。

若以高频余弦信号做载波,把信号 $x(t)$和载波信号相乘,其结果就相当于把原信号的频谱图形由原点平移至载波频率 f_0 处,其幅值减半,如图 4.12 所示。所以调幅过程就相当于频谱“搬移”过程。

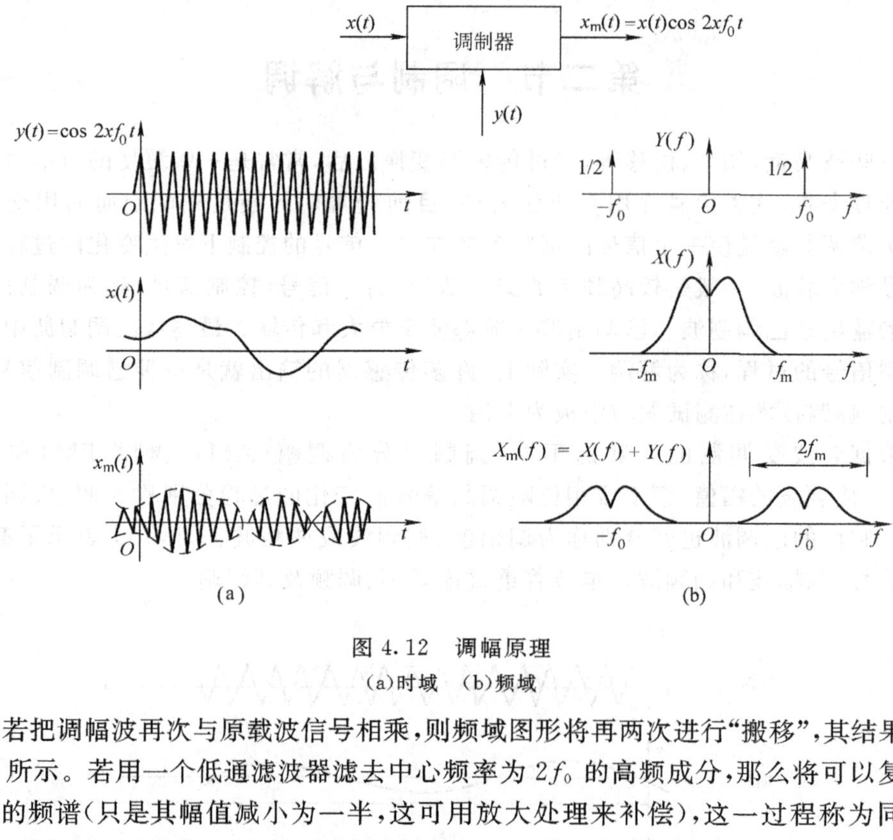

图 4.12　调幅原理

(a)时域　(b)频域

若把调幅波再次与原载波信号相乘,则频域图形将再两次进行“搬移”,其结果如图 4.13 所示。若用一个低通滤波器滤去中心频率为 $2f_0$ 的高频成分,那么将可以复现原信号的频谱(只是其幅值减小为一半,这可用放大处理来补偿),这一过程称为同步解调。“同步”指解调时所乘的信号与调制时的载波信号具有相同的频率和相位。

由此可见,调幅的目的是使缓变信号便于放大和传输。解调的目的则是为了恢复原信号。广播电台把声音信号调制到某一频段,既便于放大和传送,也可避免各电台之间的干扰。在测试工作中,也常用调制-解调技术使在一根导线中传输多路信号。

从调幅原理(图 4.12)看,载波频率 f_0 必须高于原信号中的最高频率 f_m 才能使已调波仍保持原信号的频谱图形,不致重叠。为了减小放大电路可能引起的失真,信号的频宽($2f_m$)相对中心频率(载波频率 f_0)应越小越好。实际载波频率至少数倍甚至数十倍于调制信号。

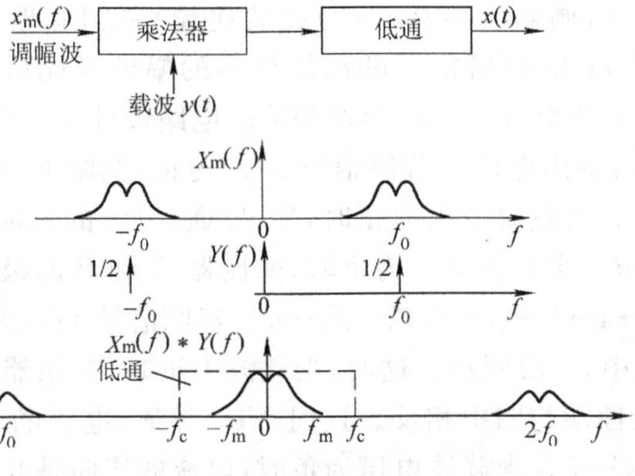

图 4.13　同步解调

幅值调制装置实质上是一个乘法器。现在已有性能良好的线性乘法器组件。霍尔元件也是一种乘法器。

（二）整流检波和相敏检波

上面已提及，为了解调可以使调幅波和载波相乘，乘后通过低通滤波。但这样做需要性能良好的线性乘法器件。

若把调制信号进行偏置，叠加一个直流分量 A，使偏置后的信号都具有正电压，那么调幅波的包络线将具有原调制信号的形状，如图 4.14(a)所示。把该调幅波 $x_m(t)$ 简单地整流（半波或全波整流）、滤波就可以恢复原调制信号。如果原调制信号中有直流分量，则在整流以后应准确地减去所加的偏置电压。

若所加的偏置电压未能使信号电压都在零线的一侧，则对调幅波只是简单地整流，不能恢复原调制信号，如图 4.14(b)所示。相敏检波技术就是为了解决这一问题。

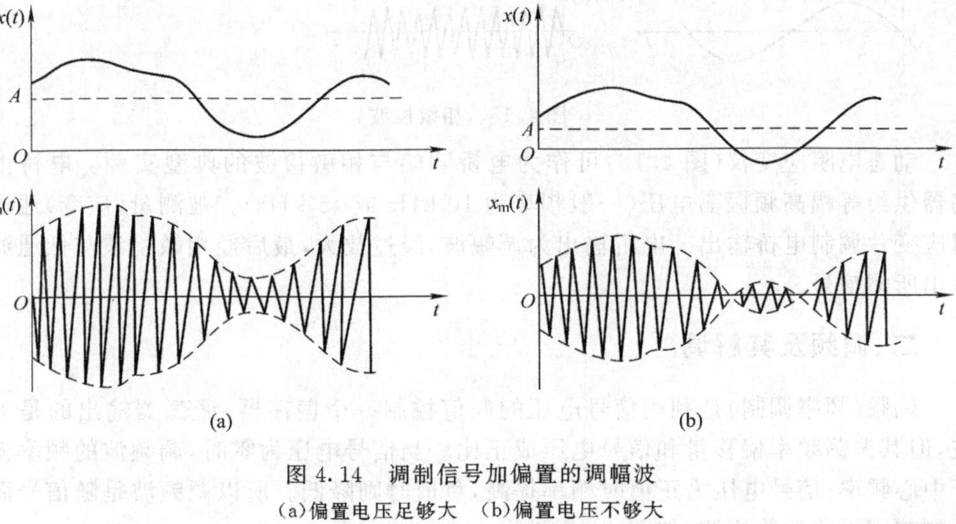

图 4.14　调制信号加偏置的调幅波
(a)偏置电压足够大　(b)偏置电压不够大

采用相敏检波时，对原信号可不必再加偏置。注意到交变信号在其过零线时符号(+、-)发生突变，调幅波的相位(与载波比较)也相应地发生 180°的相位跳变。利用载波信号与之相比，便既能反映出原信号的幅值又能反映其极性。图 4.15 中 $x(t)$ 为原信号，$y(t)$为载波，$x_m(t)$为调幅波。电路设计使变压器 B 二次边的输出电压大于 A 二次边的输出电压。若原信号 $x(t)$为正，调幅波 $x_m(t)$与载波 $y(t)$同相，如图中 Oa 段所示。当载波电压为正时，V_1 导通，电流的流向是 $d\to1\to VD_1\to2\to5\to C\to$负载$\to$地$\to d$。当载波电压为负时，变压器 A 和 B 的极性同时改变，电流的流向是 $d\to3\to VD_3\to4\to5\to C\to$负载$\to$地$\to d$。若原信号 $x(t)$为负，调幅波 $x_m(t)$与载波 $y(t)$异相，如图中 ab 段所示。这时，当载波为正时，变压器 B 的极性如图 4.15 所示，变压器 A 的极性却与图中相反。这时 VD_2 导通，电流的流向是 $5\to2\to VD_2\to3\to d\to$地$\to$负载$\to C\to5$。当载波电压为负时，电流的流向是 $5\to4\to VD_4\to d\to$地$\to$负载$\to C\to5$。因此在负载 R_f 上所检测的电压 u_f 就重现 $x(t)$的波形。

这种相敏检波是利用二极管的单向导通作用将电路输出极性换向。其电路相当于在 Oa 段把 $x_m(t)$的零线下的负部翻上去，而在 ab 段把正部翻下来，所检测到的信号 u_f 是经过“翻转”后信号的包络。

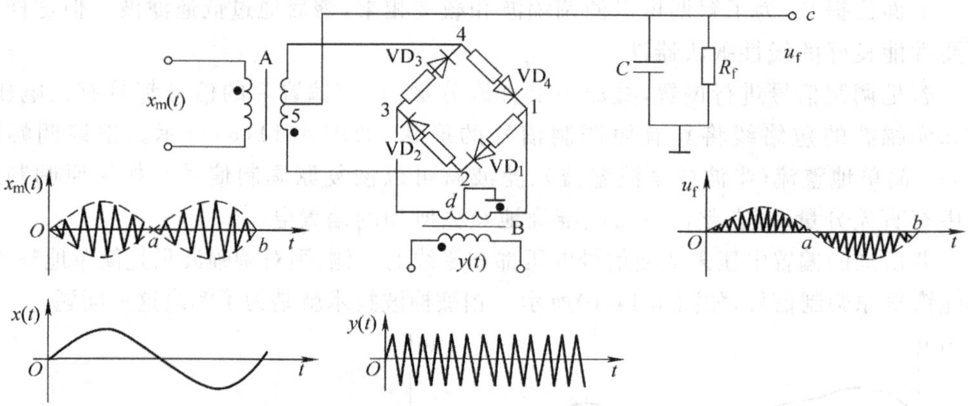

图 4.15 相敏检波

动态电阻应变仪(图 4.16)可作为电桥调幅与相敏检波的典型实例。电桥由振荡器供给等幅高频振荡电压(一般频率为 10 kHz 或 15 kHz)。被测量(应变)通过电阻应变片调制电桥输出。电桥输出为调幅波，经过放大，最后经相敏检波与低通滤波取出所测信号。

二、调频及其解调

调频(频率调制)是利用信号电压的幅值控制一个振荡器，振荡器输出的是等幅波，但其振荡频率偏移量和信号电压成正比。当信号电压为零时，调频波的频率就等于中心频率；信号电压为正值时频率提高，负值时则降低。所以调频波是随信号而变化的疏密不等的等幅波，如图 4.17 所示。

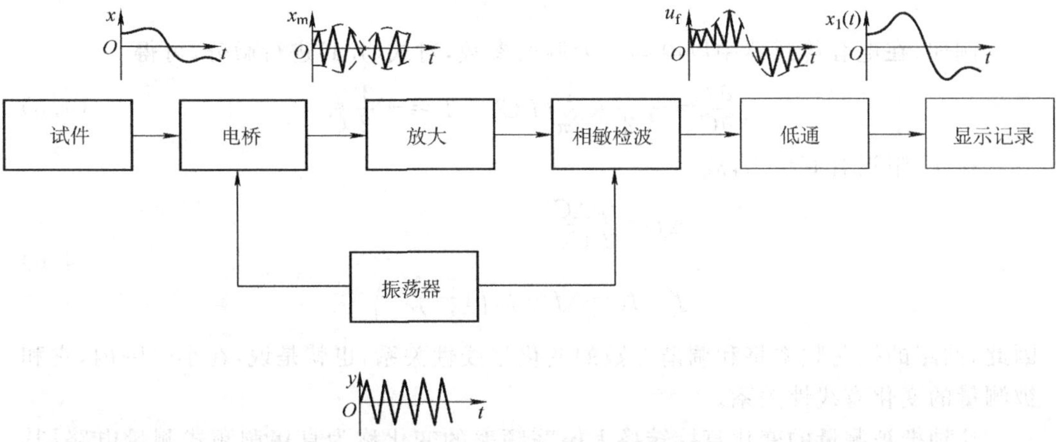

图 4.16　动态电阻应变仪框图

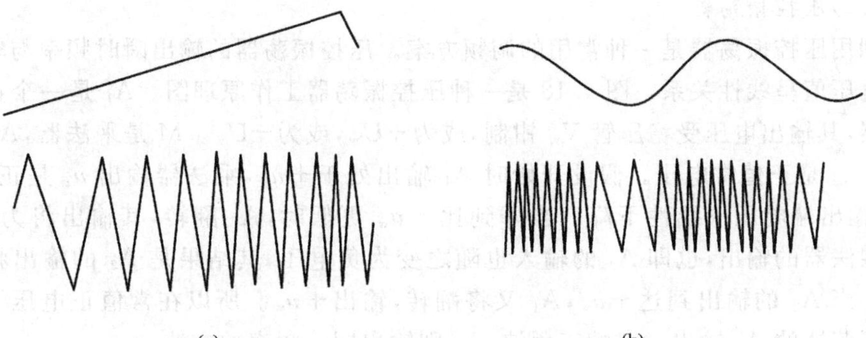

图 4.17　调频波与调制信号幅值的关系
(a)锯齿波信号　(b)正弦信号

调频波的瞬时频率可表示为

$$f=f_0 \pm \Delta f$$

式中：f_0 为载波频率，或称为中心频率；Δf 为频率偏移，与调制信号 $x(t)$ 的幅值成正比。

实现信号的调频和解调的方法甚多，下面介绍两种仪器中常用的调频方法及一种解调方案，其他方法可参阅有关专著。

（一）直接调频测量电路

在前面对电容、涡流、电感传感器的讨论中曾提到一种测量电路方案：在被测量小范围变化时，电容（或电感）的变化也有与之对应的、接近线性的变化。倘若把该电容（或电感）作为自激振荡器的谐振回路中的一个调谐参数，那么电路的谐振频率将是

$$f=\frac{1}{2\pi\sqrt{LC}} \tag{4.4}$$

例如，在电容传感器中以电容作为调谐参数，对式(4.4)进行微分，可得

$$\frac{\partial f}{\partial C}=-\frac{1}{2}\times\frac{1}{2\pi}(LC)^{-\frac{3}{2}}L=-\frac{1}{2}\frac{f}{C} \tag{4.5}$$

在 f_0 附近有 $C=C_0$，故

$$\begin{aligned}\Delta f&=\frac{f_0}{2}\frac{\Delta C}{C_0}\\ f&=f_0+\Delta f=f_0\left(1-\frac{\Delta C}{2C_0}\right)\end{aligned} \tag{4.6}$$

因此，回路的振荡频率将和调谐参数的变化呈线性关系，也就是说，在小范围内，它和被测量的变化有线性关系。

这种把被测量的变化直接转换为振荡频率的变化称为直接调频式测量电路，其输出也是等幅波。

(二)压控振荡器

利用压控振荡器是一种常用的调频方案。压控振荡器的输出瞬时频率与输入的控制电压值呈线性关系。图 4.18 是一种压控振荡器工作原理图。A_1 是一个正反馈放大器，其输出电压受稳压管 V_w 钳制，或为 $+U_w$，或为 $-U_w$。M 是乘法器，A_2 是积分器。u_x 是正值常电压。假设开始时 A_1 输出处于 $+u_w$，乘法器输出 u_z 是正电压，A_2 的输出端电压将线性下降。当降到比 $-u_w$ 更低时，A_1 翻转，其输出将为 $-u_w$。同时乘法器的输出，也即 A_2 的输入也随之变为负电压，其结果是 A_2 的输出将线性上升。当 A_2 的输出到达 $+u_w$，A_1 又将翻转，输出 $+u_w$。所以在常值正电压 u_x 下，这个振荡器的 A_2 输出一定的三角波，A_1 则输出同一频率的方波 u_y。

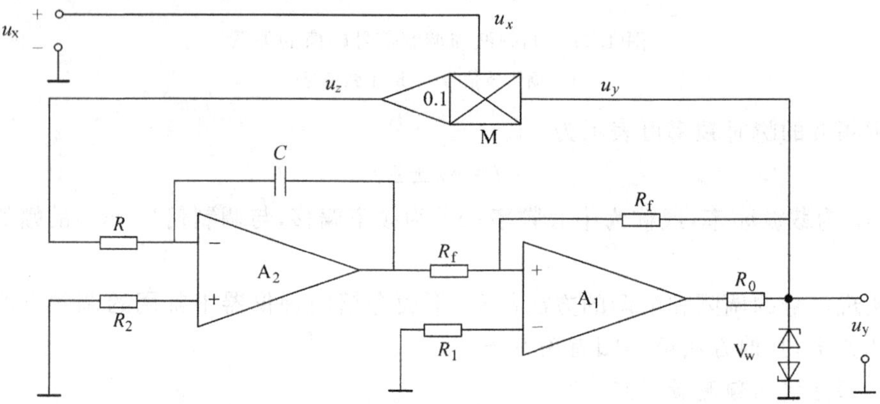

图 4.18 采用乘法器的压控振荡器工作原理

乘法器 M 的一个输入端 u_y 幅度为定值($\pm u_w$)，改变另一个输入值 u_x 就可以线性地改变其输出 u_z。因此积分器 A_2 的输入电压也随之改变。这将导致积分器由

$-u_w$充电至$+u_w$(或由$+u_w$放电至$-u_w$)所需时间的变化。所以振荡器的振荡频率将和电压u_x成正比,改变u_x值就达到线性控制振荡频率的目的。

压控振荡电路有多种形式,现在已有集成化的压控振荡器芯片出售。

(三)变压器耦合的谐振回路鉴频法

调频波的解调又称为鉴频,是将频率变化恢复成调制信号电压幅值变化的过程。实现鉴频过程的方法很多,图4.19是一种采用变压器耦合的谐振回路鉴频方法,也是测试仪器常用的鉴频法。

图4.19(a)中L_1、L_2是变压器耦合的一次、二次边线圈,它们和C_1、C_2组成并联谐振回路。将等幅调频波u_f输入,在回路的谐振频率f_n处,线圈L_1、L_2中的耦合电流最大,二次边输出电压u_a也最大。u_f频率离开f_n,u_a也随之下降。u_a的频率虽然和u_y保持一致——就是调频波的频率,u_a的幅值却不保持常值,其电压幅值和频率关系如图4.19(b)所示。通常利用特性曲线的亚谐振区近似直线的一段实现频率-电压变换。被测量(如位移)为零值时,调频回路振荡频率f_0对应特性曲线上升部分近似直线段的中点。

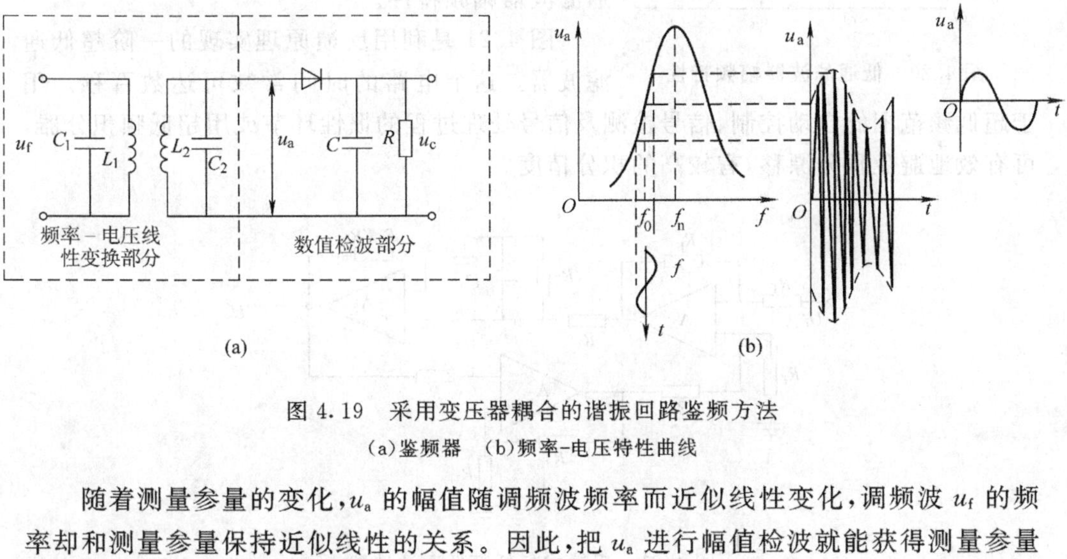

图4.19 采用变压器耦合的谐振回路鉴频方法
(a)鉴频器 (b)频率-电压特性曲线

随着测量参量的变化,u_a的幅值随调频波频率而近似线性变化,调频波u_f的频率却和测量参量保持近似线性的关系。因此,把u_a进行幅值检波就能获得测量参量变化的信息,且保持近似线性的关系。

调幅、调频技术不仅在一般检测仪表中应用,而且是工程遥测技术的重要内容。工程遥测是对被测量的远距离测量,以现代通信方式(有线或无线通信、光通信)实现信号的发送和接收。

第三节 滤波电路

在传感器获得的测量信号中,往往含有许多与被测量无关的频率成分需要通过信号滤波电路滤掉。滤波器可以用R、L、C一些无源元件组成，也可以用无源与有源元件组合而成，前者称为无源滤波器，后者称为有源滤波器。有源滤波器中的有源元件可以用晶体管，也可用运算放大器。特别是由运算放大器组成的有源滤波器具有一系列优点，可以做到体积小、质量轻、损耗小，并且可以提供一定的增益，还可以起到缓冲作用。

在此介绍最基本的四种滤波器：低通滤波器、高通滤波器、带通滤波器和带阻滤波器。

一、低通滤波器

低通滤波器的功能是让直流信号在指定截止频率的低频分量通过，而使高频分量有很大衰减。低通滤波器一般用截止频率ω_c、阻带频率ω_s、直流增益H_0、通带波纹和阻带衰减等参数来确定。选择不同的传递函数，低通滤波器的幅频特性和衰减率均不一样。图 4.20 为低通滤波器幅频特性。

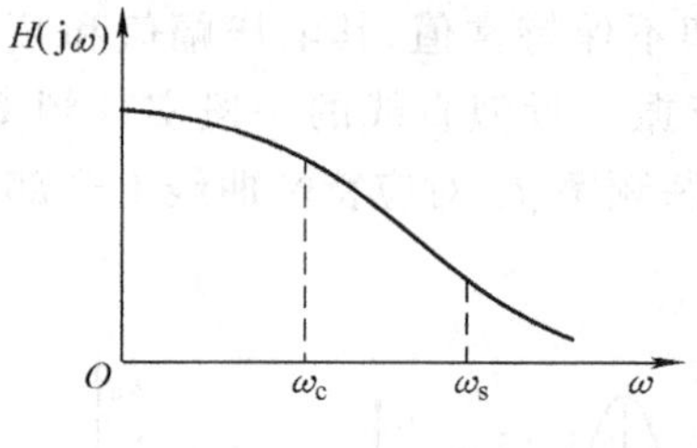

图 4.20　低通滤波器幅频特性

图 4.21 是利用反馈原理实现的一阶超低通滤波器。这个电路的时间常数可达数百秒。用于超低频范围的自动控制、信号检测及信号处理过程的惯性环节或用超低频积分器，可有效地避免积分漂移，有较高的积分精度。

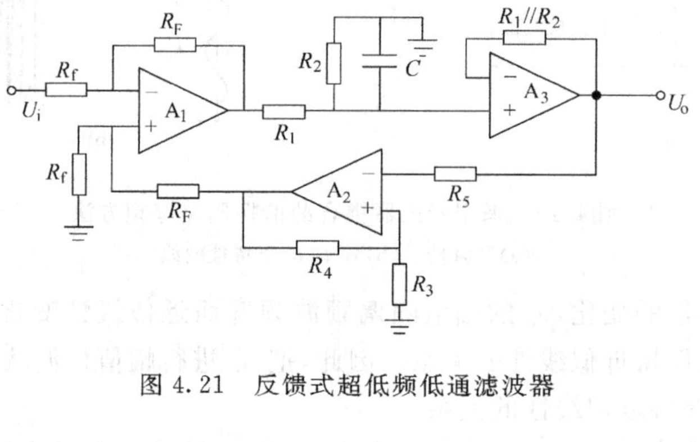

图 4.21　反馈式超低频低通滤波器

二、高通滤波器

高通滤波器的功能是让高于指定截止频率ω_c的频率分量通过，而使直流及在指定阻带频率ω_s以下的低频分量有很大衰减。同样，与低通滤波器情况相似，高通滤波器没有理想的幅频特性。图 4.22 为一实际的高通滤波器的幅频特性。理论上讲，高通滤波器在$\omega \to \infty$处也应是通带。但实际上由于寄生参数的影响及有源器件带宽的限制，当频率增至一定值时，幅值将下降。

图 4.23 为正增益单放大器组成的单端反馈二阶高通滤波器。

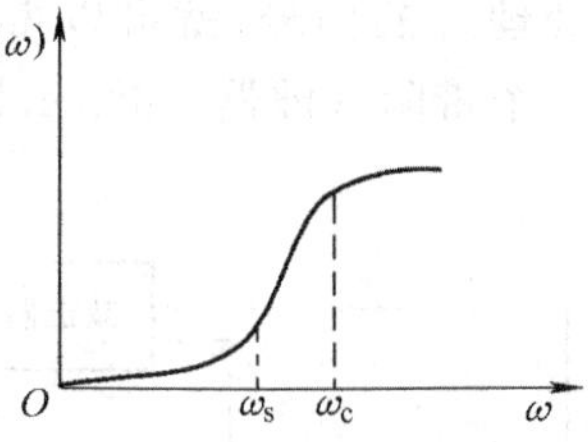

图 4.22　高通滤波器幅频特性

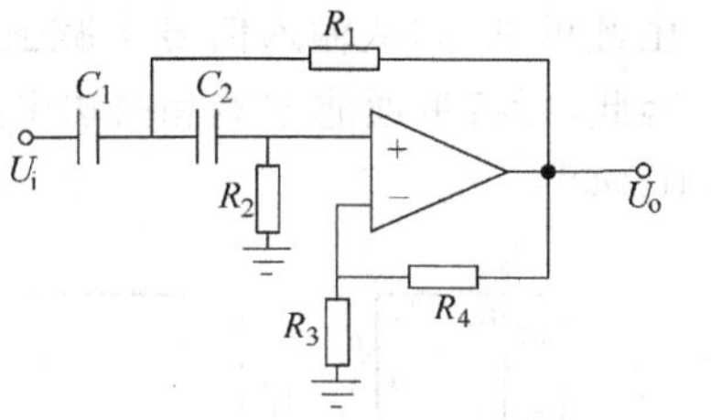

图 4.23　单端反馈二阶高通滤波器

三、带通滤波器

带通滤波器只允许通过某一频段的信号，而在此频段两端以外的信号将被抑制或衰减。其特性曲线如图 4.24 所示。实线为理想特性，虚线为实际特性。由图可见，在 $\omega_1 \leqslant \omega_0 \leqslant \omega_2$ 的频带内，有恒定的增益；而当 $\omega > \omega_2$、$\omega < \omega_1$ 时，增益迅速下降。规定带通滤波器通过的宽度叫作带宽，以 B 表示。带宽中点的角频率叫作中心角频率，用 ω_0 表示。

带通滤波器电路如图 4.25 所示。其品质因数 Q 可表示为

$$Q=\frac{\omega_0}{B} \tag{4.7}$$

式中：ω_0 为中心频率；B 为带宽。其表示式为

$$\begin{cases} B=\omega_2-\omega_1 \\ \omega_0=\dfrac{1}{2}(\omega_1+\omega_2) \end{cases} \tag{4.8}$$

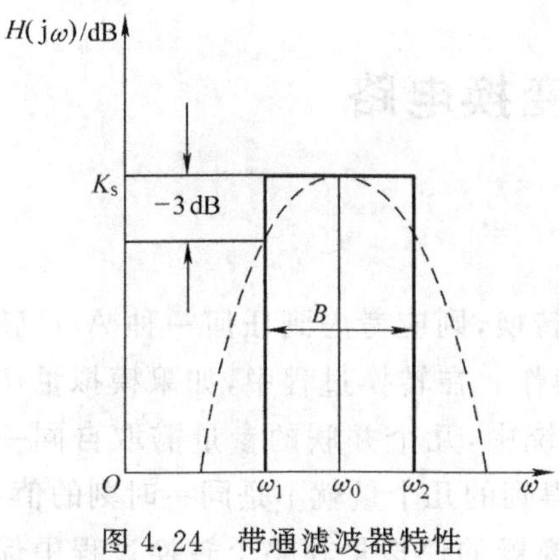

图 4.24　带通滤波器特性

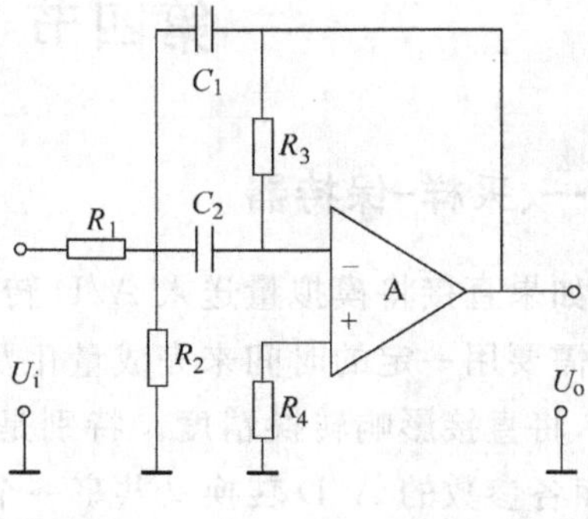

图 4.25　二阶带通有源滤波器

四、带阻滤波器

带阻滤波器的特性与带通滤波器相反，是专门用来抑制或衰减某一频段的信号，而让该频段以外的信号通过。带阻滤波器的特性如图 4.26 所示。图中实线是理想

特性，虚线是实际特性。

由此可见，如从输入信号中减去经带通滤波器处理过的信号，就可以得到带阻信号。因此，可将带通滤波器和减法电路合起来，就是一个带阻滤波器，如图 4.27 所示。

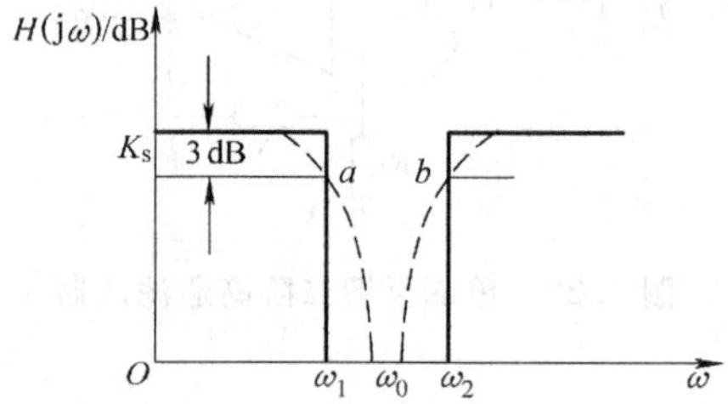

图 4.26　二阶带阻滤波器特性

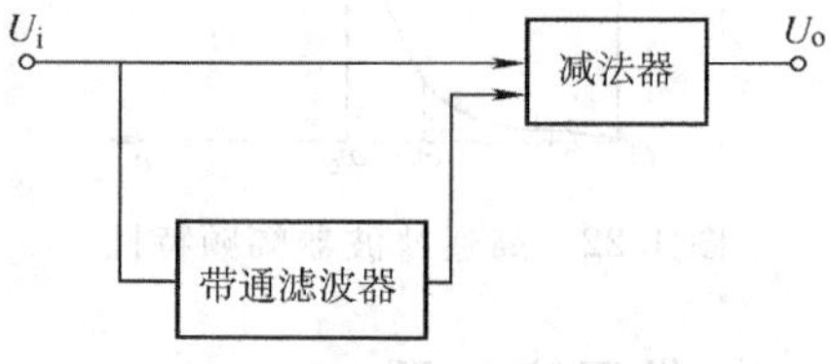

图 4.27　带阻滤波器方框图

图 4.28 为带阻滤波器电路，A_1 组成反相输入型带通滤波器，也就是 A_1 的输出电压 U_{o1} 是输入电压 U_i 的反相带通电压。A_2 组成加法运算电路，显然，将 U_i 与 U_{o1} 在 A_2 输入端相加，则在 A_2 的输出端就得到了带阻信号输出。

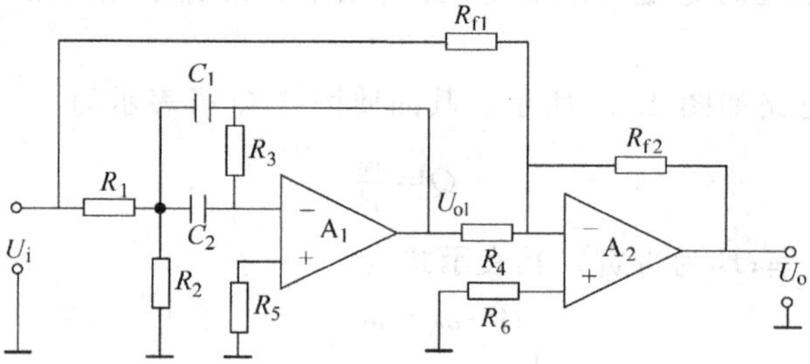

图 4.28　二阶带阻滤波器电路

第四节　信号变换电路

一、采样-保持器

如果直接将模拟量送入 A/D 转换器进行转换，则应考虑到任何一种 A/D 转换器都需要用一定的时间来完成量化及编码的操作。在转换过程中，如果模拟量产生变化，将直接影响转换精度。特别是在同步系统中，几个并联的参量需取自同一瞬时，而各参数的 A/D 转换又共享一个芯片，所得到的几个量就不是同一时刻的值，无法进行计算和比较。所以要求输入到 A/D 转换器的模拟量在整个转换过程中保持不变，但转换之后，又要求 A/D 转换器的输入信号能够跟随模拟量变化。能够完成上述任务的器件叫作采样-保持器(Sample/Hold)，简写为 S/H。

S/H 有两种工作方式，一种是采样方式，另一种是保持方式。在采样方式中，采样-保持器的输出跟随模拟量输入电压变化。在保持状态时，采样-保持器的输出将保持在命令发出时刻的模拟量输入值，直到保持命令撤销（即再度接到采样命令）时为止。此时，采样-保持器的输出重新跟踪输入信号变化，直到下一个保持命令到来为止。描述上述采样-保持过程的示意曲线图，如图 4.29 所示。

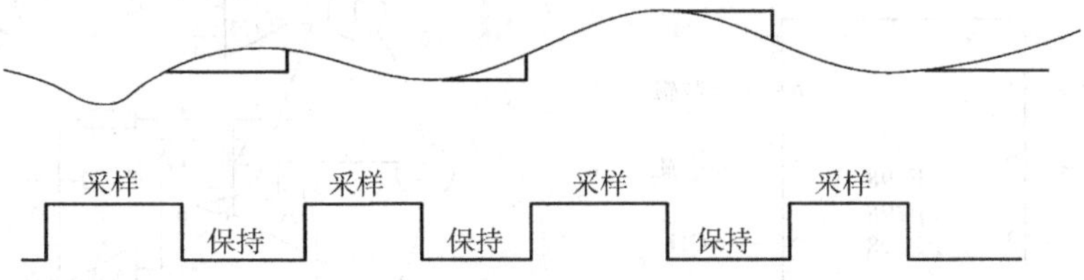

图 4.29　采样-保持器的工作方式

采样-保持器主要有以下用途：

①保持采样信号不变，以便完成 A/D 转换；

②同时采样几个模拟量，以便进行数据处理和测量；

③减少 D/A 转换器的输出毛刺，从而消除输出电压的峰值及缩短稳定输出值的建立时间；

④把一个 D/A 转换器的输出分配到几个输出点，以保证输出的稳定性。

最常用的采样一保持器有美国 AD 公司的 AD582、AD585、AD346、AD389、AD-SHC－85，以及国家半导体公司的 LF198/298/398 等。下面以 LF198/298/398 为例，介绍集成电路 S/H 的工作原理，其他 S/H 的原理与其大致相同。

LF198/298/398 是由双极型绝缘栅场效应管组成的采样-保持电路。它具有采样速度快、保持下降速度慢以及精度高等特点。LF198 的逻辑输入有两个控制端，全部为具有低输入电流的差动输入，允许直接与 TTL、PMOS、CMOS 电平相连。其门限值为 1.4 V。LF198 供电电源可以从±5 V 到±18 V。LF198/298/398 的原理及引脚图如图 4.30 和图 4.31 所示。

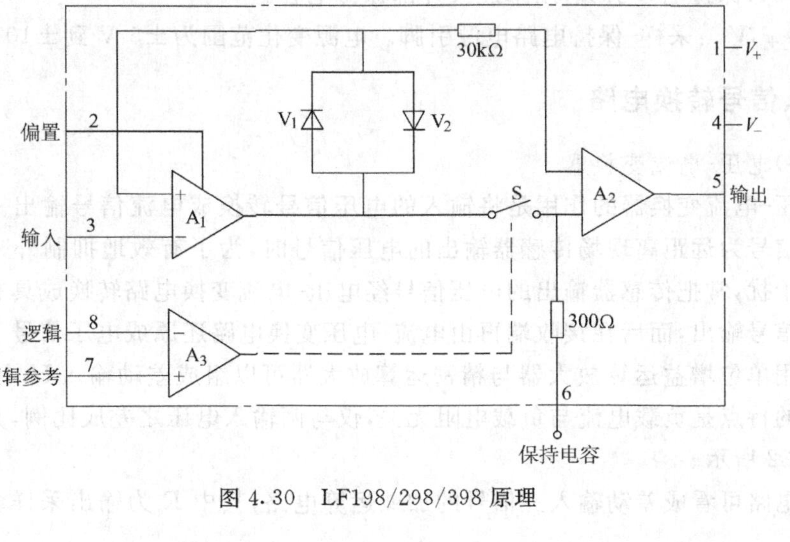

图 4.30　LF198/298/398 原理

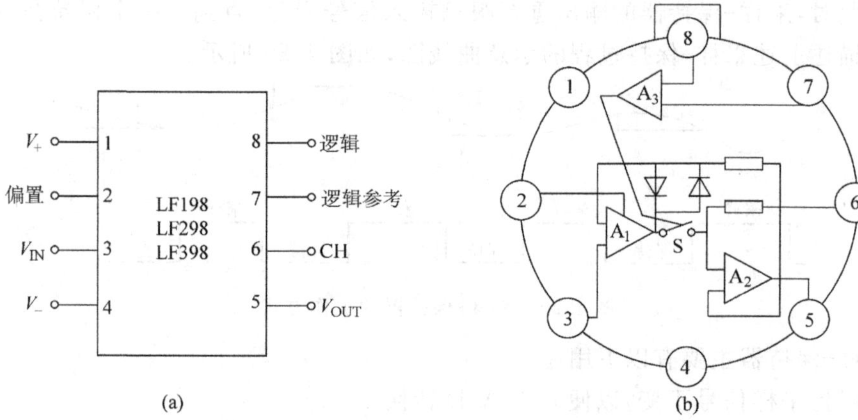

图 4.31　LF198/298/398 引脚排列

(a)双列直插式　(b)金属封装式

LF198/298/398 芯片各引脚功能如下。

①V_{IN}:模拟量电压输入。

②V_{OUT}:模拟量电压输出。

③逻辑(logic)和逻辑参考(logic reference):逻辑及逻辑参考电平,用来控制采样-保持器的工作方式。当引脚 8 为高电平时,通过控制逻辑电路 A_3 使开关 S 闭合,电路工作在采样状态。反之,当引脚 8 为低电平时,则开关 S 断开,电路进入保持状态。它可以接成差动形式(对 LF198 而言),也可以将参考电平直接接地,然后在引脚 8 端用一个逻辑电平控制。

④偏置:偏差调整引脚,可用外接电阻调整采样-保持器的偏差。

⑤CH:保持电容引脚,用来连接外部保持电容。

⑥V_+,V_-:采样-保持电路电源引脚。电源变化范围为±5 V 到±10 V。

二、信号转换电路

(一)电压-电流变换器

电压-电流变换器的作用是将输入的电压信号转换成电流信号输出。当检测装置输入信号为远距离现场传感器输出的电压信号时,为了有效地抑制外来杂散电压信号的干扰,常把传感器输出的电压信号经电压-电流变换电路转换成具有恒流特性的电流信号输出,而后在接收端再由电流-电压变换电路还原成电压信号。

利用单位增益运算放大器与精密运算放大器可以组成差动输入 U/I 变换电路,该电路的特点是负载电流与负载电阻无关,仅与两输入电压之差成比例,其电路结构如图 4.32 所示。

此电路可看成差动输入三信号的加减运算电路,其中 R 为输出采样电阻,R_L 为负载电阻，$R_1=R_3$、$R_2=R_4$，I_oR_L 为负载端电压，负载端电压经运算放大器隔离后送运放 A_1 的基准端，由此可推导出输出电流与输入差动电压的关系为

$$I_o=\frac{U_2-U_1}{R} \tag{4.9}$$

由此可见，输出电流 I_o 与负载 R_L 无关。

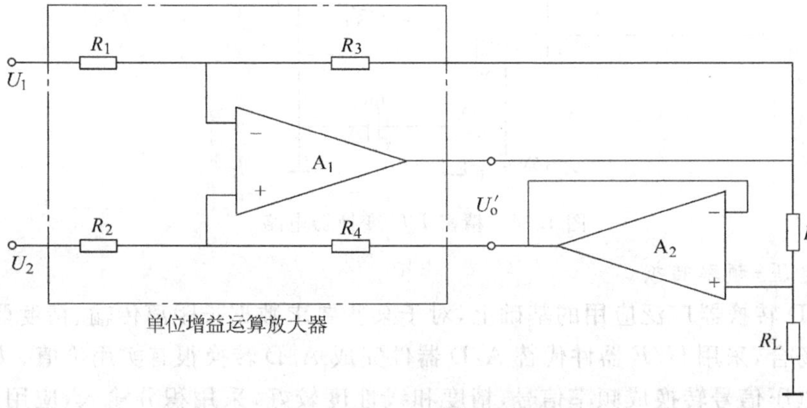

图 4.32　差动输入 U/I 变换电路

单位增益运算放大器可采用美国 BB 公司生产的 INA105，使用 INA105 时连接正负电源应通过尽可能靠近管脚的 1 μF 的旁路电容，并可通过基准端接调整电路调整运放的失调电压。

图 4.33 是采用 INA105 组成差动输入 U/I 变换器电路。图中的输出电流与输入差动电压的关系为

$$I_o=(U_2-U_1)\left(\frac{1}{25K}-\frac{1}{R}\right) \tag{4.10}$$

输出电流 I_o 与负载 R_L 无关，且当 $R=200\ \Omega$ 时，电路的性能最好。

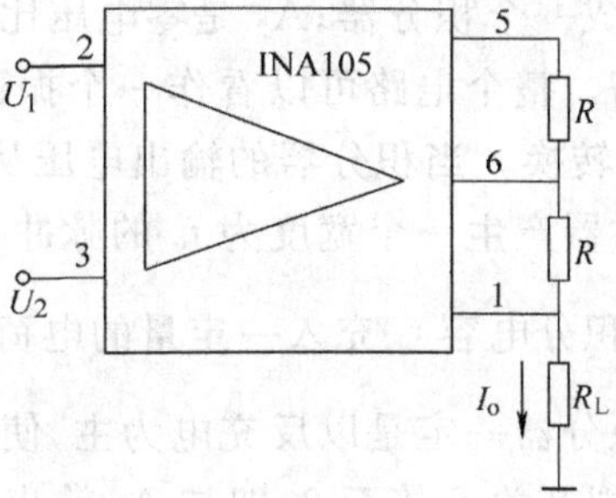

图 4.33　INA105 差动输入 U/I 变换电路

（二）电流-电压变换器

电流-电压变换器的作用是将输入的电流信号变换成电压信号。

图 4.34 是采用 RCV420 组成的精密 I/U 变换器电路，它能将 4～20 mA 输入电流转换成 0～5 V 的电压输出。即当输入电流为 4 mA 时，变换器输出电压为0 V；当输入电流为 20 mA 时，输出电压为 5 V。其单位电流的电压变化率为

$$\frac{U_o}{I_i}=\frac{(5-0)\text{V}}{(20-4)\text{mA}}=0.321\ 5\ \text{V/mA} \tag{4.11}$$

该 I/U 变换器性能良好，其增益、失调及共模抑制比都不必调整，并且有一个低温漂的 10 V 基准电压源。

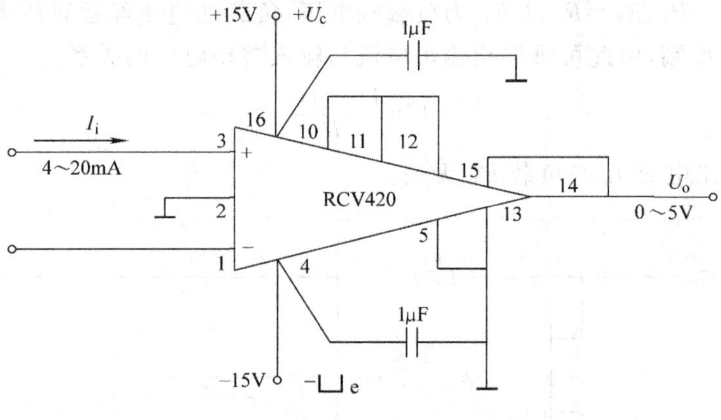

图 4.34 精密 I/U 变换器电路

（三）电压-频率转换

在 A/D 转换器广泛应用的基础上，对于某些要求数据长距离传输、精度要求高、资金有限场合，采用 U/F 器件代替 A/D 器件完成 A/D 转换很有实用价值。U/F 转换器是把电压信号转换成频率信号，精度和线性度较好，采用积分输入，应用电路简单，对外围器件性能要求不高，对环境适应能力强，转换速度不低于双积分型 A/D 器件，且价格较低。

目前实现 U/F 方法很多，但大多数集成 U/F 器件均采用电荷平衡式 U/F 转换原理工作。图 4.35 所示为电荷平衡式 U/F 转换电路结构图。电路结构分成：A_1 与 RC 构成一个积分器；A_2 是零电压比较器；恒流源 I_R 和模拟开关 S 构成积分器反充电回路。整个电路可以看作一个振荡频率受输入电压 U_i 控制的多谐振荡器，实现 U_i/F_o 转换。当积分器的输出电压从 U_{INT} 下降至零时，零电压比较器跳变，触发单稳态定时器产生一个宽度为 t_0 的脉冲，模拟开关 S 接至位置 1 接通积分器的反充电回路，使积分电容 C 充入一定量的电荷 $Q_C=I_Rt_0$。电路设计成 $I_R>\frac{U_{INT,max}}{R}$，因此，在 t_0 期间积分器一定是以反充电为主，使输出电压 U_{INT} 线性上升到某一正电压。t_0 结束时，模拟开关 S 接至 2，即与 A_1 输出端接通。积分器处于充电过程（负积分），积分器

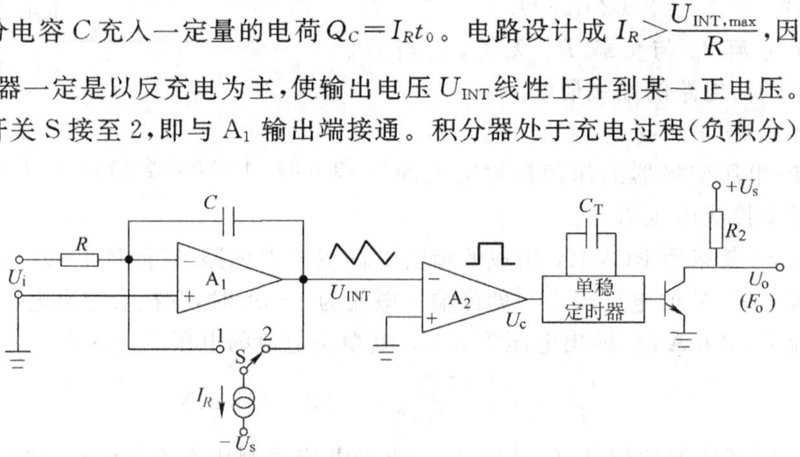

图 4.35 电荷平衡式 U/F 电路结构

输出电压 U_{INT} 不断下降。当积分器输出电压降至零时，零压比较器翻转，重复上述过程。图 4.36 为 U/F 转换器的波形图。如此反复下去振荡不止，形成频率输出。

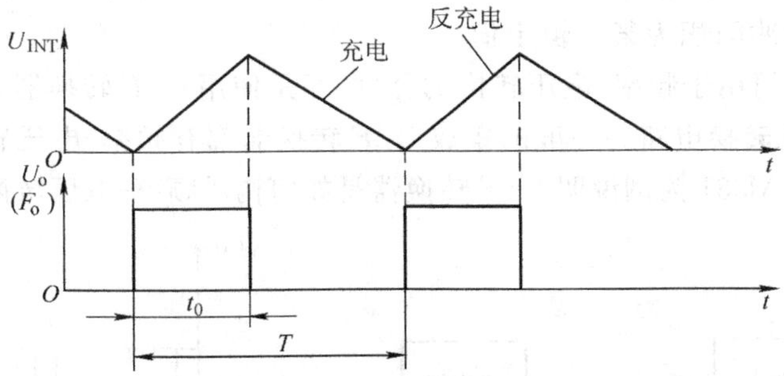

图 4.36　电荷平衡式 U/F 波形

根据反充电的电荷量与充电的电荷量相等的电荷平衡原理，可以得出

$$I_R t_0 = \frac{U_{INT}}{R} T \tag{4.12}$$

因此，输出的振荡频率为

$$F_o = \frac{1}{T} = \frac{1}{I_R R t_0} U_{INT} \tag{4.13}$$

从式中看出输出电压 U_o 的频率 F_o 与积分器输出电压 U_{INT} 成正比，也就 f_o 是与 U_i 成正比，实现了 U_i/F_o 转换。显然，要精确地实现转换，要求 I_R、R 及 t_0 必须准确稳定。

图 4.35 也是一种自由振荡器电路。不仅其振荡频率随 U_i 变化而变化，而且积分器输出电压的锯齿波的幅值与形状也随 U_i 变化而变化。积分器的最大输出电压 $U_{INT,max}$ 可表示为

$$U_{INT,max} = I_R t_0 \frac{1}{C} \tag{4.14}$$

由上式可确定积分电容值 $C = \dfrac{I_R t_0}{U_{INT,max}}$。

（四）频率-电压转换

频率信号具有抗干扰能力强，易于远距离传送，占用总线资源少等特点。对于 ADC，频率信号作为中间变量可以实现。有时需要将频率信号转换成（模拟）电压，实现频率-电压转换。

频率-电压转换是将各种形式的频率（或周期）信号，如正弦波、三角波、扫描波等变换成矩形波，然后经滤波取出直流电压分量。由于矩形波的直流电压分量与被测信号的频率成正比，可以通过矩形波直流电压分量的大小测定频率。

图 4.37(a)所示为频率-电压转换原理框图。频率信号经单稳整形电路产生矩形脉冲，再将矩形波中的高次谐波用滤波器滤去，并取其直流分量，见图 4.37(b)，得

$$U_0 = E\tau f = K_v f \tag{4.15}$$

式中，K_v 为频率-电压转换系数，它等于矩形脉冲面积 $E\tau$。可见，只有矩形脉冲面积 $E\tau$ 为常数，直流电压分量 U_o 才与频率 f 成正比。为了提高转换精度，必须保证整形电路所产生的脉冲面积为某一恒定值。

通常没有专门用于频率-电压转换的器件，而是使用 U/F 转换器与特定的外接电路构成频率-电压转换电路。一般的集成 U/F 转换器都有频率-电压转换功能。下面以图 4.38 所示 LM331 为例说明 U/F 转换器是如何构成频率-电压转换电路的。

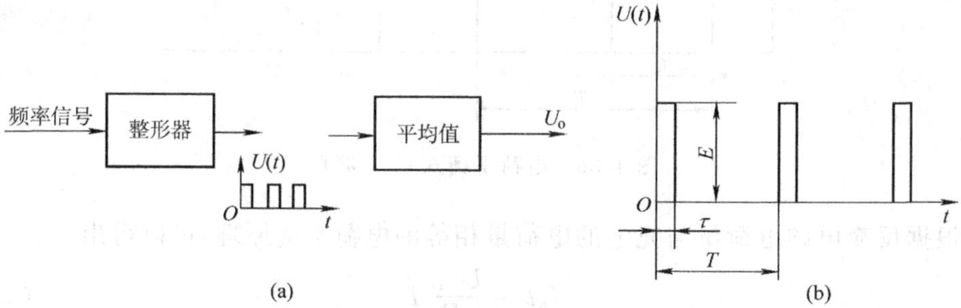

图 4.37　频率-电压转换原理

(a)频率-电压转换示意图　(b)电压波形

图 4.38 所示为由 LM331－U/F 转换器构成的频率-电压转换电路。频率信号 f_{IN} 经 $C-R$ 网络接比较器阈值端(脚 6)，频率信号的脉冲下降沿使比较器触发定时器工作。经脚 1 输出的电流经 R_LC_L 滤波电路，获得与频率信号 f_{IN} 成正比的输出直流电压 U_o。图 4.38(a) 是简单的频率-电压转换电路。经 R_LC_L 滤波后纹波峰值小于 10 mV；对时间常数 τ＝0.1 s，转换精度为 0.1%需要建立时间 0.7 s。图 4.38(b) 由脚 1 输出电流后又由运算放大器提供缓冲输出，并实现双极点滤波器作用。响应时间比 4.38(a) 快得多，纹波峰值也小。但对低于 200 Hz 的频率信号纹波峰值要差，应对滤波时间常数加以调整，以满足响应时间和纹波峰值的要求。

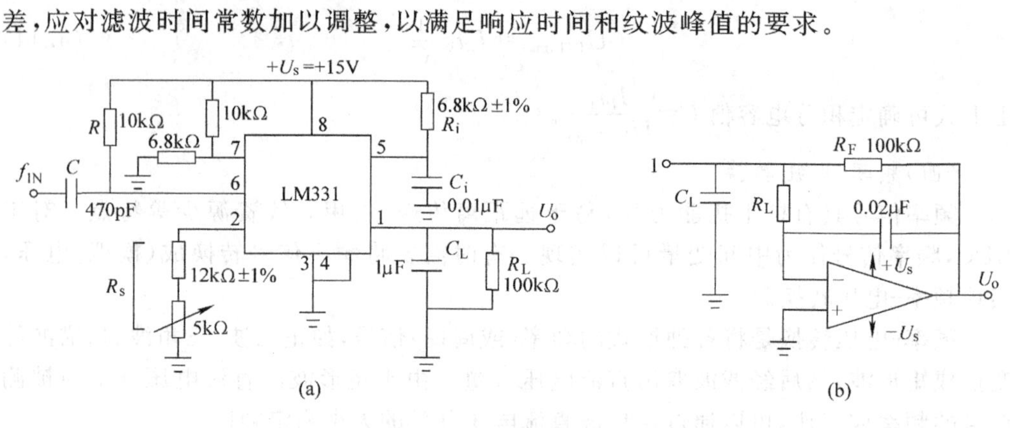

图 4.38　由 LM331－U/F 转换器构成的 F/U 转换电路

(a)频率-电压转换电路　(b)输出电流-电压转换电路

第五节　线　性　化

由于在检测系统中不可避免地存在非线性环节，采用模拟显示方式时可以进行非线性刻度校正，而数字显示却不能进行非线性记数，只能一个一个地线性递增或递减，因此在数字显示前要对非线性特性进行线性处理。非线性校正又称线性化过程，可分为硬件法和软件法。

一、硬件校正法

硬件校正法是指电路校正和机械校正。除了前面所讲的差动补偿法外，利用电路校正可以在模拟电路部分实现，在 A/D 转换中实现，在 A/D 转换后的数字电路中进行。

①在模拟电路中实现非线性校正，可以采用自动增益、程控 IA 或线性提升电路进行折线逼近。

②在 A/D 转换中实现非线性校正，是采用自动切换双积分 ADC 反积分时间常数的非线性 A/D 转换器。

③在数字电路中实现非线性校正，是利用输出数字量反馈控制计数器，称为加减脉冲法；或在计数器前插入乘法器，称为分段乘系数法。

硬件法不仅成本高，使设备更加复杂，而且对有些误差难以甚至不能补偿。因此，在微机化检测系统中，几乎毫不例外地都采用软件校正法。

二、软件校正法

软件校正法可分两类：分段插值校正法和整体拟合校正法。分段插值校正法是由已测得的输出，用插值法找到对应的输入，再乘以规定的系数，即可得到校正后的标准输出。常用的有线性插值法和二次插值法。

1. 线性插值法

在传感器特性弯曲不厉害时，可采用直线拟合。下面说明拟合的方法。

①先用实验法测出传感器的输入输出特性曲线 $y=f(x)$，为慎重起见要反复测量多次。

②将曲线分段，选取各插值基点。分段方法主要有沿 x 轴等距离选取插值基点和非等距离分段法两种。等距离分段法易计算，但在曲率和斜率大时，分得粗则误差大，分得细则占用内存多，计算时间长。非等距离分段法可根据曲线形状和精度要求选取不同间距，但插值基点选取比较麻烦。

③根据曲线的分段，确定并算出各插值点（x_i、y_i）及相邻插值点的拟合直线的倒斜率 k_i，并存放在存储器中，设传感器的输入输出特性曲线如图 4.39 所示，k_i 值可用两点法求取，即

$$k_i=\frac{x_{i+1}-x_i}{y_{i+1}-y_i}$$

④根据测量输出值 y，计算 $y-y_i$；查出其所在的区间 (y_i, y_{i+1})；并求出该段的斜率 k_i。

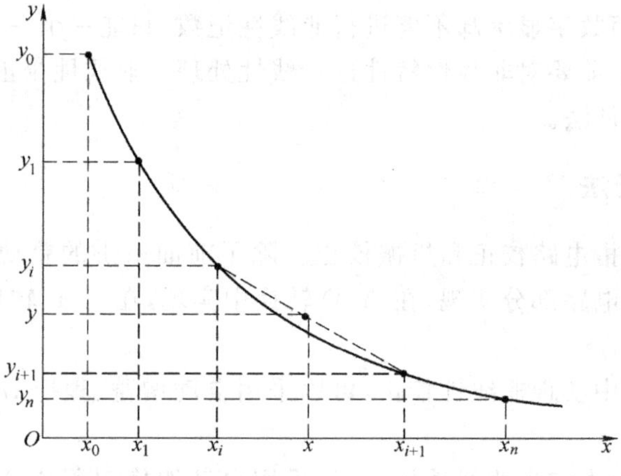

图 4.39　分段线性插值法

2. 二次插值法

二次插值法或称平方插值法、抛物线插值法。如图 4.40 所示。在传感器特性弯曲厉害时，采用二次抛物线代替直线来拟合，在每段曲线上取三个点便可得出对应拟合抛物线方程为

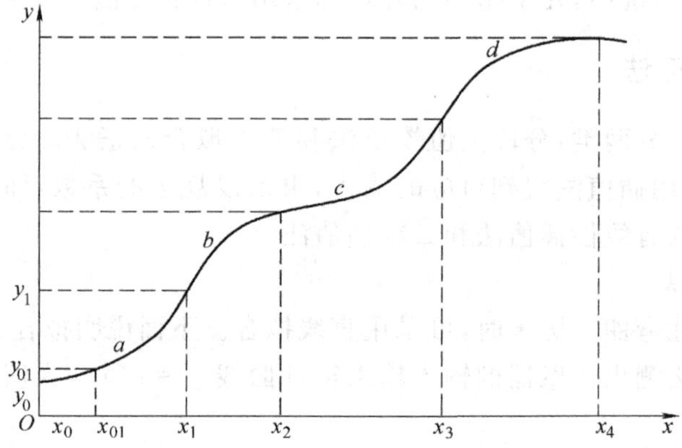

图 4.40　二次插值法

$$x\leqslant x_1, y=a_0+a_1x+a_2x^2$$

$$x_1\leqslant x\leqslant x_2, y=b_0+b_1x+b_2x^2$$

式中，各系数可以通过各段曲线上任意三点联立方程解出。如

$$y_0=a_0+a_1x_0+a_2x_0^2$$

$$y_1=a_0+a_1x_1+a_2x_1^2$$

$$y_2 = a_0 + a_1 x_2 + a_2 x_2^2$$

然后将这些系数和数值先存入计算机数据表区，二次插值校正程序流程如图4.41所示。

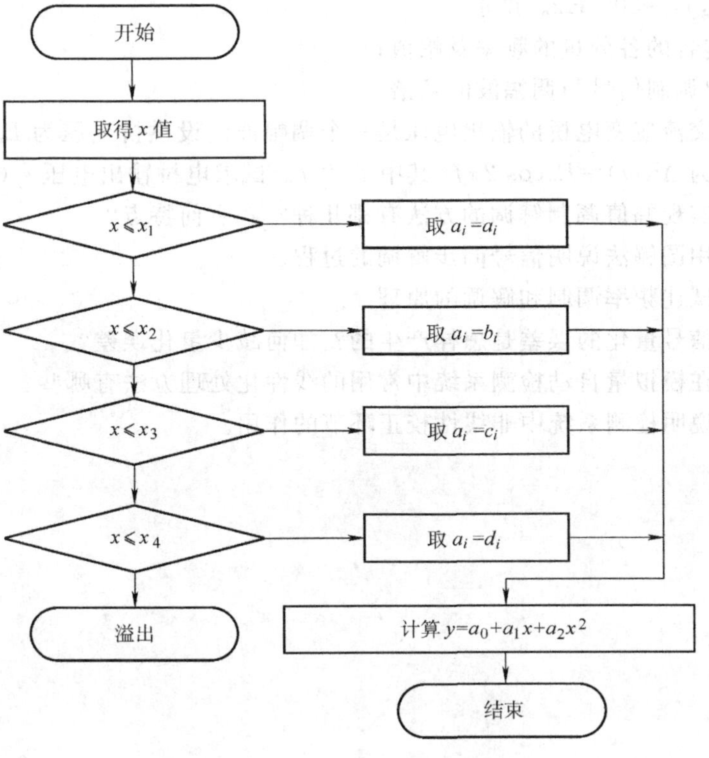

图4.41　二次插值校正程序流程

习题与思考题

4.1　何谓测量放大电路？对其基本要求是什么？

4.2　测量放大器从哪些方面保证了放大电路的性质？

4.3　什么是隔离放大电路？它是如何实现隔离的，应用于何种场合？

4.4　采样保持电路有何作用？

4.5　什么是无源滤波器？什么是有源滤波器？各有何优缺点？

4.6　反相放大器与同相放大器的异同点。

4.7　在检测系统中，为何常常对传感器信号进行调制？常用的调制方法有哪些？

4.8　已知调制信号是幅值为10，周期为1 s的方波信号，载波信号是幅值为1，频率为10Hz正弦波信号。要求：

(1)画出已调制波的波形；

(2)画出已调制波的频谱。

4.9 已知调幅波 $x_a(t)=(100+30\cos 2\pi f_1 t+20\cos 6\pi f_1 t)(\cos 2\pi f_c t)$，其中 $f_c=10$ kHz，$f_1=500$ Hz。试求：

(1)所包含的各分量的频率及幅值；

(2)绘出调制信号与调幅波的频谱。

4.10 交流应变电桥的输出电压是一个调幅波。设供桥电压为 $E_0=\sin 2\pi f_0 t$，电阻变化量为 $\Delta R(t)=R_0\cos 2\pi f t$ 其中 $f_0 \gg f$。试求电桥输出电压 $e_y(t)$ 的频谱。

4.11 实现幅值调制解调的方法有哪几种？各有何特点？

4.12 用图解法说明信号同步解调的过程。

4.13 试述频率调制和解调的原理。

4.14 信号量化的误差是怎样产生的？如何减少量化误差？

4.15 在模拟量自动检测系统中常用的线性化处理方法有哪些？

4.16 说明检测系统中非线性校正环节的作用。

第五章　检测系统中的抗干扰技术

由于检测环境的恶劣与复杂因素的存在，来自于系统内外的各种干扰以某种渠道和方式进入检测系统，可能使检测结果误差加大、数据受干扰发生变化、程序运行失常，严重时甚至使检测系统不能正常工作。因此，在设计检测系统时必须考虑各种干扰的影响，采取相关的抗干扰措施，以保证检测系统能最大限度地消除干扰对检测结果产生的影响。

第一节　检测系统中的干扰

一、干扰的种类、噪声源及防护办法

在电子测量装置的电路中出现的无用信号称为噪声。当噪声电压影响电路正常工作时，该噪声电压就称为干扰电压。

噪声对检测装置的影响必须与有用信号共同分析才有意义。衡量噪声对有用信号的影响常用信噪比(S/N)来表示，它是指信号通道中有用信号功率 P_S 与噪声功率 P_N 之比或有用信号电压 U_S 与噪声电压 U_N 之比。信噪比常用对数形式来表示，单位为 dB。

在测量过程中应尽量提高信噪比，以减少噪声对测量结果的影响。

$$S/N=10\lg\frac{P_S}{P_N}=20\lg\frac{U_S}{U_N} \tag{5.1}$$

噪声干扰来自噪声干扰源，工业现场的干扰源形式繁多，经常是几个干扰源同时作用于检测装置，只有仔细地分析其形式及种类，才能提出有效的抗干扰措施。

1. 机械干扰

机械干扰是指机械振动或冲击使电子检测装置中的元件发生振动，改变了系统的电气参数，造成可逆或不可逆的影响。对机械干扰主要是用减振弹簧和减振橡胶来防护。

2. 化学及湿度干扰

化学物品如酸、碱、盐及其他腐蚀性气体侵入检测装置内部，腐蚀电气元件，产生电化学噪声。环境湿度增大，会使绝缘体的绝缘电阻下降，电介质的介电常数增大，电感线圈的 Q 值(电感线圈的品质因数)下降，金属材料生锈等。

在上述这种环境中工作的检测装置必须采取密封、浸漆、环氧树脂或硅橡胶封灌等措施来防护。

3. 热干扰

热量，特别是温度波动及不均匀温度场对检测装置的干扰主要体现在以下两个方面。

①各种电子元件均有一定的温度系数，温度升高，电路参数会随之改变，引起误差。

②由于电子元件多由不同金属构成，当它们相互连接组成电路时，如果各点温度不均匀就不可避免地产生热电动势，它叠加在有用信号上引起测量误差。

对于热干扰，除了选用温度系数小的电子元件，在电路中采用适当的温度补偿措施外，还要注意降低仪器的环境温度，加强仪器内部散热，使前级敏感电路远离发热元件。另一防护办法是采用热屏蔽。所谓热屏蔽就是用导热性能良好的金属材料做成屏蔽罩，将敏感元件、前置电路包围起来，使罩内的温度场趋于均匀，有效地防止热电势的产生。

4. 固有噪声干扰

在电路中，电子元件本身产生的具有随机性、宽频带的噪声称为固有噪声。最重要的固有噪声源是电阻热噪声、半导体散粒噪声和接触噪声。例如，电视机未接收信号时表现出的雪花干扰就是由固有噪声引起的。

5. 光的干扰

检测装置中的各种半导体元件对于光同样具有很强的敏感性。因为制造半导体的材料在光纤的作用下会形成电子-空穴对，致使半导体器件产生电动势或使其电阻值发生变化，而影响测量结果。因此，半导体器件应封装在不透光的壳体内。对于具有光敏作用的元件，则应注意对光干扰的屏蔽。

6. 电磁噪声干扰

在交通、工业生产中有大量的用电设备产生火花放电，在放电过程中，会向周围辐射出从低频到高频大功率的电磁波。无线电台、雷电等也会发射出功率强大的电磁波。上述这些电磁波可以通过电网，甚至直接辐射的形式传播到离这些噪声很远的检测装置中。在工频输电线路附近也存在强大的变电场和磁场，将对十分灵敏的检测装置造成干扰。

二、干扰的传播

干扰源产生的干扰必须经过一定的传播途径才能进入检测系统。在实际中，从干扰源到被干扰检测系统的途径很多，寻找干扰源时必须具体问题具体分析。

1. 静电耦合

静电耦合又称电场耦合或电容耦合，它是由于各种导线之间、元件之间、线圈之间以及元件与地之间均存在着分布电容（也称寄生电容），使一个电路的电荷变化影响到另一个电路，从而干扰电压经分布电容通过静电感应耦合于有效信号。如图5.1所示为静电耦合等效电路，U_1 表示静电干扰源输出电压，C_m 表示静电耦合的分

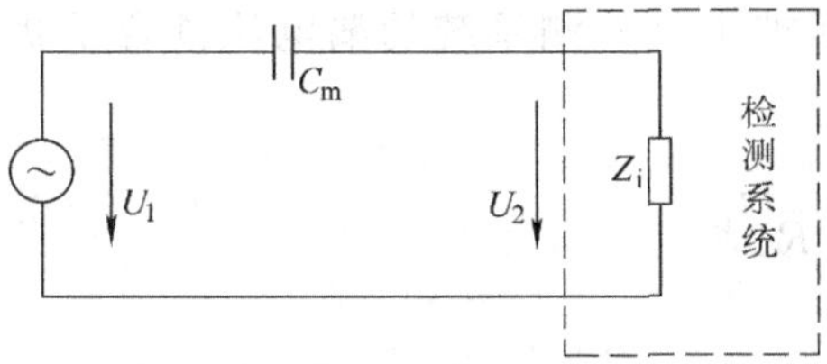

图 5.1　静电耦合等效电路

布电容，Z_i 表示被干扰检测系统的等效输入阻抗，U_2 表示被干扰检测系统的静电耦合干扰电压。

$$U_2=\frac{Z_i}{Z_i+\frac{1}{j\omega C_m}}U_1=\frac{j\omega C_m Z_i}{j\omega C_m Z_i+1}U_1$$

$$\approx j\omega C_m Z_i U_1(|j\omega C_m Z_i|\ll 1) \qquad (5.2)$$

2. 电磁耦合

电磁耦合又称互感耦合，它是由于两个电路之间存在互感，使一个电路的电流变化通过互感影响到另一个电路。例如，在检测系统内部，线圈或变压器的漏磁是对邻近电路的一种很严重的干扰；在检测系统外部，当两根导线在较长一段区间平行架设时，也会产生电磁耦合干扰。在一般情况下，电磁耦合干扰可用图 5.2 所示的等效电路表示，图中 I_1 表示噪声源电流，M 表示两个电路之间的互感系数，U_2 表示通过电磁耦合感应的干扰电压。如果噪声源的角频率为 ω，则有

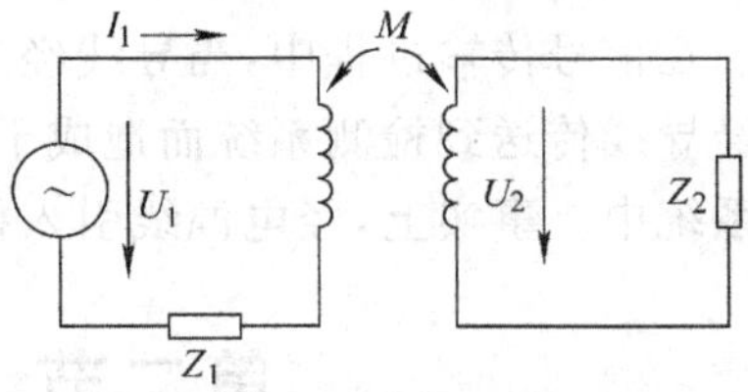

图 5.2　电磁耦合等效电路

$$U_2=j\omega M I_1 \qquad (5.3)$$

3. 公共阻抗耦合

公共阻抗耦合的干扰是在同一系统的电路和电路之间、设备和设备之间总存在着公共阻抗。地线与地之间形成的阻抗为公共地阻抗。当一个电路中有电流流过时，通过共有阻抗便在另一个电路中产生干扰电压。在检测系统内部，各个电路往往共用一个直流电源，这时电源内阻、电源线阻抗形成公共电源阻抗。当电流流经公共阻抗时，阻抗上的压降便成为噪声电压，如图 5.3 所示。

4. 漏电流耦合

漏电流耦合是由于绝缘不良，由流经绝缘电阻的漏电流所引起的噪声干扰。漏电流可以用图 5.4 所示等效电路表示，U_1 表示干扰源输出电压，R 表示漏阻抗，Z_i 表

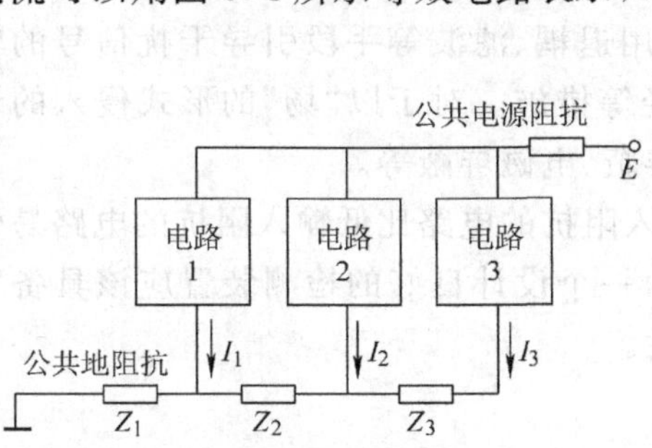

图 5.3　公共阻抗耦合等效电路

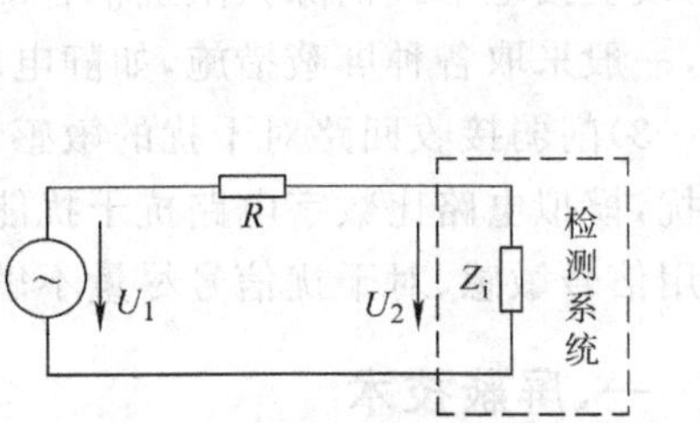

图 5.4　漏电流耦合等效电路

示被干扰检测系统的等效输入阻抗，U_2 表示被干扰检测系统的漏电流耦合干扰电压，可得出

$$U_2=\frac{Z_i}{Z_i+R}U_1 \tag{5.4}$$

5. 辐射电磁场耦合

辐射电磁场通常来源于大功率高频电气设备、广播发射台、电视发射台等电能量交换频繁的地方。如果在辐射电磁场中放置一个导体，则在导体上产生正比于电场强度的感应电势。配电线特别是架空配电线都将在辐射电磁场中感应出干扰电势，并通过供电线路侵入检测系统的电子装置，造成干扰。

6. 传导耦合

在信号传输过程中，当导线经过具有噪声的环境时，有用信号就会被噪声污染，并经导线传送到检测系统而造成干扰。最典型的传导耦合就是噪声经电源线传到检测系统中。事实上，经电源线引入检测系统的干扰是非常广泛和严重的。

第二节　常用抗干扰技术

干扰的形成必须同时具备三项因素，即干扰源、干扰途径以及对噪声敏感性较高的接收电路——检测装置的前级电路，三者的关系如图 5.5 所示。

图 5.5　形成干扰的三要素之间的关系

消除或减弱噪声干扰的方法可针对这三项因素，采取以下三方面的措施。

1)消除或抑制干扰源　积极的措施是消除干扰源，如使产生干扰的电气设备远离检测装置，将整流子电动机改为无刷电机，在继电器、接触器等设备上增加消弧措施等。

2)破坏干扰途径　对于以“路”的形式侵入的干扰，可采取诸如提高绝缘性能，采用隔离变压器、光耦合器等切断干扰途径，采用退耦、滤波等手段引导干扰信号的转移，改变接地形式消除共阻抗耦合的干扰途径等措施。对于以“场”的形式侵入的干扰，一般采取各种屏蔽措施，如静电屏蔽、磁屏蔽、电磁屏蔽等。

3)削弱接收回路对干扰的敏感性　高输入阻抗的电路比低输入阻抗的电路易受干扰，模拟电路比数字电路抗干扰能力差等。一个设计良好的检测装置应该具备对有用信号敏感、对干扰信号尽量不敏感的特性。

一、屏蔽技术

屏蔽一般指的是电磁屏蔽。所谓电磁屏蔽，就是用电导率和磁导率高的材料制

成封闭的容器，将受扰的电路置于该容器之中，从而抑制该容器外的干扰与噪声对容器内电路的影响。当然，也可以将产生干扰与噪声的电路置于该容器之中，从而减弱或消除其对外部电路的影响。屏蔽可以显著地减小静电（电容性）耦合和互感（电感性）耦合的作用，降低受扰电路对干扰与噪声的敏感度，因而在电路设计中被广泛采用。

1. 屏蔽的原理

屏蔽的抗干扰功能基于屏蔽容器壳体对干扰与噪声信号的反射与吸收作用。如图 5.6 所示，P_1 为干扰与噪声的入射能量，P_1'为干扰与噪声在第一边界面上的反射能量，P_2'为干扰与噪声在第二边界面上被反射与在屏蔽层内被吸收的能量，P_2为干扰与噪声透过第二边界面上的剩余能量。如果屏蔽形式与材料选择得好，可使由屏蔽容器外部进入其内部的干扰能量 P_2 明显小于 P_1，或者使屏蔽内部干扰源逸出到容器外面的干扰能量显著减小。

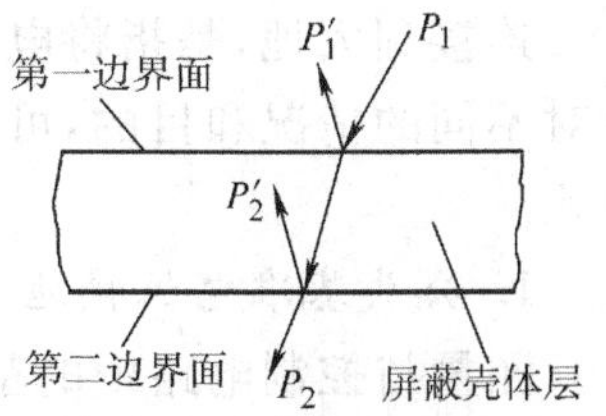

图 5.6　电磁屏蔽的作用

2. 常用屏蔽技术

(1)静电屏蔽

在静电场中，密闭的空心导体内部无电力线，即内部各点等电位。静电屏蔽就是利用这个原理，以铜或铝等导电性良好的金属为材料，制作封闭的金属容器，并与地线连接，把需要屏蔽的电路置于其中，使外部干扰电场的电力线不影响其内部的电路，反之，内部电路产生的电力线也无法外逸去影响外电路。必须说明，作为静电屏蔽的容器器壁上允许有较小的孔洞（作为引线孔），它对屏蔽的影响不大。在电源变压器的一次侧和二次侧之间插入一个留有缝隙的导体，并将它接地也属于静电屏蔽，可以防止两绕组间的静电耦合。

(2)电磁屏蔽

电磁屏蔽也是采用导电良好的金属材料做屏蔽罩，利用电涡流原理，使高频干扰电磁场在屏蔽金属内产生电涡流，消耗干扰磁场的能量，并利用涡流磁场抵消高频干扰磁场，从而使电磁屏蔽层内部的电路免受高频电磁场的影响。

若将电磁屏蔽层接地，则同时兼有静电屏蔽作用。通常使用的铜质网状屏蔽电缆就能同时起电磁屏蔽和静电屏蔽的作用。

(3)低频磁屏蔽

在低频磁场中，电涡流作用不太明显，因此必须采用高导磁材料做屏蔽层，以便将低频干扰磁力线限制在磁阻很小的磁屏蔽层内部，使低频磁屏蔽层内部的电路免受低频磁场耦合干扰的影响。例如，仪器的铁皮外壳就起到低频磁屏蔽的作用。若进一步将其接地，又同时起静电磁屏蔽和电磁屏蔽作用。在干扰严重的地方常使用复合屏蔽电缆，其最外层是低磁导率、高饱和的铁磁材料，内层是高磁导率、低饱和的铁磁材料，最里层是铜质电磁屏蔽层，以便一步步地消耗干扰磁场的能量。在工业中常用的办法是将屏蔽线穿在铁质蛇皮管或普通铁管内，达到双重屏蔽的目的。

二、接地技术

接地通常有两种含义：一是连接到系统基准地，二是连接到大地。

连接到系统基准地，是指各个电路部分通过低电阻导体与电气设备的金属底板或金属外壳实施的连接，而电气设备的金属底板或金属外壳并不连接到大地。

连接到大地，是指将电气设备的金属底板或金属外壳通过接地导体与大地连接。针对不同的情况和目的，可采用公共基准电位接地、抑制干扰接地、安全保护接地等方式。

1. 公共基准电位接地

测量与控制电路中的基准电位是各回路工作的参考电位，该参考电位通常选为电路中直流电源（当电路系统中有两个以上直流电源时则其中一个为直流电源）的零电压端。该参考电位与大地的连接方式有直接接地、悬浮接地、一点接地、多点接地等方式，可根据不同情况组合采用，以达到所要求的目的。

（1）直接接地

直接接地适用于大规模的或高速高频的电路系统。因为大规模的电路系统对地分布电容较大，只要合理地选择接地位置，直接接地可消除分布电容构成的公共阻抗耦合，有效地抑制噪声，并同时起到安全接地的作用。

（2）悬浮接地（简称浮地）

悬浮接地是指各个电路部分通过低电阻导体与电气设备的金属底板或金属外壳连接，电气设备的金属底板或金属外壳是各回路工作的参考电位即零电平电位，但不连接到大地。悬浮接地的优点是不受大地电流的影响，内部器件不会因高电压感应而击穿。

（3）一点接地

一点接地有串联式（干线式）接地和并联式（放射式）接地两种方式。串联式接地如图 5.7(a)所示，构成简单而易于采用，但电路中 1、2、3 各个部分接地的总电阻不同。当 R_1、R_2、R_3 较大或接地电流较大时，各部分电路接地点的电平差异显著，影响弱信号电路的正常工作。并联式接地如图 5.7(b)所示，各部分电路的接地电阻相互独立，不会产生公共阻抗干扰，但接地线长而多，经济性差。另外，当用于高频场合时，接地线间分布电容的耦合比较突出，而且当地线的长度是信号 1/4 波长的奇数倍时还会向外产生电磁辐射干扰。

（4）多点接地

为降低接地线长度，减小高频时的接地阻抗，可采用多点接地的方式。多点接地方式如图 5.8 所示，各个部分电路都有独立的接地连接，连接阻抗分别为 Z_1、Z_2、Z_3。

如果 Z_1 用金属导体构成，Z_2、Z_3 用电容器构成，对低频电路来说仍然是一点接地方式，而对高频电路来说则是多点接地方式，从而可适应电路宽频带工作的要求。

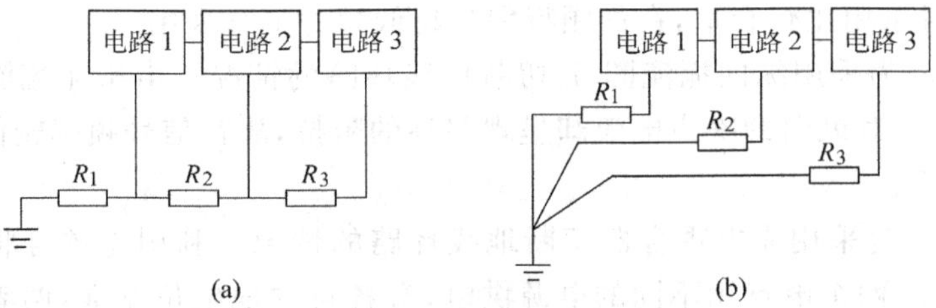

图 5.7 一点接地方式

(a)串联式 (b)并联式

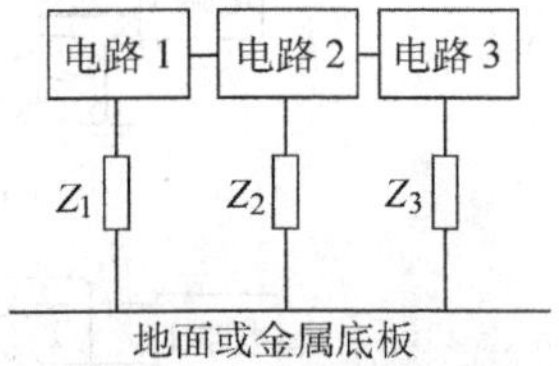

图 5.8 多点接地方式

如果 Z_1 用金属导体构成，Z_2、Z_3 用电感器构成，对低频电路来说是多点接地方式，而对高频电路来说则是一点接地方式，既能在低频时实现各部分的统一基准电位和保护接地，又可避免接地回路闭合而引入高频干扰。

2. 抑制干扰接地

电气设备中的某些部分与大地连接，可起到抑制干扰与噪声的作用。如大功率电路的接地可减小电路对其他电路的电磁冲击与噪声干扰，屏蔽壳体、屏蔽网罩或屏蔽隔板的接地可避免电荷积聚引起的静电效应，提高抑制干扰的效果等。

抑制干扰接地从具体连接方式上讲，有部分接地和全部接地、一点接地与多点接地、直接接地与悬浮接地等类型。到底哪一种方式最适合，由于分布与寄生参数难以确定，常常无法用理论分析估计。因此，最好作一些模拟试验，以便设计制造时参考。

实际中，有时可采用一种接地方式，有时则要同时采用几种接地方式，应根据不同情况采用不同方式。

3. 安全保护接地

当电气设备的绝缘因机械损伤、过电压等原因被损坏，或无损坏但处于强电磁环境时，电气设备的金属外壳、操作手柄等部分会出现相当高的对地电压，危及操作维修人员的安全。

将电气设备的金属底板或金属外壳与大地连接，可消除触电危险。在进行安全接地连接时，要保证较小的接地电阻和可靠的连接方式，防止日久失效。另外要坚持独立接地，即将接地线通过专门的低阻导线与近处的接地连接。

三、隔离技术

在测控电路系统中，尽管从各方面加以注意，但由于分布参数无法完全控制，常常会形成如图 5.9(a)所示的寄生环路(特别是地环路)，从而引入电磁耦合干扰。为此，在有些情况下，要采取隔离技术，以切断可形成的环路，提高电路系统的抗干扰性能。

图 5.9(b)为采用隔离变压器 T 切断地线环路的情况。这种方法在信号频率为

50 Hz 以上时采用比较合适，在低频特别是超低频时不宜采用。

图 5.9(c)为采用纵向扼流圈 T 切断地线环路的情况。由于扼流圈对低频信号的电流阻抗小，对纵向的噪声电流却呈现很高的阻抗，故在信号频率较低及超低频时采用比较合适。

图 5.9(d)为采用光电耦合器切断地线环路的情况。利用光耦合将两个电路的电气连接隔开，两个电路用不同的电源供电，有各自的地电位基准，两者相互独立而不会造成干扰。

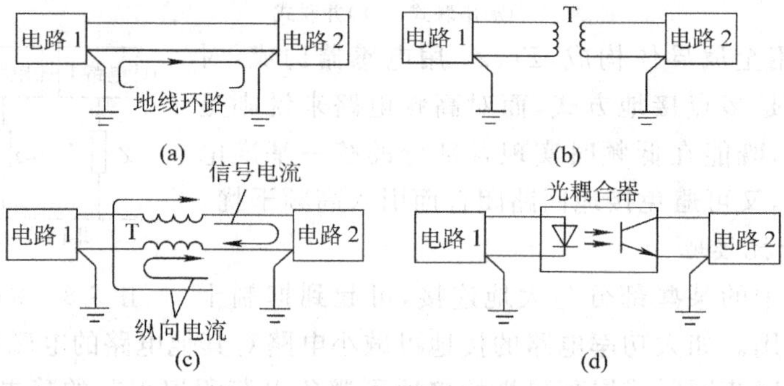

图 5.9　地线环路的形成及其隔离

(a)地线环路的形成　(b)隔离变压器隔离　(c)纵向扼流圈隔离　(d)光耦合器隔离

四、滤波器

滤波器是一种只允许某一频带信号通过或阻止某一频带信号通过的电路，是抑制噪声干扰的最有效手段之一，能抑制经导线传导耦合到电路中的噪声干扰。

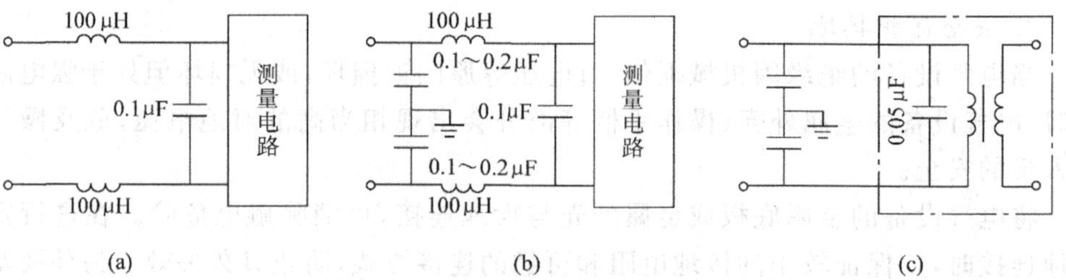

图 5.10　高频干扰电压对称滤波器

(a)线间电压滤波器　(b)线间电压和对地电压滤波器　(c)简化的线间电压和对地电压滤波器

1. 交流电源进线的对称滤波器

任何使用交流电源的检测装置，噪声会经电源线传导耦合到测量电路中去。为了抑制这种噪声干扰，在交流电源进线端子间加装滤波器，如图 5.10 所示。这种高频干扰电压对称滤波器，对于抑制中波段的高频噪声干扰是很有效的。图 5.11 为低频干扰电压滤波器电路，此电路对抑制因电源波形失真而含有较多高次谐波的干扰很有效。

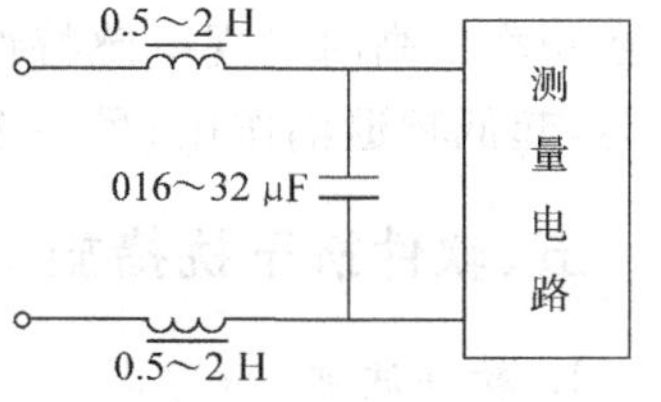

图 5.11　低频干扰电压滤波电路

2. 直流电源输出的滤波器

直流电源往往是检测装置几个电路公用的。为了减弱公用电源内阻在电路之间形成的噪声耦合，对直流电源输出需加高、低频成分的滤波器，如图 5.12 所示。

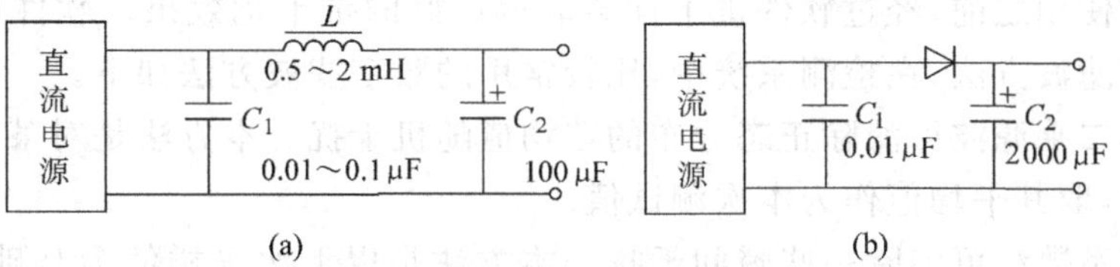

图 5.12　高、低频干扰电压滤波器

(a)RLC 滤波器　(b)二极管滤波器

3. 退耦滤波器

当一个直流电源对几个电路同时供电时，为了避免通过电源内阻造成几个电路之间互相干扰，应在每个电路的直流电源与地线之间加装退耦滤波器，如图 5.13 所示。应注意，LC 滤波器有一个谐振频率，其值为

$$f_r=\frac{1}{2\pi\sqrt{LC}} \tag{5.5}$$

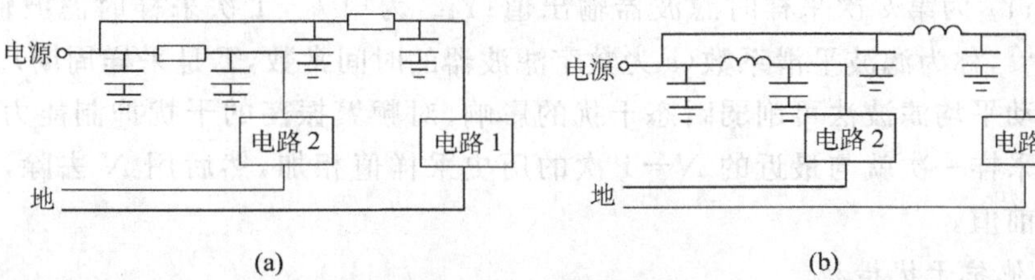

图 5.13　电源退耦滤波器

(a)RC 退耦　(b)LC 退耦

在这个谐振频率 f_r 上，经滤波器传输过去的信号，比没有滤波器时还要大。因此，必须将这个谐振频率取在电路的通频带之外。在谐振频率 f_r 下滤波器的增益与阻尼系数 ξ 成反比。LC 滤波器的阻尼系数为

$$\xi=\frac{R}{2}\sqrt{\frac{C}{L}}$$

式中，R 是电感线圈的有效电阻。为了把谐振时的增益限制在 2 dB 以下，应取 $\xi>0.5$。

对于一台多级放大器，各放大器之间会通过电源的内阻抗产生耦合干扰。因此，多级放大器的级间及供电必须进行退耦滤波，可采用 RC 退耦滤波器。由于电解电

容在频率较高时呈现电感特性，所以退耦电容常由两个电容并联组成。一个为电解电容，起低频退耦作用；另一个为小容量的非电解电容，起高频退耦作用。

五、软件抗干扰措施

1. 软件滤波

由于经济和技术等因素，干扰不可能通过硬件措施完全消除掉，在信号数据进入计算机正式使用之前，经过软件抗干扰会取得更好的抗干扰效果。软件抗干扰通常是采用数字滤波方法，在检测系统中，比较常用的数字滤波方法如下。

①最小二乘滤波可滤除正态分布的零均值随机干扰。本方法是对某一测量值连续采样数次，取其平均值作为本次测试值。

②滤波系数法可消除一些瞬间干扰。本方法是以上次采样值为基础，加上或减去二次采样值，从而得到采样滤波后的数值。

③加权滤波法速度较快，实时性强，适用于快速测试系统。本方法是将前几次采样滤波后的数据和本次采样滤波前的数据各按一定的百分比计算后叠加而得本次采样滤波后的数值。

④中位值滤波法对去除脉冲性噪声比较有效。这种方法是对某被测参数连续采集三次以上的值，取其不大不小的中位值作为该参数的测试值。

⑤RC 低通数字滤波法是仿照模拟系统的 RC 低通滤波器的方法，用数字形式实现低通滤波。其计算公式为 $Y_k=(1-\alpha)Y_{k-1}+\alpha X_k$，其中：$X_k$ 为第 k 次采样时滤波器输入值；Y_k 为第 k 次采样时滤波器输出值；Y_{k-1} 为第 $k-1$ 次采样时滤波输出值；$\alpha=1-e^{-T/c}$，称为滤波平滑系数（c 为数字滤波器的时间常数，T 是采样周期）。

⑥滑动平均滤波法可削弱瞬态干扰的影响，对频繁振荡的干扰抑制能力强。此方法是每采样一次就与最近的 $N-1$ 次的历史采样值相加，然后用 N 去除，得到的商作为当前值。

2. 其他抗干扰措施

除了前面介绍的数字滤波软件抗干扰措施外，还有软件陷阱、“看门狗”技术等。

软件陷阱是通过指令强行将捕获的程序引向指定地址，并在此用专门的出错处理程序加以处理的软件抗干扰技术。前面提到干扰可能会使程序脱离正常运行轨道，软件陷阱技术可以让弹飞了的程序安定下来。在程序固化时，在每个相对独立的功能程序段之间，插入转跳指令，如 LJMP 0000H，将程序存储器（EPROM）后部未用区域全部用 LJMP 0000H 填满，一旦程序“跑飞”进入该区域，自动完成软件复位。将 LJMP 0000H 改为 LJMPERROR（故障处理程序），可实现“无扰动”复位。

“Watchdog”俗称看门狗，即监控定时器，是计算机检测系统中普遍采用的抗干扰和可靠性措施之一。“Watchdog”有多种用途，其主要的应用则是用于因干扰引起的系统程序弹飞的出错检测和自动恢复。它实质上是一个可由 CPU 复位的定时器，原则上由定时器以及与 CPU 之间的适当的输入输出接口电路组成，如：振荡器加上可复位的计数器构成的定时；各种可编程的定时器/计数器（如 Intel 8253/8254 等）；单片机内部的定时器/计数器等。

习题与思考题

5.1　常见的噪声干扰有哪几种？如何防护？

5.2　屏蔽有几种形式？各起什么作用？

5.3　接地有几种形式？各起什么作用？

5.4　在一热电势放大电路的输入端，测得热电动势为 10 mV，串模交流干扰信号电压有效值为 1 mV。

(1)求施加在该输入端信号的信噪比。

(2)要采取什么措施才能提高加在该放大器输入端信号的信噪比？

5.5　图 5.14 是某个数据采集系统的接地电路，请分析该电路接地特点，并说明从中可以得到哪些有益的结论。

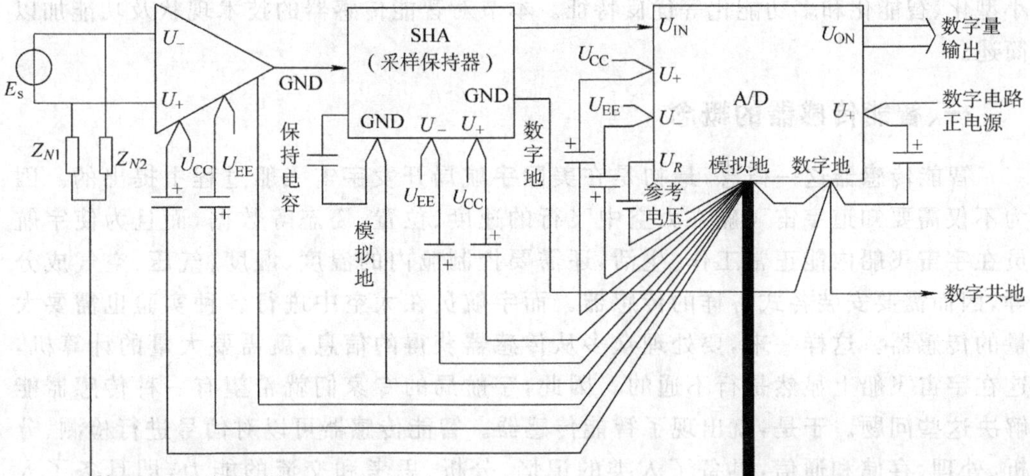

图 5.14　数据采集系统的接地电路

第六章　自动检测技术发展方向

随着微电子技术、通信技术、计算机网络技术的发展，各种智能仪器、总线仪器、VXI仪器、虚拟仪器以及新型智能传感器的相继出现，进一步推动了自动检测技术的发展。与计算机紧密结合起来，逐渐成为自动检测技术发展的主潮流。

第一节　智能传感器

在信息激增和新的信息类型不断涌现的当今时代，用于信息探测的传感器正面临着许多新的问题和新的需求。分析当前信息技术发展状态，先进传感器必须具备小型化、智能化和多功能化等优良特征。本节对智能传感器的技术现状及功能加以简述。

一、智能传感器的概念

智能传感器这一概念，最初是在美国宇航局开发宇宙飞船过程中提出的。因为不仅需要知道宇宙飞船在太空中飞行的速度、位置、姿态等数据，而且为使宇航员在宇宙飞船内能正常工作、生活，还需要控制舱内的温度、湿度、气压、空气成分等，因而需要安装各式各样的传感器。而宇航员在太空中进行各种实验也需要大量的传感器。这样一来，要处理众多从传感器获得的信息，就需要大量的计算机，这在宇宙飞船上显然是行不通的。因此，宇航局的专家们就希望有一种传感器能解决这些问题。于是，就出现了智能传感器。智能传感器可以对信号进行检测、分析、处理、存储和通信，具备了人类的记忆、分析、思考和交流的能力，即具备了人类的智能，所以称之为智能传感器。智能传感器是一种带有微处理器，兼有信息检测、信号处理、信息记忆、逻辑思维与判断功能的传感器，是传感器、计算机和通信技术的结合产物。

二、智能传感器的原理与构成

智能传感器主要由传感器、微处理器（或计算机）及相关电路组成，基原理框图如图6.1所示。

传感器将被测量的物理、化学量转换成相应的电信号，经放大后送到信号调理电路中，进行滤波、放大、模数转换后送到数据采集电路中，经数据采集电路处理后再送到微处理器中。微处理器是智能传感器的核心，它不但可以对传感器测量数据进

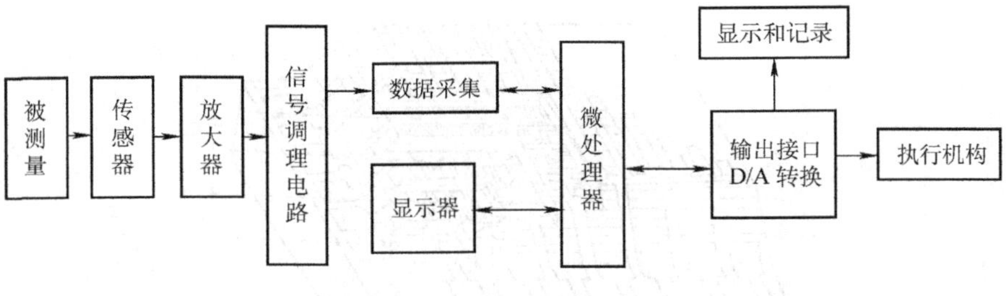

图 6.1　智能传感器原理框图

行计算、存储、数据处理,还可以通过反馈回路对传感器进行调节。由于微处理器充分发挥各种软件的功能,可以完成硬件难以完成的任务,从而大大降低传感器制造的难度,提高传感器的性能,降低成本。图 6.2 给出了模块式智能压力传感器的结构图,其功能是由几块输出独立的模板完成的。它们装在同一壳体内,构成智能传感器。也可把这些模块集成化,成为以硅片为基础的超大规模集成电路的高级智能传感器,如图 6.3 所示。

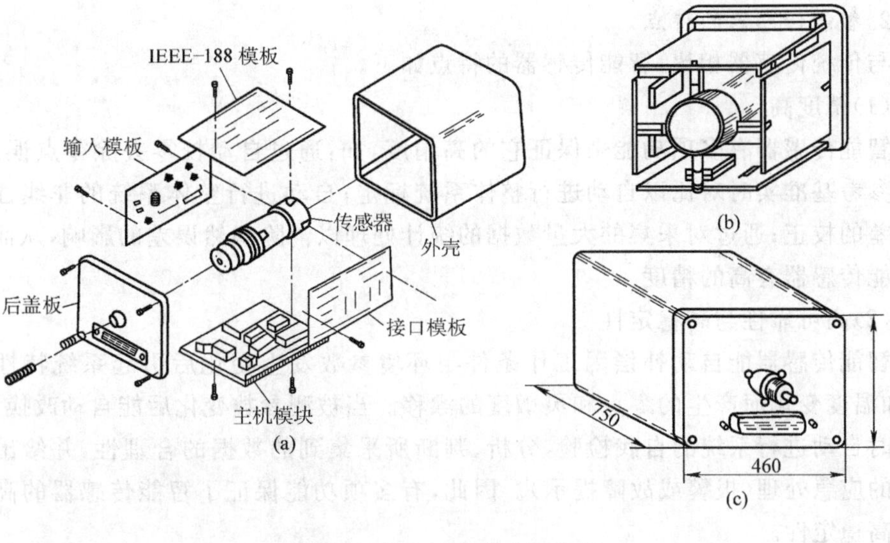

图 6.2　智能压力传感器结构

(a)模块分布　(b)模块组合　(c)外形

三、智能传感器的功能与特点

1. 智能传感器的功能

概括而言,智能传感器的主要功能如下:

①具有自校零、自标定、自校正功能;

②具有自动补偿功能;

③能够自动采集数据,并对数据进行预处理;

④能够自动进行检验、自选量程、自寻故障;

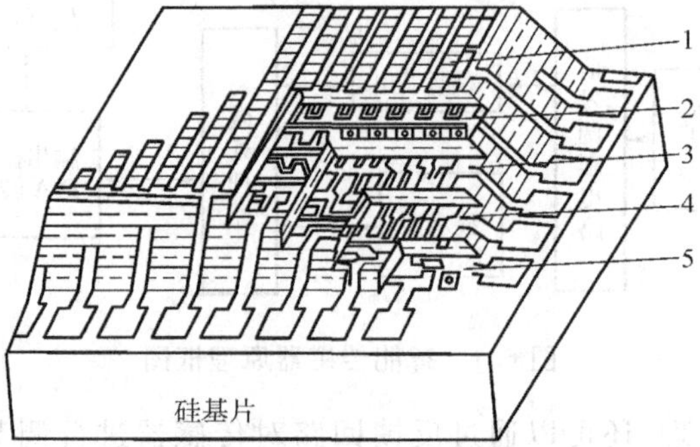

图 6.3　三维结构集成的智能化传感器

1—光电变换部分；2—传送部分；3—存储部分；4—运算部分；5—电源和驱动部分

⑤具有数据存储、记忆与信息处理功能；

⑥具有双向通信、标准化数字输出或者符号输出功能；

⑦具有判断、决策处理功能。

2.智能传感器的特点

与传统传感器相比，智能传感器的特点如下。

(1)精度高

智能传感器有多项功能来保证它的高精度，如：通过自动校零去除零点误差；与标准参考基准实时对比以自动进行整体系统标定；自动进行整体系统的非线性等系统误差的校正；通过对采集的大量数据的统计处理以消除偶然误差的影响，从而保证了智能传感器有高的精度。

(2)高可靠性与高稳定性

智能传感器能自动补偿因工作条件与环境参数发生变化后引起系统特性的漂移，如温度变化而产生的零点和灵敏度的漂移。当被测参数变化后能自动改换量程，能实时自动进行系统的自我检验，分析、判断所采集到的数据的合理性，并给出异常情况的应急处理(报警或故障提示)。因此，有多项功能保证了智能传感器的高可靠性和高稳定性。

(3)高信噪比与高分辨力

由于智能传感器具有数据存储、记忆与信息处理功能，通过软件进行数字滤波、相关分析等处理，可以去除输入数据中的噪声，将有用信号提取出来；通过数据融合及神经网络技术，可以消除多参数状态下交叉灵敏度的影响，从而保证在多参数状态下对特定参数测量的分辨能力，故智能传感器具有高的信噪比与高的分辨力。

(4)自适应性强

由于智能传感器具有判断、分析与处理功能，它能根据系统工作情况决策各部分的供电情况和上位计算机的数据传送速率，使系统工作在最优低功耗状态和优化传送速率上。

(5)性价比高

智能传感器所具有的上述高性能,不同于传统传感器(在技术上追求传感器本身的完善、对传感器的各个环节进行精心设计与调试、进行“手工艺品”式的精雕细琢),而是通过与微处理器/微计算机相结合,采用廉价的集成电路工艺和芯片以及强大的软件来实现的,所以性价比高。

四、智能传感器实现的途径

目前传感技术的发展是沿着三条途径实现智能化的。

1. 非集成实现

非集成化智能传感器是将传统的经典传感器(采用非集成工艺制作的传感器,仅具有获取信号的功能)、信号调理电路、带数据总线接口的微处理器组合为一整体而构成的一个智能传感器系统,其框图如图 6.4 所示。

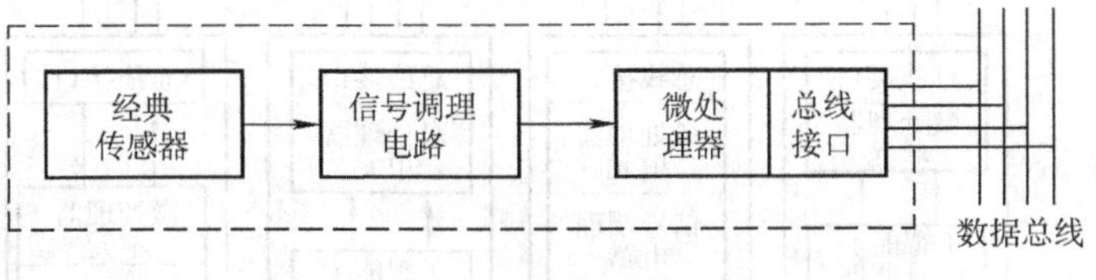

图 6.4 非集成式智能传感器框图

图 6.4 中的信号调理电路是用来调理传感器的输出信号,即将传感器输出信号进行放大并转换为数字信号后送入微处理器,再由微处理器通过接口挂接在现场数据总线上。

这是一种实现智能传感器系统的最快途径与方式。例如,美国罗斯蒙特公司、SMAR 公司生产的电容式智能压力(差)传感器系列产品,就是在原有传统式非集成化电容式传感器基础上附加一块带数据总线接口的微处理器插板组装而成的,并开发配备可进行通信、控制、自校正、自补偿、自诊断等智能化软件,从而实现智能传感器。

2. 集成化实现

这种智能传感器系统是采用微机械加工技术和大规模集成电路工艺技术,利用硅作为基本材料来制作敏感元件、信号调理电路、微处理器单元的,并把它们集成在一块芯片上面构成的,故又可称为集成智能传感器。其外形如图 6.5 所示。

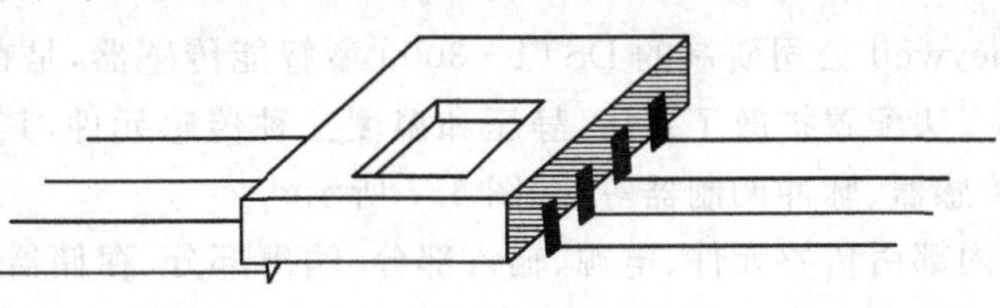

图 6.5 集成智能传感器外形示意图

现代集成化传感器技术,是指以硅材料为基础(硅既有优良的电性能,又有极好的力学性能)，采用微米级的微机械加工技术和大规模集成电路工艺技术来实现各种仪表传感器系统的微米级尺寸化。国外又称它为专用集成微型传感技术(ASIM)。其发展趋势主要有两种：一种是多功能化与阵列化，加上强大的软件信息处理；另一种是谐振式传感器，加上软件信息处理功能。

3. 混合实现

根据需要与可能，将系统中各集成化环节，如敏感单元、信号调理电路、微处理器单元、数据总线接口，以不同的组合方式集成在两块或三块芯片上，并装在一个外壳里，如图 6.6 所示。

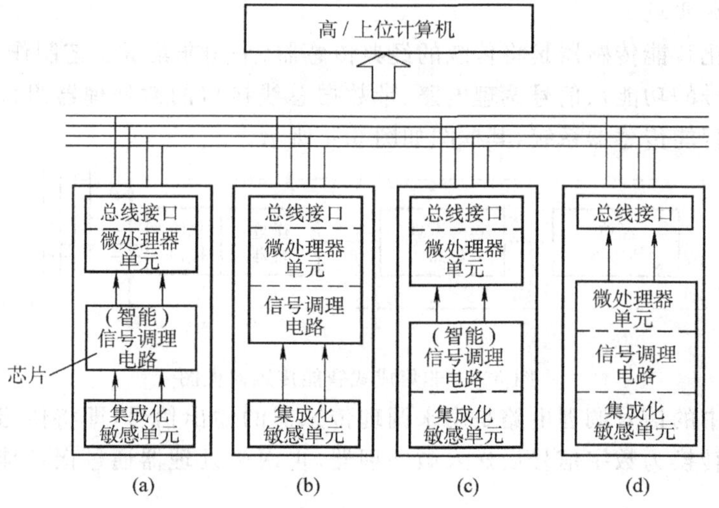

图 6.6　在一个封装中可能的混合集成实现方式

集成化敏感单元包括(对结构型传感器)弹性敏感元件及变换器。信号调理电路包括多路开关、仪用放大器、基准、模数转换器(ACD)等。微处理器单元包括数字存储器(EPROM、ROM、RAM)、I/O 接口、微处理器、数模转换器(DAC)等。

图 6.6(a)(c)中的(智能)信号调理电路带有零点校正电路和温度补偿电路，故具有部分智能化功能，如自校零、自动进行温度补偿。

五、智能传感器的应用

美国 Honeywell 公司研制的 DSTJ－3000 型智能传感器，是在同一块半导体基片上用离子注入法配置扩散了差压、静压和温度三种传感元件，其组成包括变送器、现场通信器、传感器、脉冲调制器等，如图 6.7 所示。

传感器的内部由传感元件、电源、输入部分、输出部分、存储器和微处理器(8bit)组成，级件可以互换，成为一种固态的二线制(4～20 mA)压力变送器。现场通信器的作用是发信息，使变送器的监控程序开始工作。传感器脉冲调制器是将变送器的输出变为脉宽调制信号。

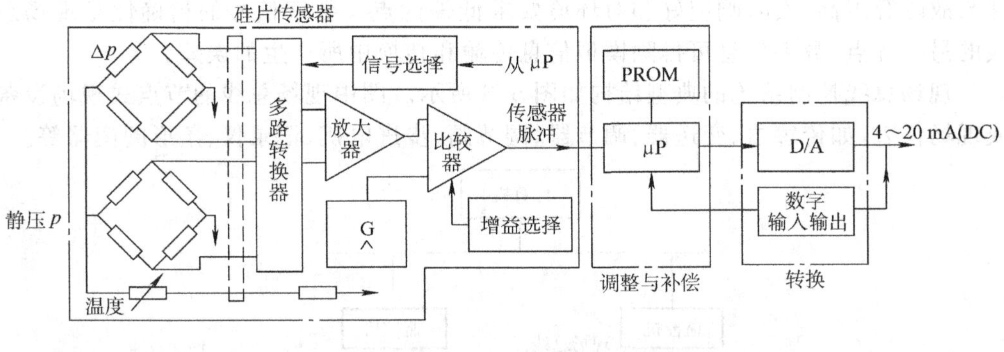

图 6.7　DSTJ－3000 型智能传感器框图

DSTJ－3000 型智能传感器的量程宽，可调到 100∶1(一般模拟传感器仅达 10∶1)，用一台仪器可覆盖多台传感器的量程；精度可达 0.1%。为了使整个传感器在环境变化范围内均可得到非线性补偿，生产后逐台进行差压、静压、温度试验，采集每个测量头的固有特性数据并存入各自的 PROM 中。

综上所述，智能传感器是应自动测控系统发展的需要而产生的，是微型计算机技术与传感器技术相结合的结晶，也是传感器技术克服自身不足向前发展的必然趋势。

第二节　现场总线

随着微电子技术的发展，微处理器和微控制器由于其性能的提高和价格的下降而在工业控制领域得到广泛应用。由于微处理器嵌入各种仪表仪器和检测系统，导致智能化的趋势逐步向下渗透。这一形势与对工业过程控制系统的进一步要求相结合，一种实现彻底分散的控制系统——现场总线控制系统就应运而生。

现场总线是一种工业数据总线，它是自动化领域中计算机通信体系最低层的低成本网络。根据国际电工委员会(IEC)的标准和现场总线基金会(FF)的定义，“现场总线是连接智能现场设备和自动化测试系统的数字式、双向传输多分支结构的通信网络”。现场总线技术的基本内容包括：以串行通信方式取代传统的 4～20 mA 的模拟信号；一条现场总线可为众多的可寻址现场设备实现多点链接，支持低层的现场智能设备与高层的系统利用公用传输介质交换信息；现场总线技术的核心是它的通信协议，这些协议必须根据国际标准化组织 ISO 的计算机网络开放系统互联的 OSI 参考模型来制定。

现场总线在智能现场设备、自动化系统之间提供一个全数字化的、双向的、多节点的通信链接。现场总线的出现促进了现场检测系统的数字化和网络化，并且使现场控制的可靠性高，稳定性好，抗干扰能力强，通信速率快。一个传统的 4～20 mA 控制回路通常只能传输代表过程变量的一个信号。现场总线能够在传送多个过程变量的同时，一并传送仪表的标识符和简单的诊断信息，具有监视与控制能力强、可靠性与故障容限高、实时响应好和对环境要求低等优点。数字信号的精确性是现场总线的另一优点，数字信息可排除模拟信息传输和转换中所产生的误差。

现场总线控制系统的典型结构如图 6.8 所示。图中现场总线的节点式现场设备或现场仪表，如传感器、变送器、调节器、调节阀、步进电机、记录仪、条形阅读器等。

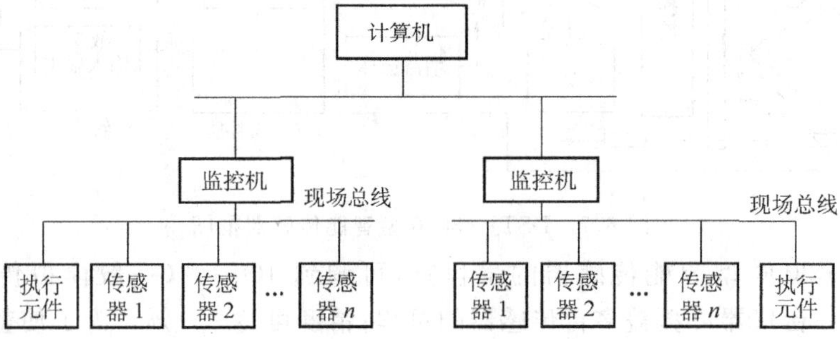

图 6.8　现场总线系统结构

目前，世界上出现多种现场总线的企业、集团和国家标准，但是却未能形成一种统一的国际标准。这主要有两个方面的原因：一是技术方面的原因，由于现场总线是应用于现场过程控制的通信网路，涉及许多底层设备的不同行业标准和用户习惯的继承，以及不同类型网络互联的协议制定；二是商业利益，各厂家都希望自己的技术在标准中占有更大份额，以便使国际标准给自己带来更大利益，互不相让，导致了目前多种现场总线共存的局面。目前较流行的现场总线主要有以下五种：CAN、LonWorks、PROFIBUS、HART 和 FF 等。

一、CAN(控制器局域网络)

控制器局域网络 CAN(Controller Area Network)是由德国 Bosch 公司从 20 世纪 80 年代初为解决现代汽车中众多的控制与测试仪器之间的数据交换而开发的一种串行数据通信协议，是一种有效支持分布式控制或实时控制的串行通信网络。其发展目标是逐步用于其他工业领域控制的现场总线。它定义了网络互联模型的物理层、数据链路层和应用层，其中物理层符合国际标准化组织 ISO11898 标准。CAN 具有如下特性。

①CAN 的通信速率为 5 kbps(10 km)、1 Mbps(40 m)，节点数为 110 个，传输介质为双绞线或光缆等。

②CAN 采用点对点、一点对多点及全局广播等几种方式发送和接收数据。

③CAN 采用循环冗余校验 CRC(Cyclic Redundancy Check)及其他检错措施，保证了极低的信息出错率。

④CAN 采用非破坏性总线优先级仲裁技术。当两个节点同时向网络发送信息时，优先级低的节点主动停止发送数据，优先级高的节点可不受影响地继续发送信息。因此，按节点类型分成不同的优先级字节数为 8 个，可以满足不同的实时要求。

⑤CAN 可实现全分布式多机系统，且无主从机之分，每个节点均可主动发送报文，用此特点可以方便地构成多机备份系统。

⑥CAN 节点具有自动关闭功能，当节点错误严重时，自动切断与总线的联系，这样不影响总线的正常工作。

⑦CAN 支持四类报文帧：数据帧、远程帧、出错帧、超载帧。它采用短帧结构，每帧有效字节数为 8 个。这样，传输时间短，受干扰的概率低，具有较好的检错结果。

⑧CAN 采用多主竞争式结构，具有多主站运行和分散仲裁的串行总线和广播通信特点。信道访问方式为带优先级的 CAMA/CD 技术。采用位填充的不归零制信号编码方式，其数据传输速率为 1 Mbps，最大传输距离为 1 000 m。以位仲裁方式(11 位标识码)确定数据块的优先级。

目前 CAN 单片机有 MOTOROLA 公司生产的带 CAN 模块的 MC68HC05x4. PHILIPS 公司生产的 82C200，INTEL 公司生产的带 CAN 模块的 P8XG592 系列。CAN 控制器有 PHILIPS 公司生产的 82C200，INTEL 公司生产的 82527 系列。CAN I/O 器件有 PHILIPS 公司生产的 82C150，具有数字和模拟 I/O 接口功能。

二、LonWorks(局部操作网络)

局部操作网络 LonWorks 是由美国 Echelon 公司研制的，其设计成本低，具有通信与操作功能，主要应用于工业自动化、机械设备控制，是低层次工业网络最有希望的一种网络。LonWorks 是集控制器和网络通信处理器为一体的芯片 Neuron 的串行总线，它是一种对等网络，主要有如下特点。

①LonWorks 通信速率为 78 kbps(2 700 m)、1.25 Mbps(130 m)，字节数是 32 000个，传输介质为双绞线、同轴电缆、光缆、电源线等。

②LonWorks 采用 LonTalk 通信协议，该协议遵循国际标准化组织 ISO 定义的开放系统互联 OSI(Open System Interconnection)全部 7 层模型。

③LonWorks 的核心是 Neuron(神经元)芯片(MC143150 和 MC143120)，内含 3 个 8 位的 CPU：第一个 CPU 为介质访问控制处理器，实现 LonTalk 协议的第 1 层和第 2 层；第二个 CPU 为网络处理器，实现 LonTalk 协议的第 3 层和第 6 层；第三个 CPU 为应用处理器，实现 LonTalk 协议的第 7 层，执行用户代码及用户代码所调用的操作系统服务程序。

④Neuron 芯片的编程语言为 Neuron C，它是从 ANSIC 派生出来的。

⑤LonTalk 协议提供五种基本类型的报文服务：确认、非确认、请求/响应、重复、非确认重复。

⑥LonTalk 协议的介质访问控制子层对 CSMA 作了改进，采用一种新的称为 Predictive P - Persistent 的 CSMA，根据总线负载随机调整时间槽 n(1～63)，在负载较轻时使介质访问延迟最小化，而在负载较重时使冲突的可能性最小化，从而使传输介质发挥它的最大传输容量。

三、PROFIBUS(过程现场总线)

过程现场总线PROFIBUS是德国标准，是1991年在DIN19245中公布的标准。PROFIBUS有几种改进型，分别用于不同的场合，比如，PROFIBUS-PA用于过程自动化，通过总线供电，提供本质安全型，可用于危险防爆区域；PROFIBUS-FMS用于一般自动化；PROFIBUS-DP用于加工自动化，适用于分散的外围设备。PROFIBUS为开放系统协议。为了保证产品质量，在德国建立了FZI信息研究中心，对制造厂和用户开放，可对其产品进行一致性检测和实验性检测。

四、HART(可寻址远程传感器数据通路)

HART是美国Rosemount公司研制的。其协议可参照ISO/OSI模型的物理层、数据链路层和应用层。它主要有如下特性。

1)物理层　采用基于Bell 202通信标准的FSK技术，即在直流4～20 mA模拟信号上叠加FSK数字信号，逻辑1为1 200 Hz，逻辑0为2 200 Hz，波特率为1 200 bps，调制信号为±0.5 mA或$U_{p\text{-}p}=0.25$ V(250 Ω负载)。用屏蔽双绞线单台设备距离为3 000 m，而多台设备互联距离为1 500 m。

2)数据链路层　数据帧长度不固定，最长为25个字节。寻址为0～15，当地址为0时，处于直流4～20 mA与数字通信兼容状态；当地址为1～15时，则处于全数字通信状态。通信模式为“问答式”或“广播式”。

3)应用层　应用层规定了三种命令：第一种是通用命令，适用于遵守HART协议的所有产品；第二种是普通命令，适用于遵守HART协议的大部分产品；第三种是特殊命令，适用于遵守HART协议的特殊产品。

五、FF(现场总线基金会)

现场总线基金会(Fieldbus Foundation，FF)是国际公认的唯一不附属于某企业的公正的非商业化的国际标准化组织。其宗旨是制订统一的现场总线国际标准，无需专利许可，可供任何人使用。它定义了网络互联模型中的物理层、数据链路层、应用层和用户层。其主要特性如下。

(1)物理层

传输介质采用有线电缆、光纤、无线通信和双绞线。通过有线电缆传送信号定义了两种速率标准：H1和H2。H1为用于过程自动化的低速总线，波特率为31.25 kbps，传输距离为200～1 900 m(取决于传输介质)，总线供电，提供本质安全型；H2为用于制造自动化的高速总线，波特率为1.0Mbps/750 m或2.5 Mbps/500 m。

(2)数据链路层

DLL低层(介质访问)功能有：基本设备不能主动发起通信，只能接受查询；链路主设备在得到令牌时可以发起一次通信；每个网段的链路主设备中有一个活动调节器，发起周期和非周期通信。DLL 高层数据传输功能有无连接数据传输，发行数据定向连接传输，请求/响应数据定向连接传输。

(3)应用层

应用层定义了如何应用读、写、中断和操作信息及命令，同时也对网络进行控制，统计失败和检测新加入或退出网络的装置。应用层由访问子层 FAS 和报文规范 FMS 组成。FAS 提供三类服务：发布/索取、客户机/服务器和报文分发。FMS 规定了访问应用进程 AP 和报文的格式及服务。

(4)用户层

用户层获取传输信息并完成相应的任务。规定了标准的功能模块，利用功能模块数据结构执行数据采集、处理、控制和输出，因而给用户带来极大的方便。

综上所述，现场总线的发展趋势为：在保证数据传输高可靠性的基础上，尽量简化网络协议；在保证较高性价比的基础上，不断增加网络的传输带宽，加大传输距离；网络结构由单一主从式向多主方式进化；试图采用同一根传输电缆实现数据传送和向现场装置供电。因此，现场总线标准的统一是必然的。

第三节　虚拟仪器

随着计算机技术的不断发展，自动化测试仪器系统开始向计算机化的方向发展。虚拟仪器(Virtual Instrument，VI)就是其中最具有代表性的一种。它是现代计算机技术、仪器技术及其他新技术完美结合的产物，是当今计算机辅助测试领域的一项重要技术。虚拟仪器技术的提出与发展，标志着 21 世纪自动检测与电子测量仪器技术发展的一个重要方向。

一、虚拟仪器的发展与特点

1. 虚拟仪器的发展

随着计算机技术、微电子技术和大规模集成电路技术的发展，电子测量仪器也随之不断地发展，大体可分为四代：模拟仪器、数字化仪器、智能仪器和虚拟仪器。

第一代是模拟仪器。其基本结构是电磁机械式结构，测量结果依靠指针显示。如指针式万用表、晶体管电压表等。

第二代是数字化仪器。它是将模拟信号转换位数字信号，以数字形式输出与显示最终结果。如数字万用表、数字频率计等。

第三代是智能仪器。这种仪器内部设置微处理器，既可以进行自动检测，又具有一定的数据处理能力，其功能模块是以硬件与固化的软件形式存在。

第四代是虚拟仪器。这种仪器是基于计算机的软硬件测试平台，在必要的数据采集硬件和通用计算机支持下，通过软件来实现仪器的部分或全部功能。虚拟仪器以计算机为核心，充分利用计算机强大的图形界面和数据处理能力，提供对测量数据的分析和显示功能。虚拟仪器完全采用新的检测理念、新的仪器结构、新的检测方法和新的开发手段,其先进技术十分符合国际上流行的“硬件软件化”的发展趋势,因而常被称作“软件仪器”,是电子测量技术与仪器领域中的一次技术飞跃。

虚拟仪器技术的开发和应用源于1986年美国的国家仪器公司(National Instruments Corporation,简称NI)设计的LabVIEW,它是一种基于图形的开发、调试和运行程序的集成化环境,实现了虚拟仪器的概念。NI公司认为,虚拟仪器技术就是利用高性能的模块化硬件,结合高效灵活的软件来完成各种测试、测量和自动化的应用,并能创建完全自定义的用户界面,模块化的硬件能方便地提供全方位的系统集成,标准的软硬件平台能满足对同步和定时应用的需求。

2.虚拟仪器的特点

虚拟仪器与传统仪器相比,具有以下优点。

①融合计算机强大的硬件资源,突破了传统仪器在数据处理、显示、存储等方面的限制,大大增强了传统仪器的功能。

②利用了计算机丰富的软件资源,实现了部分仪器硬件的软件化,增加了系统灵活性。通过软件技术和相应数值算法,可以实时、直接地对测试数据进行各种分析与处理。同时,图形用户界面技术使虚拟仪器界面友好,人机交互方便。

③基于计算机的开放式标准体系结构。虚拟仪器的软硬件都具有开放性、可重复使用和互换性等特点。用户可以根据自己的需要,选用不同厂家的产品,使仪器系统的开发更为灵活,效率更高,缩短了系统组建时间。

④基于计算机网络技术和接口技术,与传统仪器相比,更方便与其他仪器设备、网络等连接,易于构成自动检测系统,易于实现测量与控制过程的智能化、网络化,从而使检测系统更开放,更灵活。

⑤虚拟仪器基于计算机总线和模块化仪器总线技术,硬件实现了模块化、系列化,同时利用计算机及软件将多种检测功能集成于一体的方法,不仅缩短了检测时间,而且提高了检测的精度。

二、虚拟仪器的结构组成

虚拟仪器系统的结构体系主要由硬件和软件两部分组成。其结构如图6.9所示。

1.虚拟仪器的硬件系统

虚拟仪器的硬件系统一般由计算机硬件平台和采集与控制功能硬件两部分组成。计算机硬件平台可以是各种类型的计算机,如台式计算机、便携式计算机、工作站、嵌入式计算机等。计算机用于管理虚拟仪器的软硬件资源,是虚拟仪器的硬件基础。计算机在显示、存储能力、处理性能、网络和总线标准等方面的发展,导致了虚拟仪器系统的快速发展。

采集与控制功能硬件主要是完成被测信号的放大、A/D转换和采集功能。具体测量仪器硬件模块是指各种传感器、信号调理电路、A/D转换器、D/A转换器、数据

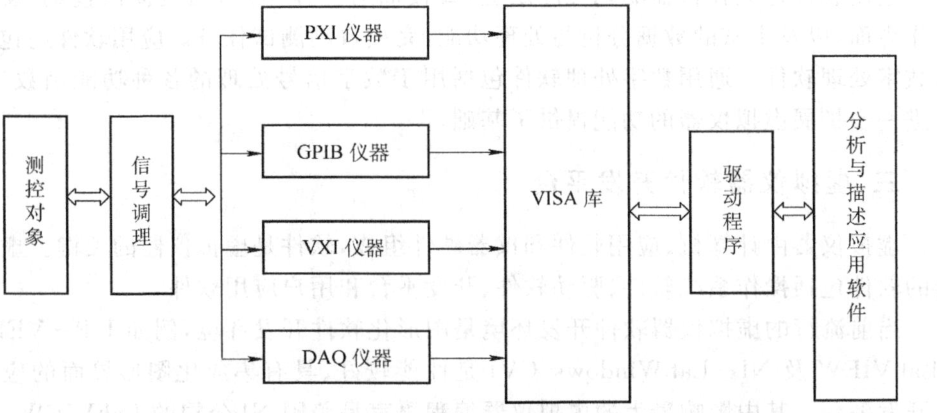

图 6.9　虚拟仪器系统结构

采集器等。其构成方式按照接口标准不同，可分为 GPIB、VXI、PXI 和 DAQ 四种。

DAQ 指的是基于计算机标准总线（如 ISA、PCI、PC104 等）的内置功能插卡，它更加充分地利用计算机的资源，大大增加了测试系统的灵活性和扩展性。利用 DAQ，可方便快速地组建虚拟仪器，实现“一机多型”和“一机多用”。在性能上，随着 A/D 转换技术、仪器放大技术、滤波技术与信号调制技术的迅速发展，DAQ 的采样速度已达到 1Gbps，精度高达 24 位，通道数高达 64 个，并能任意结合数字 I/O、模拟 I/O、计数器/定时器等通道。

VXI 总线体系结构综合了 GPIB 和 VME 总线的特点，由 VXI 模块集成的系统硬件集成度高、数据传输速率高、便携性好，是目前最受业界关注的体系结构之一。VXI 系统结构中的嵌入式计算机控制方式由于在系统的体积、系统控制速率和电磁兼容性方面具有优势，因此，一般应用于在性能要求较高和投资较大的场合。

2. 虚拟仪器的软件系统

虚拟仪器的软件系统由 VISA 库、驱动程序和应用程序组成。虚拟仪器最核心的思想，就是利用计算机的软件和硬件资源，使本来需要硬件或电路实现的技术软件化和虚拟化，最大限度地降低系统成本，增强系统的功能与灵活性。基于软件在虚拟仪器系统中的重要作用，从底层到顶层，虚拟仪器的软件系统框架也包括三个部分：VISA 库、仪器驱动程序和应用软件。

VISA 虚拟仪器软件体系结构，实质就是标准 I/O 函数库及其相关规范的总称。一般称这个 I/O 函数库为 VISA 库。它驻留于计算机系统中，执行仪器总线的特殊功能，使计算机与仪器之间的软件层连接，以实现对仪器驱动程序的控制。

仪器驱动程序的实质是为用户提供用于仪器操作的较抽象的操作函数集。对于应用程序来说，它对仪器的操作是通过仪器驱动程序来实现的。仪器驱动程序对于仪器的操作与管理，又是通过 I/O 软件所提供的统一基础与格式的函数库的调用来实现的。虚拟仪器驱动程序是连接上层应用程序与底层 I/O 接口软件的纽带和桥梁。

应用软件建立在仪器驱动程序之上，直接面对操作用户，通过提供直观、友好的操作界面，以及丰富的数据分析与处理功能，完成自动测试任务。应用软件还包括通用数字处理软件。通用数字处理软件包括用于数字信号处理的各种功能函数，为用户进一步扩展虚拟仪器的功能提供了基础。

三、虚拟仪器软件开发平台

虚拟仪器由计算机、应用软件和仪器硬件组成，软件是虚拟仪器的关键。虚拟仪器的软件包括操作系统软件、驱动软件、开发平台和用户应用软件。

当前流行的虚拟仪器软件开发环境是图形化软件开发环境，例如 HP－VEE、NI－LabVIEW 及 NI－LabWindows/CVI 是性能较好、具有集成化图形界面的应用程序开发平台。其中影响最大的虚拟仪器编程语言是美国 NI 公司的 LabVIEW。

1. LabVIEW 概述

LabVIEW 是实验室虚拟仪器集成环境（Laboratory Virtual Instrument Engineering Workbench）的简称，是美国国家仪器公司的创新软件产品，也是目前应用最广、发展最快、功能最强的图形化软件开发集成环境。

LabVIEW 是一种图形化的编程语言，它广泛地被工业界、学术界和研究实验室所接受，视为标准的数据采集和仪器控制软件。LabVIEW 集成与满足了 GPIB、VXI、RS－232 和 RS－485 协议的硬件及数据采集卡通信的全部功能。它还内置了便于应用 TCP/IP、ActiveX 等软件标准的库函数。这是一个功能强大且灵活的软件。利用它可以方便地建立自己的虚拟仪器，其图形化的界面使编程及使用过程都生动有趣。

从 LabVIEW 研制开发的过程可以看到，虽然 LabVIEW 本身是一个功能比较完整的软件开发环境，但它是为替代常规的 BASIC 或 C 语言而设计的，LabVIEW 是编程语言而不仅仅是一个软件开发环境。作为编写应用程序的语言，除了编程方式不同外，LabVIEW 具备语言的所有特性，因此又称之为 G 语言。

G 语言是一种适合应用于任何编程任务，具有扩展函数库的通用编程语言。和 BASIC 或 C 语言一样，G 语言定义了数据模型、结构类型和模块调用语法规则等编程语言的基本要素，在功能完整性和应用灵活性上不逊于任何高级语言，同时，G 语言丰富的扩展函数库还为用户编程提供了极大的方便。这些扩展函数库主要面向数据采集、GPIB 和串行仪器控制，以及数据分析、数据显示和数据储存。G 语言还包括常用的程序调试工具，比如允许设置断点、单步调试、数据探针和动态显示执行程序流程等功能。G 语言于传统高级编程语言最大的差别在于编程方式，一般高级语言采用文本编程，而 G 语言采用图形化编程方式。

2. LabVIEW 的运行机制

G 语言是 LabVIEW 的核心，G 语言编写的程序称为虚拟仪器 VI（Virtual Instruments），因为它的界面和功能与真实仪器十分相像。一个 VI 由前面板（Front panel)和程序流程图(Block diagram)组成。

前面板是图形用户界面,也就是 VI 的虚拟仪器面板,与真实物理仪器面板相似。这一界面上有用户输入和显示输出两类对象,具体表现有开关、旋钮、图形以及其他控制和显示对象。图 6.10(a)所示是一个随机信号发生器显示的简单 VI 的前面板,上面有一个显示对象,以曲线的方式显示了所产生的一系列随机数。还有一个控制对象——开关,可以启动和停止工作。显然,并非简单地画两个控件就可以运行,在前面板后还有一个与之配套的流程图。

流程图提供 VI 的图形化源程序。在流程图中对 VI 编程以控制和操纵定义在前面板上的输入和输出功能。流程图中包括前面板上的控件的连线端子,还有一些前面板上没有但编程必须有的东西,例如函数、结构和连线等。图 6.10(b)是与图 6.10(a)对应的流程图。可以看到流程图中包括了前面板上的开关和随机数显示器的连线端子,还有一个随机数发生器的函数及程序的循环结构。随机数发生器通过连线将产生的随机信号送到显示控件,为了使它持续工作下去,设置了一个 While Loop 循环,由开关控制这一循环的结束。

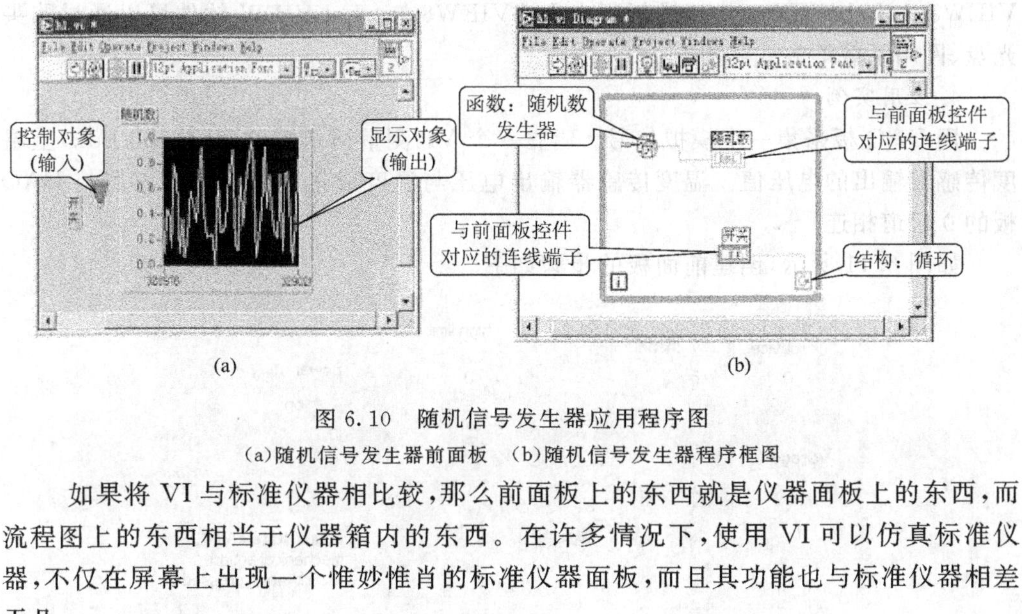

图 6.10　随机信号发生器应用程序图

(a)随机信号发生器前面板　(b)随机信号发生器程序框图

如果将 VI 与标准仪器相比较,那么前面板上的东西就是仪器面板上的东西,而流程图上的东西相当于仪器箱内的东西。在许多情况下,使用 VI 可以仿真标准仪器,不仅在屏幕上出现一个惟妙惟肖的标准仪器面板,而且其功能也与标准仪器相差无几。

3. LabVIEW 应用

LabVIEW 自 1986 年正式推出至今,已经从最初单一图形化编程功能、单一运行平台发展到运行于 Windows NT/2000、Linux、Macintosh、Sun 和 HP - UX 等多种平台的工业标准软件开发环境。

(1)LabVIEW 应用于测试与测量

LabVIEW 已成为测试与测量领域的工业标准,通过 GPIB、VXI、PLC、串行设备和插卡式数据采集板可以构成实际的数据采集系统。它提供了工业界最大的仪器驱动程序库，同时还支持通过 Internet、ActiveX、DDE 和 SQL 等交互式通信方式实现数据共享，它提供的众多开发工具使复杂的测试与测量任务变得简单易行。

(2)LabVIEW 应用于过程控制和工业自动化

LabVIEW 强大的硬件驱动、图形显示能力和便捷的快速程序设计，为过程控制和工业自动化应用提供了优秀的解决方案。对于更复杂更专业的工业自动化领域，在 LabVIEW 基础上发展起来的 BridgeVIEW 是更好的选择。

(3)LabVIEW 应用于实验室研究与自动化

LabVIEW 为科学家和工程师提供了功能强大的高级数学分析库，包括统计、估计、回归分析、线性代数、信号生成算法、时域与频域算法等众多科学领域，可满足各种计算和分析需要。即使在联合时域分析、小波和数字滤波器设计等高级或特殊分析场合，LabVIEW 也为此提供了专门的附加软件包。

LabVIEW 是一个具有高度灵活性的开发系统，用户可以根据自己的应用领域和开发要求选择 LabVIEW 系统配置。目前常用 LabVIEW 软件的版本有 LabVIEW5.1、LabVIEW6.0 和最新版本 LabVIEW8.0。LabVIEW 软件可以通过购买光盘、网络下载等方式获得。

4. 应用实例

用 DAQ 板采集一个模拟信号。建立一个 VI，测量演示实验盒(Demo Box)上温度传感器输出的电压值。温度传感器输出电压与温度成正比。温度传感器与 DAQ 板的 0 通道相连。

如图 6.11 所示，创建前面板的步骤如下。

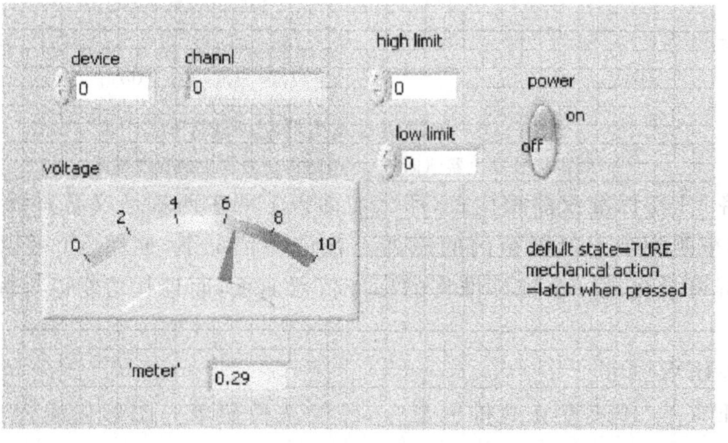

图 6.11 用 DAQ 板采集一个模拟信号的程序面板

①打开一个新的面板。

②按照图 6.11 修改前面板的标签，添加自由标注。Device 控制部件设定 DAQ 板的装置号，high limit 和 low limit 控制部件设定输入信号范围，voltage 表头(Numeric子模块)显示电压。需要说明的是，VI 会根据 high limit 和 low limit 控制

部件所定的上下限自动调整 DAQ 板的增益。

③把 voltage 表的量程设置为 0.0～0.5。用标签工具双击表上的量程数字 10.0，然后键入 0.5。为了在表上能显示上述的量程，可以拖曳表头使之扩大。

其框图程序如图 6.12 所示，创建过程如下。

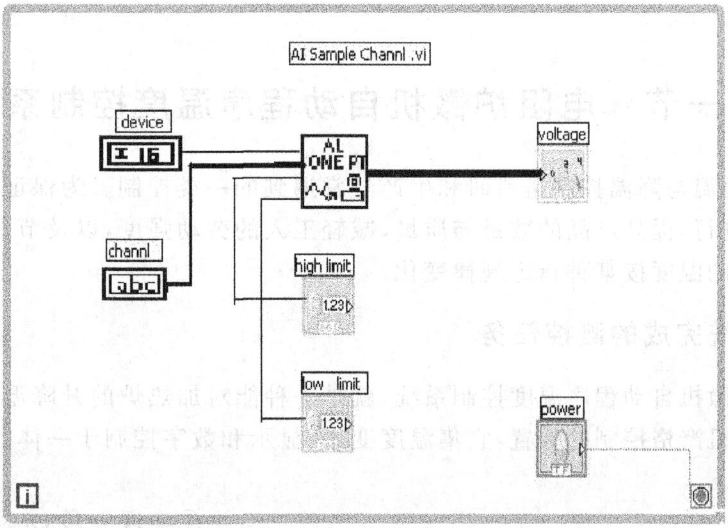

图 6.12　用 DAQ 板采集一个模拟信号的程序框图

①建立如图 6.12 所示的框图程序。其中，AI Sample Channel VI(Data Acquisition→Analog Input 子模板)是子模块程序。主要测量指定通道上信号的一个采样点，并返回测量数据，执行模数转换操作。在练习中，这个 VI 读取模拟输入通道 0 上的电压值，并返回数据。

②返回前面板，打开 Power 开关，运行 VI。表头上应显示温度传感器输出的电压值。用手握住温度传感器，注意观察电压的升高。如果采样过程出错，Easy I/O 类型的 VI 会自动出现一个对话框，在对话框内显示出错号码，并且告诉你出现错误。

③为了模拟一个出错条件，在 device 中输入数字 0，再运行此 VI，然后就会出现一个对话框。

④以文件名 Voltmeter. vi 保存此 VI。关闭 VI。

习题与思考题

6.1　什么是智能传感器？智能传感器有哪些实现途径？

6.2　什么是现场总线？常用的现场总线有几种类型？它们各有什么特点？

6.3　什么是虚拟仪器？它与传统仪器有什么区别？

6.4　虚拟仪器由哪几部分组成？各部分有什么特点？

第七章　自动检测技术应用举例

第一节　电阻炉微机自动程序温度控制系统

升温、恒温与降温控制是科研和生产经常遇到的一类控制。为保证生产过程正常、安全地进行，提高产品的数量与质量，减轻工人的劳动强度，以及节约能源，常要求加热对象的温度按某种指定规律变化。

一、系统完成的测控任务

电阻炉微机自动程序温度控制系统，就是一种能对加热炉的升降温速率和恒温时间用单片机严格控制的装置，它集温度变送、显示和数字控制于一体，可以完成以下测控任务。

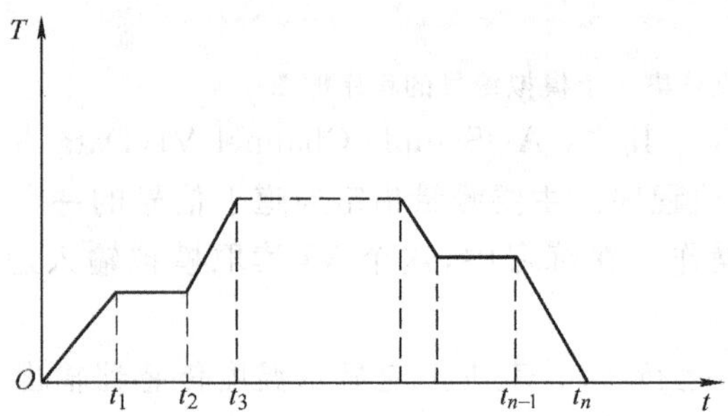

图 7.1　温度程序设定曲线

①实现 n 段($n \leqslant 28$)可编程调节，程序设定曲线如图 7.1 所示，操作者只需设定转折点的温度 T_i 和时间 t_i，即可进行恒速升温、恒温、恒速降温，获取所需程控曲线。

②具有热电偶冷端温度自动补偿，热电偶非线性校正和数字滤波功能，检测精度达±1 ℃，加热最高温度为 1 100 ℃。

③具有输出电源同步脉冲控制晶闸管进行自动调节加热电源电压的功能。

④采用 6 位 LED 显示，其中 2 位显示运行状态的段号，4 位显示数值，通常显示温度，也可改变为显示时间，10 s 后自动返回显示温度。

⑤具有显示系统运行状态及超温、故障报警功能，并在故障时自动切断加热电源，达到保护的作用。

⑥输出通道与主机进行光电隔离，使系统具有较强的抗干扰能力。

⑦可在线设置或修改参数与状态。

⑧微机具有掉电保护功能。

为了达到以上要求，下面就系统的软硬件部分作简要介绍。

二、系统硬件部分

电阻炉微机自动程序温度控制系统硬件原理框图如图 7.2 所示，该系统是对温度进行检测及控制的闭环系统，系统采用直接数字控制（DDC）方式，它由微机（单片机）部分、键盘及显示器、I/O 接口及光电耦合、温度检测与放大电路、晶闸管加热系统等部分组成。

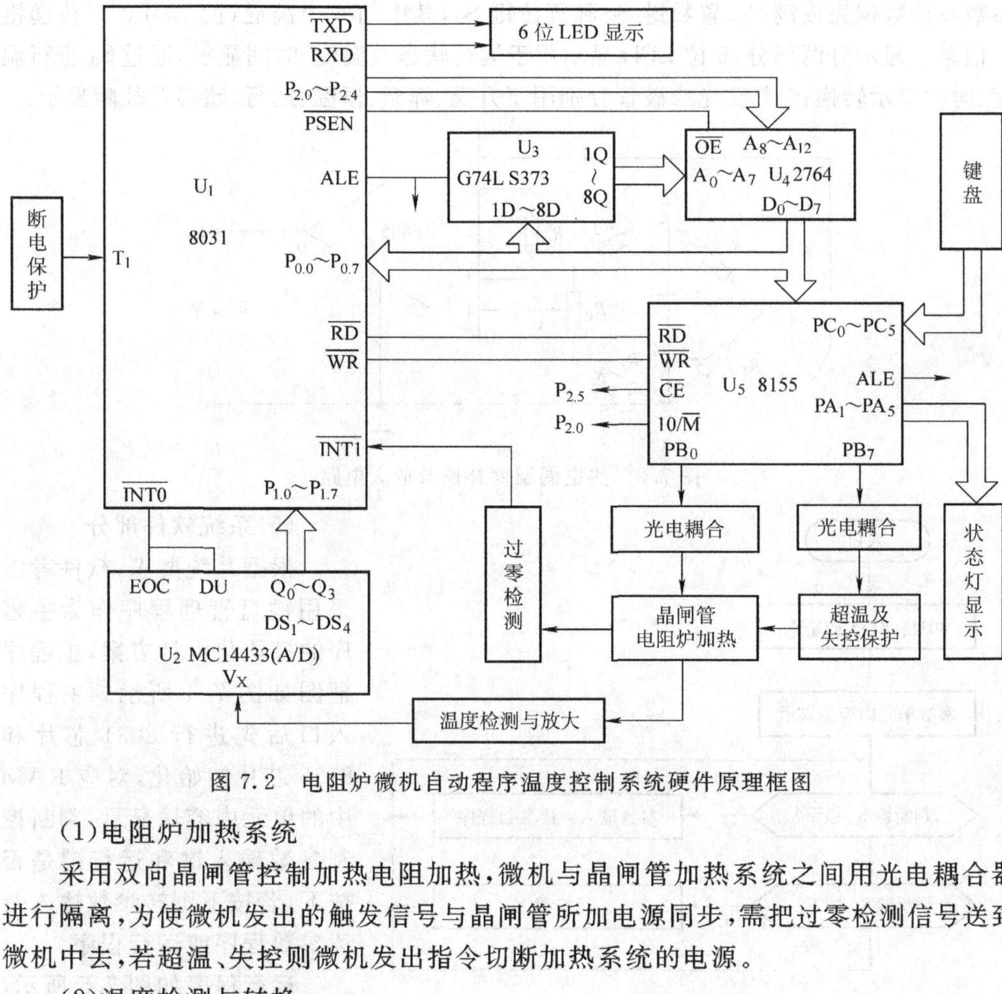

图 7.2　电阻炉微机自动程序温度控制系统硬件原理框图

（1）电阻炉加热系统

采用双向晶闸管控制加热电阻加热，微机与晶闸管加热系统之间用光电耦合器进行隔离，为使微机发出的触发信号与晶闸管所加电源同步，需把过零检测信号送到微机中去，若超温、失控则微机发出指令切断加热系统的电源。

（2）温度检测与转换

温度检测采用镍铬-镍硅 K 型热电偶，把热电偶输出的毫伏电压信号经冷端温度补偿后进行放大（图 7.3），然后进行 A/D 转换（MC14433）送到微机。

（3）单片机硬件系统

单片机 CPU 选用 8031 芯片，外加 EPROM2764 芯片、8155 芯片、74LS373 地址锁存器组成单片机硬件系统。8031P1 口用于接收温度信号；P2 口用于 ROM 扩展，

P0 口用于数据转送;T1 口用于断电保护,$\overline{INT1}$中断用于接收过零检测信号;串行口输出进行 6 位 LED 显示;8155 内部 RAM 用于控制参数的存储;PA 口用于发光二极管状态显示;PB 用于控制晶闸管加热及超温、失控保护;PC 口用于键盘输入。

(4)键盘及显示

键盘根据需要只设置 7 个键,这 7 个键分别是控制参数输入准备键 S_A、读控制实时时间键 S_B、运行键 S_C、控制参数写入及读数据键 S_{D1}(与位置显示开关 S_{D2} 联动)、输入参数及读数据完成键 S_E、置数键 S_F 和复位键 S_R,其中前 6 个键通过 8155PC 口传递键入信息。显示分两部分:6 位 LED 显示用于运行状态及温度、时间显示,通过 S_B 进行温度、时间显示转换;6 个发光二极管分别用于升温、降温、恒温、运行、超温及故障显示。

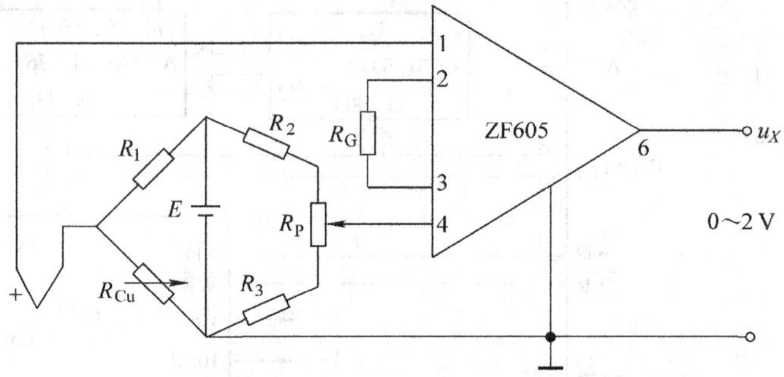

图 7.3　热电偶温度补偿及放大电路

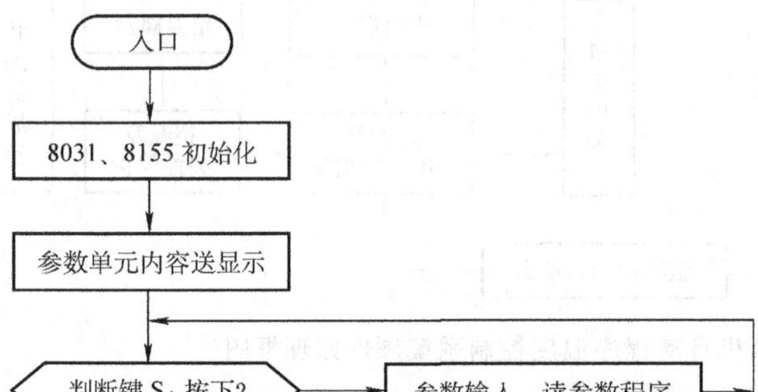

图 7.4　主程序框图

(5)系统软件部分

根据系统要求,软件考虑采用键盘管理程序作为主程序的模块化设计方案,主程序框图如图 7.4 所示。主程序入口后先进行 8031 芯片和 8155 芯片初始化,对应 RAM 中的单元内容送显示,判断控制参数输入键和运行键是否按下,若按下则转参数输入及读参数程序或运行程序。

运行程序如图 7.5 所示,其中状态单元内容是人为设置的,是输入的一种参数,若为 A,则表示恒温控制,B 表示升温控制,C 表示降温控制,E 表示整个加热工艺过程结束,显示"End",若不是以上四种符号,表示运行过程中有出错,则显示"Err",切断加热电源,状态显示熄灭,最后判 S_E 键是否按下,若按下则返回主程序。运行程序中调用恒温控制、升温控制和降温控制三个子程序。子程序中均由采样、数字滤波、线性化处理及数字控制计算(PID 运算)等部分组成,每个子程序中都把最后结果送显示。这样，系统就可根据给定参数完成程序温度控制的任务。

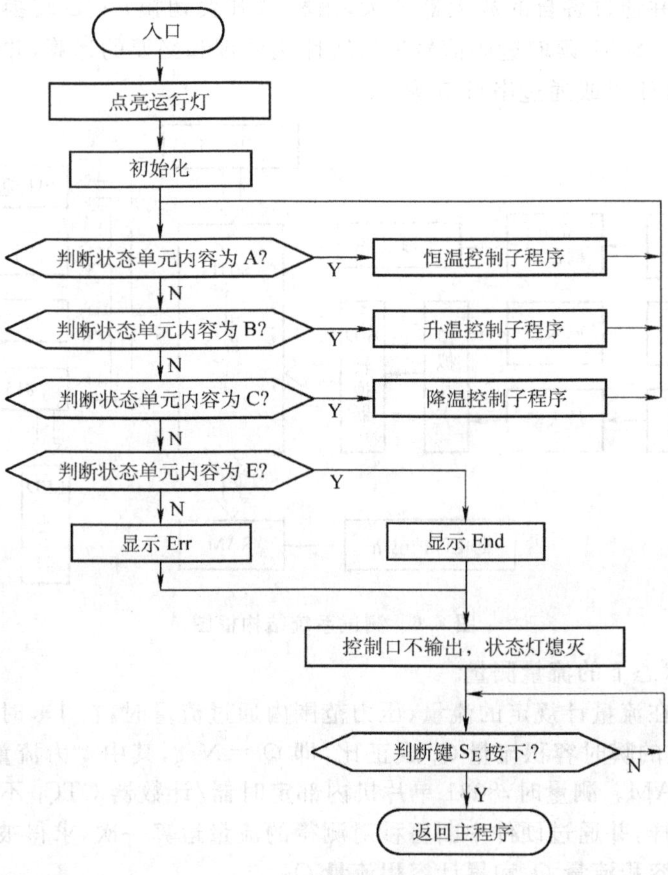

图 7.5　运行程序框图

第二节　智能气体流量测试系统

在气体流量测量中，很多场合不仅需要测量当时状态下的瞬时流量和累计流量，而且还要测量标准状态下的瞬时流量和累计流量。传统的流量计只能计量当时状态下的流量，而要实现标准状态下的流量计量则很困难。一般是根据测得的当时状态下的流量，通过人工换算而求得标准状态下的流量，工作量大，精度低。下面介绍一种把8031单片机与传统流量计结合起来的智能气体流量测试系统。该系统具有自动补偿、自寻故障等功能，它可配接多种脉冲量输出的气体流量计，实现各种状态下的流量计量。

一、系统组成及工作原理

气体流量测试系统框如图7.6所示。流量计量输出的脉冲信号经光电耦合和整形后，由 8031 单片机读取，同时被测气体的温度和压力分别由铂电阻和固态阻式压力传感器检测并通过各自的放大器放大，由模拟开关切换，A/D 转换器分别采样转换成数字信号。8031 读取这些信号进行线性化处理和必要的运算，并将结果送 LED 显示，也可由打印机或通过串行口输出。

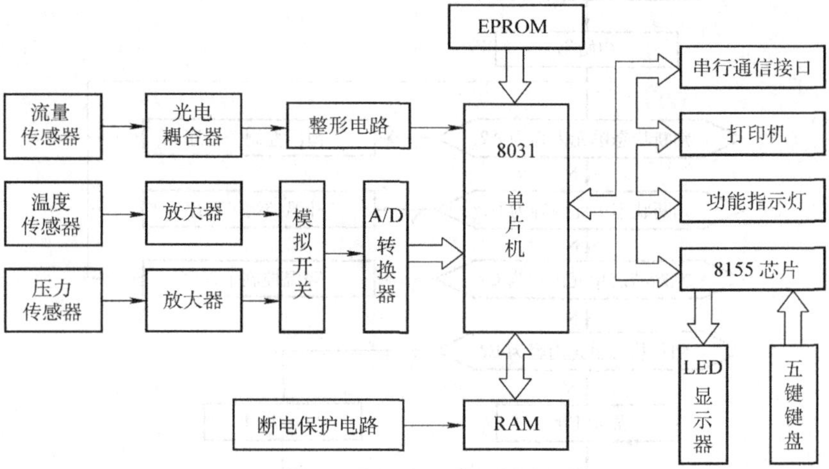

图 7.6　测试系统结构框图

(1)当时状态下的流量测量

被测气体在流量计规定的流量、压力范围内通过流量时，在 1 s 时间内输出的脉冲数 N 与通过的瞬时容积流量 Q_i 成正比，即 $Q_i=N/\zeta$，其中 ζ 为流量计系数，可通过键盘输入 RAM。测量时，8031 单片机内部定时器/计数器 CTC_1 不断对流量计输出的脉冲数采样，并通过硬件中断每秒对测得的流量运算一次，求得被测气体在当时状态下的瞬时容积流量 Q_i 和累计容积流量 Q_V。

(2)标准状态下的气体流量

为了测得标准状态下的瞬时容积流量和累计容积流量，需要对当时状态下的瞬时容积流量进行温度、压力补偿。测量系统在硬件上通过 8031 单片机外部中断 $\overline{\text{INT1}}$分时对被测气体的温度和压力采样，再由软件对温度、压力信号进行相应的线性化处理，并依据理想气体状态方程，对当时状态下的瞬时容积流量 Q_i 进行温度、压力补偿运算，从而得到标准状态下的瞬时容积流量，进而求得标准状态下的累计流量。理想气体状态方程式为

$$Q_0=Q_1\frac{p_1}{p_0}\frac{T_0}{T_1}$$

式中：Q_0、p_0 和 T_0 分别为气体在标准状态下的瞬时容积流量、绝对压力和绝对温度；Q_1、p_1 和 T_1 分别为气体在当时状态下的瞬时容积流量、绝对压力和绝对温度。

二、系统硬件及特点

测试系统的硬件采用积木式结构，它由输入模板、主模板和显示/键盘模板组成。

由于采用积木式结构，系统结构紧凑，调试方便，易于维护。

（一）输入模板

测试系统不仅要测得当时状态下的瞬时容积流量和累计容积流量，而且要对当时状态下的瞬时容积流量进行温度、压力补偿，求得标准状态下的瞬时容积流量和累计容积流量。因此，输入模块上不仅要设计能接收流量计输出的数字量输入通道，还要设计能接收温度、压力传感器输出的模拟量输入通道。其结构如图 7.7 所示。

为了提高测试系统的抗干扰能力，流量信号采用光电耦合、脉冲整形的传输方式，有效地抑制干扰信号的影响。光电耦合器的输入阻抗较低，而干扰源的内阻一般较大，所以传输到 8031 单片机的干扰信号就很弱；另外，光电耦合器是以电流方式工作，即使干扰源有较大的幅值，但其能量较小，干扰信号就难以通过光电耦合器。但光电耦合器频率响应范围较小，其输出波形质量随着输入信号频率增大而变差。为了使 8031 单片机能正确无误地采样，流量信号在经过光电耦合器后，还需要再整形。实践表明，流量信号经过光电耦合和整形处理，测试系统抗干扰能力强，信噪比高，工作可靠。

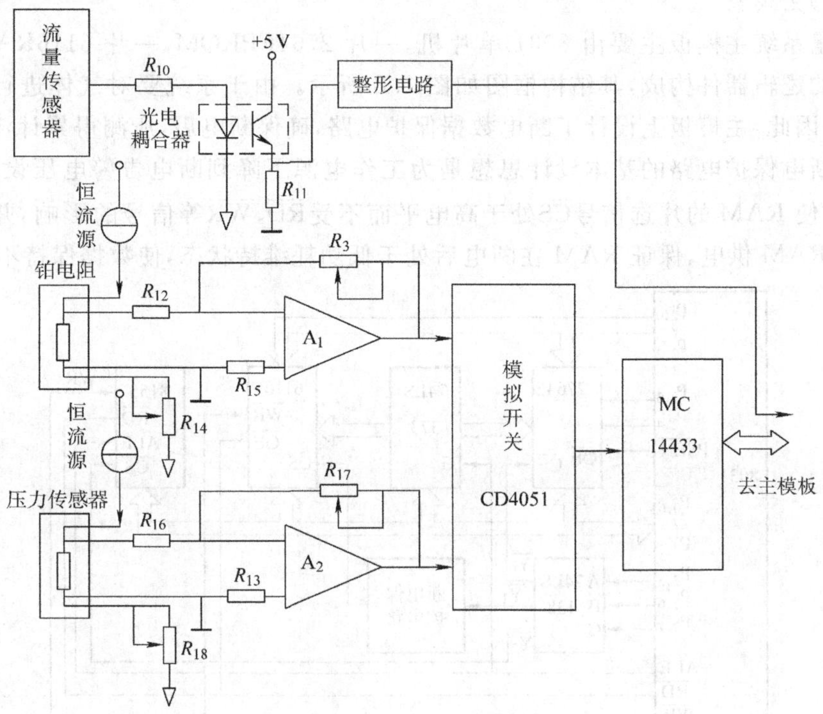

图 7.7　输入通道结构

为了减小温度传感器、压力传感器引线产生的误差，克服漂移，提高精度，两种传感器均采用恒流源供电，四线制接线，电压放大的模拟输入通道结构。采用恒流源供电的特点是恒流源精度高，稳定性好，可降低传感器输出漂移。但恒流源也应考虑到电流流量经传感器时，传感器电阻值变化的因素。一般不应用过大的电流来提高传感器输出电压，而应以小电流（1 mA 为宜）供电，用电压放大来满足信号的幅值。四线制接线即是把恒流源输出的两根线引入传感器并将传感器串接在恒流源中，另外从传感器输出端用两根线把传感器输出的电压信号引入放大器。由图 7.7 可知，一方面恒流源大小不会因恒流源输出线电阻值变化而改变，即传感器输出的电压不受恒流源输出引线中电阻值变化的影响；另一方面，电压放大器直接从传感器输出端取电压信号。这样既可避免恒流源输出线上的电压作为传感器的输出电压被放大器放大，还可使电压信号引线上无电流通过，消除了电压信号引线阻值变化对电压放大器输入的影响。由此可见，四线制接线能有效地消除传感器引线因长度变化或环境温度变化所引起电阻值变化而产生的测量误差。电压放大器是将传感器输出的电压信号进行放大调整，使其在测量的温度或压力范围内输出 0～1.999 V，供 MC14433 A/D 转换器转换成 $3\frac{1}{2}$BCD 数码。由于两路模拟信号共用一个 A/D 转换器，因此，电压放大器的输出信号由模拟开关切换。模拟开关和 A/D 转换器的工作均由 8031 单片机控制。

（二）主模板

测量系统主模板主要由 8031 单片机，一片 2764EPROM，一片 6116RAM 和一些必要的逻辑器件构成，其结构框图如图 7.8 所示。由于系统要对气体进行累计流量测量，因此，主模板上设计了断电数据保护电路，确保断电后，所测得累计流量不被丢失。断电保护电路的基本设计思想是为工作电源下降到断电告警电压设定值 U_P 以下时，使 RAM 的片选信号 $\overline{CS}$ 处于高电平而不受 $\overline{RD}$、$\overline{WR}$ 等信号的影响，并由备用电源向 RAM 供电，保证 RAM 在断电后处于低功耗维持状态，使数据保持不变。

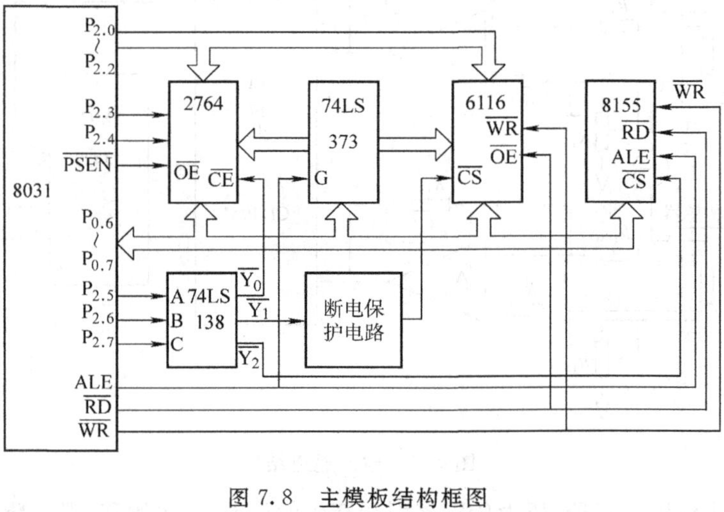

图 7.8 主模板结构框图

（三）显示/键盘模板

本测试系统的显示/键盘模板上，用了 6 个 LED 显示器显示 6 位十进制数，键盘采用五个键，基本定义为左移键、加 1 键、功能选择键、打印键和启动键，并根据需要定义了一些复合键。为了使测试系统能显示多种测量结果,该模板上用了 8 个参数指示灯和 1 个功能区指示灯,分别指示所显示的测量结果和系统参数。

另外,在此模板上设计了测量系统与 IBM－PC 机串行通信接口和 FD－16 微型打印机接口。由于 8031 单片机带有一个全双工串行接口,因此,接口电路只需一片 1488 和 1489 电平转换器即可。测试系统与 IBM－PC 之间的通信只需三根引线,通信时,由软件实现联络、检验和报错等工作。FD－16 是带有 8035 单片机的智能微型打印机,它与测试系统之间有 13 根信号线,这 13 根连线从 8031 单片机引到此模板上接至打印机,不需要其他接口器件。

三、系统软件及特点

测试系统的软件主要由初始化程序、监控程序、主程序、A/D 转换程序、串行通信程序和打印程序等组成。其中 A/D 转换程序是 8031 响应 MC14433A/D 转换的中断服务程序,串行通信程序是 8031 响应内部串行中断所执行的服务程序,打印程序是 8031 响应软件时打印所执行的服务程序或响应打印键的键处理程序。

(一)自检程序

在初始化程序中,除完成对器件的初始化状态标志设置、开放中断等工作外,还需对系统进行自检。

自检是测试系统具有“智能”功能的体现之一,它完成对 8031 内部 RAM 及特殊功能寄存器、EPROM、外接 RAM、8155 器件的故障检查和诊断,若发现故障则显示相应编码,给出故障部位。EPROM 自检的方法是每片 EPROM 中保留最后一个单元作为自检单元,在程序编制完成后,把这片 EPROM 除了最后一个单元外的所有字节依次按位异或,所得结果放在最后一个单元。自检时,只要把 EPROM 中的每个字节依次进行异或操作看其结果是否为零,如果为零,说明 EPROM 正常,否则不正常。8031 内部 RAM、特殊功能寄存器和外部 RAM 自检方法是对每个单元写入一个特定的数,然后读出,并与写入的数进行比较来确定它们的好坏。由于每个单元的任一位既可写入“1”也可写入“0”,而且写入“1”时读出正确的单元并不意味着写入“0”时就一定正确,因此,对每个单元先

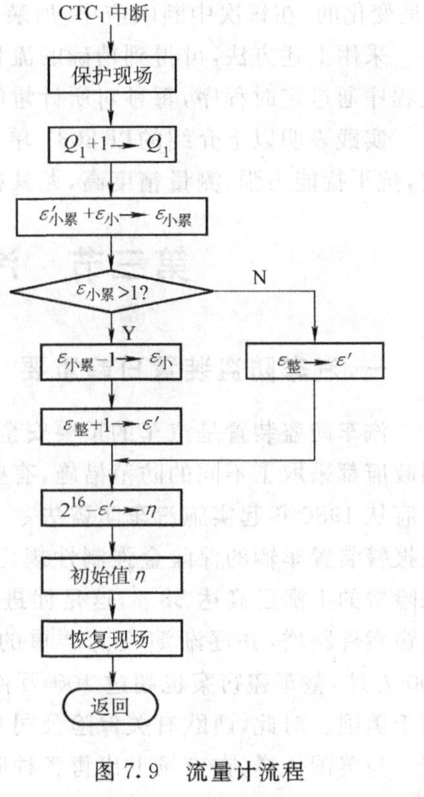

图 7.9 流量计流程

写入 00H，然后写入 #FFH，如果这两个数读写都正确，则相应单元是完好的。8155 I/O 的自检方法是先定义 P_A、P_B 和 P_C 口为输入口，CPU 向它们写入 #FFH，然后定义它们为输出口，CPU 再读取这些口的内容，由于 8155 具有锁存功能，因此，读得的值应为 #FFH，否则芯片不正常。为了确保正确，需对 8155 所有口再写入 #00H，重复上述步骤，进行判断。

（二）流量计量

流量传感器在 1 s 内输出的脉冲数 N 除以流量传感器系数 ε，即为瞬时容积流量，而累计流量则是各瞬时流量的累加。但为了消除因除法运算而产生的累积误差，软件上避免采用除法处理程序而是利用计数器计量流量传感器脉冲，采用“整数部分加 1 回零，小数部分累加进整”的方法进行流量计量，其程序框图如图 7.9 所示，8031 内部的 CTC，设置为加 1 计数器，它的初值为 $\eta=2^{16}-\varepsilon'$，其中 ε' 为调整后的传感器系数 ε 的整数部分。当输入脉冲数达 ε' 时，CPU 响应 CTC_1 硬件中断请求，执行中断服务程序，将流量值加 1。由于 ε 可能带有小数部分，而 CPU 中断服务程序只处理了 ε 的整数部分，为了消除小数部分引入的误差，对 ε 的小数部分采用“累加进整”的处理方法，即 CPU 每一次响应中断时，将 $\varepsilon_{小}$ 累加，累加结果大于 1，就将其减 1 后作为下次累加基数，同时将 ε' 加 1，即 $\varepsilon'=\varepsilon_{整}+1$，重新修改 CTC_1 初始常数，从而补偿前面计量时的小数部分的差值。若累加结果小于 1，ε' 不作修改。由于 CTC_1 初始常数 η 是变化的，在每次中断响应中，所装入的初值可能不等。

采用上述方法，可得到精确的流量计量，使计量的流量最大误差限于一个脉冲。主程序通过定时程序，每秒对所计量的流量进行一次处理，从而得到各种流量值。

实践表明以上介绍的以 8031 单片机为微处理器的气体流量测试系统，性能稳定，抗干扰能力强，测量精度高，尤其在标准状态下对流量测量具有较突出的优点。

第三节　汽车电子防盗系统

一、汽车防盗装置日趋重要

汽车防盗装置是汽车的重要安全装置。在国外，由于汽车被盗现象严重，因而各国政府都采取了不同的防范措施，有些国家颁布了有关防盗法令。例如，美国许多州政府从 1986 年起实施汽车防盗法令，按法律规定，保险公司对凡是装有规定功能防盗报警装置车辆的保险金强制性规定实施 5%～15%的贴现办法。目前，汽车盗窃保险费的上涨已高达 88%，这是促进防盗装置加速普及的重要因素。在欧洲，车辆盗窃案件剧增，并逐渐演变为严重的社会问题。例如，在 1987 年车辆盗窃案超过 200 万件，整车盗窃案也超过 100 万件。按社会保有车辆计算的平均盗车发生率已高于美国。对此，西欧有关保险公司对装有防盗装置的车辆也实施保险金贴现的规定。与美国一样，在市场上出售各种防盗装置。

二、汽车防盗装置的构造和工作原理

1. 基本构造

汽车防盗报警装置的基本构思是,“当利用非正常的手续侵入车厢,进行车辆移动时,能立即进行检测与报警并阻止发动机启动和行驶”。最近,增加正常操作手续,追加验明身份的鉴定功能,当与验明身份不符时,会禁止操纵控制发动机。这种以提高自主行驶功能为目的的装置(简称“阻行器”(Immobilizer))已开始普及。

电子控制的汽车防盗装置是典型的机电一体化产品,其控制部分就是电控单元(ECU)。再调置、重调置的操作部分是驾驶员进行操作防盗报警装置和解除其功能的部件。传感器的功能是,当未以正常的手续解除报警功能时,发生侵入车厢事件,并开始启动发动机,这时传感器便能检测到这种信息。控制电路则接受来自调置、重调置的操作部件和传感器的信息,并进行判断,当获知异常时,一方面会发出报警,另一方面会阻止车辆启动。

2. 防盗报警装置的调节器调置方法

调置方法可分为主动式与被动式两种。主动式是指用于装置启动的特别操作,具有暗号开关或密码电源开关板,其典型的方式是红外线或电波的遥控方式,在售后服务市场上这种产品较多。主动式的优点是,在安装上具有通用性,但缺点是往往容易忘记调整,发生偏漏。被动方式则是对驾车者不要求特别操作,当车门关闭后,防盗报警装置能自动进行工作,不会发生忘记调置的偏漏。为了提高被动方式的防盗效果,通过保险金减让(贴现)方式使其得到有效应用,从而增加商品附加值。目前,汽车的防盗报警装置几乎全部采用这种方式。防盗装置必须安全可靠工作,防盗安全装置的误动作与发动机故障一样,是关系到生命危险的重大问题。因此,必须确保防盗装置的可靠性。

三、防盗装置的功能和车上布置

各汽车公司装设的防盗装置相差无几,现以典型例子说明装置的工作过程和功能。图 7.10 为防盗装置的功能构成,图 7.11 为防盗装置在车辆上的布置。防盗装置的各个输入信号来自车门、发动机盖、行李箱(后车门)的接通与断开检测用开关,车门的关闭和开启用检测开关,车门键筒的保护开关(当键筒撬开被拔出时则开启)和点火开关。一般利用车辆的固有的开关,当检测出异常情况时,报警喇叭隔一定时间发出鸣叫声,或者用前照灯的闪亮来报警,与此同时启动机继电器处于切断的状态。

四、防止被盗车辆自走行驶装置——阻行器(Immobilizer)

阻行器是利用机械或电器方式,或机电一体化控制方式阻止被盗车辆行驶的装置。阻止方式一般是阻止发动机启动。现在国外市场上供应的阻行器可分为四种:采用键开关方式(ON/OFF)的阻行器(图 7.12),采用电波遥控键方式阻行器(图 7.13),采用电阻键方式的阻行器(图 7.14)和采用继电器(Transponder)方式的阻行器(图 7.15)。

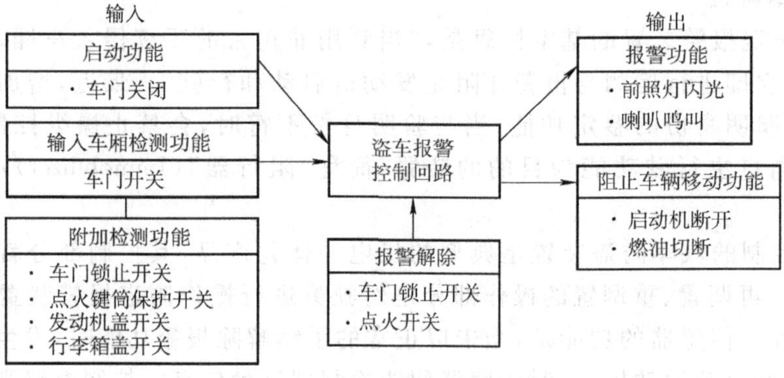

图 7.10　防盗装置的功能构成

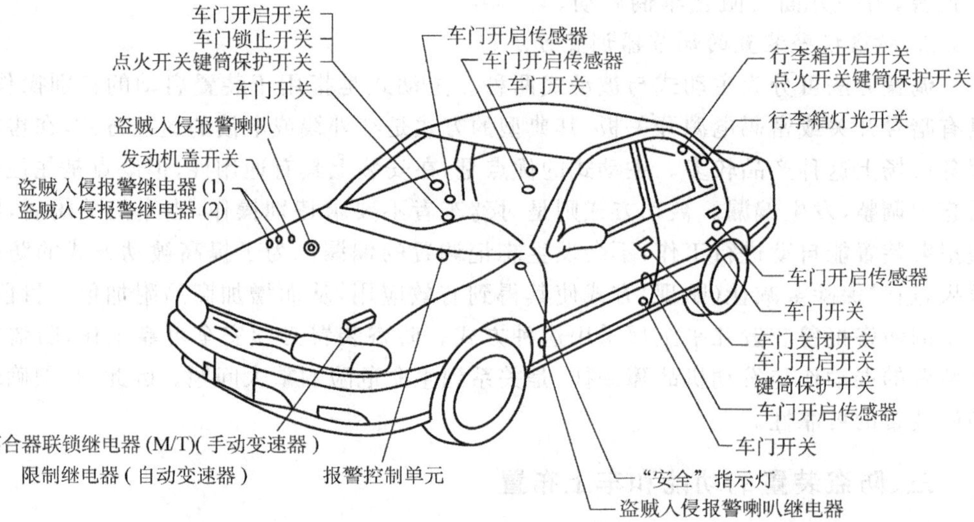

图 7.11　防盗装置在车辆上的布置

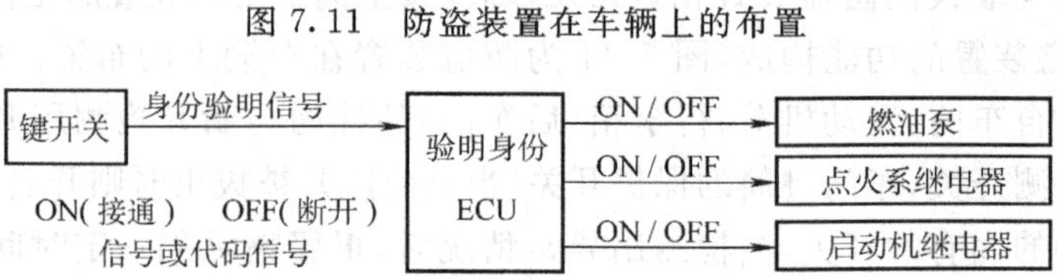

图 7.12　采用键开关方式的阻行器

五、汽车防盗装置的技术发展动向

不论何种防盗装置,对于盗车贼的作案手段来讲,都不可能获得充分的防盗效果，但从数据分析来看，防盗装置确实有减少盗车案发率的效果。然而，由于车辆的维修、防盗装置的构造逐渐被公开，盗车者又会使用新的盗车手段，因此必须不断开发新型防盗装置。可以预见，防盗装置正在向高智能、更安全方向发展，特别是被动式、无误、低成本、高可靠性防盗装置的开发成为一个重要发展方向。

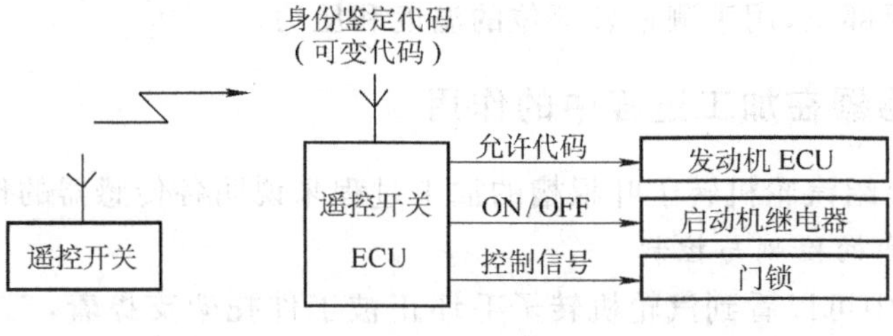

图 7.13　采用遥控键方式的阻行器

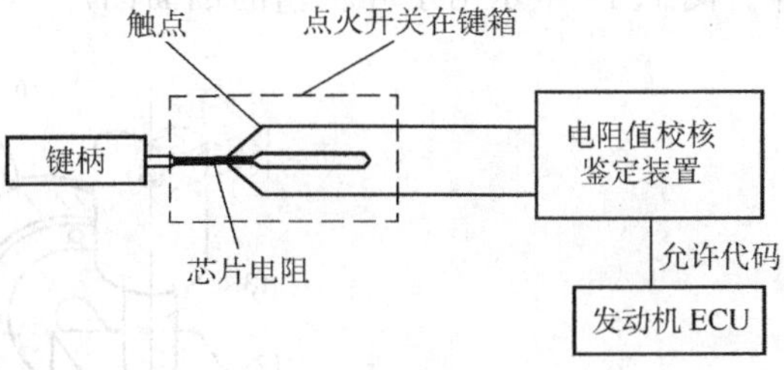

图 7.14　采用电阻键方式的阻行器

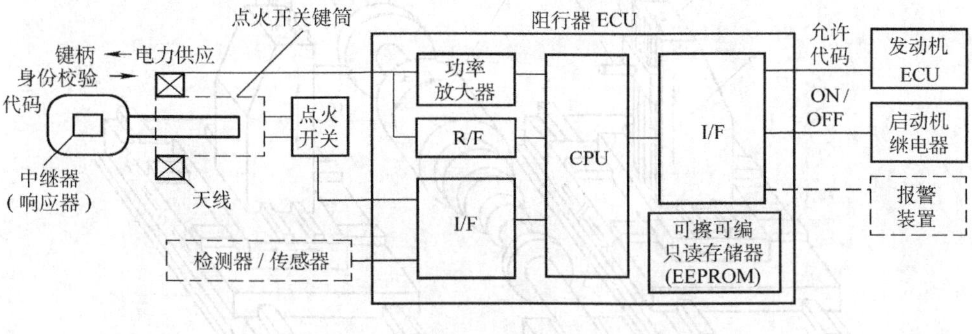

图 7.15　采用继电器方式的阻行器

第四节　传感器在数控机床中的应用

图 7.16 是某种型号数控铣床用于加工大型汽轮转子叶根槽的示意图。为了分析各传感器在系统中所起的作用，有必要了解一下该铣床的结构和加工过程。

该铣床长 12 m、宽 9.6 m、高 4.8 m，左、右工作台可同时加工工件。从图 7.16 中可以看到，左边的刀具有四个自由度，即水平方向 x、垂直方向 y，进退刀 z 和自旋 c。右边的刀具也具有 u、v、w、d 四个自由度。大托板还能带着刀架沿水平方向(rl、ll)移动。

整个系统共配备数10个传感器：6个磁栅传感器分别装在刀具的走刀系统内，用于测量刀具在x、y、z及u、v、ω 6个方向的位移量；2个光电编码器装在床鞍内，用于测量床鞍在rl、ll方向的位移量；圆形感应同步器安装在与被加工轴联动的分度花盘内，用来测量工件的旋转角度；还有为数众多的温度传感器和压力传感器被安装在系统的各个重要部位，用于测量各部位的温度和压力。

一、各传感器在加工过程中的作用

下面通过介绍汽轮机转子叶根槽的加工过程来说明各传感器的作用。

1. 转子转角的检测与控制

从图7.16中可以看到汽轮机转子毛坯正被工件托架支撑着，工件重几十吨，沿轴向按一定规律分布着近二十个平行的叶轮，每个叶轮上要铣出几十甚至一百多个叶根槽，用于镶嵌叶片。图7.17中示出了叶根槽的剖面图。

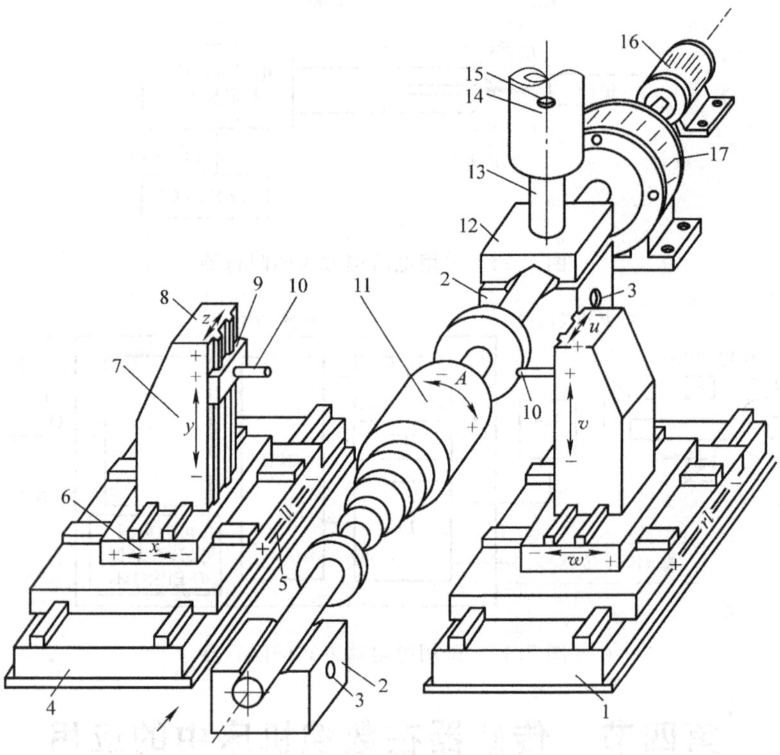

图7.16 数控铣床结构示意图

1—右工作台；2—工件托架；3—下托架压力油孔；4—左工作台；5—数字编码器；6、7、8—直线磁栅传感器；9—温度传感器；10—铣刀；11—被加工轴；12—工作夹具；13—液压系统；14—压力传感器；15—上夹具压力油孔；16—A轴驱动电动机；17—分度头花盘及圆形感应同步器

从A—A剖面图中可以看出，叶根槽以相同的节距分布在叶轮的圆周上。设某个叶轮需要加工120个叶根槽，则槽的节距为3°，由于加工一个完整的槽需要经过毛

刀、半精刀、精刀等多道工序，因此不但要求每个槽的分度精度高，而且要求在每道工序中每个槽的重复精度也要高。为了保证分度的正确性，本系统在分度头花盘内安装了一个高精度的圆形感应同步器，用于测量工件旋转的角度。系统采用的圆形感应同步器直径为 304.8 mm(12 in，1 in＝25.4 mm)、720 极，精度为±1″。工件转角的闭环伺服系统如图 7.18 所示。

当铣头在工件表面铣好一条槽后，工件要转动一个设定的角度(上例中为 3°)，然后再进行固定，铣头接下去铣下一条槽。工件转动的角度是这样控制的：圆形感应同步器与工件一同转动，它将测得的角位移数值传送给计算机，计算机将该值与设定的位移值比较，若误差的绝对值小于等于 2″时，交流伺服电动机停转，从而完成角度的控制。当系统某个环节出现故障，使位移误差大于 2″时，计算机立即命令 x 轴及 u 轴停止走刀，保证铣削不产生废品。

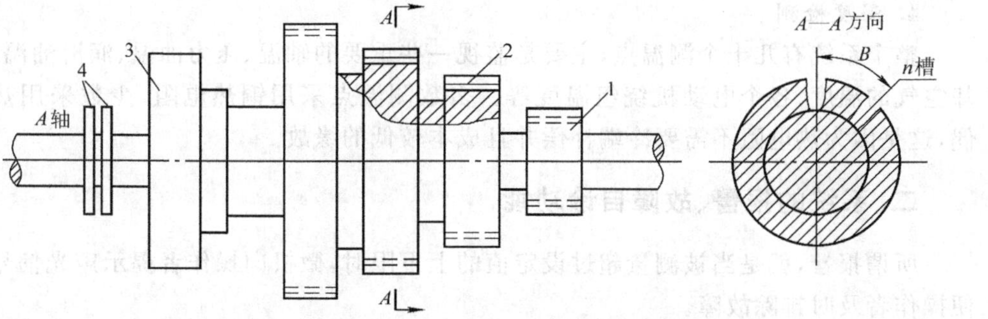

图 7.17　被加工的转子及圆形感应同步器剖面图

1—第一级叶轮；2—叶根槽；3—分度头花盘；4—圆形感应同步器

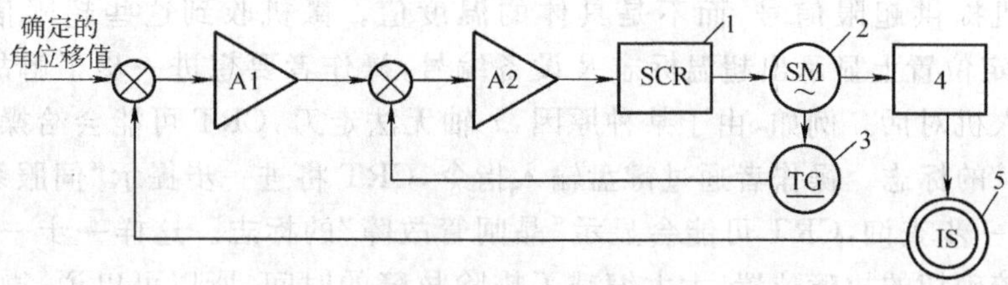

图 7.18　工件转角的闭环伺服系统

1—晶闸管调速电路；2—交流伺服电动机；3—直流测速发电机；4—分度盘；5—圆形感应同步器

2. 工件夹紧与托起的检测

该铣床允许工件的最大质量为 80 t。加工前，先用吊车将工件准确地放置在托架上，压力油从图 7.16 中的上夹具压力油孔 15 压入，上夹具在油压的作用下往下夹紧工件，夹紧力由压力传感器检测。当压力等于设定值时，计算机发出指令停止增压，并让 x、y、z 轴解锁，允许刀具加工工件。当发生故障，油压小于设定值导致夹紧力不足时，工件可能松动，影响铣削幅度，这时计算机发出报警信号，x、y、z 方向停止走刀。

当加工好一条槽后，计算机发出指令，夹具减压，松开工件。接着，液压油转而从图 7.16 中的下托架压力油孔 3 压入，使工件与托架间形成约 0.01 mm 厚的油膜，工件被托起，处于悬浮状态，所以只需要转动力矩较小的交流伺服电动机（力矩电动机）就能转动沉重的工件。压力传感器检测压力油的压力，只有确认工件处于悬浮状态后才能启动交流伺服电机。

3. *刀具位置的检测与控制*

刀具除了自旋外，还具有 x、y、z 三个方向的自由度，在走刀系统中装有三个对应的直线型磁栅传感器，它们的精度优于 1 μm。刀具的运动是在磁栅传感器监视下进行的。磁栅传感器把代表刀具位置的信号传送给计算机，该数值一方面在 CRT 上显示出来，另一方面不断地与设定值作比较，当刀具到达设定值时停止走刀。床鞍用于完成水平方向大行程的移动，它的位置由光电角编码器通过蜗轮蜗杆测定。

4. *温度检测*

整个系统有几十个测温点，主要是监视一些重要的轴温、压力油温、润滑油温、冷却空气的温度、各个电动机绕组温度等。多数测温点采用铜热电阻，少数采用热电偶，这是因为热电阻不需要冷端补偿并且成本较低的缘故。

二、系统的报警、故障自诊功能

所谓报警，就是当被测量超过设定值的上下限时，微机向操作者提示声光信号以便操作者及时排除故障。

该铣床有很强的报警、自诊功能。由于显示终端配有 CRT，所以不但可作一般的屏幕报警，还可作故障诊断用。以温度故障为例，由于测温点太多，所以多数测温点只向微机提供超限信号，而不是具体的温度值。微机收到这些超限信号后，在 CRT 的特定位置上显示出超温标志及设备编号，操作者要想进一步了解故障原因，就要进行人机对话。例如，由于某种原因，x 轴无法走刀，CRT 可能会给操作者提示“A 轴故障”的标志。操作者通过键盘输入指令，CRT 将进一步提示“伺服系统故障”的标志，进一步查询，CRT 可能会显示“晶闸管故障”的标志。这样一步一步查询就可以找到较确切的故障位置，大大缩减了排除故障的时间，所以可以说，微机的报警及故障自诊功能是数控机床智能化的标志之一。

第五节　传感器在全自动洗衣机中的应用

家用电器大部分是机电一体化系统，其中全自动洗衣机是典型的机电一体化系统。传统的全自动洗衣机有两种：一种是机械控制方式，一种是单片机控制方式。无论采用什么方式，它们都需人为的洗涤程序选择、衣质和衣量选择，然后才能投入工作。从本质上讲，这种洗衣机还称不上全自动的，最多只能称为半自动的。

用 MC6805R3 控制的模糊洗衣机和传统的洗衣机有很大的区别，它能自动识别衣质、衣量，自动识别肮脏程度，自动决定水量，自动投入恰当的洗涤剂，从而全部自动地完成整个洗涤过程。由于洗涤程序是通过模糊推理决定的，故有着极高的洗涤效能，不但大大提高洗衣机的全自动化程序，也大大提高了洗衣的质量。

用 MC6805R3 控制的模糊洗衣机可以说是真正的全自动洗衣机。在整个控制过程中，单片机 MC6805R3 和模糊控制软件起了决定性的作用。

一、全自动洗衣机单片机控制系统逻辑结构

单片机 MC6805R3 对洗衣机的控制系统逻辑结构如图 7.19 所示。这个系统包括电源电路、洗衣机状态检测电路、显示电路和输出控制电路。

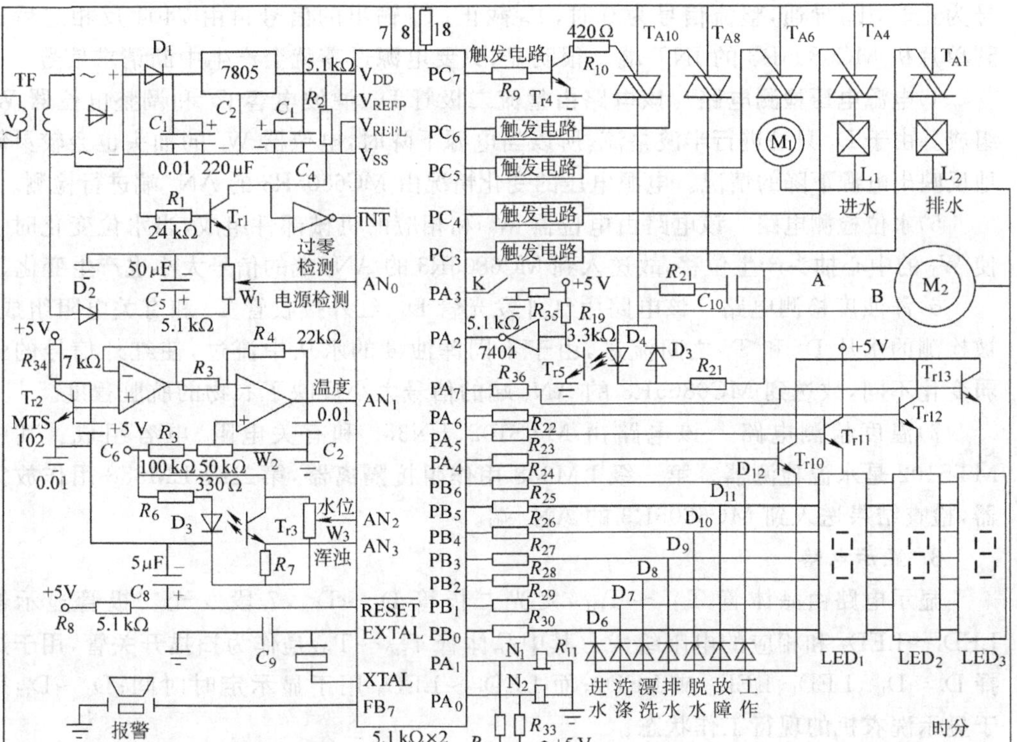

图 7.19　控制系统逻辑结构

1. 电源电路

电源电路由变压器 TF、桥式整流器、滤波电容和集成稳压电路 7805 组成。电源电路中还有二极管 D_1，它用于隔离滤波电容与桥式整流电路，使之进行过零检测。7805 输出的 ±5 V 电压与交流电源的一端相接，以组成双向晶闸管的直接触发电路。

2. 洗衣机状态检测电路

状态检测电路一共有 7 个。它们分别是内桶平衡检测电路，衣质、衣量检测电

路,过零检测电路,电源电压检测电路,温度检测电路,水位检测电路和浑浊度检测电路。

1)内桶平衡检测电路　该电路由平衡开关 K 和电阻 R_{35} 组成,它用于检测内桶运行时的状态是否平衡稳定。

2)衣质、衣量检测电路　该电路由电动机,二极管 D_3、D_4,电阻 R_{21},光敏三极管 T_{r5},电阻 R_{19} 和反相器 7404 组成,其中 D_4 是发光二极管,它和 T_{r5} 组成光电耦合管,用于隔离交直流信号以及产生衣质和衣量信号。

3)过零检测电路　该电路由电阻 R_1、R_2、晶体管 T_{r1} 和反相器 7404 组成。当桥式整流器产生全波整流信号输出时,马上通过 R_1 送到晶体管 T_{r1} 的基极,当整流信号为正时,T_{r1} 导通,整流信号为 0 时,T_{r1} 截止;T_{r1} 输出的信号再由 7404 反相之后送到单片机 MC6805R3 的 INT 端。很明显,只要电源过零就会产生中断请求信号。

4)电源电压检测电路　该电路由整流二极管 D_2、滤波电容 C_5 和调整电位器 W_1 组成。由于 D_2 只是进行半波整流,所以当电源下降时,电位器 W_1 的抽头也会较灵敏地反映出电源下降的情况。电源电压的变化情况由 MC6805R3 的 AN_0 端进行检测。

5)水位检测电路　该电路由电位器 W_3 和相应的机械部件组成,当水位变化时会使 W_3 的中心抽头产生位移,故送入到 MC6805R3 的 AN_2 端的信号大小也产生变化。

6)浑浊度检测电路　该电路由红外发光管 D_3、红外接收管 T_{r3} 和有关电阻组成。被检测的水从 D_3 和 T_{r3} 之间流过,由于不同浑浊度的水从中流过,使红外信号的强弱变化不同,故送到 MC6805R3 的 AN_3 端的信号大小反映了衣物的肮脏程度。

7)温度检测电路　该电路由 MTS102、LN358 和有关电阻、电容组成。其中 MTS102 是水温检测器。第一级 LM358 用作阻抗隔离器,第二级 LM358 用作放大器,检查结果送入到 MC6805R3 的 AN_1 端。

3. 显示电路

显示电路由晶体管 T_{r10} ~ T_{r13},发光二极管 D_6 ~ D_{12},7 段发光二极管显示器 LED_1 ~ LED_3 和相应的电阻组成。其中晶体管 T_{r10} ~ T_{r13} 是作为扫描开关管,用于选择 D_6 ~ D_{12}、LED_1、LED_2 或 LED_3;而 LED_1 ~ LED_3 用于显示定时时间;D_6 ~ D_{12} 用于显示洗衣机的现行工作状态。

4. 输出控制电路

输出控制电路由触发电路和相应的双向晶闸管组成,控制电路共有五路。L_1 是进水电磁阀,L_2 是排水电磁阀,M_1 是自动洗涤剂投入电机,M_2 是主电机。其中双向晶闸管 T_{A8}、T_{A10} 用于控制主电机 M_2 的正反转,T_{A6} 用于控制洗涤剂投入电机,T_{A4} 用于控制进水电磁阀,T_{A1} 用于控制排水电磁阀。所有的双向晶闸管都采用第Ⅱ、Ⅲ象限触发。除了上述电路以外,还有工作启停和状态设定电路。N_1 是洗衣机全自动工作的启停按键;N_2 是功能选择按键,它可以设定洗衣机从某个程序开始进行工作。

所有的电路都在单片机 MC6805R3 控制下工作。由于 MC6805R3 有较多的 I/O端口,对洗衣机这种需要检测和控制功能较多的家用电器是十分合适的,它可以使系统的逻辑结构达到十分简洁的形式。

二、模糊全自动洗衣机的模糊推理

在模糊洗衣机中，浑浊度、布质、布量等都是通过对现行状态的检测，再通过模糊推理得出的。

在模糊推理中，需要考虑推理的前件和后件，也就是推理的输入条件和输出结果。在模糊洗衣机中，主要是考虑布质、布量、水温和肮脏程度等几个条件，从这些条件求取水位、洗涤时间、水流漂洗方式和脱水时间等。模糊洗衣机的推理如图 7.20 所示。

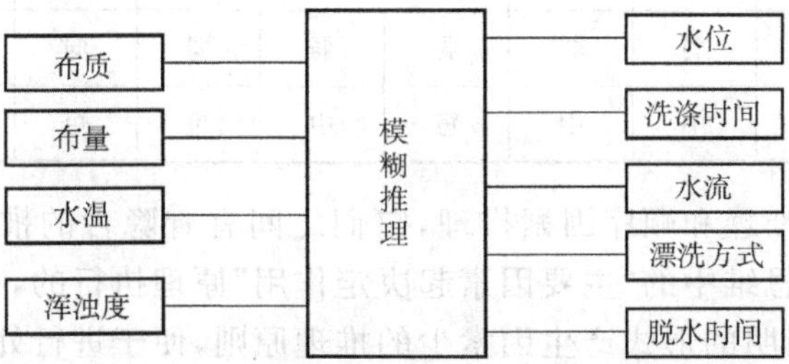

图 7.20　逻辑推理框图

考虑到洗衣过程中的两种情况：一种是静态的，即洗涤剂浓度；另一种是动态的，即洗衣水流及时间。故推理分两大部分，也就是洗涤剂浓度推理和洗衣推理。

洗涤剂浓度推理规则为；如果浑浊度高，则洗涤剂投入量大；如果浑浊度偏高，则洗涤剂投入量偏大；如果浑浊度低，则洗涤剂投入量小。

洗衣推理规则为：如果布量少，布质以化纤偏多，而且水温高，则水流为特弱，洗涤时间特短；如果布量、布质以棉布偏多，而且水温低，则把水流定为特强，洗涤时间定为特长。

洗衣推理如表 7.1 所示，它给出了洗衣推理的所有规则。很明显这些规则的前件有三个因素，后件的规则有两个因素，故它们也是一种多输入多输出推理。对于输入推理，即前件，各个因素的模糊量定义不同。布量的模糊量为“多”“中”“少”；水温的模糊量为“高”“中”“低”；水流的模糊量为“特强”“强”“中”“弱”“特弱”；时间的模糊量为“特长”“长”“中”“短”“特短”。在上述的模糊量中，各自的隶属度函数都不同。水温、布量和时间的模糊量如图 7.21 所示。

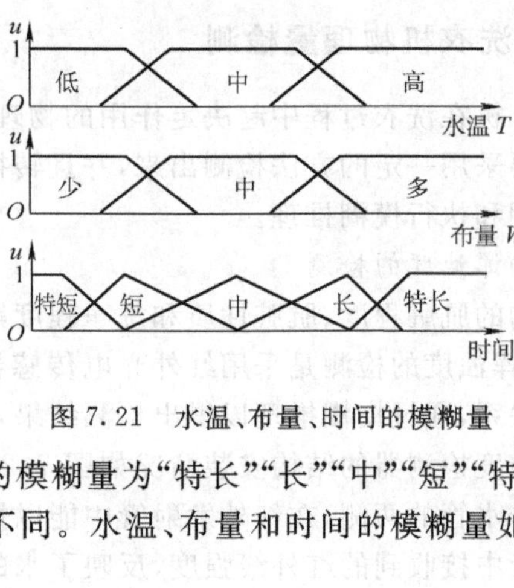

图 7.21　水温、布量、时间的模糊量

表 7.1　洗衣的模糊推理

布量 \ 布质、水温		棉布偏多			棉布与化纤各半			化纤偏多		
		低	中	高	低	中	高	低	中	高
多	水流	特强	强	强	强	强	中	中	中	中
	时间	特长	长	中	长	长	长	中	中	中
中	水流	强	中	中	中	中	中	中	弱	弱
	时间	长	中	短	长	中	中	中	中	短
少	水流	弱	弱	弱	弱	弱	弱	弱	弱	特弱
	时间	中	中	短	中	短	短	中	短	特短

对于主要因素推理和顺序因素推理，它们之间有着隐含的推理关系。主要因素推理是以采用人的思维中的“主要因素起决定作用”原理执行的，在这种原理中，抛弃各种次要因素，以简明的形式产生因素少的推理原则，便于进行处理。顺序因素推理则是把前一种推理的结果作为本次推理的前件，从而推理出新的结果。

在洗衣机中，如果考虑浑浊度、洗涤剂投入量、水流、洗涤时间等因素的推理，作为主要因素推理显然有如果浑浊度高，洗涤剂投入量大。从表 7.1 中也可看出另一种主要因素推理：如果布量多，布质以棉布偏多，而且水温高，则水流为强，洗涤时间为中。

但实际上，洗涤剂投入量大时，要求洗涤时间较长才能洗得干净，故还需考虑顺序因素推理：如果洗涤剂投入量大，则洗涤时间长；如果洗涤剂投入量中，则洗涤时间中。

当顺序推理和主要因素推理推出的某一个后件因素的隶属度不同时，则采用最大原则处理；而得到某个后件的模糊量不同时，则采用“大者优先”的原理处理。

三、洗衣机物理量检测

洗衣机在洗衣过程中起决定作用的物理量有布质、布量、浑浊度、水温等。物理量都需要采用一定的方法检测出来，并且转换成单片机能接受的形式送入其中，才能进行处理和执行模糊推理。

（一）浑浊度的检测

衣物的肮脏程度、肮脏性质和洗净程度等都需要检测，以便进行工作过程的整定和控制，浑浊度的检测是采用红外光电传感器完成的。利用红外线在水中的透光和时间的关系，通过模糊推理以得出检测结果，而这个结果就可以用于控制推理。

浑浊度检测器的结构安装情况如图 7.22 所示。红外发射管和红外接收管分别安装在排水管的两侧，在红外发射管中能以恒定电流使红外线以一定的强度发射，红外接收管中接收到的红外线强度，反映了水的浑浊程度。

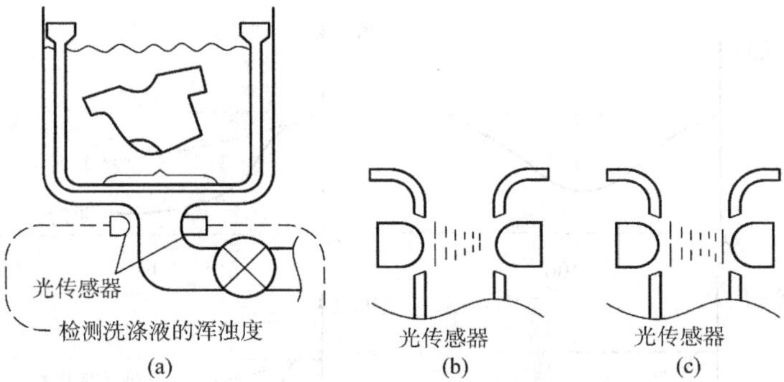

图 7.22　浑浊度检测器结构与安装

(a)安装情况　(b)浑浊度较高时情况　(c)浑浊度较低时情况

图 7.22(a)表示了红外光电传感器的安装情况，图 7.22(b)表示了水的浑浊度较高时红外线透光率变化的情况，图 7.22(c)表示了水的浑浊度较低时红外线透光率变化的情况。

根据红外接收管所接收到的红外线强度，就可以得出水的浑浊度。通过实验，可知在洗涤过程中红外线透光率的变化情况，以及有关因素的关系，这种关系如图 7.23 所示。在图 7.23(a)中给出了洗涤开始到漂洗结束的整个过程透光率的变化曲线。从曲线中可以看出，随着洗涤的开始，衣物中的脏物溶解于水，使透光率下降；同时，随着洗涤剂的投入，衣物中的污物进一步溶解和脱落于水，故透光率进一步下降，并达到一个最低值；然后随着漂洗的进行，衣物变干净，水质也变清，从而使红外透光率渐渐升高，最后达到初始值。一般而言，当透光率再次达到初始值时，说明衣服洗涤干净，这时可以停止漂洗。

图 7.23(b)表示了衣物轻度污脏和重度污脏分别进行洗涤时红外线透光率的变化曲线。重污时，透光率较差；轻污时，透光率较高。利用这种特性可以判别衣物的污脏程度。

图 7.23(c)表示了衣物的污脏性质。油污时透光率较高，泥污时透光率较低。

图 7.23(d)表示了洗涤剂的类型。液体洗涤剂透光率高，粉末洗涤剂透光率较低。

按照图 7.23 给出的透光曲线，就可以根据洗衣机中水的透光率来判别衣物的污脏程度、污脏性质以及洗涤剂的种类，从而可以按此方法进行洗涤过程控制。

(二)负载检测

这主要用来检测所洗衣物的重量以决定水位。这可用不同的方法实现。最容易想到的方法是用静态的压力传感器直接测量，但结构要稍复杂一些。目前，一般是用动态的间接测量方法，这是通过检测电动机负载来实现的。电动机负载既可用正常运转时的驱动电流来计算，也可用电动机断电后的反电动势的大小以及波形来计量。

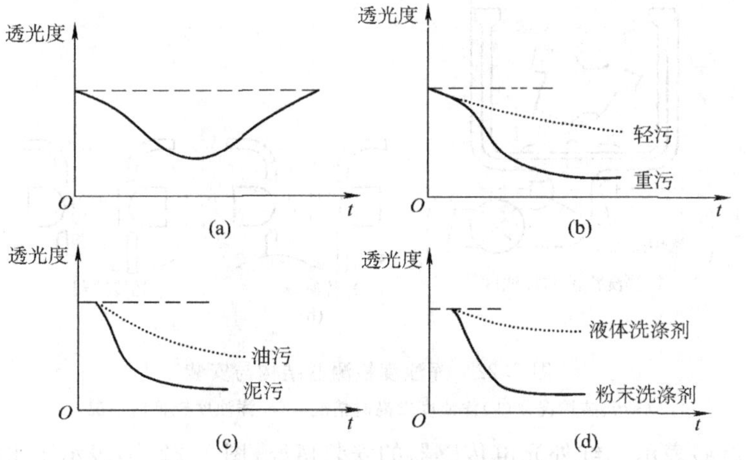

图 7.23 洗涤过程透光率变化曲线

(a)一般过程 (b)轻度和重度污脏 (c)油污及泥污 (d)洗涤剂

以计量断电后电动势为例，参见图 7.19 PA_2 端口所接的衣质、衣量检测电路。具体方法是，当衣服投入缸体中后，加入适量的水，启动电动机旋转若干圈后断电，测量电动机线圈两端的反电动势，经 A/D 转换器变换成数字量后送微处理机或者单片机处理判断，以决定衣物的重量。一般而言，衣物重，负载大，其反电动势也大，但跌落也快，即惯性转动的时间也短；反之亦然。事实上，也可用另一种方法实现，不用 A/D 转换器，在放入要洗的衣物后，放水启动电动机，反复用开 0.3 s、关 0.7 s 的脉冲电压驱动电动机 32 s，在此过程中，用光电耦合器发送与接收的脉冲来计量在关断期间轮盘的惯性转动的转数。这时，衣物多，转动时间就短，计数就少；反之亦然。计数脉冲与衣物重量关系曲线如图 7.24 所示，负载检测电路的波形如图 7.25 所示。

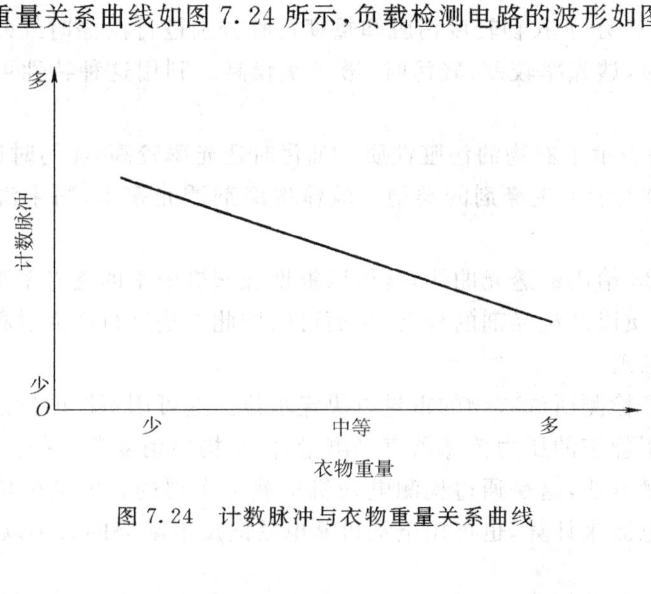

图 7.24 计数脉冲与衣物重量关系曲线

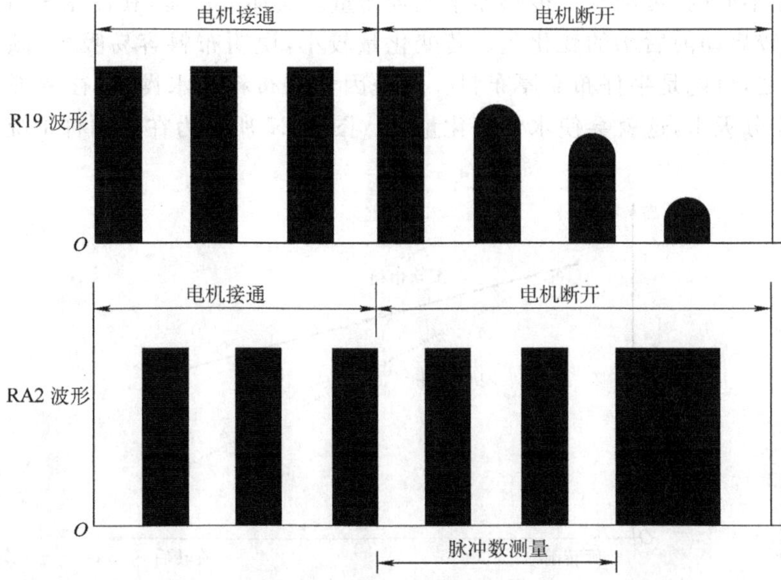

图 7.25　负载检测电路的波形

（三）布料检测

布料检测包括棉制品与化纤制品的区分和柔软布料与粗厚布料的区分。检测的具体方法如下。

在检测负载的基础上，把水放掉一点，同样用开 0.3 s、关 0.7 s 的脉冲电压驱动电动机 32 s，记下脉冲数为 N；若检测负载时的脉冲数是 M，根据 $M-N$ 的值就可判断质料分布比例的大小情况。棉制品越多，$M-N$ 的值越大，反之则小。图 7.26 表示棉制品与化纤制品比例不同时两次测量脉冲的关系曲线。

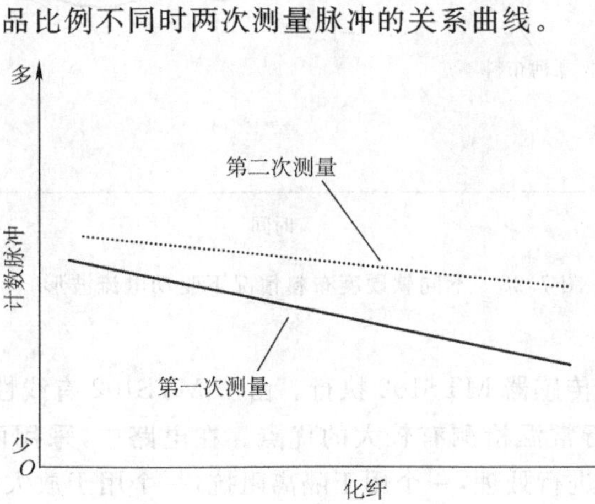

图 7.26　棉制品与化纤制品辨别曲线

同样都是棉制品，但对于像毛巾这样的柔软布料和牛仔布类这样的厚布料，其洗涤方法也是不同的，可用水位传感器来配合测量。具体方法是，在注水进行脉冲驱动32 s后，比较启动前后水的变化量。若变化量较小，说明布料容易吸水，倾向于毛巾类布料；反之，可能是牛仔布类厚布料。这是因为厚布料吸水慢，往往要搅动一段时间后才能充分吸水，这就会使水位变化量大。图 7.27 所示为在这两种情况下水位的变化曲线。

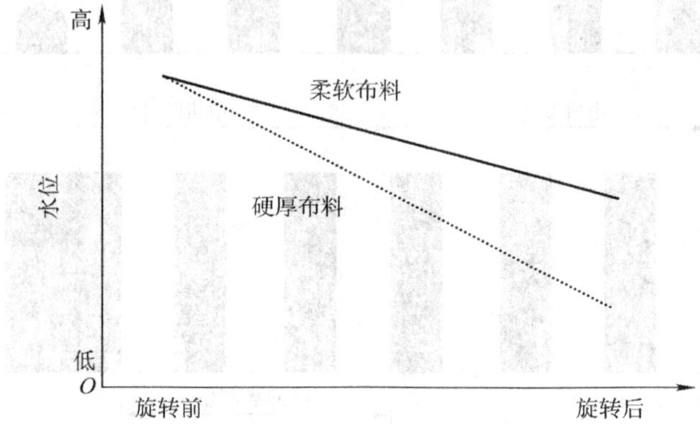

图 7.27　柔软布料和硬厚布料的水位变化曲线

如果测量的是驱动电流模拟量，也可通过驱动电流的波形变化来识别。图 7.28 所示为两种典型的不同软硬度布料情况下的驱动电流波形比较。

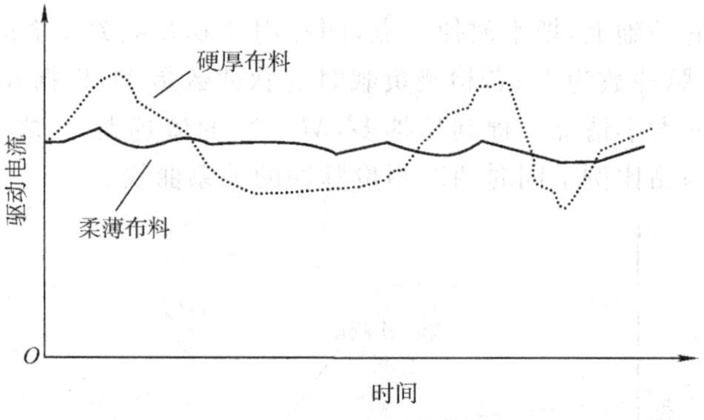

图 7.28　不同软硬度布料情况下驱动电流波形

(四)水温检测

水温检测由温度传感器 MTS102 执行。由于 MTS102 有线性度好、对温度敏感等特点，故采用它进行常温检测有较大的优点。在电路中，采用两个运算放大器对 MTS102 的输出信号进行处理，一个用于隔离阻抗，一个用于放大信号。这个电路结构如图 7.19 的 AN_1 端所接的电路。水温一般为 4～40 ℃，在一些特殊的洗衣机中，有时会加入热水，则水温较高。但水温一般不会超过 60 ℃，因为水温太高对衣服有损坏。

四、控制软件

控制软件由主程序、各种子程序和中断服务程序组成。

主控程序如图 7.29 所示。所有模糊推理在洗涤之前都基本执行完毕，所以在程序判别出是启动之后，就开始进行一系列的检测工作和推理工作。在推理工作完成之后，开始进行洗涤工作。在洗涤过程中若产生故障，系统会自动报警。

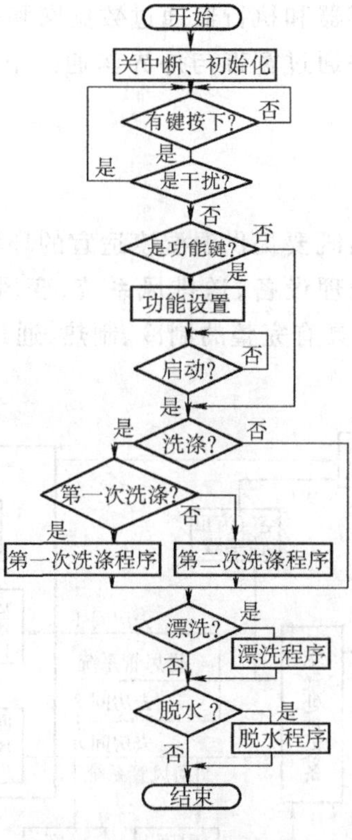

图 7.29　主控程序框图

第六节　传感器在智能楼宇中的应用

自 1984 年美国建成第一座智能楼宇以来，智能楼宇在世界各国建筑物中的比例越来越大。智能楼宇或智能建筑(Intelligent Building，IB)是信息时代的产物，是计算机及传感器应用的重要方面。20 世纪 90 年代，人们利用系统集成方法，将计算机技术、通信技术、信息技术、传感器技术与建筑艺术有机结合起来，通过对楼宇中的各种设备进行监控，将对信息资源的管理、对使用者的信息服务及建筑物三者进行优化组合，使智能楼宇具有安全、高效、舒适、便利、灵活的特点。智能楼宇包括五大主要特征：楼宇自动化(BA)、防火自动化(FA)、通信自动化(CA)、办公自动化(OA)、信息管理自动化(MA)。

上述5 A 特征通过布线综合化来实现。综合布线系统犹如智能楼宇内的一条高速公路,人们可以在土建阶段,将连接5 A 的线缆综合布线到建筑物内,然后可根据用户的需要及时代的发展,安装或增设其他系统。

智能楼宇采用网络化技术,把通信、消防、安防、门禁、能源、照明、空调、电梯等各个子系统统一到设备监控站上。集成的楼宇管理系统能够使用网络化、智能化、多功能化的传感器和执行器,传感器和执行器通过数据网和控制网连接起来,与通信系统一起形成整体的楼宇网络,并通过宽带与外界沟通。下面简要介绍传感器在智能楼宇中的几个典型应用。

一、空调系统的监控

空调系统监控的目的是:既要提供温湿度适宜的环境,又要节约能源。其监控范围为制冷机、热力站、空气处理设备、送排风系统、变风量末端等,其原理框图如图7.30所示。现代空调系统均具有完整的制冷、制热、通风功能,它们都在传感器和计算机的监控下工作。

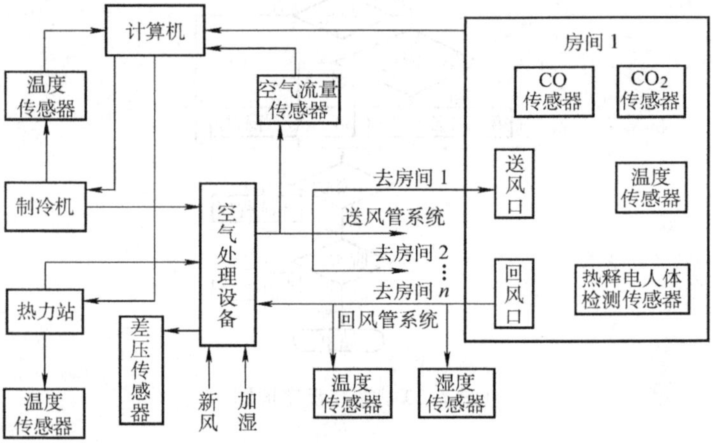

图7.30　空调系统监控原理框图

在制冷机和热力站的进出口管道上,均需设置温度、压力传感器,系统根据外界气温的变化,控制它们的工作;在送风口和回风口处,需安装差压传感器,当它们的过滤网堵塞时,压差开关动作,给系统发出报警信号;在送风管道上,需安装空气流量传感器,当风量探头在空气处理设备开动后仍未测得风量时,将给系统发出报警信号;在回风管上,需安装湿度传感器,当回风湿度低于设定值时,系统将开启加湿装置;在各个房间内须安装 CO_2 和CO传感器,当房间的空气质量趋于恶劣时,将向智能楼宇的计算机中心发出报警信号,以防事故发生;在各个办公室内还可以安装热释电人体检测传感器,当该房间内长时间没有人活动的迹象时,自动关闭空调器。也可以设定为在早晨自动启动空调系统，在下班后关闭空调系统。

二、给排水系统

给排水系统的监控和管理也是由现场监控站和管理中心来实现，其最终目的是实现管网的合理调度。也就是说，无论用户水量怎样变化，管网中各个水泵都能及时改变其运行方式，保持适当的水压，实现泵房的最佳运行；监控系统还随时监视大楼的排水系统，并自动排水；当系统出现异常情况或需要维护时，系统将产生报警信号，通知管理人员处理。给排水系统的监控主要包括水泵的自动启停控制，水位流量、压力的测量与调节，用水量与排水量的测量，污水处理设备运转的监视、控制，水质检测，节水程序控制，故障及异常状况的记录等。给排水系统监控的原理如图 7.31 所示。现场监控站内的控制器按预先编制的软件程序来满足自动控制的要求，即根据水箱和水池的高低水位信号来控制水泵的启停及进水控制阀的开关，并且进行溢水和停水的预警等。当水泵出现故障时，备用水泵自动投入工作，同时发出报警信号。

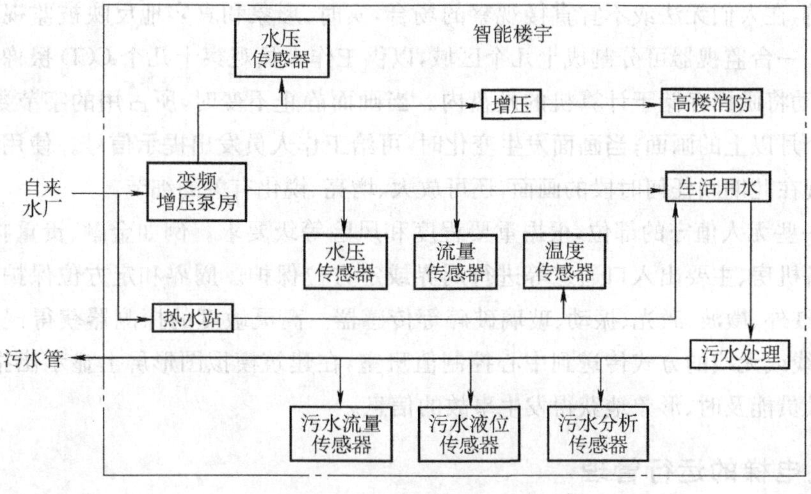

图 7.31　给排水系统监控原理框图

三、火灾监视、控制系统

火情、火灾报警传感器主要有感烟传感器、感温传感器以及红外线火焰传感器。从物理作用上区分，可分为离子型、光电型；从信号方式区分，可分为开关型、模拟型及智能型。在重点区域必须设置多种传感器，同时对现场火情加以监测，以防误报警，还应及时将现场数据经控制网络向控制系统汇总。获得火情后，系统就会采取必要的措施，经通信网络向有关职能部门报告火情，并对楼宇内的防火卷帘门、电梯、灭火器、喷水头、消防水泵、电动门等联动设备下达启动或关闭命令，以使火灾得到及时控制，还应启动公共广播系统，引导人员疏散。

四、门禁、防盗系统

出入口控制系统又叫门禁管理系统，是对楼宇内外的出入通道进行智能管理的系统，门禁系统属公共管理系统范畴。在楼宇内的主要管理区、出入口、电梯厅、主要设备控制中心机房、贵重物品的库房等重要部位的通道口，安装门禁控制装置，由中心控制室监控。

各门禁控制单元一般由门禁读卡模块、智能卡读卡器、指纹识别器、电控锁或电动闸门、开门按钮等系统部件组成。人员通过受控制的门或通道时，必须在门禁读卡器前出示代表其合法身份的授权卡、密码后才能通行。

楼宇中应设置紧急按钮或脚动开关报警装置。当出现紧急情况，如当发生强行开门、非善意闯入、突发急病、遭遇持械匪徒威胁时，可实现紧急报警。当发生火警时，系统自动取消全部的门禁控制，并打开紧急疏散通道门。

智能楼宇通常在重要通道上方安装电视监控系统。电视监控系统也属公共安全管理系统范畴，在人们无法或不宜直接观察的场合，实时、形象和真实地反映被监视的可疑对象画面。一台监视器可分割成十几个区域，以供工作人员观察十几个 CCD 摄像探头的信号，并自动将画面存储于计算机的硬盘内。当画面静止不变时，所占用的字节数极少，可存储一个月以上的画面；当画面发生变化时，可给工作人员发出提示信号。使用计算机还便于调阅在此期间任何时段的画面，还可放大、增亮、锐化有关的细节。

在一些无人值守的部位，根据重要程度和风险等级要求。例如金融、贵重物品库房、重要设备机房、主要出入口通道等进行周界或定方位保护。周界和定方位保护可同时使用压电、红外、微波、激光、振动、玻璃破碎等传感器。高灵敏度的探测器获得侵入物的信号，以有线或无线的方式传送到中心控制值班室，在建筑模拟图形屏上显示出报警位置，使值班人员能及时、形象地获得发生事故的信息。

五、电梯的运行管理

电梯是智能楼宇的重要设备。电梯的使用对象是人，因此必须确保万无一失。在电梯运行管理中，传感器起到十分重要的作用，下面简要介绍传感器在电梯中的应用。

电梯是机械、电气紧密结合的产品，有垂直升降式和自动扶梯两大类。轿厢是乘人、运货的设备，平常所说的乘电梯，就是进入轿厢，并随其上下而到达所要去的楼层。轿厢的上下运动是由电动机、曳引机、曳引轮和配重等装置配合完成的。电动机带动曳引机运转拖动轿厢和配重作相对运动，并保持平衡。轿厢上升，配重下降；轿厢下降，则配重上升，于是，轿厢就沿着导轨在井道中上下运行。

在电梯中，有很多检测装置用于电梯控制，如电梯的平层控制、选层控制、门系统控制等。下面就传感器在电梯门入口处的安全保护和选层控制作简单介绍。

1. 入口安全保护

电梯门有层门和轿门之分，层门设在每层的入口处，在层门旁有指示往上、往下的按钮，轿门设在轿厢靠近层门的一侧，供乘客或货物进出。开门电动机通过带轮和曲柄摇杆机构推动左右两扇轿门完成开门行程。当电梯在预定的楼层平层停靠时，轿门通过门刀、门锁等装置带动层门运动，从而实现轿门和层门的同步开关。层门和轿门的开启和关闭是同步进行的，为保证乘客或货物的安全，在电梯门的入口处都带有安全保护装置。

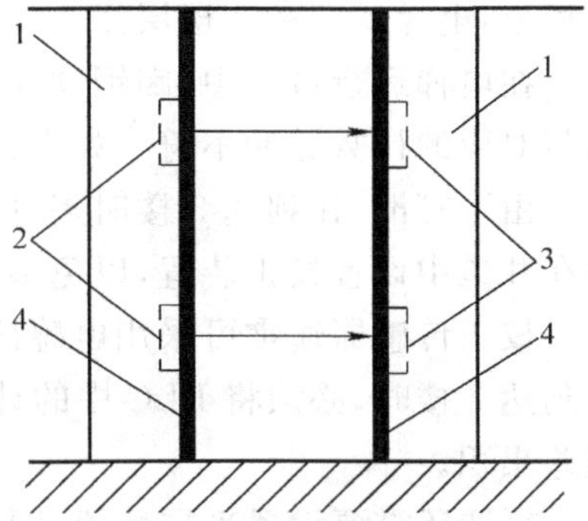

图 7.32　光电式保护装置

1—轿门；2—红外发射装置；3—红外接收装置；4—防夹条

(1)光电式保护装置

光电式保护装置是在轿门边上安装两道水平光电装置，选用对射式红外光电开关，对整个开门宽度进行检测，如图 7.32 所示。在轿门关闭的过程只要遮断任一道光路，门都会重新开启，待乘客进人或离开轿厢后才继续完成关闭动作。

(2)防夹条

当乘客的手或脚还未完全进入轿厢，而光电、超声传感器尚未起作用时，手和脚就有被轿门夹住的危险，这时必须立即重新打开轿门。在两扇轿门的边沿，各安装了一根防夹条。防夹条内部是有两根距离很近的金属条，其长度与轿门相当，外面用柔软的橡胶包裹。当乘客被夹时两根金属条发生短路，向电梯的控制系统发出报警信号，门立即微开一段距离，待报警消除后再重新关闭。

2. 选层控制

图 7.33　安装在曳引电动机上的光电编码器

1—光电编码；2—曳引电动机；3—电磁制动器；4—机座；5—蜗轮-蜗杆减速器；6—曳引轮

乘客进入轿厢后，就要在控制面板上键入所要到达楼层的数字，控制电梯的电脑必须知道电梯所在的位置，才能正确指层，选择减速点和正确平层。目前不少电梯采用光电脉冲编码器来实现测距，如图 7.33 所示。

曳引电动机旋转后，编码器即输出脉冲，脉冲数正比于电梯运行的距离。例如，电梯上行到 3 楼，设 3 楼距地面对应 9 000 个脉冲，减速点设定在 7 000 个脉冲，当电梯从地面(设为零点)往上运行时，PLC 即开始计数。当计数到 7 000 个脉冲时，发出减速指令，于是电梯慢速上行，当计数到 9 000 个脉冲时，发出停止指令，电梯便停在 3 楼层面。

在电梯运行过程中，因钢丝绳打滑等原因会引起计数误差，即电梯实际运行的距离与对应的计数脉冲不符。如上例中，理论上 3 楼距地面的距离对应为 9 000 个脉冲。由于打滑，在到达 3 楼时多计了 100 个脉冲，实际输出 9 100 个脉冲。因此，必须在井道中设置校正装置，以免多层运行时产生误差累积。

校正传感器通常可采用电感接近开关、干簧管或其他开关元件。如上例中，当电梯到达 3 楼时，必须将 PLC 中的计数器置为代表该层的 9 000 脉冲，这样就避免了误差累积。

轿厢还需要设置平层装置，即开门时，轿厢的踏板必须与楼层的地面在同一平面上。平层传感器与校正传感器配合使用。电梯平层时，PLC 根据传感器发出平层信号令刹车装置动作，使轿厢准确地停止。平层传感器在安装时必须上下微调并紧固。

实验与实训

实验一 电阻传感器

一、实验目的

(1)了解金属箔式应变片和半导体应变片以及电桥的工作原理和工作特点。

(2)将理论数据与实验进行线性度与灵敏度比较。

二、实验原理

电阻应变片直接感受到的是构件的应变或应力,测量时必须把应变片粘贴在机械的弹性体上。当外力作用到弹性体元件上时,弹性体被压缩或拉伸,产生微小的机械变形,粘贴在弹性体上的应变片感受到应力 σ 的作用,根据材料力学中的胡克定律可知:应变 ε 与应变力 σ 成正比,即 $\varepsilon=\sigma E$。又由应变效应可知应变片的应变 ε 与其电阻值的相对变化率 dR/R 成正比,再通过测量电路进一步将电阻的改变转换成电压或电流信号输出。

三、实验设备

直流稳压电源、差动放大器、电桥、测微器、V/F 表。

有关旋钮的初始位置:直流稳压电源输出置于 0 V 挡,V/F 表置于 V 表、20 V 挡,差动放大器增益旋钮置于最大。

注意事项:

(1)电桥单元上部所示的四个桥臂电阻(R_x)并未安装,仅作为组桥示意标记,表示在组桥时应外接桥臂电阻(如应变片或固定电阻)。R_1、R_2、R_3 作为备用的桥臂电阻,按需接入桥路。

(2)做此实验时应将低频放大器、音频放大器的幅度调至最小,以减小其对直流电桥的影响。

(3)实验过程中,直流稳压电源输出不允许大于 4 V,以防应变片过热损坏。

(4)不能用手触及应变片及过度弯曲平行梁,以免应变片损坏。

(5)实验中用到所需单元时,则该单元上有电源开关的应合上开关,完成实验后应关闭所有开关及输出。

四、实验步骤

（一）单臂电桥

（1）观察梁上应变片，并且了解它的结构和粘贴位置。

（2）将差动放大器调零。用导线将差动放大器的正负输入端与地端连接起来，然后将差动放大器的输出端接至电压表的输入端。电压表的量程取 2 V 挡，调整差动放大器上的调零旋钮，使电压表指示为零。稳定后去除差动放大器输入端的导线。

（3）按照实验图 1.1 的电路结构，将一应变片与电桥平衡网络、差动放大器、电压表、直流稳压电源连接起来，组成一个测量线路（这时直流稳压电源应置于 0 V 挡，电压表应置于 20 V 挡）。此时，应变片接入实验图 1.1 的 R_x 位置。

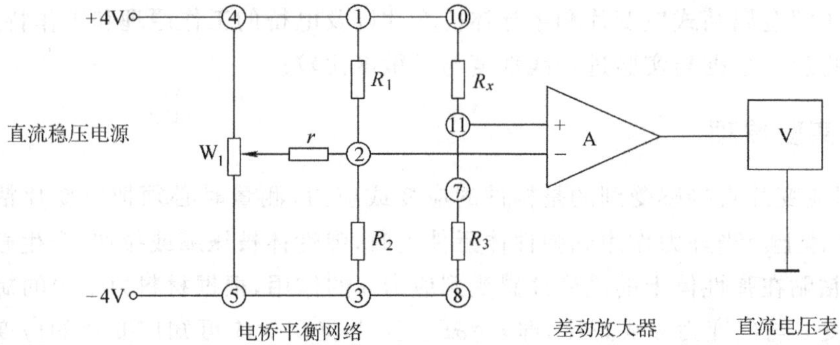

实验图 1.1　金属单臂电桥

（4）转动测微器，将梁上振动平台中间的磁铁与测微头相吸，并使双平行梁处于（目测）水平位置。

（5）将直流稳压电源输出置于 4 V 挡，调整电桥平衡电位器 W_1，使电压表指示为零，稳定数分钟后，将电压表量程置于 2 V 挡后，再仔细调零。

（6）往下旋动测微器，使梁的自由端往下产生位移，记下电压表显示的数值。每次位移 0.5 mm 记一个电压数值，将所记数据填入实验表 1.1，根据所得结果计算灵敏度 S。$S=\Delta V/\Delta X$（式中 ΔV 为电压变化，ΔX 为相应的梁端位移变化），并作出 $V-X$ 关系曲线。

实验表 1.1　半导体应变片单臂电桥 $V-X$ 数据

X/mm											
V/mV											

（二）半导体应变片双臂电桥

（1）根据实验图 1.2 的电路结构，将两片半导体应变片与电桥平衡网络、差动放大器、电压表、直流稳压电源连接起来，组成一个测量线路（这时直流稳压电源输出应置于 0 V 挡，电压表应置于 20 V 挡）。此时两片半导体应变片组成半桥。

（2）转动测微器，使双平行梁处于（目测）水平位置，再向上位移 5 mm，使梁的自

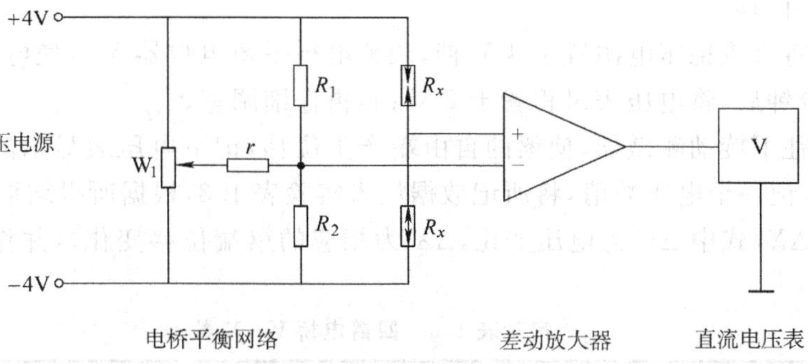

实验图 1.2　半导体双臂电桥

由端往上位移。

(3)将直流稳压电源置于 4 V 挡，调整电桥平衡电位器 W_1，使电压表指示为零，稳定数分钟后，将电压表量程置于 2 V 挡后，再仔细调零。

(4)往下旋动测微器，使梁的自由端产生位移，记下电压表显示的数值。每次位移 1 mm 记一个电压数值，将所记数据填入实验表 1.2，根据所得结果计算灵敏度 S。$S=\Delta V/\Delta X$(式中 ΔV 为电压变化，ΔX 为相应的梁端位移变化)，并作出 $V-X$ 关系曲线。

实验表 1.2　半导体应变片双臂电桥 $V-X$ 数据

X/mm											
V/mV											

(三)四臂电桥(全桥)

(1)根据实验图 1.3 的电路结构，将四片金属或半导体应变片与电桥平衡网络、差动放大器、电压表、直流稳压电源连接起来，组成一个测量线路(这时直流稳压电源输出位置于 0 V 挡，电压表应置于 20 V 挡)。此时四片应变片组成全桥。

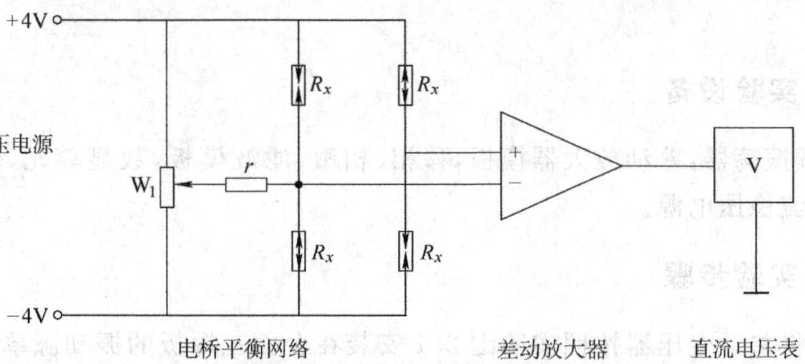

实验图 1.3　全桥

(2)转动测微器,使双平行梁处于(目测)水平位置,再向上位移 5 mm,使梁的自由端往上位移。

(3)将直流稳压电源置于 4 V 挡,调整电桥平衡电位器 W_1,使电压表指示为零,稳定数分钟后,将电压表量程置于 2 V 挡,再仔细调零。

(4)往下旋动测微器,使梁的自由端产生位移,记下电压表显示的数值。每次位移 1 mm 记一个电压数值,将所记数据填入实验表 1.3,根据所得结果计算灵敏度 S。$S=\Delta V/\Delta X$(式中 ΔV 为电压变化,ΔX 为相应的梁端位移变化),并作出 $V-X$ 关系曲线。

实验表 1.3　四臂电桥 $V-X$ 数据

X/mm										
V/mV										

五、思考

比较单臂、半桥、全桥各种接法的灵敏度。

实验二　差动变压器的应用——振动测量

一、实验目的

了解差动变压器测量振动的方法。

二、实验原理

差动变压器是电感式传感器的一种,它把被测量的变化转换为传感器的互感的变化,从而实现位移、压强、荷重、液位等参数的测量。差动变压器测量动态参数与测位移量的原理相同,不同的是其输出为调制信号,要经过检波才能观测到所测动态参数。

三、实验设备

音频振荡器,差动放大器模板,移相、相敏、滤波模板,数显单元,低频振荡器,示波器,直流稳压电源。

四、实验步骤

(1)将差动变压器按照实验图 2.1 安装在台面三源板的振动源单元上。

(2)按照实验图 2.2 接线,检查接线无误后,合上主控台电源开关,用示波器观察 Lv 峰-峰值,调整音频振荡器幅度旋钮使 $V_{pp}=2$ V。

(3)利用示波器观察相敏检波器输出，调整传感器连接支架高度，使示波器显示的波形幅值为最小。

(4)仔细调节 R_{W1} 和 R_{W2}，使示波器(相敏检波输出)显示的波形幅值更小，基本为零点。

(5)用手按住振动平台(使传感器产生一个大位移)，仔细调节移相器和相敏检波器的旋钮，使示波器显示的波形为一个接近全波的整流波形。然后松手，整流波形消失变为一条接近零点线(否则再调节 R_{W1} 和 R_{W2})。

(6)低频振荡器输出引入振动源的低频输入，调节低频振荡器幅度旋钮和频率旋钮，使振动平台振荡较为明显。用示波器观察放大器输出 V_o、相敏检波器的输出 V_o 及通滤波器的输出 V_o 波形。

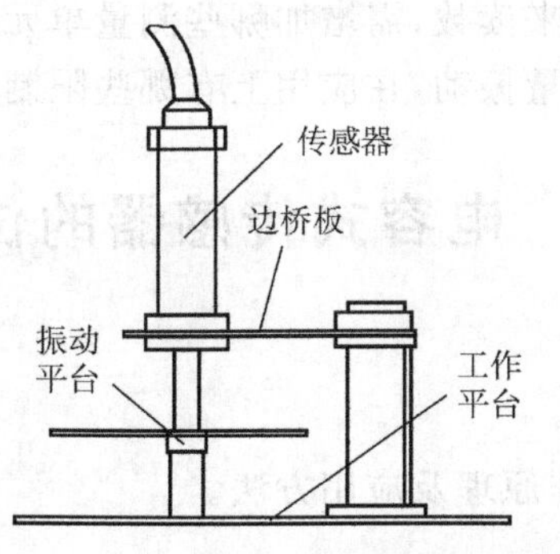

实验图 2.1　差动变压器振动测量安装

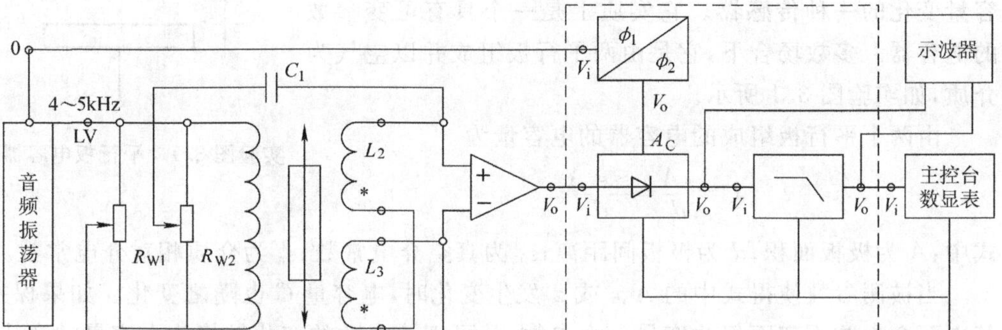

实验图 2.2　差动变压器振动测量实验接线

(7)保持低频振荡器的幅度不变，改变振荡频率用示波器观察低通滤波器的输出，读出峰-峰电压值，记下实验数据，填入实验表 2.1 中。

实验表 2.1　频率与峰-峰电压数据

f/Hz										
$V_{p\text{-}p}$/V										

(8)根据实验结果作出梁的 $f-V_{p\text{-}p}$ 特性曲线，指出自振频率的大致值，并与用应变片测出的结果相比较。

(9)保持低频振荡器频率不变，改变振荡幅度，同样实验，可得到振幅-$V_{p\text{-}p}$ 曲线(定性)。

注意事项：低频激振电压幅值不要过大，以免在自振频附近梁振幅过大。

五、思考

(1)如果用直流电压表来读数，需增加哪些测量单元，测量线路该如何？

(2)利用差动变压器测量振动，在应用上有哪些限制？

实验三　电容式传感器的位移测量

一、实验目的

了解电容式传感器工作原理及应用方法。

二、实验原理

电容式传感器是指能将被测物理量的变化转换为电容量变化的一种传感器。它实质上是一个具有可变参数的电容器。多数场合下，它是由两平行板组成并以空气为介质，如实验图 3.1 所示。

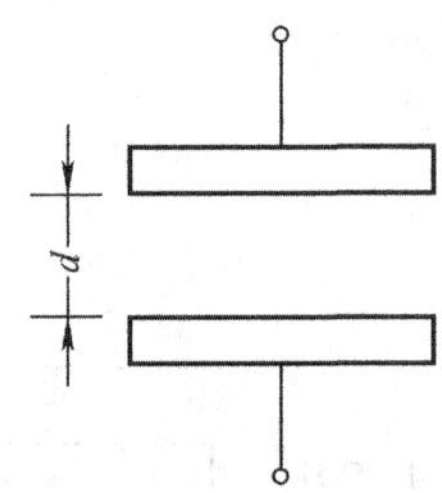

实验图 3.1　平行板电容器

由两个平行板组成的电容器的电容量为

$$C=\frac{\varepsilon A}{d}=\frac{\varepsilon_0\varepsilon_r A}{d}$$

式中：A 为极板面积；d 为极板间距离；ε_0 为真空介电常数；ε_r 为介质相对介电常数。

当被测参数使得式中的 A、ε 或 d 发生变化时，电容量 C 也随之变化。如果保持其中两个参数不变而仅改变另一个参数，就可把该参数的变化转换为电容量的变化。因此，电容量变化的大小与被测参数的大小成比例。在实际使用中，电容式传感器常以改变平行板间距 d 来进行测量，这样获得的测量灵敏度高于改变其他参数的电容传感器的灵敏度。

改变平行板间距 d 的传感器可以用来测量微米数量级的位移。被测体产生微小的位移，即可改变平行板间距 d，从而把被测体的位移变化转换为电容量的变化。

三、实验设备

电容传感器、电容传感器实验模板、测微头、相敏检波、滤波模板、数显单元、直流稳压源。

四、实验步骤

(1)按实验图 3.2 将电容传感器装在电容传感器实验模板上。判别 C_{X1} 和 C_{X2} 时，注意动极板接地，接法正确则动极板左右移动时，有正、负输出，不然需调换接线。一般动极板为黑色引线，两个静片分别是棕色和蓝色引线，可作参考。

(2)半电容传感器电容 C_{X1} 和 C_{X2} 的静片连线分别插入电容传感器实验模板 C_{X1}、C_{X2} 插孔上，动极板连线接地插孔(实验图 3.2)。

(3)将电容传感器实验模板的输出端 V_{o1} 与数显表单元 V_i 相接，R_W 调节到中间位置。

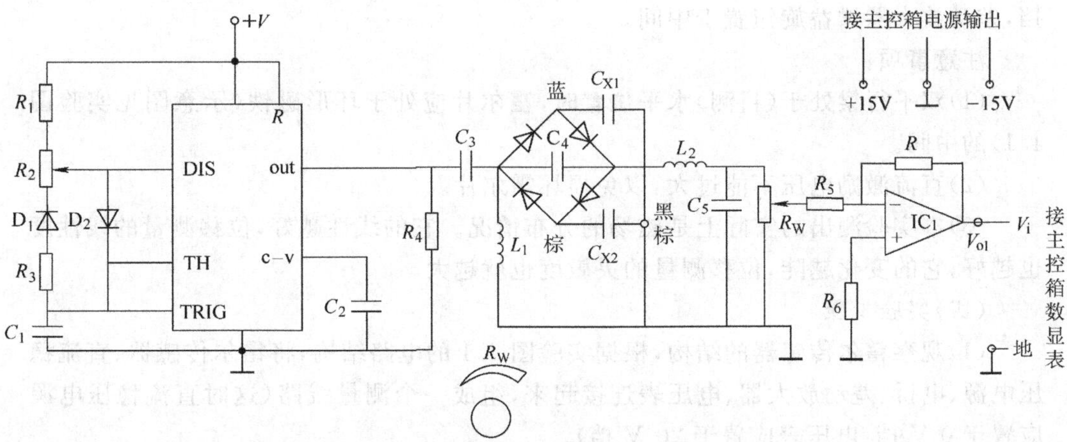

实验图 3.2　电容传感器位移实验接线

(4)接入 ±15 V 电源，旋动测微头推进电容器传感器动极板位置，每间隔 0.2 mm记下位移 X 与输出电压值，填入实验表 3.1。

实验表 3.1　电容传感器位移与输出电压数据

X/mm										
V/mV										

(5)根据实验表 3.1 数据计算电容传感器的系统灵敏度 S 和非线性误差 δ_f。

五、思考

实验仪中电容传感器的介质是什么？如果改变介质，将会对电容传感器性能如何影响？试设计利用 ε 的变化测位移的电容式传感器测试系统。

实验四　霍尔传感器

一、霍尔传感器直流激励的静态位移性能

(一)实验目的

了解霍尔传感器的工作原理和工作情况。

(二)实验原理

通过改变霍尔元件在磁场中的位置,从而改变磁场强度 B,在恒定的输入电流 I 的情况下霍尔电势的变化即反映磁场的变化,从而实现了位移的测量。

(三)实验设备

霍尔传感器、直流稳压电源、差动放大器、电桥、测微器、V/F 表。

有关旋钮的初始位置:直流稳压电源输出置于 0 V 挡,V/F 表置于 V 表 20 V 挡,差动放大器增益旋钮置于中间。

注意事项:

(1)双平行梁处于(目测)水平位置时,霍尔片应处于环形磁铁(示意图见实验图 4.1)的中间。

(2)直流激励电压不能过大,以免损坏霍尔片。

(3)本实验测出的实际上是磁场的分布情况。它的线性越好,位移测量的线性度也越好;它的变化越陡,位移测量的灵敏度也就越大。

(四)实验步骤

(1)观察霍尔传感器的结构,根据实验图 4.1 的电路结构,将霍尔传感器、直流稳压电源、电桥、差动放大器、电压表连接起来,组成一个测量线路(这时直流稳压电源应置于 0 V 挡,电压表应置于 20 V 挡)。

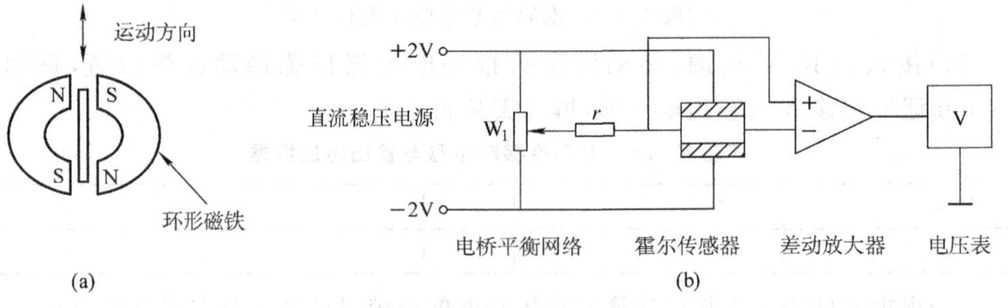

实验图 4.1　霍尔传感器的测量线路

(a)霍尔传感器结构　(b)测量原理

(2)转动测微器,使双平行梁处于(目测)水平位置,再向上转动 2 mm,使梁的自由端往上位移。

(3)将直流稳压电源置于 2 V 挡，调整电桥平衡电位器 W_1，使电压表指示为零，稳定数分钟后，将电压表量程置于 2 V 挡后，再仔细调零。

(4)往下旋动测微器，使梁的自由端产生位移，记下电压表显示的数值。每次位移 0.4 mm 记一个电压数值，将所记数据填入实验表 4.1，根据所得结果计算灵敏度 S。$S=\Delta V/\Delta X$(式中 ΔV 为电压变化，ΔX 为相应的梁端位移变化)，并作出 $V-X$ 关系曲线。

实验表 4.1　霍尔传感器测量位移 $V-X$ 数据

X/mm										
V/mV										

(五)思考

结合梯度磁场分布，解释为什么霍尔片应处于环形磁铁的中间。

二、霍尔传感器的交流激励的静态位移性能

(一)实验目的

了解霍尔传感器交流激励下的工作情况。

(二)实验原理

霍尔传感器交流激励与直流激励基本工作原理相同，不同之处是测量电路的差异。

(三)实验设备

霍尔传感器、差动放大器、电桥、音频振荡器、移相器、相敏检波器、测微器、V/F 表、低通滤波器、双线示波器。

有关旋钮的初始位置：音频振荡器频率为 4 kHz，LV 输出幅度为峰值 2 V，差动放大器增益旋钮置于中间，V/F 表置于 V 表 20 V 挡。

注意事项：

(1)双平行梁处于(目测)水平位置时，霍尔片应处于环形磁铁的中间。

(2)音频振荡器的信号从 LV 输出端输出。

(四)实验步骤

(1)根据实验图 4.2 的电路结构，将霍尔传感器、电桥平衡网络、差动放大器、音频振荡器、移相器、相敏检波器、低通滤波器和电压表连接起来，组成一个测量线路。将示波器探头分别接至差动放大器的输出端和相敏检波器的输出端。

(2)转动测微器，使双平行梁处于(目测)水平位置。调整电桥平衡电位器 W_1 和 W_2，使差动放大器的输出为最小(用示波器观察)，稳定数分钟后，再仔细调零。

(3)向上转动测微器 2 mm，使梁的自由端往上位移。调整移相器电位器，电压表指示为最大(绝对值)，同时观察相敏检波器的输出波形。

(4)往下旋动测微器，使梁的自由端产生位移，记下电压表显示的数值。每次位移 0.4 mm 记一个电压数值，将所记数据填入实验表 4.2，根据所得结果计算灵敏度

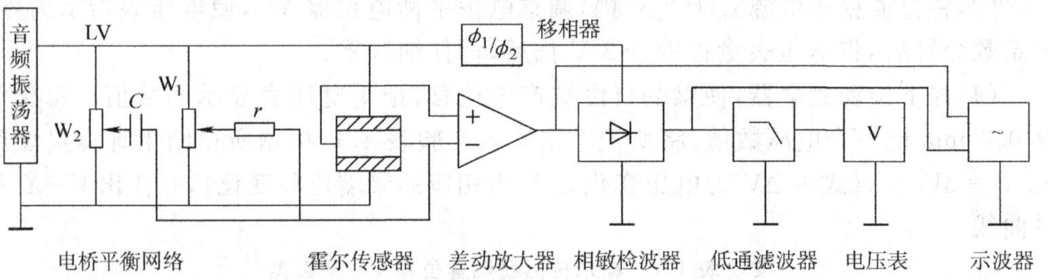

实验图 4.2　霍尔传感器交流激励下的接线

S。$S=\Delta V/\Delta X$（式中 ΔV 为电压变化，ΔX 为相应的梁端位移变化），并作出 $V-X$ 关系曲线。

实验表 4.2　霍尔传感器交流激励下测量位移 $V-X$ 数据

X/mm										
V/mV										

（五）思考

试叙述并解释示波器上观察到的波形。

三、霍尔传感器的电子秤实验

（一）实验目的

了解霍尔传感器用于电子秤的应用。

（二）实验原理

利用霍尔位移传感器和振动平台加载时双平行梁产生位移，通过测位移来称重。

（三）实验设备

霍尔传感器、差动放大器、测微器、电桥、直流稳压电源、V/F 表、砝码。

有关旋钮的初始位置：直流稳压电源置于 0 V 挡，V/F 表置于 V 表 20 V 挡，差动放大器增益旋钮置于最小。

注意事项：

(1)双平行梁处于(自由)水平位置时，霍尔片应处于环形磁铁的中间，否则要调整环形磁铁的位置。

(2)实验过程中，差动放大器增益旋钮不能改变。

(3)平衡梁的自由端在加减砝码时不能与其他相碰。

（四）实验步骤

(1)转动测微器，将梁上振动平台中间的磁铁与测微头分离，并将测微头缩至测微器中，使梁振动时不至于再被吸住(这时平行梁处于自由静止状态)。

(2)根据实验图 4.1 的电路结构，将霍尔传感器、直流稳压电源、电桥平衡网络、差动放大器和电压表连接起来，组成一个测量线路。

(3)调整电桥平衡电位器 W_1,使差动放大器的输出端为零(这时,直流稳压电源应置于 2 V 挡,电压表应置于 2 V 挡)。

(4)按实验表 4.3 提示,在振动平台中间加上不同质量的砝码,进行标定,将结果填入实验表 4.3,并作出对应的 $W-V$ 曲线。

实验表 4.3 霍尔传感器称重 $W-V$ 数据

W/g	1	2	3	4	5	6	7	8
V/V								

(5)去除砝码,在振动平台中间加上一个未知的重物,记录电压表的读数。

(6)根据实验数据,求出重物的质量。

(五)思考

将这个电子秤方案投入实际应用,哪些部分需要改进?

实验五　压电式传感器振动测量

一、实验目的

了解压电传感器的测量振动的原理和方法。

二、基本原理

压电式传感器的工作原理是以某些物质的压电效应为基础的。某些电介质物体在沿一定方向受到压力或拉力作用时,会产生变形,此时这种材料的两个表面将产生符号相反的电荷,当去掉外力后,它又重新回到不带电状态,这种现象就称为压电效应,而具有这种压电效应的物体称为压电材料或压电元件。压电材料可以分为两大类:压电晶体和压电陶瓷。

压电式传感器是由惯性质量块和受压的压电陶瓷片等组成。工作时传感器感受与试件相同频率的振动,质量块便有正比于运动加速度的交变力作用在压电陶瓷片上,由于压电效应,压电陶瓷片上产生正比于运动加速度的表面电荷。

三、实验设备

振动台,压电传感器,检波、移相、低通滤波器模板,压电式传感器实验模板,双线示滤器。

四、实验步骤

(1)压电传感器已装在振动台面上。

(2)将低频振荡器信号接入到台面三源板振动源的低频输入源插孔。

(3)将压电传感器输出两端插入到压电传感器实验模板两输入端,见实验图

5.1,屏蔽线接地。将压电传感器实验模板电路输出端 V_{o1}(如增益不够大则 V_{o1} 接入 IC_2,V_{o2} 接入低通滤波器)接入低通滤波器输入端 V_i,低通滤波器输出 V_o 与示波器相连。

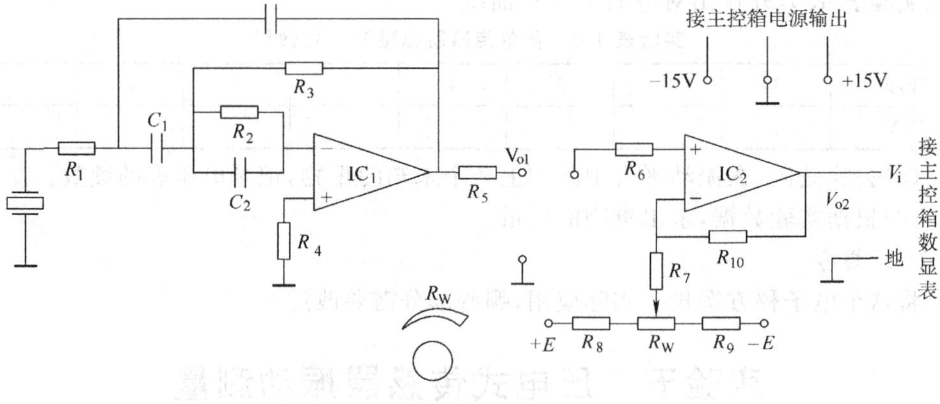

实验图 5.1　压电式传感器性能实验接线

(4)合上主控箱电源开关,调节低频振荡器的频率与幅度旋钮使振动台振动,观察示波器波形。

(5)改变低频振荡器频率,观察输出波形变化。

(6)用示波器的两个通道同时观察低通滤波器输入端和输出端波形。

五、思考

改变低频输出信号的频率,观察在振动源不同振幅下的压电传感器输出波形的频率和幅值有什么不同。

实验六　光纤传感器的位移特性

一、实验目的

了解光纤位移传感器的工作原理和性能。

二、实验原理

本实验采用的是传光型光纤,它由两束光纤混合后,组成 Y 型光纤,半圆分布即双 D 型。一束光纤端部分与光源相接发射光束,另一束端部与光电转换器相接接收光束,两光束混合后的端部是工作端亦称探头。它与被测体相距 X,由光源发出的光通过光纤传到端部射出后再经被测体反射回来,由另一束光纤接收光信号再由光电转换器转换成电量,而光电转换器转换的电量大小与间距 X 有关,因此,可用于测量位移。

三、实验设备

光纤传感器、光纤传感器实验模板、数显单元、测微头、直流源＋15 V、反射面。

四、实验步骤

(1)根据实验图 6.1 安装光纤位移传感器，两束光纤插入实验板上的光电变换座插孔上，其内部已和发光管 D 及光电转换管 T 相接。

(2)将光纤实验模板输出端 V_{o1} 与数显单元相连，见实验图 6.2。

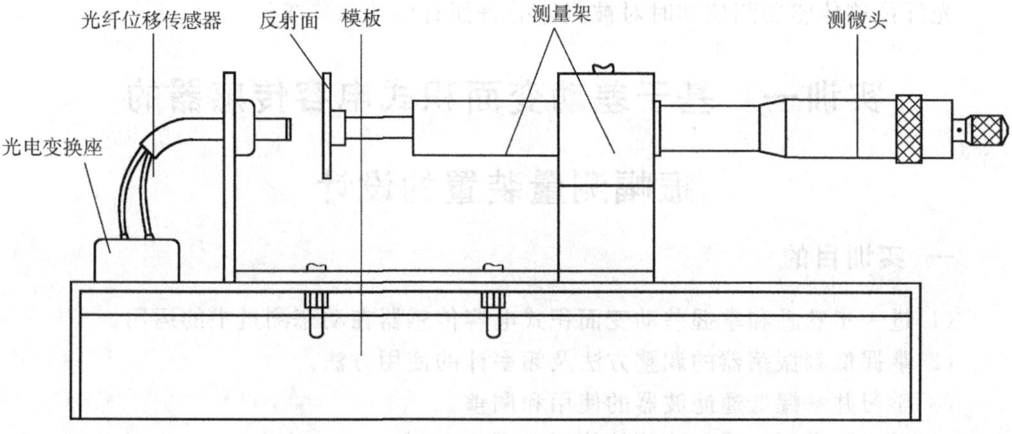

实验图 6.1　光纤传感器安装示意图

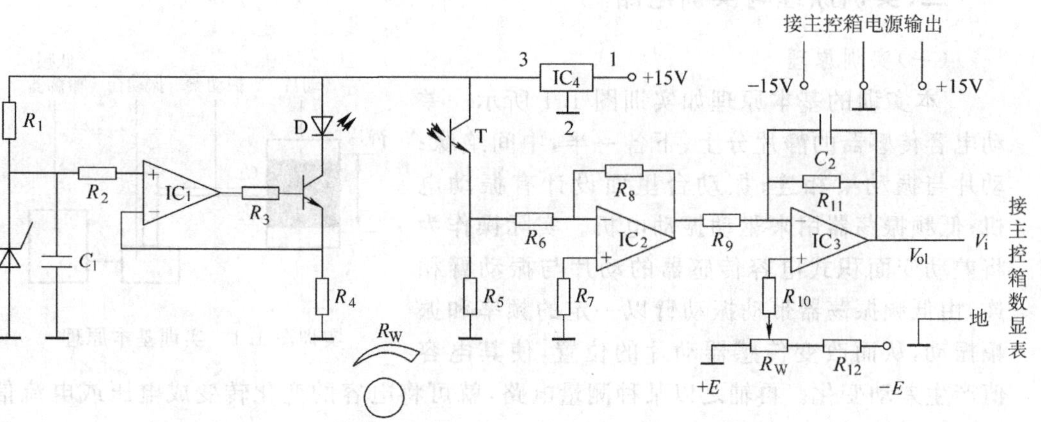

实验图 6.2　光纤传感器位移实验接线

(3)调节测微头，使探头与反射平板轻微接触。

(4)实验模板接入±15 V 电源，合上主控箱电源开关，调 R_W 使数显表显示为零。

(5)旋转测微头，被测体离开探头，每隔 0.1 mm 读出数显表值，将其填入实验表

6.1中。

实验表 6.1　光纤位移传感器输出电压与位移数据

X/mm										
V/mV										

(6)根据实验表6.1的数据，作光纤位移传感器的位移特性，计算在量程1 mm时灵敏度和非线性误差。

五、思考

光纤位移传感器测位移时对被测体的表面有些什么要求?

实训一　基于差动变面积式电容传感器的振幅测量装置的设计

一、实训目的

(1)进一步熟悉和掌握差动变面积式电容传感器在动态测量中的运用。
(2)掌握低频振荡器的调整方法及频率计的使用方法。
(3)学习并掌握低通滤波器的使用和调整。
(4)学习并掌握双线示波器的使用和调整。

二、实训原理与实训电路

(一)实训原理

本实训的基本原理如实训图1.1所示。差动电容传感器的静片分上、下各一半，中间绝缘；动片与振动梁相连；振动台里面设计有振动电机；低频振荡器用来驱动振动电机。实际操作为将差动变面积式电容传感器的动片与振动臂相连，由低频振荡器带动振动臂以一定的频率和振幅振动，从而改变传感器动片的位置，使其电容值产生差动变化。再辅之以某种测量电路，就可将电容的变化转变成电压或电流信号的变化，经过标定以后，就可以用于振动的振幅测量了。

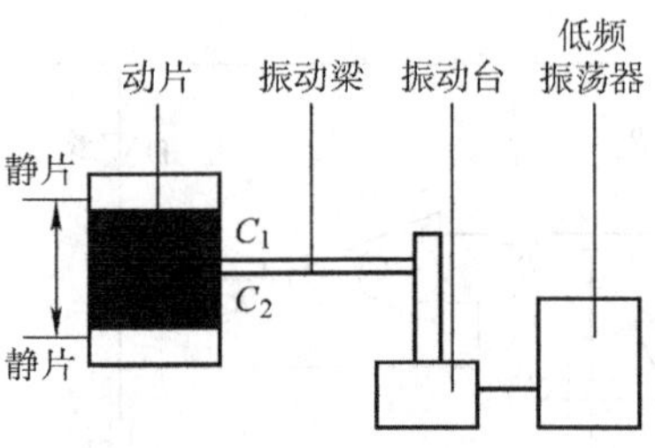

实训图1.1　实训基本原理

(二)实训电路

根据实训原理可组成以下两种测量电路以供参考。

测量电路一：原理如实训图1.2所示，由差动变面积式电容传感器、电容变换器、差动放大器、低通滤波器、双线示波器、直流稳压电源及音频信号源等组成。将差动电容的变化量接至电容变换器，在音频信号源驱动下将电容的变化量转换成一个电压变化信号，此信号经差动放大后再由低通滤波器滤除音频激励信号，最后在示波器上显示出来的电压信号的幅值就反映了振动的振幅大小。

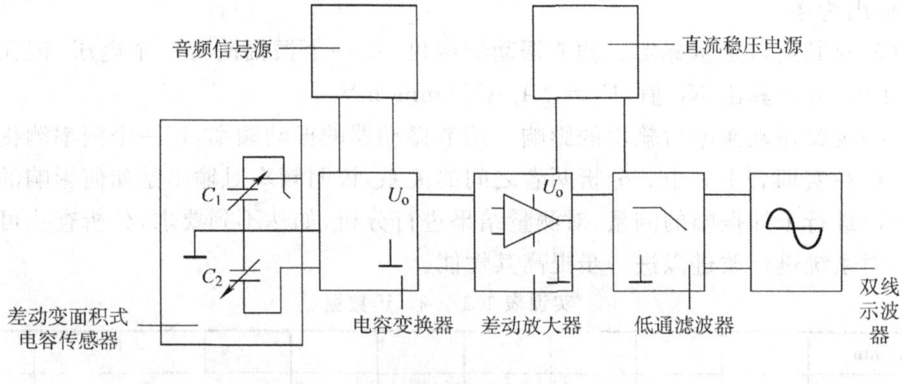

实训图 1.2　测量电路一

测量电路二：原理如实训图 1.3 所示，此电路主要针对示波器读数困难而设计，由差动电容、电容变换器、差动放大器、低通滤波器、整流器、液晶显示器和直流稳压电源及音频信号源组成。它将低通滤波器的输出信号送至二极管整流器进行整流，得到一稳定的直流输出，再用液晶电压表显示出来。

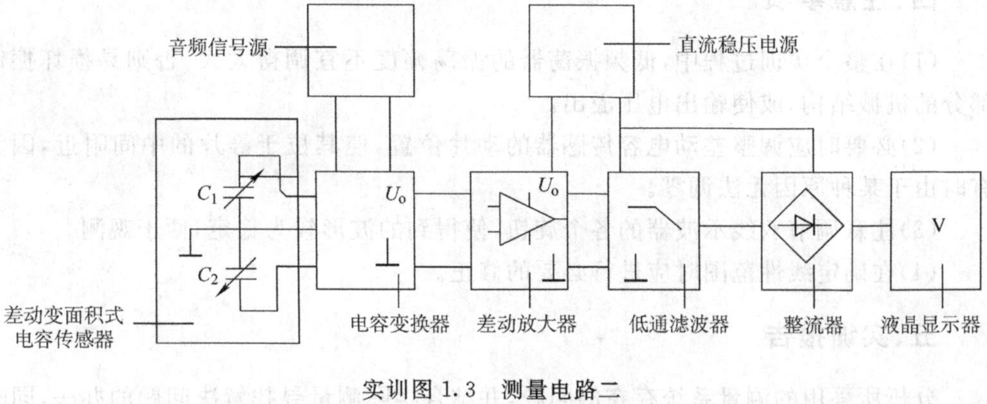

实训图 1.3　测量电路二

两种方法各自的特点：前一种测量方法所用模块较少，电路相对简单，但由于滤波器显示易受环境磁场的干扰，显示稳定性较差，读数较困难，不便于精确测定振幅，只适于定性分析振动；后一种测量方法将交流输出信号变成了直流信号输出，便于读数，测定效果较好，适于精确地定量测定振幅，但需另外配置整流电路模块，实现起来有一定的难度。

三、实训操作及调试

(1)差动放大器调零。

(2)按确定的方案接好线路,注意不能接错。要仔细检查,发现错误及时更正。

(3)拆下螺旋测微头,使电容传感器的动片处于静片中间。

(4)确认线路正确无误后进行通电调试,调节单元电路,使整个系统在初始状态时的输出为零。

(5)对其进行定量标定。调节振动器幅度,每一个振幅测得一个电压,记在实训表 1.1 中,并计算出 K_V 值,$K_V=\Delta A/\Delta V$ (mm/mV)。

(6)观察振动频率对输出的影响。调节振动器的振动频率,每一个频率测得一个电压,记在实训表 1.2 中。分析两者之间的关系,说明频率对输出是如何影响的。

(7)进行未知振幅的测量,对测量结果进行分析,如达不到要求,分析查找可能的原因,对系统进行改进以进一步提高其性能。

实训表 1.1 $A-V$ 数据

A/mm										
V/mV										

实训表 1.2 $F-V$ 数据

F/mm										
V/mV										

四、注意事项

(1)在整个实训过程中,低频振荡器的振荡幅度不宜调得太大,否则易损坏振动部分的机械结构,或使输出电压溢出。

(2)必要时应调整差动电容传感器的动片位置,使其位于静片的中间附近,因为有时由于某种原因无法调零。

(3)注意调节双线示波器的各个旋钮,使得到的波形较为稳定,便于观测。

(4)在确定线性范围时应进行必要的修正。

五、实训报告

分析所采用的测量系统存在的问题,并结合实际测量寻找解决问题的办法,同时谈谈自己在设计过程中的心得体会。

实训二　集成温度传感器的温度检测与调理

一、实训目的

(1)通过本次实训使学生加深对集成温度传感器的结构原理和性能特点的了解,以便在今后的工作中更好地应用这种传感器。

(2)了解温度检测与调理电路模块的工作原理及其应用。

(3)弄清 AD590 的基本工作原理及其性能特点。

二、实训原理与实训电路

(一)集成温度传感器的工作原理及应用

集成温度传感器是利用 PN 结的伏安特性与温度之间关系研制成的一种固态传感器,它将温敏元件、偏置电路、放大电路及线性化电路集成在同一芯片上。其特点是使用方便,外围电路简单,性能稳定可靠。广泛应用于远距离的精密温度遥感与遥测,不必考虑长馈线上引起的信号损失和噪声问题;也可用于多点温度测量系统中,不必考虑由选择开关或多路转换器引入的接触电阻所造成的误差。它一般与计算机组成温度测控系统。

(二)AD590 集成温度传感器的性能特点和应用

AD590 温度传感器所使用的电源电压在 4~30 V,在 −55~150 ℃范围内的测量精度为±1 ℃,其输出阻抗高达 10 MΩ 以上,抗干扰能力强,不受长距离传输线电压的影响,信号传输距离可达 100 m 以上。

AD590 的校正误差是指传感器输出的信号所对应的温度值与实际温度之间的差值,如实训图 2.1 所示。AD590 有 I、J、K、L、M 五挡,其校正误差各不相同。低挡误差很大,如 AD590I 的校正误差为±10 ℃,对测量精度有较大影响,必须进行补偿。补偿的方法有单点调整和双点调整两种。

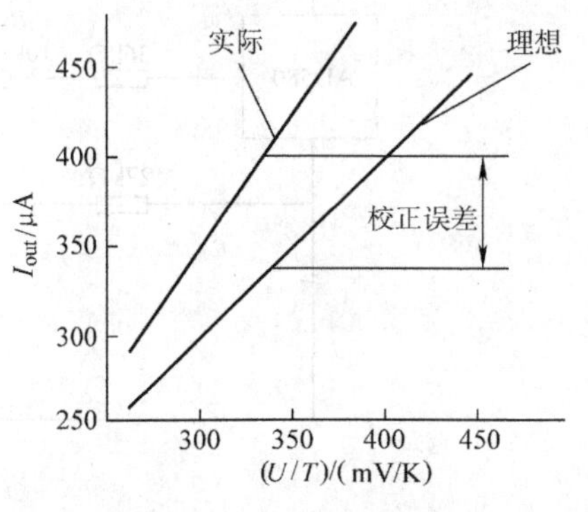

实训图 2.1　温度校正原理

单点调整法的原理如实训图 2.2 所示,这是最简单的方法。只要在外接电阻中串接一个可变电阻,在 25 ℃时调节可变电阻,使输出为 298.2 mV 即可(AD590 的灵敏度为 1μA/K)。由于只在一点调整,在整个测量范围内仍有一定的误差。

双点调整法的原理如实训图 2.3 所示,它可以进一步提高测量精度。图中 AD580 为基准电压源,输出+10 V 标准电压。在 0 ℃及 100 ℃两点进行调整通过 AD310 运算放大器,输出为 100 mV/℃。在 0 ℃时调整 R_1,使其输出为 0 V;在 100 ℃时调整 R_2,使此时的输出电压为 10 V。这种温度传感器广泛应用于各种温度计中,直接用于测量温度,除此之外它还被广泛用于各种加热设备、家用电器等仪器仪表的温度控制中。

另外本实训还用到温度检测与调理电路模块,该模块是由高精度集成运算放大器和基准电源等组成,用于集成温度传感器信号的检测与调理,精度为 0.05。

因为 AD590 的温控电流值是对应绝对温度(K),而在温控中需要采用摄氏度

(℃),由运算放大器组成的加法器可以实现这一转换。其原理电路如实训图 2.4 所示。元件参数的确定和 $-U_R$ 选取的指导思想是:0 ℃(即 273 K)时,$U_{o2}=0$ V。通过一个反相比例放大器,使其输出 U_{o2} 满足 100 mV/℃,可以实现温度显示。

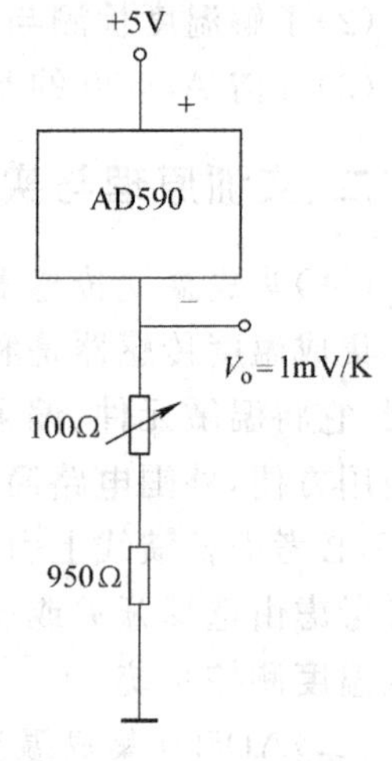

实训图 2.2　单点法测量原理

(三)AD590 集成温度传感器测温原理

本次测温实训电路由水银温度计、液晶电压表、50 Ω/2 W的电阻加热器、温度检测与调理电路模块和 AD590 温度传感器组成。其基本原理是用 AD590 型集成温度传感器作为测温传感器,用电阻加热器作为测温点,由温度测试与调理电路模块对传感器的输出信号进行进一步的处理,而后由液晶电压表显示测量结果,与水银温度计的测得温度进行比较,使得两者误差小于

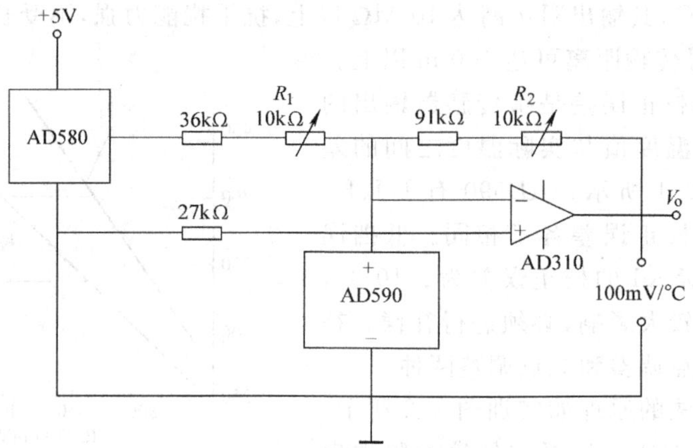

实训图 2.3　双点法测量原理

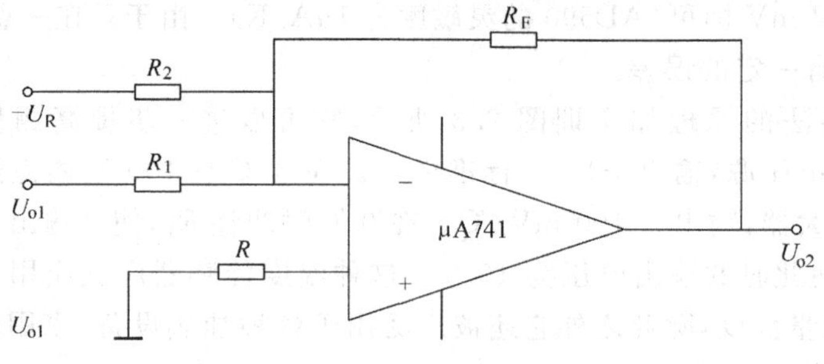

实训图 2.4　温度－电压转换开关原理图

2 ℃。实训图 2.5 为本实训的电路原理框图,图中加热器为电阻加热型,由直流稳压电源的+15 V 供电;温度检测与调理电路模块是 AD590 的信号处理部分,经它处理

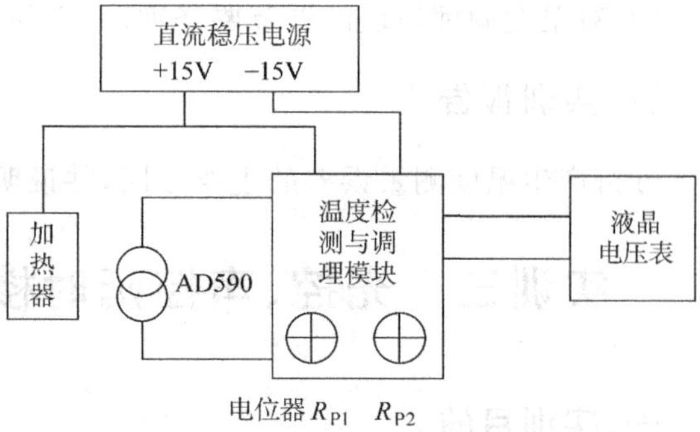

实训图 2.5 温度测量原理框图

后使系统输出电压与温度之间的关系为 1 mV/℃;用液晶电压表读出的电压值即为传感器探头的温度值。

实训的主要内容有两个方面:一是观察 AD590 温度传感器探头的结构,弄清其工作原理;二是进行温度的测量,先用水银温度计对系统进行标定,调节电位器 R_{P1} 和 R_{P2} 使系统输出电压数值与水银温度计的读数一致,即达到 1 mV/℃的标定值。然后用其测量加热器的温度,可用水银温度计同时测量,以判断系统的测量精度是否达到规定要求。

三、实训操作与调试

(1)按实训电路原理图接好线路,检查无误后接通电源。

(2)用水银温度计进行系统调节,根据水银温度计显示的环境温度值来调节温度调理电路模块的电位器 R_{P1},使液晶电压表所显示的电压在数值上正好等于水银温度计上的温度值。这样就使系统的灵敏度为 100 mV/℃。

(3)将加热器接通直流稳压电源进行加热,时间不宜太长(15 V 时不超过 1 min),以免温度太高。

(4)用水银温度计和 AD590 温度传感器同时测量加热器的测试,测量多次并将每次测量结果记录在实训表 2.1 中,并进行比较,若误差大于 2 ℃,则应对系统进行重新调整。

(5)可通过调整电位器 R_{P2} 使电压表显示的电压值等于水银温度计的温度显示值,以达到测量精度要求。

(6)重新进行温度测量,直到符合测量的精度要求为止。

实训表 2.1 水银温度计与 AD590 测温结果的比较

标准值 t_0/℃								
测试值 t_1/℃								
误差 Δ								

注:标准值 t_0 为水银温度计测到的温度值;测试值 t_1 为 AD590 温度传感器测到的温度值;误差 Δ 为两者之差,即 $\Delta=|t_1-t_0|$。

四、注意事项

(1)由于温度的传递较慢,故本次实训有一定的难度,要注意两者测量温度的同步性问题,尽量使测得的温度为同一时间的温度。

(2)对温度调理模块的调节要仔细,一定要调正确,否则会影响测量精度。

五、实训报告

分析产生温度测量误差的主要原因,并说明怎样可以尽量减小测量误差的产生。

实训三　光控、声控延时楼道照明灯电路安装

一、实训目的

(1)通过本次实训使学生具有一定的装配与调试能力。
(2)掌握光控、声控延时楼道照明灯的功能及原理。
(3)掌握光控、声控延时楼道照明灯电路结构特点。
(4)掌握电路装配及调试方法。
(5)掌握时基集成电路 NE555 的应用。

二、实训原理及实训电路

(一)功能说明

实训图 3.1 是一种光控、声控延时楼道照明灯电路。该灯白天由于光线照射,始终处于关闭状态,一到晚上,该灯只要收到猝发声响(如脚步、击掌声等),就会自动点亮,延迟一段时间后又会自行熄灭。这是一种十分实用的节能照明灯电路,不仅适用于家庭楼道,也同样适用于公共厕所、公共走廊、住宅区、工厂、学校过道的公共照明。

(二)电路结构特点

实训图 3.1 电路主要由一块时基电路及少数外围元器件组成,具有结构简单、体积小巧、性能稳定等特点。此电路制作方便、调试容易、灵敏度高、通用性强,并采用标准插口的(也可用螺口)灯头式结构。由于未使用能耗大、质量重、极易产生热量的电源变压器,而是选用了双向可控硅作开关器件,是一种极为实用的电子控制节能电路。

实训图 3.1 电路中的 BC 压电陶瓷片对外界传来的声响有极为敏感的特点,用其作为声电转换元件。光敏三极管 VT_4 用于接收外界环境光,并将其转换为电信号。该电路主要由电源电路、声控转换和放大电路、单稳态延时电路及光控电路等四个部分构成。

分析实训图 3.1 电路时应抓住双向可控硅的工作状态。双向可控硅 VS_1 用于控制照明灯 HL_1 的点亮与熄灭,而 VS_1 的状态又受 555 时基集成电路③脚输出信号的控制。当③脚输出高电平时,VS_1 才会被触发导通,HL_1 照明灯才会点亮。其中 555 时基电路的状态则受两个方面电路的控制:一方面是由光能管 VT_4 与 VT_3 三极管构成的光控电路;另一方面是由 VT_1、VT_2、BC 压电陶瓷片构成的声控电路。

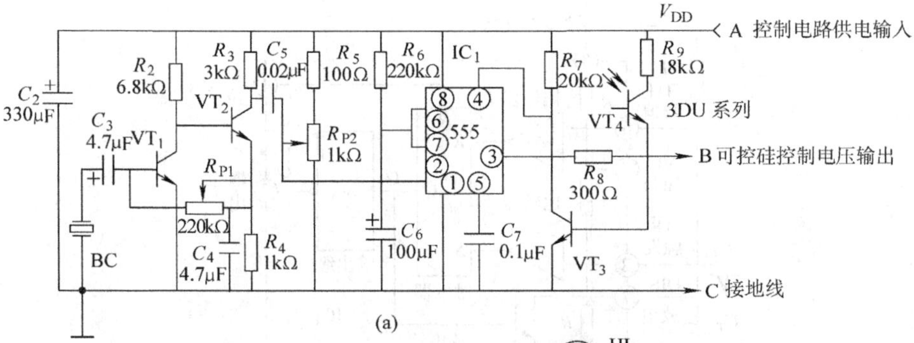

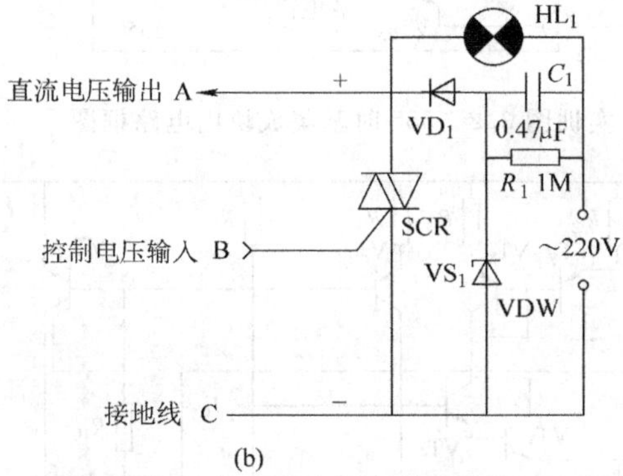

实训图 3.1　光控、声控延时楼道照明灯电路

(a) 控制电路　(b) 电源电路

(三)工作原理

1. 555 时基电路原理及引脚

为了正确地分析实训图 3.1 的工作原理，必须掌握 555 时基电路的原理及引脚功能。

555 是一块模拟与逻辑功能巧妙结合在同一硅片上的单时基线性集成电路，其内含两个电压比较器、一个分压器、一个双稳态触发器、一个放电晶体管和一个功率输出级。其内电路框图如实训图 3.2 所示。555 时基集成电路的内电路原理图如图 3.3 所示。

(1)上比较器。比较器Ⅰ称为上比较器，它的反相输入端固定设置在$\frac{2}{3}V_{CC}$(V_{CC}为电源电压)上，它的同相输入端⑥脚用作阈值输入端，用以监测外部时间常数回路中电容器 C_T 上的电压。

(2)下比较器。比较器Ⅱ称下比较器，它的反相输入端固定设置在$\frac{1}{3}V_{CC}$上，同相输入端②脚作为触发输入端，用以启起动电路进行工作。

(3)双稳态触发器。双稳态触发器的状态受上述两个比较器输出的信号控制。双稳态触发器具有复位端④脚，当④脚处于低电位时，整个电路的输出端③脚为低电

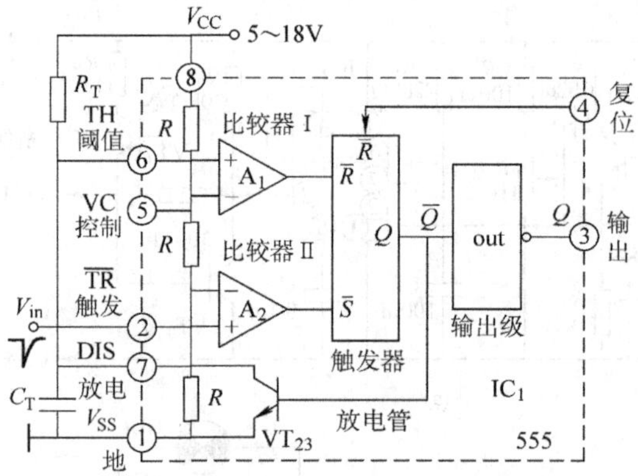

实训图 3.2　555 时基集成块内电路框图

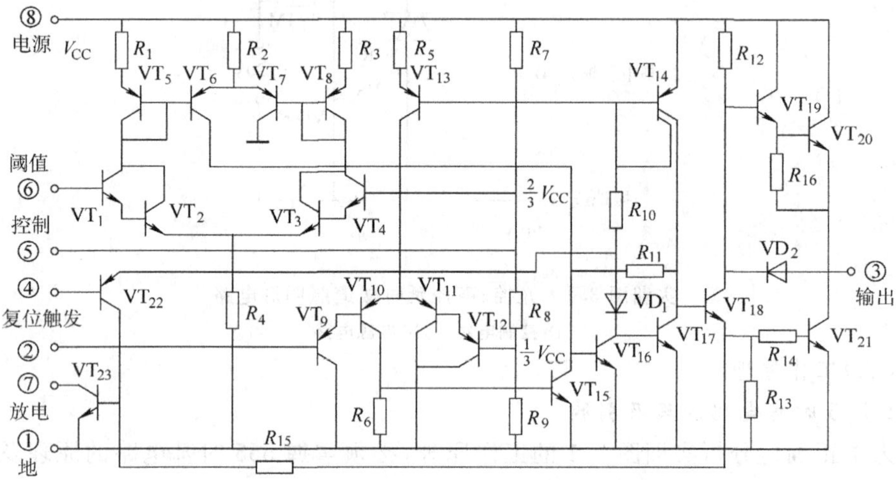

实训图 3.3　555 时基集成电路内电路原理

平，即电路具有复位优先的特性。

(4)控制端。555 的⑤脚为控制端，它实际上是上比较器的基准电压端，如实训图 3.1 的情况，⑤脚电位等于$\frac{2}{3}V_{CC}$，上比较器的基准电压也为$\frac{2}{3}V_{CC}$。如果⑤脚接一个 6 V 稳压管，则上比较器的基准电压就是 6 V，而下比较器的基准电压成为$\frac{1}{2}\times$ 6 V=3 V。如果⑤脚接一个交变电压（例如正弦波），则上、下比较器的比较基准值随时间变化，从而使外部充放电时间也随之变化，可以起到调制的作用。

(5)分压器。分压器由 3 个 5 kΩ 电阻 R 组成，这就是“555”名称的由来，尽管后来许多厂家的产品中这 3 个电阻并不是 5 kΩ，但“555”这个叫法却一直延续了下来。分压电阻为 A_1、A_2 两个运放设置了基准电压，运放 A_1 正输入端的基准电压为

$\frac{2}{3}V_{CC}$，运放 A_2 负输入端的基准电压为 $\frac{1}{3}V_{CC}$。

(6)放电开关。放电开关由 VT_{23} 组成(见实训图 3.3 所示的 555 时基集成电路内电路图)。如果 VT_{23} 的集电极 DIS 端与 V_{CC} 之间接一电阻负载，则当 V_o 为高电平时，VT_{23} 截止，因 $\overline{Q}=0$，相当于放电开关断开；当 V_o 为低电平时，VT_{23} 导通，因 $\overline{Q}=1$，相当于将 DIS 端接地，放电开关闭合。在实际应用中，DIS 通常接电容器，所以 VT_{23} 的导通与截止，就形成了电容器的充放电。

555 时基电路的各引脚功能见实训表 3.1 所列。

实训表 3.1　555 时基集成电路引脚功能

引脚号	代号	功能说明	引脚号	代号	功能说明
①	V_{SS}	接地线端	⑤	V_{SS}	控制电压端
②	TR	低触发控制输入端	⑥	TH	高触发端
③	V_o	输出端	⑦	DIS	放电开关端
④	MR	双稳态触发器复位端	⑧	V_{CC}	电源电压输入端

2. 供电电路

如实训图 3.1(b)所示，供电电路由 C_1、R_1、VD_1、VDW 以及 C_2 等组成。交流 220 V 电压一路加到照明灯 HL_1 的右端，另一路经 C_1、R_1 阻容元器件降压，VDW 二极管限幅、VD_1 整流以后，得到的直流电压经 C_2 电容滤波以后，为整个控制电路提供工作电压。

3. 声控接收放大电路

如实训图 3.1(a)所示，压电陶瓷片 BC 将外界传来的声响信号转换为相应的电信号后，经 C_3 耦合电容耦合，加至由 VT_1、VT_2 组成的直耦式双管放大器进行放大。放大后的信号从 VT_2 集电极输出，由 C_5 电容耦合，得到的负脉冲信号去触发由 555 集成电路组成的单稳态延时器，由它去控制负载的工作。

在实训图 3.1(a)电路中，R_2、R_{P1} 为 VT_1 管提供偏置电流，调节 R_{P1} 的电阻值，可改变该双管放大器的增益，进而可以控制声控电路的灵敏度。R_4 为直流负反馈电阻，用来稳定电路的工作点。C_4 为交流旁路电容，用以补偿放大器的交流增益。R_3 为放大器的输出负载电阻。

4. 单稳延时电路

单稳延时电路由 555 时基集成块为主构成，R_6 与 C_6 组成了延迟时间设定电路，延迟时间

$$\tau=1.1R_6C_6$$

(1)在稳态时，555 集成块③脚输出为低电平，对双向可控硅不会产生影响。

(2)当有触发脉冲时，一旦555集成块②脚有一负脉冲触发信号输入时，电路就将进入暂稳态，555的输出端③脚随即翻转为高电平，该信号经R_8电阻触发双向可控硅VS_1导通，使灯泡点亮发光。此时，电源经R_6对C_6电容器进行充电，一旦C_6两端电位上升到约$\frac{2}{3}V_{CC}$时，电路又自动恢复到初始状态，③脚又翻转为低电平，可控硅VS_1因失去触发电流而关断，HL_1灯泡又失电熄灭，控制电路暂稳态结束，进入稳态，等待下一次触发脉冲的到来。

在这部分电路中，R_5、R_{P2}组成的分压电路，为555集成块的触发端②脚提供一个开门阈值电平，调节R_{P2}，使②脚的电压略大于$\frac{1}{3}V_{CC}$，迫使③脚输出低电平。当②脚一旦出现负脉冲信号时，单稳态电路即动作，适当调节R_{P2}，也可以改变该电路的控制灵敏度。

5. 光控制电路

为了节约用电而使白天照明灯不会点亮，实训图3.1设置了一个由VT_3、VT_4以及电阻R_7构成的光控电路。

白天照明灯熄灭。由于白天的光照度较强，光敏三极管VT_4的c、e极间呈低阻状态，为VT_3管提供了一个较大的偏置电流，使其饱和导通。VT_3管的集电极为低电平，等效于将555集成块的强制复位端④脚接地，导致555集成块处于复位状态，其输出端③脚为低电平，双向可控硅VS_1因无触发电流而关断，灯泡HL_1不会发光。因此，白天不管声控信号是否加到555集成块上，555集成块的③脚始终为低电平，VS_1关断，达到白天停止照明的目的。

晚上照明灯受声控电路控制。傍晚一旦自然光线变暗到一定程度时，VT_4因无光照而使c、e间呈高阻状态，使VT_3截止，555集成块④脚为高电平，555集成块退出复位状态，其③脚输出高电平，电路可受声控电路的控制。改变的值，可以控制光控灵敏度。

三、安装与调试

(一)安装

(1)根据实训图3.1所示进行元器件规格选用，并列出元器件清单，供安装调试时参考。

(2)按照实训图3.1所示进行光控、声控延时楼道照明灯电路印制电路板图，如实训图3.4所示。

(3)结合上述器件清单和印制电路板图，在印制电路板上将各个元器件安装并焊接。

(二)调试

光控、声控延迟照明灯电路装配好以后，就可以对其进行调试了。

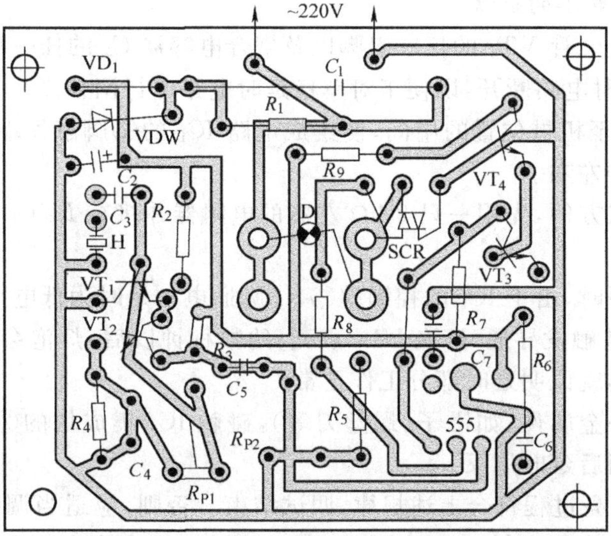

实训图 3.4　光控、声控延时楼道照明灯电路印制电路板

1. 调试前的说明

由于该照明灯的控制电路的直流工作电源是由交流 220 V 市电经阻容元器件降压和二极管限幅及二极管整流后得到的，印制电路板是带电的，故在调试时，要绝对注意安全，以防触电。为了保证安全，在调试时，可先用实训图 3.5 电路取代实训图 3.1(b)电路，这样就十分安全了。只要将实训图 3.5 中 A、B、C 对应地接入实训图 3.1(a)中对应点上即可进行调试了。

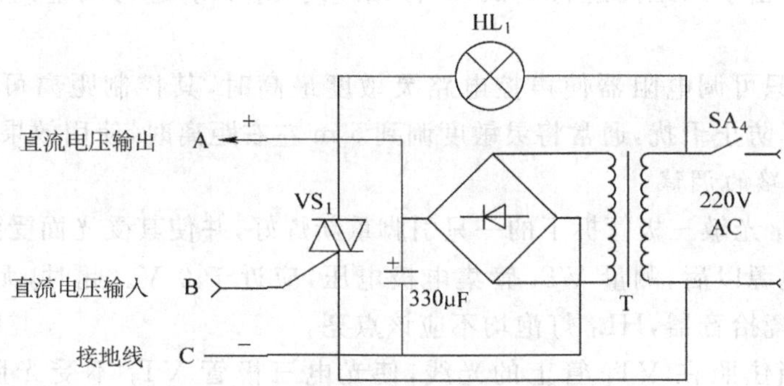

实训图 3.5　调试用电源电路示意图

接通电源以后，测量 C_2 电容器两端的电压应在 8～10 V。否则，说明电路有故障。如检查电源无问题的话，则说明安装的控制电路有故障，应查明原因，使 2～10 V的直流电压正常后，方可进行其他部分的调试。

2. 单稳延时电路的调试

(1)先焊下光电管 VT_4 的任一引脚以及耦合电容器 C_5 的任一脚,使光控与声控电路均与单稳延时电路断开,以便于对单稳延时电路进行调整。

(2)将 R_{P2} 旋至机械位置的中间,使集成电路 IC_1 的②脚触发端电压处于 $V_{DD}/2$(V_{DD}为电源电压)左右。

(3)为了调试方便,先用一只 2 kΩ 左右的电阻器并接在 R_6 的两端,以使延迟时间较短。

(4)接通电源时,由于 IC_1 的控制端⑥、⑦脚通电初始时为低电平,输出端③脚为高电平,使 VS_1 被触发导通,灯泡 HL_1 点亮;约数秒钟以后,灯泡会自动熄灭。如果符合这一规律,则就说明延时部分工作正常。

(5)用手握一金属件(如镊子、螺丝刀等),碰触 IC_1 集成块的②脚,HL_1 灯泡应立即点亮发光,而后延时熄灭。

如果 HL_1 点亮过程符合上述规律,调试结束。否则,应适当调整 R_{P2} 的电阻值,直至 HL_1 的点亮过程符合上述规律。通常,只要把 $IC_1$②脚电压调整到工作电源电压的 1/3 左右时,即可满足要求。

3. 声控放大电路的调试

(1)将压电陶瓷拾音器 BC 安装好,将拆下的一只引脚重新焊好。

(2)将可调电阻器 R_{P1} 调在中间位置。接通电源以后,使电路进入稳态。

(3)用手握螺丝刀金属部位,用其柄部轻轻敲击陶瓷拾音器 BC,灯泡 HL_1 应随之点亮发光,而后延迟一段时间又会自动熄灭。

(4)用击掌取代上述的敲击,每击一次掌,灯泡均应随之点亮一次,延时又熄灭。

(5)再拉开击掌的距离进行调试,并仔细地对 R_{P1}、R_{P2} 进行调整,直到满足要求为止。

调节这两只可调电阻器使声控电路灵敏度最高时,其控制距离可达到 8 m 左右。不过,为了防止干扰,通常将灵敏度调到 5 m 左右距离时,使用效果最好。

4. 光控电路的调试

(1)将 VT_4 光敏三极管拆下的一只引脚重新焊好,并使其受光面受到光照。

(2)接通电源以后,测量 VT_3 管集电极电压,应近于 0 V。此时,无论怎样击掌或敲击压电陶瓷拾音器,HL_1 灯泡均不应该点亮。

(3)然后挡住照在 VT_4 管上的光线,使光电三极管 VT_4 不受光照,此时击掌 HL_1 灯泡应随之点亮,而后延时一段时间以后会自动熄灭。

如果上述检查符合此规律,则说明光控电路工作正常。

适当调整 R_9 电阻的阻值,可以改变光控电路的控制灵敏度,其电阻值应根据所处环境的具体情况而确定。

5. 调试后的整理

调试结束以后,去掉 R_6 电阻上所并接的电阻,再根据实际需要适当调整 R_6 或

C_6 的值，使 HL_1 的延迟熄灭时间满足要求。

四、实训报告

(1)记录在装配中遇到的问题及其处理方法。

(2)记录调试过程以及调试过程中遇到的问题及处理方法。

(3)谈谈对装配、调试过程的感想、体会和收获。

实训四　红外感应灯安装

一、实训目的

(1)通过本次实训进一步加强学生的装配与调试能力。

(2)掌握红外光发射接收电路的工作原理。

(3)掌握红外反射探测模块 TX05D 的应用。

(4)进一步熟悉和掌握时基集成电路 NE555 的应用。

二、实训原理及实训电路

实训图 4.1 是由时基集成电路 NE555 构成的红外感应式延迟灯电路。适用于家庭卫生间照明或卫生间镜前开关，只要人走近灯就点亮，人离开后灯自动熄灭。

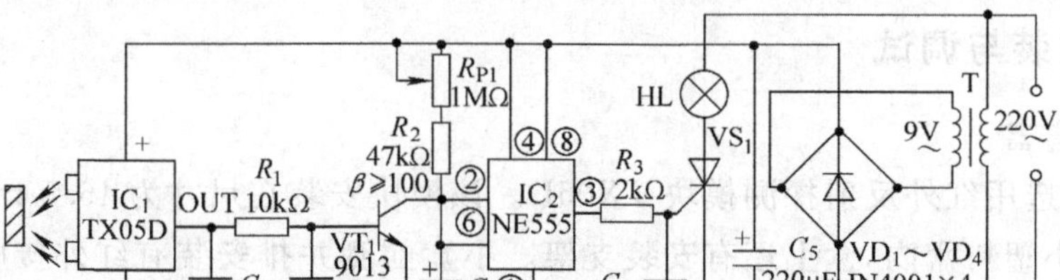

实训图 4.1　NE555 构成的红外感应式延迟灯电路

实训图 4.1 电路主要由红外反射模块 IC_1、时基集成电路 IC_2、可控硅 VS_1 及电源电路等几部分组成。

(一)供电电路

220 V 交流电源一路加到灯泡 HL 上端与单向可控硅 VS_1 的下端，当 VS_1 导通时 HL 即可点亮；另一路加到电源变压器 T 初级，经变压后从其次级输出 9 V 交流低压，该电压又经 $VD_1 \sim VD_4$ 桥式整流、C_5 滤波，得到的直流电压提供给控制电路用作工作电源。

(二)红外光发射接收电路

该电路主要由 IC_1(TX05D)为主构成。IC_1 集成块内部设置有并排安装的红外发光管与红外接收管，通电后红外发光管即向外发射频率为 40 kHz 的调制红外线。

1. 前方无物体阻挡

当红外发光管向外发射红外线前方无物体阻挡时，红外接收管由于收不到红外管发出的红外光线，IC_1 的 OUT 输出端无信号输出，三极管 VT_1 处于截止状态，由于 C_3 电容充满电荷，IC_2 的阈值端⑥脚为高电平，时基电路处于复位状态，IC_2 输出端③脚为低电平，可控硅 VS_1 因无触发电流而处于关断状态，故 HL 灯泡不会点亮。

2. 前方有物体阻挡

当前方一定范围内有人或物体出现时，红外线部分被反射回来并被红外接收管接收，该信号经 IC_1 模块内部电路放大、解调、整形、比较处理以后，输出端突变为高电平。该信号经 R_1、C_1、C_2 平滑滤波以后使 VT_1 管导通，其集电极为低电平。

(1) VT_1 导通使 IC_2 的触发端②脚为低电平，IC_2 立即置位，其输出端③脚突变为高电平，该信号经 R_3 为 VS_1 提供正向触发电流，VS_1 立即导通，等效于 220 V 交流电源加到灯泡 HL 两端，使其点亮发光。

(2) VT_1 导通使得 C_3 所充电荷得以迅速泄放。

3. 前方人或物体离开

一旦前方的人或物体离开红外发光管发射红外线的区域，无反射光反射给接收管时，IC_1 的输出端 OUT 恢复为低电平，VT_1 截止，此时正电源又通过 R_{P1}、R_2 对定时电容 C_3 进行充电。当充至电源电压 2/3 时，时基电路 IC_2 翻转为复位状态，其③脚输出又变为低电平，VS_1 失去触发电流，当交流电过零时即关断，HL 灯泡熄灭。

三、安装与调试

1. 传感器

IC_1 可选用红外反射探测模块 TX05D。该模块安装在尺寸为 46.5 mm×32 mm×17 mm 小塑料盒内，盒上还有安装支架。小盒前侧并排安装有红外接收管与红外发光管，旁侧面有一发光二极管指示灯与一个灵敏度调节孔，指示孔用来指示模块的工作状态。平时该灯熄灭，一旦有反射阻挡物时，指示灯发光。调节孔用来调节反射探测距离，顺时针调节可加大探测距离，逆时针调节则缩小探测距离。模块的探测距离还与工作电压高低有关，电压高探测距离大，反之则距离小。模块标称工作电压范围为 5～12 V，对应最大探测距离为 30～120 mm。模块外引线是一根长约 2 m 的双芯屏蔽线，屏蔽层为电源负极，红色芯线为电源正极，白色芯线为信号输出线 OUT。

2. 可控硅

VS_1 可用 MCR100－8 小型塑料单向可控硅，也可改用 MAC94A4 型等小型塑封双向可控硅来控制，但应将 R_3 的电阻值相应减小一些。

3. 印制电路板

实训图 4.2 为印制电路板图，印制电路板尺寸为 60 mm×40 mm。

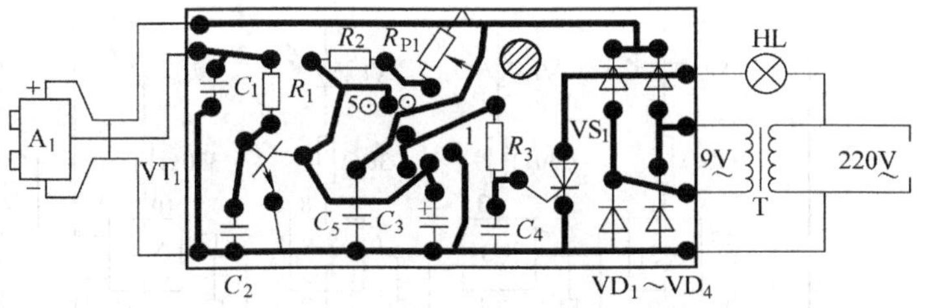

实训图 4.2　NE555 构成的红外感应式延迟灯印制板图

4. 电源变压器

电源变压器 T 可选用 220 V/9 V、5 VA 小型变压器。

5. 调试说明

安装好电路以后，即可进行调整，只要适当调整一下 R_{P1} 的值，使延迟点亮的时间合适即可。

四、实训报告

对安装和调试过程中观察到的现象进行讨论和解释。

实训五　水位指示及水满报警器

一、实训目的

(1)通过本次实训使学生具备分析问题、解决问题的能力。

(2)掌握探知电极的应用及特性。

(3)掌握 CD4066 的特性及应用。

(4)掌握水位指示及水满报警器的制作及调试过程。

二、实训原理及实训电路

1. 功能说明

该水位指示报警器可用于太阳能热水器的水位指示与控制。太阳能热水器一般都设在房屋的高处，热水器的水位在使用时不易观察，给使用者带来不便。使用该水位报警器后，可实现水箱中缺水或加水过多时自动发出声光报警。

2. 电路结构及原理

水位指示与水满报警电路如实训图 5.1 所示。

该电路由一块四双向模拟开关集成电路 CD4066 和相关元器件组成。每个电路内部的 4 个独立的能控制数字或模拟信号传送的开关。当水箱无水时，由于 180 kΩ 电阻的作用，使 4 个开关的控制端部为低电平，开关断开，发光二极管 $VL_1 \sim VL_4$ 不

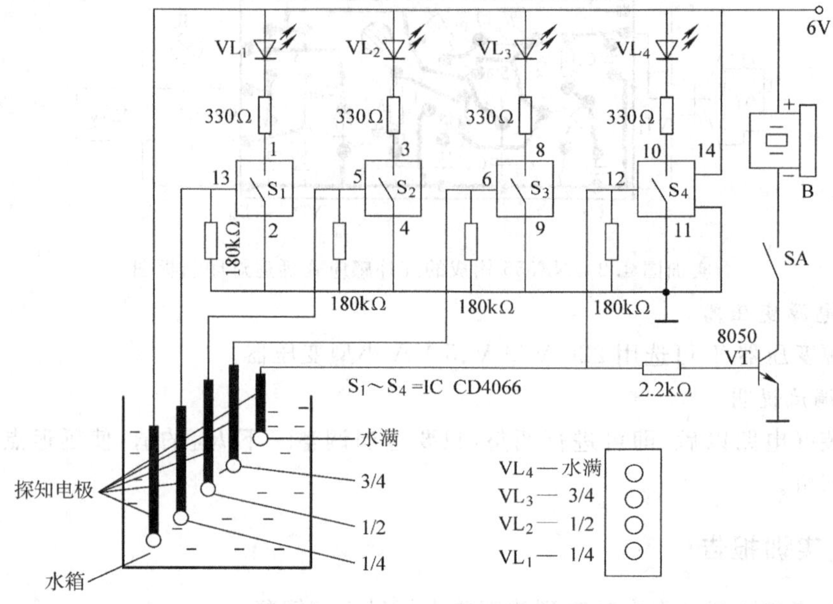

实训图 5.1　水位指示及水满报警器电路

亮。随着水位的增加，加之水的导电性，使得 IC 的 13 脚为高电平，S_1 接通，VL_1 点亮。当水位逐渐增加时，VL_2、VL_3 依次发光指示水位。水满时，VL_4 发光，显示水满。同时 VT 导通，B 发出报警声，提示水已满。不需要报警时，断开开关 SA 即可。

3. 元器件选择

IC 选用四双向模拟开关集成电路 CD4066。VT 用 9013 或 8050、3DG12、3DX201 型硅 NPN 中功率三极管，要求 β 值大于 150。VL_1～VL_4 用 F5MM 高亮度红色发光二极管。R 用 RTX－1/8W 碳膜电阻器。B 用 YD57－2 型 8 Ω 圈式扬声器。电源可用 4 节 1.5 V 电池或 6 V 直流稳压电源。

三、实训操作及调试

(1)根据实训图 5.1 所示画水位指示及水满报警器的电气原理图，并进行仿真调试，确保其正确。

(2)制作一个简易面板，根据电路原理图并进行元器件安装与焊接。

(3)调试时将 5 个探知电极安置在水盆的不同水位高度，接通水位报警电路，往水盆中慢慢加水，在各种不同水位对电路报警效果进行调整。

四、注意事项

(1)进行元器件装配之前应先进行性能测试，防止损坏的器件被装配。

(2)装配与焊接之后应先检测面板，查看是否有短接与虚焊，防止水位报警电路不能正常工作。

五、实训报告

详细叙述整个制作过程，并对调试结果进行分析。

实训六　感应式防盗报警器

一、实训目的

(1)进一步提高学生分析问题、解决问题的能力。

(2)掌握 RD627 多普勒传感器的性能及应用。

(3)学会感应式防盗报警器的制作及调试。

二、实训原理及实训电路

1. 功能说明

该防盗报警器采用多普勒传感器，具有灵敏度高、监视范围广等特点，适用于仓库或庭院作夜间防盗之用。

2. 电路结构及原理

该防盗报警器主要由多普勒传感器、低频放大器、电子开关、延时电路和声响报警电路组成，如实训图 6.1 所示。

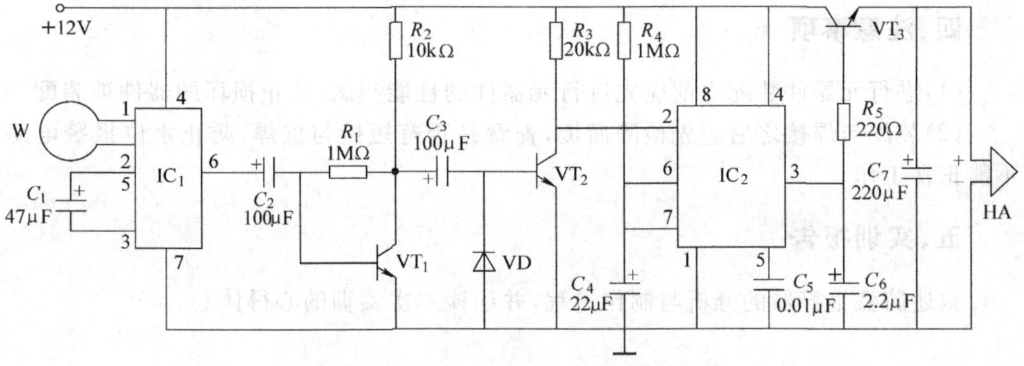

实训图 6.1　感应式防盗报警器电路

电路中，IC_1 为多普勒传感器，它通过外接环形天线 W 向周围空间发射微波信号。平时，当无人进入防盗监视区内时，IC_1 的 6 脚输出恒定的直流电压，报警电路不动作；当有人进入 IC_1 的监视区域内活动时，环形天线 W 将会接收到被人体反射回来的微波信号，此微波信号经 IC_1 处理后，从 IC_1 的 6 脚输出脉动电压信号(人体离天线 W 越近，IC_1 的 6 脚输出的信号的电压幅值越大)。此脉动电压信号经电容器 C_2 耦合至三极管 VT_1 的基极，经 VT_1 放大后从其集电极输出，经电容器 C_3 加至

三极管 VT_2 的基极，使 VT_2 导通，使集成电路 IC_2 的 2 脚变为低电平，IC_2 内部的单稳态触发器翻转进入暂态，其 3 脚输出高电平，使三极管 VT_3 饱和导通，其发射极有电压输出，使声响报警器 HA 通电工作，反复发出响亮的“有贼，抓贼呀”的报警声。此时，即使侵入者远离监视区域，报警器也会持续报警一段时间(约 25 s)。

3. 元器件选择

IC_1 选用 RD267 多普勒传感器模块；IC_2 选用 NE555 时基集成电路。VT_2 选用 3DK4 开关三极管；VT_1 和 VT_3 选用 8050 型 NPN 中功率三极管，要求电流放大系数 β 大于 100。$R_1 \sim R_5$ 选用 RTX－1/4W 碳膜电阻器。$C_1 \sim C_4$、C_6 和 C_7 均选用 CD11～16V 的电解电容器；C_5 选用涤纶电容器。HA 选用专用内置语音集成电路和扬声器的高响度声响报警器。天线 W 可选用黑白电视机特高频(UHF)用室内环形天线(天线与 IC_1 的 1 脚、2 脚之间用阻抗为 7 Ω 的反馈线连接)。电源选用 12 V 直流稳压源。

三、实训操作及调试

(1)按照实训图 6.1 所示，绘制感应式防盗报警器的电气原理图，并进行仿真调试，确保其正确。

(2)根据电气原理图设计并印制电路板，并进行元器件的安装与焊接。

(3)感应式防盗报警器焊接好后，即可进行调试。调整 R_4 和电容器 C_4 的数值，可决定报警时间的长短。

四、注意事项

(1)进行元器件装配之前应先进行元器件的性能测试，防止损坏的器件被装配。

(2)装配与焊接之后应先检测面板，查看是否有短接与虚焊，防止水位报警电路不能正常工作。

五、实训报告

叙述防盗报警器的分析与制作过程，并谈谈本次实训的心得体会。

参考文献

[1] 戚新波.检测技术与智能仪器[M].北京:电子工业出版社,2005.

[2] 何希才,薛永毅.传感器及其应用实例[M].北京:机械工业出版社,2004.

[3] 徐科军.传感器与检测技术[M].北京:电子工业出版社,2005.

[4] 刘君华.智能传感器系统[M].西安:西安电子科技大学出版社,1999.

[5] 樊尚春,乔少杰.检测技术与系统[M].北京:北京航空航天大学出版社,2005.

[6] 孙传友,翁惠辉.现代检测技术及仪表[M].北京:高等教育出版社,2006.

[7] 贾民平,张洪亭,周剑英.测试技术[M].北京:高等教育出版社,2001.

[8] 祝诗平.传感器与检测技术[M].北京:中国林业出版社,2006.

[9] 李军,贺庆之.检测技术及仪表[M].北京:轻工业出版社,1989.

[10] 侯国章.测试与传感器技术[M].哈尔滨:哈尔滨工业大学出版社,1998.

[11] 戴焯.传感与检测技术[M].武汉:武汉理工大学出版社,2004.

[12] 苏家健.自动检测与转换技术[M].北京:电子工业出版社,2006.

[13] 杨乐平,李海涛,杨磊.LabVIEW 程序设计与应用[M].2 版.北京:电子工业出版社,2005.

[14] 王海宝,吴光杰,谭泽富,等.LabVIEW 虚拟仪器程序设计与应用[M].成都:西南交通大学出版社,2005.

[15] 俞志根,李天真.自动检测技术实训教程[M].北京:清华大学出版社,2004.

[16] 吴旗.传感器与自动检测技术[M].北京:高等教育出版社,2003.6.

[17] 张玉莲.传感器与自动检测技术[M].北京:机械工业出版社,2007.

[18] 祝诗平.传感器与检测技术[M].北京:北京大学出版社,2006.

[19] 范晶彦.传感器与检测技术应用[M].北京:机械工业出版社,2006.

[20] 曾光宇,杨湖,李博,等.现代传感器技术与应用基础[M].北京:北京理工大学出版社,2006.

[21] 刘传玺,冯文旭.自动检测技术[M].徐州:中国矿业大学出版社,2001.

[22] 孙运旺.传感器技术与应用[M].杭州:浙江大学出版社,2006.

[23] 周征.传感器原理与检测技术[M].北京:清华大学出版社,2007.

[24] 施湧潮,梁福平,牛春晖.传感器检测技术[M].北京:国防工业出版社,2007.

[25] 何希才,薛永毅.传感器及其应用实例[M].北京:机械工业出版社,2004.

[26] 王俊峰,孟令启.现代传感器应用技术[M].北京:机械工业出版社,2006.

[27] 周南山,罗丁喆,苏桂英.电子感测技术[M].北京:电子工业出版社,2007.

[28] 刘传玺,齐秀丽.机电一体化技术基础[M].济南:山东大学出版社,2001.

[29] 孙余凯,吴鸣山,项绮明,等.传感器技术基础与技能实训教程[M].北京:电子工业出版社,2006.

[30] 刘红丽,张菊秀.传感与检测技术[M].北京:国防工业出版社,2007.